U0253384

内燃机先进技术译丛

汽油机管理系统

——控制、调节和监测

原书第 4 版

［德］康拉德·赖夫（Konrad Reif）　主　编

范明强　范毅峰　等译

机 械 工 业 出 版 社

本书是由康拉德·赖夫先生主编的《Ottomotor – Management》德文原著最新版第 4 版翻译而来的。

本书除了包含以前的发动机控制系统在内的简要概论之外，详尽地阐述了汽油机的基本原理，论述了汽油机燃油喷射系统诸如燃油泵、喷油器、电控单元和传感器及执行器等重要部件的工作原理和相互作用，还着重阐明了现代汽油机缸内直接喷射系统的电子控制和调节，此外还介绍了废气排放法规、废气测量技术、诊断以及代用燃料和混合动力等方面极为重要的内容。

本书适合于从事汽油机动力装置和燃油喷射系统以及汽车整车、零部件和系统设计、研究与开发的工程技术人员阅读，并可作为车辆工程、动力机械工程、能源与动力工程以及运载工具运用工程等学科专业的研究生或本科生教材，同样也非常适合于汽车和配件工业的产品鉴定人员和专家以及电子工程师和软件开发人员阅读，以了解有关汽油机控制和调节方面的知识。

译者的话

本书由 2014 年德国 Springer Vieweg 出版社出版的《Ottomotor – Management》德文第 4 版翻译而成，它是由世界最著名的内燃机燃油喷射装置跨国公司博世（Bosch）公司组织了各相关专业领域 80 余位富有实践经验的资深专家撰写的具有权威性的专业书籍。

本书除了包含以前的发动机控制系统在内的简要概论之外，详尽地阐述了汽油机的基本原理，论述了汽油机燃油喷射系统诸如燃油泵、喷油器、电控单元和传感器及执行器等重要部件的工作原理和相互作用，还着重阐明了现代汽油机缸内直接喷射系统的电子控制和调节，此外还介绍了废气排放法规、废气测量技术、诊断以及代用燃料和混合动力等方面极为重要的内容。

本书适合于从事汽油机动力装置和燃油喷射系统以及汽车整车、零部件和系统设计、研究与开发的工程技术人员阅读，并可作为车辆工程、动力机械工程、能源与动力工程以及运载工具运用工程等学科专业的研究生或本科生教材，同样也非常适合于汽车和配件工业的产品鉴定人员和专家以及电子工程师和软件开发人员阅读，以了解有关汽油机控制和调节方面的知识。

本书由范明强教授级高级工程师和范毅峰工程师翻译，参加工作的还有全逸敏、范明琦、刘斌和刘荣权等。由于译者水平有限，敬请业内专家和广大读者对本书翻译的不当之处给予指正。

《汽油机管理系统》是译者已翻译出版的《柴油机管理系统》一书的姊妹篇，这两本书集现代内燃机管理系统之大成，称得上是该领域内不可或缺的经典之作。《汽油机管理系统》又是译者已翻译出版的《缸内直喷式汽油机》一书不可分割的续篇，汽油机管理系统堪称是现代缸内直喷式汽油机的心脏和大脑，因此这两本书的内容构成了现代缸内直喷式汽油机完整的技术体系。

今天恰逢范明强教授级高级工程师 75 岁生日暨从事内燃机事业 50 周年，谨以这套科技专业书籍作为一点有意义的纪念奉献给广大读者。《汽油机管理系统》《柴油机管理系统》和《缸内直喷式汽油机》三部译作是机械工业出版社《内燃机先进技术译丛》系列图书的重要组成部分，也可算是范明强从事内燃机事业人生中为我国内燃机行业所做的一点绵薄贡献。

译 者

2017 年 1 月 11 月于江苏无锡

前　言

　　《汽油机管理系统》包括了有关汽油机控制和调节方面的丰富内容，除了包含以前的发动机控制系统在内的简要概论之外，详尽地阐述了汽油机的基本原理，论述了有关控制和调节的重要主题，它们一方面是有关燃油供应、充气控制、燃油喷射、点火和废气后处理等方面的经典内容，另一方面有关传感器、电子控制和调节、电控单元和诊断等方面的内容也是非常重要的，而有关废气排放法规、代用燃料和混合动力等方面的重要内容使得本书更为完善。

　　本书第4版对内容进行了基本全新的修改，不仅本书的内容结构而且每一章的内容也是新的。本书的所有章节不是重新编写就是全新修改、扩充和增添了新的内容，而且特别重视保持本书的重要特点，特别是具有充分依据、结合实际和清晰的论述，并配有直观形象和具有说服力的图片，而且这些内容一般都是由Bosch公司或个别特殊情况下由其它汽车公司和配件公司相关专业领域的专业人士撰写的。大体上，即使作者众多，但是本书仍力求做到统一的表达方式以及常规的系统结构和命名方法。

　　本书第4版若没有许多人的大力支持是不可能问世的，首先要感谢作者们各自所做出的贡献，他们极其认真和耐心地撰写了内容非常丰富的章节，准时和高品质地完成了各自所承担的任务。所有的作者都一一列入了作者一览表中，其中特别要感谢工学博士Klaus Benninger先生和工学博士Andreas Kufferath先生给予本书的不懈支持，尤其是要感谢工学硕士Amira Horozovic女士和工学博士Stephan Engelking教授在本书完成的最后阶段与我所进行的专业讨论和给予的支持，此外我还要感谢所有的读者对于本书的修订所给予的宝贵指点。

工学博士Konrad Reif教授

于德国巴登－符腾堡州弗里德烈斯哈芬

2014年12月

编辑的话

本书由德国 Springer Vieweg 出版社出版的德文经典著作《Ottomotor – Management》最新的第 4 版原版直接翻译而成，更精准地表达了原著的内容。

本书译者范明强教授级高工 1985 年起就开展轿车发动机电子控制燃油喷射技术的研究和开发工作；1991—1995 年，范教授参与主持了国家"八五"重点科技攻关项目——"汽车发动机电子控制技术"，并先后荣获国家计委、国家科委和财政部联合颁发的国家级重大科技成果奖、国家科技进步二等奖、中国汽车工业科技进步二等奖等。范教授还是《国外内燃机》杂志社的特邀德文翻译，Springer 旗下的 MTZ（发动机技术杂志）最新的技术论文绝大多数都是由范教授翻译介绍给国内读者的，无论是在选题还是翻译质量方面都受到《国外内燃机》编辑委员会和读者的一致好评。读者可在《国外内燃机》杂志上读到范教授翻译的 MTZ 许多最新的发动机技术论文。深厚的理论功底、丰富的开发经验、对国际最新发动机技术趋势的了解与把握，使范教授对于本书内容的理解与把握更加精深，读者也可以从这本译著中更加受益。

范教授自 1967 年西安交通大学研究生毕业以来，从事内燃机技术工作已经整整 50 年了，今年恰逢范教授 75 周岁！虽已年逾七旬，但范教授仍笔耕不辍，近几年在机械工业出版社已连续出版了德文译著《柴油机管理系统》和《缸内直喷式汽油机》，并编著出版了《柴油机电控高压喷油系统结构与维修彩色图解》，与江苏大学原校长高宗英教授等人合作翻译的德文内燃机经典著作《内燃机原理》（原书第 7 版）也将在 2017 年晚些时候出版。从范教授辛勤的工作中，编辑看到了以范教授为代表的我国优秀的内燃机工作者的事业心以及对国家内燃机事业的全身心付出！正是这种对事业的热爱，他们将我国打造成内燃机产业大国！在他们这种精神的激励和感召下，新一代的技术人员一定会将我国打造成内燃机产业强国！

缩略语

A		ASR	防侧滑调节系统
ABB	制动助力控制系统	ASV	应用管理器
ABC	增压压力控制	ASW	应用软件
ABS	防抱死系统	ATC	节气门控制
AC	辅助设备控制	ATL	废气涡轮增压器
ACA	空调控制	AUTOSAR	汽车软件结构开发合作伙伴
ACC	自适应车速控制	AVC	气门控制
ACE	电器设备控制	B	
ACF	风扇控制	BDE	汽油缸内直接喷射
ACS	转向助力泵控制	b_e	比燃油耗
ACT	热管理	BMD	微型袋式稀释器
ADC	充气计算	BSW	基本软件
ADC	模 – 数转换	C	
AEC	废气再循环控制	C/H	分子中碳与氢的比例
AGR	废气再循环	C_2	二次电容
AIC	进气管控制	C_6H_{14}	己烷
AKB	活性炭罐	CAFE	公司平均燃油经济性
AKF	活性炭收集器	CAN	控制器局域网
AKF	活性炭过滤器	CARB	(美国)加利福尼亚州大气资源局
A_K	光亮活塞表面		
α	节气门开度	CCP	CAN 标定协议
Al_2O_3	氧化铝	CDrv	少数硬件存取的驱动器软件
AMR	各向异性磁阻	CE	发动机运行状态和方式的协调
AÖ	排气门开启		
APE	外部泵电极		
AS	空气系统	CEM	发动机运行方式的协调
AS	排气门关闭	CES	发动机运行状态的协调
ASAM	国际自动化和测量系统标准化促进联合会	CFD	计算流体动力学
		CFV	临界流动文杜里管
		CH_4	甲烷
ASIC	专用集成电路	CIFI	分缸燃油喷射

CLD	化学荧光探测仪	E24	含体积分数约 24% 乙醇的汽油
CNG	压缩天然气		
CO	通信	E5	含体积分数 5% 乙醇的汽油
CO	一氧化碳	E85	含体积分数 85% 乙醇的汽油
CO_2	二氧化碳		
COP	火花塞上的线圈	EA	电极间距
COS	通信防盗锁	EAF	排气系统空燃比控制，空燃比调节
COU	通信接口		
COV	数据总线通信	ECE	欧洲经济委员会
cov	变化系数	ECT	废气温度调节
CPC	冷凝粒子计数器	ECU	电控单元
CPU	中央处理器	ECU	发动机电控单元
CTL	煤液化	eCVT	电连续可变传输
CVS	等容取样	EDM	废气系统的描述和模型化
CVT	连续可变传输	EEPROM	电可擦可编程只读存储器
D		E_F	火花能量
DB	扩散障碍物	EFU	接通火花抑制
DC	直流电	EGAS	电子节气门踏板
DE	用于传感器加热执行器的驱动器软件	1D	一维
		EKP	电动燃油泵
DFV	蒸气 – 液体比	ELPI	电低压冲击器
DI	直接喷射	EMV	电磁兼容性
DMS	微分迁移率频谱仪	ENM	吸附式 NO_x 催化转化器的调节
DoE	实验设计		
DR	压力调节器	EÖ	进气门开启
3D	三维	EOBD	欧洲车载诊断
DS	诊断系统	EOL	线端
DSM	诊断系统管理器	EPA	美国环境保护局
DV，E	节流装置，电	EPC	电子泵控制单元
E		EPROM	可擦可编程只读存储器
E0	不含乙醇的汽油	ε	压缩比
E10	含体积分数 10% 乙醇的汽油	ES	排气系统，废气系统
		ES	进气门关闭
E100	含体积分数约 93% 乙醇和 7% 水的纯乙醇	ESP	电子稳定性程序
		η_{th}	热效率

ETBE	乙基叔丁基醚		HCCI	均质充量压缩点火
ETF	前置三元催化转化器调节		HD	高压
ETK	仿真器测头		HDEV	高压喷射阀
ETM	主三元催化转化器调节		HDP	高压燃油泵
EU	欧盟		HEV	混合动力电动车
(E) UDC	(市郊) 市区行驶循环		HFM	热膜空气质量流量计
EV	喷射阀		HIL	硬件模拟器
Exy	含体积分数 $xy\%$ 乙醇的含乙醇汽油燃料		HLM	热线空气质量流量计
			H_o	比燃烧热值
EZ	电子点火		H_u	比热
F			HV	高电压
FEL	燃油系统蒸气泄漏探测		HVO	氢处理植物油
FEM	有限元方法		HWE	硬件封装
FF	燃油灵活性 (多种燃料)		I	
FFC	燃油预控制		i_1	初始电流 (一次电流)
FFV	多种燃料汽车		IPE	泵内电极
FGR	行驶速度调节		IR	红外线
FID	火焰离子探测仪		IS	点火系统
FIT	喷油定时		ISO	根据标准化组织
FLO	快速起燃		IUMPR	汽车运行中诊断比率
FMA	混合气匹配		IUPR	使用中的诊断比率
FPC	燃油箱通风		IZP	内齿轮泵
FS	燃油系统		J	
FSS	燃油供给系统		JC08	2008 年日本循环
FT	组合燃油		K	
FTIR	傅里叶转换红外线		κ	多变指数
FTP	美国城市标准测试循环		Kfz	汽车
F_z	气缸壁上的的活塞力		kW	千瓦
G			L	
GC	色层分离法		λ	过量空气系数
g/kWh	每千瓦小时的克数		L_1	初始电感 (系数)
°KW	曲轴转角度数		L_2	二次电感 (系数)
H			LDT	轻型载货车
H_2O	水，水蒸气		LDV	轻型车，轿车
HC	碳氢化合物		LEV	低排放汽车

LIN	局域互联网	n	发动机转速
l_1	曲柄连杆比（曲柄半径 r 与连杆长度 l 之比）	N_2	氮
		N_2O	一氧化二氮
LPG	液化石油气，液化煤气	ND	低压
LPV	低价格汽车	NDIR	不扩散的红外线
LSF	氧传感器法兰	NE	伦斯特电极
LSH	加热型氧传感器	NEFZ	新欧行驶循环
LSU	宽带氧传感器	Nfz	载货车
LV	低电压	NGI	天然气喷射器
M		NHTSA	美国国际运输和公路安全管理局
（M）NEFZ（修改的）新欧洲行驶循环		NMHC	无甲烷碳氢化合物
M100	纯乙醇	NMOG	无甲烷有机气体
M15	乙醇体积分数最多 15% 的汽油	NO	一氧化氮
MCAL	微控制器分离层	NO_2	二氧化氮
M_d	曲轴上的有效转矩	NOCE	NO_x 反电极
ME	集成电子节气门踏板的 Motronic 电控系统	NOE	NO_x 泵电极
		NO_x	综合氮氧化物
M_i	内转矩（指示转矩）	NSC	吸附式 NO_x 催化转化器
M_k	离合器转矩（有效转矩）	NTC	负温度系数温度传感器
m_K	燃油质量	NYCC	纽约城市循环
m_L	空气质量	NZ	伦斯特电池
MMT	甲基环戊二烯基三碳酰锰	O	
MO	监控	OBD	车载诊断
MOC	计算机监控	OBV	电池电压（数据）采集
MOF	功能监控	OD	运行数据
MOM	监控模块	OEP	发动机转速和转角采集
MOSFET	金属氧化物半导体场效应晶体管	OMI	故障识别
		ORVR	车载燃油蒸气回收
MOX	扩展的功能监控	OS	运行系统
MPI	多点喷射	OSC	储氧能力（储氧量）
MRAM	磁随机存取存储器	OT	活塞上止点
MSV	油量控制阀	OTM	温度采集
MTBE	甲基叔丁基醚	OVS	行驶速度采集
N		P	

p	发动机输出有效功率	σ	标准偏差
$p-V$ 图	压力 – 容积图, 示功图	SC	系统控制
PC	乘用车	SCR	选择性催化还原
PC	个人计算机	SCU	传感器控制单元
PCM	相位转换存储器	SD	系统描述
PDP	容积式泵	SDE	发动机 – 汽车 – ECU 系统文件
PFI	气门口燃油喷射		
Pkw	轿车	SDL	系统文件库
PM	颗粒质量	SEFI	顺序燃油喷射
PMD	顺磁探伤器	SENT	传感器与电控单元通信的数字接口
p_{me}	平均有效压力		
p_{mi}	平均指示压力	SFTP	美国扩充城市标准测试循环
PN	颗粒数		
PP	辅助泵	SHED	测定蒸气排放的密封室
ppm	百万分之几	SMD	表面安装设备
PRV	减压阀	SMPS	观测运动颗粒的分选机
PSI	外围传感器接口	SO_2	二氧化硫
Pt	铂	SO_3	三氧化硫
PMW	脉冲宽度调制	SRE	进气管喷射
PZ	泵电池	SULEV	特超低排放汽车
P_Z	气缸功率	SWC	软件组成部分
R		SYC	系统控制 ECU
r	杠杆比（曲柄半径）	SZ	线圈点火
R_1	初始电阻	T	
R_2	二次电阻	TCD	转矩协调
RAM	随机存取存储器	TCV	转矩转换
RDE	真实行驶排放	TD	转矩需求
RE	参考电极	TDA	转矩需求辅助功能
RLFS	无回油燃油系统	TDC	转矩需求巡航控制（行驶速度调节器）
ROM	只读存储器		
ROZ	研究法辛烷值	TDD	驾驶人期望转矩
RTE	使用寿命环境	TDI	怠速转矩控制（怠速转速调节）
RZP	转子泵		
S		TDS	转矩需求信号控制
s	行程函数	TE	燃油箱通风

TEV	燃油箱通风阀	UT	低速转矩
t_F	喷油持续时间	UV	紫外线
THG	温室气体(CO_2,CH_4,N_2O)	U_Z	点火电压
t_i	喷油时刻	V	
TIM	扭曲强烈的安装	V_c	压缩容积
TMO	发动机转矩模型	VFB	有效功能总线
TPO	正确地开动发动机（正确地接通电源）	V_h	排量
		VLI	气阻指数
TS	转矩结构	VST	可变滑阀涡轮
t_s	关闭时刻	VT	气门机构
TSP	热冲击保护	VTG	可变涡轮几何截面
TSZ	晶体管点火	VZ	全电子点火
TSZ,h	带有霍尔传感器的晶体管点火	W	
		W_F	火花能量
TSZ,i	带有感应传感器的晶体管点火	WLTC	全球统一轻型车试验循环
		WLTP	全球统一轻型车试验程序
TSZ,k	接触控制的晶体管点火	X	
U		XCP	全球测量和标定议定书
U/min	每分钟转数	Z	
U_F	点火电压	ZEV	零排放汽车
ULEV	超低排放汽车	ZOT	点火上止点
UN ECE	联合国欧洲经济委员会	ZrO_2	二氧化锆
U_p	泵电压	ZZP	点火时刻

目　录

第1章 汽车发展历史

机动化历来对人类社会运转起着重大的作用，几乎每个时代的人们都试图寻找能以尽可能快的速度抵达较远距离的方法。随着能使用液体燃料可靠运行的内燃机的发展，动力行驶汽车的愿望终于变成了现实。

1.1 早期汽车史

汽车已成为我们这个时代不可或缺的交通工具，但是汽车的出现有许多前提条件，否则它不可能变成现实。在这里，先要介绍一些曾对于汽车的发展做出过重大贡献的发明：

- 大约公元前 3500 年，中欧和东欧以及美索不达米亚人发明了轮子。
- 大约 1300 年，欧洲人发明了带有诸如转向装置、车轮悬架和弹簧减振装置的马车。
- 1769 年，Joseph Cugnot 发明了用蒸气作为动力的车辆。
- 1858 年，Étienne Lenoir 发明了煤气发动机。
- 1860 年，Christian Reithmann 发明了四冲程内燃机，晚些时候与其无关地由 Alphonse Beau de Rochas 和 Nikolaus Otto 发明了四冲程内燃机。

而外源点火内燃机上许多至今仍在使用的零件，例如低电压点火器是由 Nikolaus Otto 发明的。

Carl Benz 开发出了"第一辆 Benz 专利汽车"（图 1-1），它是世界上第 1 辆实用汽车，并于 1886 年获得了专利，从此内燃机汽车开始了快速发展的进程。但是，当时的公开评论却是有分歧的，新时代的辩护者赞美这种汽车是进步的典范，而大多数居民则厌烦灰尘、噪声和事故隐患，并对驾驶人的肆无忌惮提出了越来越多的抗议，但是汽车的发展已是势不可挡了。

最初对这种汽车的销售提出了挑战，实际上这种汽车没见在街道上使用，修理车间也不愿意修理，又要在高价商店购买燃料，并且备件要现场锻造。值得一提的是，1888 年，Carl Beny 的妻子 Bertha Benz 第一次驾驶这种汽车长途行驶，她是驾驶内燃机汽车的第一人，敢于经过较短暂的试验后就上路试车行驶。当时她完成了从德国曼海姆（Mannheim）到普福尔次海姆（Pforzheim）超过100km 非常长距离的行驶，证实了这种汽车的可靠性。

但是，在德国除了 Benz 之外最初只有少数几个企业家关注这种内燃机驱动的汽车，而法国人却制造了很多这种汽车。Panhard & Levassor 公司利用 Daimler 发动机公司的专利许可证制造了几种汽车。Pan-hard 公司汽车的特点是具有转向轮、倾斜的转向柱、离合器踏板、充气轮胎和管式散热器。在随后的几年中又出现了诸如 Peugeot、Citroën、Renault、Fiat、Ford、Rolls – Royce、Austin 等公司。而 Gottlieb Daimler 几乎在全世界销售其发动机，则对汽车的发展具有不小的影响（图1-2）。

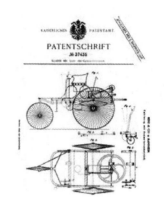

图 1-1　1886 年 1 月 29 日颁发给 Benz 公司的"第一辆 Benz 专利汽车"专利，这种汽车不是以经改装的马车为基础的，而是完全独立设计的（Daimler 公司）

这种类似马车结构的车辆非常快就进一步发展成当今意义的汽车，当然每种汽车都是单辆手工制造的，而随着 1913 年 Henry Ford 运用生产流水线就基本上改变了这种状况，他以 T 型汽车（图1-3）创新了美国的汽车行业，从此时起汽车就不再是奢侈品了。大批量生产能使汽车的价格迅速降低，这样汽车就可供大众使用了。而 Citroën 和 Opel 则是首先将生产流水线引入欧洲的公司，20 世纪 20 年代中期开始运用流水线生产汽车。

图 1-2　1894 年的 Daimler 公司的机动车（Daimler 公司）

图 1-3　"Tin Lizze" T 型汽车曾制造了 1500 万辆（Ford 公司）

汽车制造商很快就认识到必须满足用户的意愿才能在市场上获得成功。人们利用赛车的成绩作为竞争宣传措施，专业驾驶人以其行驶速度纪录深深地铭刻在观众的头脑中，进而又继续努力扩大产品的花色品种，这样经过十几年时间就产生了多种多样的汽车车型，它们各自符合时代精神，并受到经济和政治环境的影响。一批具有代表性的汽车在当时很受欢迎，诸如 Mercedes Benz 500 K（图 1-4）、Rolls – Royce Phantom Ⅲ、Horch 855 或 Bugatti Royale 等高级汽车。

第二次世界大战对于小型车的发展具有重大影响。当今以甲壳虫轿车（图 1-5）闻名的大众汽车公司曾设计了 Ferdinand Porsche 轿车，并在德国沃尔夫斯堡（Wolfsburg）生产。战后，大众买得起的小型汽车特别受欢迎，于是汽车制造商为了满足这种需求就推出了 Goliath GP 700、Lloyd 300、Citroën 2CV、Trabant、Isetta 或 Fiat 500 C 等车型。而现代汽车则按照新的标准来制造，人们也更关注技术和所集成的辅助设备，尤其是合理的性价比。

图 1-4　1934 年车型 Mercedes Benz 500 K 敞篷 C 级轿车（Daimler 公司）

图 1-5　20 世界 70 年代大众（VW）公司的甲壳虫轿车

当今对乘客安全性提出了很高的标准，由于交通参与者数量不断增加，以及汽车比与早期高得多的行驶速度，因此安全气囊、ABS（防抱死制动系统）、ESP（电子稳定性程序）和"智能"传感器都是必要的。由于市场的要求不断提高，通过汽车工业的不断努力使汽车得到了进一步的发展，但是还存在着对未来提出挑战的领域，其中例如进一步降低废气排放以及发展代用能源等。

1.2　汽车技术的先驱者

因从事汽车开发的人数众多，在此不可能一一予以完整的介绍。

Nikolaus August Otto（1832 – 1891）

他出生于德国霍尔茨豪森（Holzhausen），很早就对技术产生兴趣，除了担任食品批发商行的旅行推销员职务之外，他还潜心研究煤气发动机。

从 1862 年起，Otto 全身心地从事发动机制造，成功地开发出了四冲程煤气发动机，为此他获得了 1867 年巴黎国际博览会金奖。1884 年他发明了低电压点火器，从而使发动机能使用汽油运行，这种新产品晚些时候成为 Robert Bosch 毕生事业的基础。Otto 的历史功绩在于他是制造四冲程内燃机的第一人，他的卓越成绩超过了所有的先驱者。

Gottlieb Daimler（1834－1900）

他生于德国舍恩多尔夫（Schorndorf），曾在斯图加特（Stuttgart）综合性科技学校攻读机械制造。1865 年他认识了富有才华的工程师 Wilhelm Maybach，从此以后两人长期合作共同工作，除了发明了第一辆摩托车之外，他开发出了适合于汽车使用的汽油机，1889 年他与 Maybach 在巴黎展示了第一辆装用 V 形 2 缸发动机的"钢轮汽车"。

图 1-6　Nikolaus August Otto（Deutz 公司）　　图 1-7　Gottlieb Daimler（Daimler 公司）

就在 1 年后，Daimler 开始在国际上低价销售高速 Daimler 发动机，这样使得由法国 Armand Peugeot 设计的汽车能够在巴黎－布雷斯特－巴黎自行车长途比赛中一起行驶，不仅为 Peugeot 的设计，而且也为其所使用的 Daimler 发动机的可靠性提供了证据。Daimler 的功绩在于持续不断地改进开发汽油机，并销售到世界各国。

Wilhelm Maybach（1846－1929）

他生于德国海尔布隆（Heibronn），完成了技术制图员的培训，此后不久他就成为一名零件设计师，在 Deutz 煤气发动机股份公司（由 Otto 创建）工作。

Maybach 修改了汽油机使它成为可投产的产品，此外，他还开发了水冷却系统、喷嘴式化油器和双火花点火系统。1900 年 Maybach 又应用轻金属设计了一辆革新的赛车，并根据奥地利商人 Jellinek 的建议开发出了家用汽车，Jellinek 订购了 36 辆这种汽车，其条件是这种汽车要以他女儿——"Mercedes"命名。

图 1-8　Wilhelm Maybach
（MTU Friedrichshafen GmbH 公司）

图 1-9　Carl Friedrich Benz
（Daimler 公司）

Carl Friedrich Benz（1844 – 1929）

他生于德国卡尔斯鲁厄（Karlsruhe），曾在卡尔斯鲁厄综合性科技学校攻读机械制造。1871 年他在曼海姆（Mannheim）创办了其第一家铸铁和工业零件厂。

与 Daimler 和 Maybach 一样，Benz 同样从事发动机的开发工作。在 Otto 四冲程发动机专利最重要的权利失效后，Benz 除了一种独特的四冲程发动机之外还开发了一种表面式化油器、电点火系统、离合器、水冷却系统以及换挡变速机构。1886 年他申报了专利，公开介绍他的汽车。他在曼海姆创办了 Benz & Cie. 莱茵河煤气发动机厂，在 1894 – 1901 年期间这家工厂里曾生产了命名为"Velo"的汽车，其总共生产了约 1200 辆样车，可称为是第一批大量生产的汽车。1926 年这家工厂与 Daimler 发动机公司联合成为"Daimler – Benz 股份公司"。Carl Benz 推出了第一辆汽车，并取得了批产汽车工业化生产的前提条件。

图 1-10　Cäcilie Bertha Benz,
娘家姓 Ringer, 摄于
1871 年前后（Daimler 公司）

Cäcilie Bertha Benz（1849 – 1944）

她娘家姓 Ringer，1849 年 5 月 3 日出生于德国普福尔次海姆（Pforzheim），1944 年 5 月 5 日在拉登堡（Ladenburg）去世。她主要参与了创建汽车作为公共运输工具的事业。她提前拿出她的嫁妆支持丈夫 Carl Benz，以便能用这些资产推动其企业继续发展。她成功地完成了用一辆汽车从普福尔次海姆到曼海姆的长途行驶，因此她是经过较短暂的试验后就敢于上路进行长途试车行驶的第一人。她的长途行驶大大有助于消除用户对汽车尚持的观望态度，使得公司才有可能取得后来在经济上的成就。

Henry Ford（1863 – 1947）

他出生于美国密歇根州德阿波恩（Michigan，Dearborn）。1891 年他作为工程师在爱迪生照明公司谋得了稳定的职位，但是他个人仍致力于汽油机的进一步开发。

1893 年 Duryea 兄弟公司制造了美国第一辆汽车。1896 年 Ford 就能仿效做出他的"四轮轻便小汽车"，这成为他以后众多设计的原始基础。1908 年 Ford 将"T 型"汽车投放市场，从 1913 年起这种汽车在流水线上生产，而从 1921 年起 Ford 公司就以汽车工业总产量 55% 的份额占据了美国汽车市场的优势地位。Henry Ford 的名字就代表了美国的汽车化，正是他的理念才使汽车成为可供广大居民使用的车辆。

图 1-11　Henry Ford（Ford 公司）

图 1-12　Rudolf Christian Karl Diesel（MAN 公司）

Rudolf Christian Karl Diesel（1858 – 1913）

他生于巴黎，年轻时就决心成为一名工程师。他以德国慕尼黑综合科技大学创立以来最好的成绩完成了毕业考试。

1892 年，Diesel 获得了后来以他名字命名的"Diesel 发动机"专利，这种柴油机很快就被推广作为固定式发动机和船舶发动机。1908 年第一辆搭载柴油机的载货车就开始行驶了，但是柴油机推迟了几十年才进入乘用车领域，1936 年柴油机首次安装在批产的 Mercedes 260 D 轿车上。现今，柴油机乘用车已经在许多国家同汽油机车型一样被推广应用。Rudolf Diesel 以其发明对内燃机的经济利用作出了重大贡献。Diesel 专利许可证的无偿赠送在国际上起到了积极的作用，但是 Diesel 本人在其生前却没有得到应有的肯定和赞赏。

1.3　罗伯特·博世（Robert Bosch）的毕生事业

Robert Bosch（图 1-13）于 1861 年 9 月 23 日在德国乌尔姆的阿尔贝克（Ulm，Albeck）诞生，出身于一个富有的农民家庭。他在接受精密机械工人培训后曾在不同企业短暂工作过，并在工作中进一步提高了他的技术和商业能力与经验。在作为斯图加特高等技术学校电子技术专业旁听生半年后，他旅居美国在爱迪生照明公司工作，后来他又到英国受雇于西门子兄弟公司。

1886 年他决心在斯图加特西部地区一间背街房屋中开设一家"精密机械和电子技术作坊"，他雇了一位机械工人和一名学徒。最初他的工作范围是安装和修理电话机、电报机、避雷器和其它的精密机械工作。他具备快速解决新出现问题的才华，这使他的企业取得了业界的领先地位（图 1-14，图 1-15）。

图 1-13　Robert Bosch

图 1-14　1887 年在斯图加特日
报上的第一张广告"目击者"

与不可靠的老一代产品相比，1897 年 Bosch 开发的低压磁电机是汽车工业技术上的一个突破，这个产品是 Robert Bosch 企业快速壮大的起点。他总是善于使技术 – 经济领域的明确目标与人道需求协调起来，Bosch 也是社会公益领域的先驱者。

Bosch 对下列产品的开发和成熟进行了技术创新研究：
- 低压磁电机。

● 用于较高转速的高压磁电机（由他的合作者 Gottlob Honold 设计）。

● 火花塞。

● 点火配电器。

● 用于乘用车和摩托车的蓄电池。

● 起动机。

● 发电机。

● Bosch 光源，用于乘用车的电照明设备。

图 1-15　英国伦敦商业街上的第一家商店

● 柴油喷射泵。

● 汽车收音机（以"Ideal – Werken"品牌生产，从 1938 年起改名为"Blaupunkt"）。

● 第一种自行车照明装置。

● Bosch 喇叭（电喇叭）。

● 蓄电池点火。

● Bosch 摆臂式转向信号灯（当时受到德国保守分子的讥讽，当今发展成为不可缺少的汽车转向灯）。

第2章 汽油机的基本原理

汽油机是一种外源点火式内燃机，它燃烧燃油－空气混合气，从而释放燃油中含有的化学能，并转变成机械功，汽油机所用的可燃混合气过去由化油器在进气管中形成。废气排放法规促进了承担混合气形成任务的进气道喷射技术（SRE）的发展，而缸内汽油直接喷射技术（BDE）则进一步提高了汽油机的效率和功率，这种燃油喷射技术是在正确的时刻将汽油直接喷入气缸，从而直接在燃烧室中形成混合气。

2.1 工作原理

在汽油机中，空气或空气－燃油混合气被周期性地吸入工作气缸，并被压缩，紧接着混合气被点燃和燃烧，通过工作介质的膨胀（在活塞式动力机械中）推动活塞运动。由于活塞进行周期性的直线运动，因而汽油机是一种往复活塞式发动机，运转时连杆将活塞的往复运动转换成曲轴的旋转运动（图2-1）。

2.1.1 四冲程循环

大多数车用内燃机是按四冲程原理工作的（图2-1），在这种工作循环中气门控制气缸充量的更换，它们打开和关闭气缸的进、排气道，从而控制新鲜空气或空气－燃油混合气的吸入和废气的排出。

内燃机的工作循环由充量更换（排气行程和吸气行程）、压缩行程、燃烧和膨胀行程组成。工作介质在做功行程中膨胀后，在活塞抵达下止点前不久排气门打开，以便处于低压的热废气能从气缸中排出。活塞经过下止点后向上往上止点运动，就将残余废气推出气缸。

然后，活塞从上止点（OT）再向下往下止点（UT）运动，于是新鲜空气（在缸内汽油直接喷射时）或空气－燃油混合气（在进气道喷射时）通过打开的进气门流入燃烧室。通过外部废气再循环，进气管中的空气可与部分废气混合。吸入气缸的新鲜充量主要取决于进气门升程曲线的设计、凸轮轴相位调节和进气管压力。

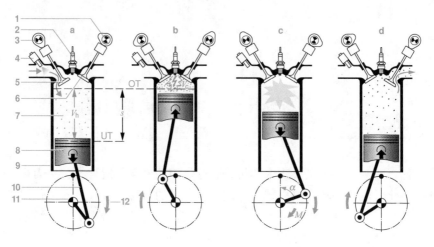

图2-1　四冲程汽油机的工作循环（以进排气凸轮轴分置的进气道喷射汽油机为例）

a）进气行程　b）压缩行程　c）做功行程　d）排气行程

1—排气凸轮轴　2—火花塞　3— 进气凸轮轴　4—喷油器　5—进气门　6—排气门

7—燃烧室　8—活塞　9—气缸　10—连杆　11—曲轴　12—旋转方向

M—转矩　α—曲轴转角　s—活塞行程　V_h—排量　V_c— 压缩容积

　　进气门关闭后活塞向上止点（OT）运动，就使燃烧室容积减小，于是气缸充量被压缩。在均质充量运行方式的情况下，空气－燃油混合气在进气行程终了时就已处于燃烧室中了，然后就被压缩。而在分层充量运行方式的情况下，只有缸内汽油直接喷射时才能够在接近压缩行程终了时才喷射燃油，此时只有新鲜充量（空气与残余废气）被压缩。在活塞抵达上止点前，火花塞在规定的时刻点燃可燃混合气。为了达到尽可能高的效率，燃烧应在上止点后不久就结束。燃油中含有的化学能通过燃烧释放，提高燃烧室中工作介质的压力和温度，推动活塞向下运动。在曲轴旋转720°后，发动机又开始新的工作循环。

2.1.2　工作过程：换气和燃烧

　　充量更换通常是由凸轮轴控制的，它打开和关闭进排气门，同时为了使燃烧室更好地充气和排净废气，在设计配气定时（图2-2）时应考虑到进气道中的压力波动。曲轴通过正时带、链条或齿轮驱动凸轮轴，因为在凸轮轴控制的四冲程循环中曲轴每工作循环要持续旋转720°，因此凸轮轴的旋转速度仅是曲轴的一半。

　　压缩比ε是汽油机高压过程和燃烧的一个重要设计参数，它是由排量V_h和压缩容积V_c定义的：

$$\varepsilon = \frac{V_h + V_c}{V_c} \qquad (2\text{-}1)$$

该参数对理论热效率 η_{th} 具有决定性的影响，因为两者之间存在如下的关系：

$$\eta_{kh} = 1 - \frac{1}{\varepsilon^{\kappa-1}} \qquad (2\text{-}2)$$

式中　κ——等熵指数。

此外，压缩比还影响发动机的最大转矩、最大功率、爆燃倾向和有害物排放。汽油机的压缩比与充气控制（自然吸气发动机、增压发动机）和燃油喷射（进气道喷射、缸内汽油直接喷射）有关，其典型值约为 8～13，而柴油机的压缩比则在 14～22 之间。燃烧的主要控制因素是点火信号，而它能够根据运行工况点进行电子控制。

在汽油机原理的基础上能实现不同的燃烧过程。在外源点火情况下，均质燃烧过程可用也可不用可变气门机构（配气相位和升程可调节）。采用可变气门机构能降低换气损失，并在压缩和做功行程时获得好处，这是通过用废气提高气缸充量的稀释程度实现的，而废气则可借助于在燃烧室内部（或外部）再循环得到。此外，也可以通过分层燃烧过程来实现这些优点。在汽油机上，被称之为均质自行着火（均质压燃）的燃烧过程也能获得相似的潜力，但是随之会增加用于调节的费用，因为燃烧不是通过可直接控制的点火设备，而是通过对反应动力学具有重要意义的条件（热状态，成分）来激发的，为此需要考虑采用诸如可变气门机构和缸内汽油直接喷射等控制方法。

除此之外，汽油机根据新鲜空气的供应方法不同可分为自然吸气发动机和增压发动机，而增压发动机能获得达到最大转矩所必须的最大空气密度，例如可应用流体机械来提高进气空气的密度。

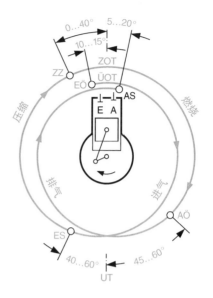

图 2-2　充量更换时的气门配气定时图
（描绘进排气门开启和关闭的时间）
E—进气门　EÖ—进气门开　ES—进气门关
A—排气门　AÖ—排气门开
AS—排气门关　OT—上止点　ÜOT—气门重叠
ZOT—点火上止点　UT—下止点　ZZ—点火时刻

2.1.3　过量空气系数和废气排放

如果将每个工作循环所吸入气缸的空气量 m_L 与每个工作循环所喷入的燃油量 m_K 相比，那么就能用 m_L/m_K 得到用于辨别空气过量（大的 m_L/m_K）和空气稀薄（小的 m_L/m_K）的度量值，但是为化学计量比燃烧精确匹配的 m_L/m_K 值与所使用的燃油有关。为了得到一个与燃油无关的量值，将过量空气系数 λ 定义为每个工作循环实际所吸入气缸的空气量 m_L 与为实现化学计量比燃烧而喷入的燃油所必须的空气量 m_{Ls} 之比，即

$$\lambda = \frac{m_L}{m_{Ls}} \qquad (2\text{-}3)$$

为了可靠地点燃均质混合气，过量空气系数必须保持在很窄的极限范围内。此外，火焰传播速度随着过量空气系数的增大而大大降低，导致形成较均质混合气的汽油机只能在 $0.8 < \lambda < 1.4$ 范围内运行，而其中最佳效率则处于均质稀薄范围内（$1.3 < \lambda < 1.4$）。另一方面，为达到最大负荷，过量空气系数应位于浓混合气范围内（$0.9 < \lambda < 0.95$），这样的过量空气系数能够获得良好的均质化和氧化，从而就能最快速地燃烧（图2-3）。

如果考察废气污染物排放量与空气－燃油比的关系（图2-4），那么就可看到在浓混合气范围内 HC 和 CO 的残留量较多，而在稀混合气范围内，因燃烧较为缓慢，以及混合气的稀释程度提高而残留较多的 HC，同时 NO_x 的含量也较高，并且在 $1 < \lambda < 1.05$ 时达到其最大值。为了满足废气排放法规，在汽油机上应用了三元催化转化器，它能使排放的 HC 和 CO 氧化以及 NO_x 还原，为此必须使过量空气系数 $\lambda \approx 1$，这可通过合适的混合气调节来实现。

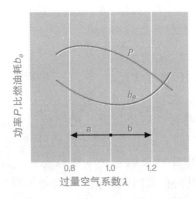

图2-3　功率和燃油耗与
过量空气系数的关系

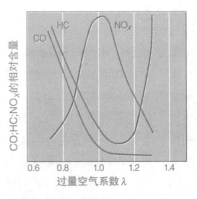

图2-4　废气排放与
过量空气系数的关系

其它方面的优点只能采用分层燃烧过程（参阅第2.3.2节"紊流预混合部分扩散燃烧"）在稀混合气范围（$\lambda > 1$）内从高压过程中获得，其中 HC 和 CO 排放仍在三元催化转化器中氧化，而 NO_x 排放则必须由一个单独的吸附式 NO_x 催化转化器吸附，然后再通过加浓阶段予以还原，或者由一个连续催化还原器借助于添加还原剂（通过选择性催化还原）来转化。

2.1.4　混合气形成

汽油机可以采用外部（进气道喷射）或内部混合气形成（缸内直接喷射）方式运行（图 2-5）。在进气道喷射汽油机上，空气 – 燃油混合气（可燃混合气）以相同的过量空气系数 λ 均匀地分布在整个燃烧室中（图 2-5a），而且通常是在进气门打开之前燃油就已喷入进气管或进气道中了。

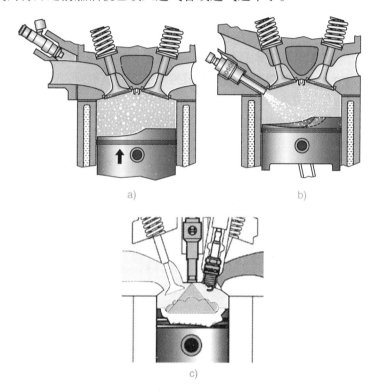

a)

b)

c)

图 2-5　汽油机的混合气形成（均质混合气分布不仅可采用进气道喷射，也能采用缸内直接喷射来实现）

a）均质混合气分布（采用进气道喷射）

b）分层充量，壁面和空气导向燃烧过程　c）分层充量，喷束导向燃烧过程

除了混合气均质化之外，混合气形成系统必须确保气缸与气缸之间，以及工作循环与工作循环之间非常小的偏差。在直喷式汽油机上，不仅能以均质混合气而且也能以非均质混合气方式运行。在均质运行时进行与进气同步的喷射，以便尽可能快地达到混合气的均质化，而在非均质分层运行时，要确保点火时刻在火花塞附近范围内存在 λ≈1 的分层充量的可燃混合气云雾。图 2-5 示出了壁面和空气导向（图 2-5b）以及喷束导向燃烧过程（图 2-5c）的分层充量（这些燃烧

过程将在第 5 章"燃油喷射"中详细阐明），而剩余的燃烧室空间则充满了空气或者非常稀薄的空气－燃油混合气，这样整个燃烧室平均就得到一个较稀的过量空气系数，那么汽油机就能无节流运行。因缸内汽油直接喷射所导致的内部冷却，使得这种直喷式汽油机能采用较大的压缩比。无节流和较高的压缩比使得直喷式汽油机具有更高的效率。

2.1.5　点火和点燃

包括火花塞在内的点火系统在规定的时间点通过火花放电点燃混合气，即使在非稳态运行状态混合气流动特性变化，以及混合气成分不均匀，也必须确保混合气被点燃，特别是在分层充量情况下或稀薄混合气范围内，通过火花塞的布置就能够优化混合气被可靠点燃。

点燃混合气所必需的点火能量基本上取决于空燃比。化学计量比混合气需要的点火能量最少，相反欲可靠点燃浓和稀混合气则需要明显高的点火能量。所需要的点火电压主要取决于燃烧室中的气体密度，并且几乎是随着气体密度的增大而线性地提高。被点火火花点燃的混合气所产生的能量必须足够大，以便能够点燃邻近范围的混合气，从而能使火焰传播。

点火角范围在部分负荷时约为点火上止点（ZOT）前 40°～50°曲轴转角（参见图 2-2），在自然吸气发动机上全负荷时约为点火上止点（ZOT）前 10°～20°曲轴转角。而在增压发动机上全负荷运行时，因爆燃倾向增大，点火角约为 ZOT 前 10°至 ZOT 后 10°曲轴转角。通常在发动机电控单元中，正的点火角是用 ZOT 前的角度来定义的。

2.2　气缸充气

气缸充气是发动机工作循环中的一个重要阶段，它是形成燃烧的一部分，而对于气缸中的燃烧过程则必须要有空气－燃油混合气。进气门关闭后存在于气缸中的气体混合气被称为气缸充量，它由吸入气缸的新鲜充量（空气－燃油混合气）和残余废气组成（图 2-6）。

2.2.1　组成部分

新鲜充量由空气以及在进气道喷射（SRE）汽油机情况下的气态和液态燃油组成。在缸内直接喷射（BDE）汽油机情况下，工作循环所必需的燃油直接喷入气缸，对于均质燃烧过程燃油是在进气行程期间喷入的，而在分层充量情况下燃油则在压缩行程中喷入。

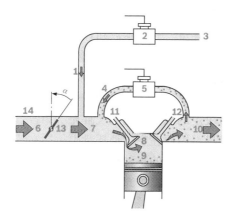

图 2-6 汽油机的气缸充气

1—空气与燃油蒸气 2—开启横截面可变的调节阀 3—接至燃油蒸气回收系统

4—再循环废气 5—开启横截面可变的废气再循环阀（EGR 阀） 6—进气空气质量流（具有环境压力 p_u）

7—进气空气质量流（具有进气管压力 p_s） 8—新鲜气体充量（具有燃烧室压力 p_B）

9—残余气体充量（具有燃烧室压力 p_B） 10—废气（具有废气背压 p_A）

11—进气门 12—排气门 13—节气门 14—进气管

α—节气门角度

新鲜空气的主要部分是通过节气门吸入的，而附加的新鲜气体则可通过燃油蒸气回收系统吸入。进气门关闭后气缸中存在的空气质量影响燃烧期间对活塞所做的功，因而对发动机输出转矩是一个决定性的参数。提高发动机最大转矩和最大功率的措施受到增加最大可能充气量的限制，而理论上最大的充气量是由发动机排量、换气装置及其可变性所限制的。另外，在增压发动机上可达到的增压压力则决定了转矩的增益。

因存在上止点容积，在燃烧室中总是残留着上一个工作循环的一小部分残余废气（缸内废气），而这些残余废气由惰性气体，以及在以过量空气燃烧（稀薄运行）情况下的未燃空气所组成。废气中的惰性气体份额对于工作过程的进展是十分重要的，因为它们不含有氧，在下一个工作循环中并不参与燃烧。

2.2.2 充量更换

已燃烧的气缸充量被新鲜气体置换被称为充量更换（简称换气），它由进排气门的开启和关闭与活塞运动的相互作用进行控制，凸轮轴上凸轮的形状和相位决定了气门的提升过程，从而影响气缸的充气。气门开启和关闭的时间点被称为气门配气定时，其中排气门开（AO）、进气门开（EO）、排气门关（AS）和进气门关（ES）以及最大气门升程是换气的特征参数。汽油机可实现固定的或者可变的配气定时和气门升程（参见 2.2.3 节"充气控制"）。

换气的品质用空气消耗量、充气系数和容积效率等特性参数来描述。为了定义这些特性参数引入了"新鲜充量"这个概念，在采用进气道喷射的系统中它相当于吸入的空气-燃油混合气（通称可燃混合气），而在采用缸内汽油直接喷射和在压缩行程中（进气门关闭后）喷油的汽油机上，新鲜充量仅取决于吸入的空气质量。就排量所决定的最大可能的气缸充量而言，空气消耗量表示在换气期间吸入的全部新鲜充量，因而在空气消耗量中包括在气门重叠期间直接流入废气管道中去的新鲜充量中所含有的每种物质的质量。与此相反，充气系数则是进气门关闭后实际留存在气缸中的新鲜充量与理论上最大可能的充量之比，而容积效率定义充气系数与空气消耗量的关系，它代表了换气结束后封闭在气缸中的新鲜充量的份额。此外，另一个描述气缸充量的重要参数是残余废气份额，它被定义为进气结束时残留在气缸中的残余废气质量与封闭在气缸中的所有充量质量之比。

为了在换气时用新鲜气体置换废气，必须要消耗功，它们被称为换气损失或泵吸损失。换气损失消耗了一部分已发出的机械能，因而降低了发动机的效率。在进气阶段也就是在活塞向下运动期间，在节流运行情况下进气管压力小于环境压力，特别是小于曲轴箱（活塞背后的空间）中的压力，为了克服这种压力差是要消耗能量的（节流损失）。特别是在高转速和高负荷情况下，在活塞向上运动期间排出燃烧气体时在燃烧室中会产生动态背压，从而导致了附加的能量损失，被称为推出损失。

2.2.3 充气控制

发动机通过空气滤清器和进气管路吸入空气（图 2-7 和图 2-8），其中可调节的电子节气门负责计量吸入空气量，因而是汽油机运行最重要的执行器，在其后的进气管路中吸入的空气流与来自燃油蒸气回收系统的燃油蒸气，以及再循环废气（EGR）混合，与此同时为了消除工作过程中的节流从而提高部分负荷运行范围的效率，可提高气缸充量中的残余废气份额。外部废气再循环将排出的残余废气从废气系统返回到进气管。此外，附加安装的 EGR 冷却器能够将再循环的废气在进入进气管之前冷却到较低的温度水平，从而提高新鲜充量的密度。为了计量外部废气再循环量应用了一个 EGR 调节阀。

但是，气缸充量中的残余废气份额在很大程度上能够通过控制残留在气缸中的残余废气质量来改变，而气门机构的可变性能够用于这种控制。以凸轮轴相位调节器为例，通过它的应用能够在宽广的运行范围内影响配气定时，从而就能够在气缸中留住所期望的残余废气质量，例如通过气门重叠就能够大大改变为下一个工作循环保留的残余废气份额。在气门重叠期间，进排气门是同时开着的，即进气门在排气门关闭之前就打开了。如果在气门重叠期间进气管中的压力低于排气管路中的压力，那么残余废气就会回流到进气管中，因为这些进入进气管中的残余废气在排气门关闭后又会被吸入气缸，这样就会使残余废气的含量增大。

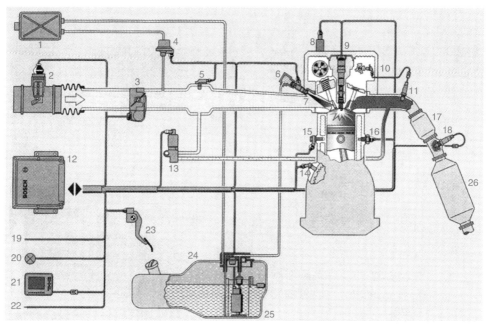

图 2-7　非增压进气道喷射汽油机结构布置图（包括电子控制和调节部件在内）

[图中所示出的有关车载诊断（OBD）系统范围适合于欧洲车载诊断（OBD）的要求]

1—活性炭罐　2—集成温度传感器的热膜空气质量流量计（HFM）　3—电子节气门（EGAS）
4—燃油箱通风阀　5—进气管压力传感器　6—燃油分配总管（燃油共轨）　7—喷油器　8—用于可变
凸轮轴相位调节的执行器和传感器　9—带有整体式点火线圈的火花塞　10—凸轮轴相位调节器
11—前置催化转化器前的氧传感器　12—发动机电控单元　13—废气再循环阀　14—转速传感器
15—爆燃传感器　16—发动机温度传感器　17—前置催化转化器（三元催化转化器）　18—前置催化
转化器后的氧传感器　19—CAN 总线接口　20—发动机控制灯　21—诊断接口　22—防盗锁接口
23—带有踏板行程传感器的加速踏板模块　24—燃油箱　25—燃油箱装配总成
（含电动燃油泵、滤网和燃油调节器）　26—主催化转化器（三元催化转化器）

除此之外，应用可变气门机构还有很多种方法，它们能够进一步提高发动机的功率和效率。例如，其中有一种可调节的进气凸轮轴能够使进气门配气定时与进气管路中随转速变化的气体动力学效应相匹配，以便在全负荷运行时能够获得最佳的气缸充气量。

此外，为了提高部分负荷时节流运行的效率，进气门可以晚或早关闭。在 Atkinson 循环情况下，通过进气门晚关闭，一部分已吸入气缸的充量又被排出到进气管中。为了能在气缸中封闭标准配气定时的充量质量，发动机要大大地消除

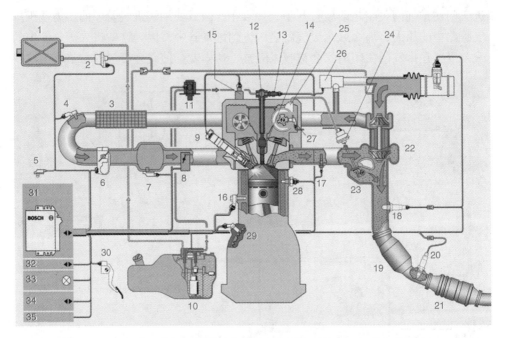

图 2-8　增压直喷式汽油机结构布置图（包括电子控制和调节部件在内）

1—活性炭罐　2—燃油箱通风阀　3—热膜空气质量流量计（HFM）　4—增压压力和进气空气温度组合
式传感器　5—环境压力传感器　6—电子节气门（EGAS）　7—进气管压力传感器　8—充量运动调节阀板
9—点火线圈与火花塞　10—带有电动燃油泵的供油模块　11— 高压燃油泵　12—燃油分配总管（燃油共轨）
13—高压燃油压力传感器　14—高压喷油器　15—凸轮轴相位调节器　16—爆燃传感器　17—废气温度传感器
18—氧传感器　19—前置催化转化器　20—氧传感器　21—主催化转化器　22—废气涡轮
23—废气放气阀　24—废气放气阀调节器　25—真空泵　26—倒拖循环空气阀　27—凸轮轴相位传感器
28—发动机温度传感器　29—转速传感器　30—加速踏板模块　31—发动机电控单元　32—CAN 总线接口
33—发动机控制灯　34—诊断接口　35—防盗锁接口

节流，从而提高效率。因为在 Atkinson 循环时进气门开启的持续时间较长，所以在自然吸气发动机上能够更好地利用气体动力学效应。

与此相反，Miller 循环进气门关闭得较早，因而在活塞继续向下运动（进气冲程）时封闭在气缸中的充量膨胀，与标准配气定时相比，接下来的压缩行程则在较低的压力和温度水平下进行。为了产生相同的转矩，要在气缸中封闭相同质量的新鲜充量，Miller 工作循环（如同在 Atkinson 循环时那样）必须消除节流，这样就能提高效率。但是，这在很大程度上抑制了压缩行程之前气缸容积扩大期间的充量运动，会使燃烧变慢，从而又会抵销一大部分的理论上的效率潜力。因为这两种循环方法降低了压缩期间的气缸充量温度，因此特别是在增压汽油机上它们同样能够用于降低全负荷时的爆燃倾向，从而提高升功率。

应用可变气门升程方法，通过进气门获得部分升程，同样能消除节气门处的节流，从而提高效率。此外，通过不同的进气门升程曲线能够明显增大充量运动，这在低负荷运行范围内能明显使燃烧变得更稳定，从而便于应用较大的残余废气率。应用充量运动调节阀板能获得另一种控制充量运动的可能性，它是通过调节其在气缸盖进气道中的位置来影响进气流动的运动的，当然此时因流动损失较大也会增大换气功。

总的来说，通过应用可变气门机构，包括配气定时和气门升程调节的组合直至全可变气门机构，能够显著地提高升功率和效率。应用分层燃烧方法（参阅第2.3.2节"紊流预混合部分扩散燃烧"），因空气大大过量也能够做到尽可能地无节流运行，特别是在汽油机部分负荷时这能够显著地提高有效效率。

均质化学计量比混合气可实现的转矩正比于气缸中的新鲜充量，因此只有通过进入气缸之前压缩空气（增压）才能提高最大转矩。采用增压能使充气系数提高到比正常条件下大的数值。另外，也能够单独利用进气管中的气体动力学效应来实现增压（气体动力学增压），其增压效率取决于进气管的设计，以及发动机的运行工况点，原则上与转速有关，但是也与充气状况有关。通过在行驶运行时改变进气管的几何形状和尺寸，例如改变进气管的长度，就能够在宽广的运行范围内实现气体动力学增压，提高最大的充气效果。

另一种提高空气密度的方法是采用由发动机曲轴机械驱动的压气机进行机械增压，压缩空气通过进气系统被泵入气缸，同时为有利于发动机快速的加速响应，进气系统具有较小的集气容积和较短的进气管长度。

在废气涡轮增压的情况下，与机械增压不同，废气涡轮增压器的压气机不是由曲轴驱动的，而是由位于废气管路中利用废气热焓的废气涡轮驱动的，而且能够采用气门重叠使一部分新鲜充量通过扫气进入废气管路，从而用提高废气涡轮的质量流量的方法来增加废气中的热焓。此外，高的扫气率还能减少气缸中的残余废气份额。因为在废气涡轮增压发动机上，在低转速范围内全负荷时能够很容易调节气缸前后的正压力差，因此这种方法能大大提高这种运行范围内的最大转矩（低速转矩）。

2.2.4　充量数据采集和混合气调节

汽油机供应的燃油量是根据所吸入的空气质量进行调节的，因为改变节气门转角后空气充量才逐渐变化，因而每个工作循环的喷油量必须随之改变，因此发动机电控系统必须根据运行方式（均质、均质稀薄和分层运行）为每一个工作循环确定气缸当中当前所存在的空气质量（充量数据采集）。原则上，充量数据采集有3种方法。第1种方法是如下进行的：在整个特性曲线场中根据节气门转角 α 和转速 n 确定进气空气的体积流量，再通过适当的修正换算成空气质量流量。以这种原理工作的系统被称为 $\alpha - n$ 系统。

第 2 种方法是通过由节气门前温度、节气门前后的压力以及节气门位置（转角 α）所组成的模型（节气门模型）计算空气质量流量。作为这种模型的扩展，还能够用发动机转速 n、进气管（进气门前）压力 p、进气道中的温度以及其它影响因素（凸轮轴调节、气门升程调节和充量运动调节阀板的位置）来计算气缸所吸入的新鲜空气。按照这种原理工作的系统被称为 $p-n$ 系统。根据发动机的复杂程度，特别是涉及气门机构可变性的机型，可能必须应用昂贵的模型。

第 3 种方法是用热膜空气质量流量计（HFM）直接测量流入进气管中的空气质量流量。因为借助于热膜空气质量流量计（HFM）或节气门模型只能确定流入进气管中的空气质量流量，因此这两种系统只能在发动机稳态运行时提供有效的气缸充量数值。而稳态运行是以恒定的进气管压力为前提条件的，因而流入进气管和发动机所需要的空气流量是相等的。无论是使用热膜空气质量流量计还是节气门模型，在负荷突变时（即节气门转角突然变化时）流入进气管的空气质量流量会瞬间发生变化，而当进气管压力提高或降低时进入气缸的空气质量流量也即气缸充量才会发生变化，因此为了正确地描述瞬态过程，不是应用 $p-n$ 系统，就是对进气管中的储气状况进行附加的模型化。

2.2.5 燃油

汽油机运行时必须使用其成分具有低的自行着火倾向（即高的抗爆性）的燃油，否则在压缩行程中会发生自行着火而使汽油机发生爆燃。汽油机燃料的抗爆性用辛烷值来表示，其大小决定汽油机可实现的压缩比。现代汽油机燃烧开始的位置由发动机电控单元通过点火提前角的干预（爆燃调节）进行调节，即通过较晚的燃烧时刻降低燃烧温度，新鲜充量就不会发生自行着火，但是这样限制了可利用的发动机转矩。所使用的燃料的辛烷值越高，在发动机电控单元确定的数据合适的情况下升功率就越大。

表 2-1 和表 2-2 列出了最重要的燃料特性值。大多应用汽油，它是由原油蒸馏得到的，并为提高抗爆性添加了某些合适的成分，因此德国的汽油区分为高级汽油和超高级汽油，而某些供应商将其超高级汽油用 100 辛烷值汽油替代。从 2011 年 1 月起，超级汽油含有高达 10%（体积百分比）的乙醇（E10），而所有其它品种最多添加 5%（体积百分比）的乙醇（E5），同时将含有 90%（体积百分比）汽油和 10%（体积百分比）乙醇的汽油简称为 E10。纯的甲醇、乙醇在汽油机上应用只有在应用合适的燃料系统和专门匹配的发动机上才有可能，因为醇类含氧量较高，因而它的辛烷值超过汽油的辛烷值。

表 2-1　液体燃料的特性值

（20℃时的黏度汽油约为 0.6mm^2/s，甲醇约为 0.75mm^2/s，乙醇约为 1.5mm^2/s）

燃料	密度 /（kg/L）	主要成分 （%,质量分数）	沸点 /℃	蒸发潜热 /（kJ/kg）	比热容 /[MJ/ (kg·K)]	点火温度 /℃	化学计量空气需要量/ (kg/kg)	点火极限 低	点火极限 高
								（%,体积分数）	
标准汽油	0.720~0.775	86C,14H	25~210	380~50	41.2~41.9	≈300	14.8	≈0,6	≈8
高级汽油	0.720~0.755	86C,14H	25~210	—	40.1~41.6	≈400	14.7		
航空汽油	0.720	85C,15H	40~180	—	43.5	≈500	—	≈0.7	≈8
煤油	0.77~0.83	87C,13H	170~260	—	43	≈250	14.5	≈0.6	≈7.5
柴油	0.820~0.845	86C,14H	180~360	≈250	42.9~43.1	≈250	14.5	≈0.6	≈7.5
乙醇 （C$_2$H$_5$OH）	0.79	52C, 13H,35 O	78	904	26.8	420	9	3.5	15
甲醇 （CH$_3$OH）	0.79	38C,12H, 50 O	65	1110	19.7	450	6.4	5.5	26
菜籽油	0.92	78C 12H,10 O	—	—	38	≈300	12.4	—	—
菜籽油甲基酯 （生物柴油）	0.88	77C 12H,11 O	320~360	—	36.5	283	12.8	—	—

即使在汽油机上也能使用气态燃料运行。在欧洲天然气（压缩天然气，CNG）大多应用于批产机型（采用汽油和气体燃料运行的双燃料系统），这种天然气主要是由甲烷组成的，与汽油燃烧时相比，因天然气具有较高的氢－碳比，在燃烧时产生较少的 CO_2 和较多的水。按天然气使用条件调整的汽油机，即使没有进一步优化，其 CO_2 排放也要比使用汽油时低约 25%。因辛烷值很高（ROZ 130），用天然气运行的汽油机很适合于增压，而且允许提高压缩比。通过单独使用气体燃料与减小排量（发动机小型化）相结合，能够提高汽油机的有效效率，并且与传统使用汽油相比能大大降低 CO_2 排放。

作为辅助设备的汽油机机型，经常使用液化气（液化石油气，LPG，也被称为汽车煤气），这种液化气体混合物由丙烷和丁烷组成。液化石油气的辛烷值为 ROZ 120，明显超过高级汽油的水平，其燃烧产生的 CO_2 排放比用汽油运行时低约 10%。

汽油机也能燃用纯氢。因氢燃料不含碳，它燃烧时不会产生二氧化碳，但是氢燃料仍不能算作是"无 CO_2"，因为制取氢时仍会产生 CO_2 排放。因氢具有非常高的易燃性，能使用氢的体积分数非常低的氢－空气混合气运行，从而能提高汽油机的有效热效率。

表 2-2　气体燃料的特性值

（被称为液化气的气体混合气在 0℃ 和 101.3kPa 时为气态；液态时其密度为 0.54kg/L）

| 燃料 | 0℃ 和 101.3kPa 时的密度 /（kg/L） | 主要成分（%，质量分数） | 1013mbar 时沸点 /℃ | 比热 | | 点火温度 /℃ | 化学计量空气需要量/（kg/kg） | 点火极限 | |
				燃料/（MJ/kg）	可燃混合气/（MJ/m³）			低（%，体积分数）	高
液化石油气（俗称汽车煤气）	2.25	C_3H_8，C_4H_{10}	−30	46.1	3.39	≈400	15.5	1.5	15
天然气 H（产地：北海）	0.83	$87CH_4$，$8C_2H_6$，$2C_3H_8$，$2CO_2$，$1N_2$	−162（CH_4）46.7	—	584	16.1	4.0	15.8	
天然气 H（产地：俄罗斯）	0，73	$98CH_4$，$1C_2H_6$，$1N_2$	−162（CH_4）	49.1	3.4	619	16.9	4.3	16.2
天然气 L	0.83	$83CH_4$，$4C_2H_6$，$1C_3H_8$，$2CO_2$，$10N_2$	−162（CH_4）	40.3	3.3	≈600	14.0	4.6	16.0

2.3　燃烧

2.3.1　紊流预混合燃烧

均质燃烧过程是汽油机燃烧的参照基准，其中压缩行程期间的化学计量比均质混合气由点火火花点燃，由此所产生的火焰核心以几乎呈半球形扩展的火焰前锋转化成紊流预混合燃烧（图 2-9）。

此时，首先呈层状的火焰前锋的扩展速度取决于未燃混合气的压力、温度和成分，它布满了许多微小的紊流涡旋，因而明显增大了火焰表面，这又增加了新鲜充量掺入到反应区，从而明显提高了火焰扩展的速度，显然气缸充量的扰动对于优化燃烧是一个非常重要的因素。

2.3.2　紊流预混合部分扩散燃烧

为了降低燃油耗也就是 CO_2 排放，汽油机采用分层外源点火方法（也被称为分层运行）是一种非常有前途的燃烧过程。

分层外源点火时在极端情况下仅压缩新鲜空气，在接近上止点时才喷入燃油，并且经历短暂的时间后就由火花塞点火，此时就会形成分层的混合气。在理想情况下，在火花塞附近具有 $\lambda \approx 1$ 的空燃比，这样就能够为混合气的点燃和燃烧提供最佳的条件（图 2-10）。但是，实际上因气缸中的流动状况是随机的，在火花塞附近不仅存在浓的也存在稀的混合气区域，因此这就需要理想的喷油器与火花塞位置具有较高的几何协调精度，以确保燃烧的可靠性和稳定性。

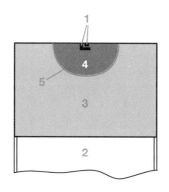

图 2-9　紊流预混合燃烧时半球
形火焰前锋在燃烧室中的扩展
1—火花塞电极　2—活塞　3—过量空
气系数为 λ_g 的混合气　4—以过量空气
系数 $\lambda_V \approx \lambda_g$ 燃烧的燃气　5—火焰前锋

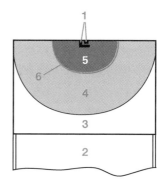

图 2-10　在紊流预混合部分扩散
燃烧时半球形火焰前锋的扩展
1—火花塞电极　2—活塞　3—过量空气系数
$\lambda \to \infty$ 的空气（和残余废气）　4—过量空
气系数 $\lambda_g \approx 1$ 的混合气　5—过量空气系数
$\lambda_V \approx 1$ 的燃气　6—火焰前锋
按整个燃烧室平均的过量空气系数超过 1

点火之后主要出现紊流预混合燃烧，而且是发生在可燃混合气内部燃油已蒸发的区域内，接着蒸发油滴的空气-燃油边缘的部分燃油转化为扩散燃烧。在燃烧快结束时还存在另一种重要的现象，此时火焰抵达混合气非常稀薄的区域较早地猝熄，也即在那些区域的温度和混合气品质等热力学条件已不足以使火焰能继续扩展传播，因而会产生较高的 HC 和 CO 排放。与均质化学计量比燃烧相比，为消除节流而进行的稀薄燃烧过程所形成的 NO_x 排放相对较少，但是因此时的废气较为稀薄，三元催化转化器甚至无法还原这些较少的 NO_x 排放，这就需要一个专门的废气后处理装置，例如使用吸附式 NO_x 催化转化器，或者在应用合适的还原剂的情况下使用选择性催化转化器。

2.3.3　均质自行着火（均质压燃）

在要求降低燃油耗的同时，在废气排放法规越来越加严的背景下，汽油机均质自行着火燃烧过程应运而生，它也被称为均质充量压缩着火（均质压燃，英语缩写 HCCI, Homogeneous Charge Compression Ignition）。这是另一种令人感兴趣的替代燃烧过程。在这种燃烧过程中，气缸中被空气或废气强烈稀释的燃油蒸气－空气混合气被压缩直至自行着火，这种燃烧进行体积反应而不形成紊流火焰前锋或扩散燃烧（图 2-11）。

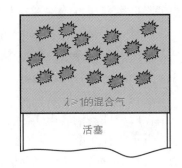

图 2-11　均质压燃时燃烧室中的体积反应

发动机工作过程的热力学分析表明，相对于其它采用传统外源点火的汽油机燃烧过程，HCCI 燃烧过程具有显著的优点：消除节流（高的质量份额参与热力学过程，并大大降低了换气损失），以及因低温转化和快速放热所带来的热量方面的优点导致了近于理想的等容过程，从而提高了热效率。因为在燃烧室中各个不同地点同时开始压缩着火和燃烧，因而与外源点火运行不同，火焰的扩展不是取决于局部的边界条件，因此循环波动较小。

可控压缩着火使得新机型能够在保留经典的三元催化转化器不附加其它的废气后处理装置的情况下提高工作循环的效率。与传统的外源点火运行相比，这种以低温放热为主的燃烧过程在 HC 排放相似和 CO 排放低的情况下 NOx 排放非常低。

2.3.4　不规则燃烧

汽油机上诸如爆燃燃烧、炽热点火或其它提前着火的现象都被理解为不规则燃烧。爆燃燃烧一般会发出明显可听到的金属碰撞噪声（敲缸声），持续爆燃的损坏后果可导致发动机完全毁坏。当今批产发动机上的爆燃调节能使发动机无危险地运行在爆燃极限，为此通过一个传感器来监测爆燃燃烧，并由发动机电控单元适当地调整点火角。通过应用爆燃调节可获得进一步的优点，特别是降低燃油耗、提高发动机转矩，以及发动机能够在更大的辛烷值范围内安全运行。当然，爆燃调节仅应用于反复出现爆燃现象的场合。

不规则燃烧与爆燃燃烧之间的区别示于图 2-12，从图中可以清楚地看到，因高频压力波传遍燃烧室，爆燃前气缸压力就已明显高于无爆燃的工作循环，而爆燃燃烧早期因较为迅速的质量转换，压力曲线就大大高于平均工作循环（图 2-12 中标志为正常燃烧）。在爆燃时，在火焰尚未传播到的远端混合气区域就自行着火了，紧接着所产生的压力波就通过燃烧室传播，从而引起可听到的敲缸噪声。在发动机运行时可通过调晚点火角避免发生爆燃，但是根据所得到的燃烧重心位置的不同，这会导致不小的效率损失。

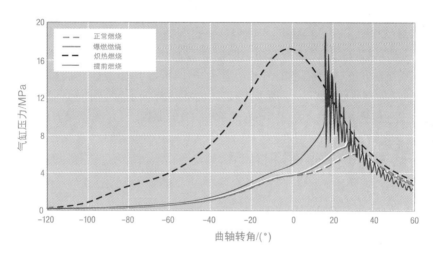

图 2-12　燃烧压力曲线（平均有效压力 2MPa，转速 2000r/min）

（图中曲轴转角相对于压缩上止点）

炽热点火通常会导致发动机承受非常高的机械负荷，此时在点火火花正常触发之前部分新鲜混合气就开始明显燃烧了，这往往会产生所谓的连续效应（英语：Run – on），在发生强烈的爆燃以后，随后的每个工作循环的着火时刻就会变得更早，此时大部分的新鲜混合气在压缩行程上止点前就已明显地转化了（见图 2-12），同时燃烧室中的压力和温度因继续进行的压缩而强烈地升高。与爆燃不同，如果炽热点火刚出现，只会产生小的可察觉到的噪声，因为在燃烧室中形成了脉冲压力波。这种极早的炽热点火大多会立即导致发动机故障。较容易产生表面炽热点火的部位是过热的气门或火花塞、炽热的燃烧残留物或燃烧室中非常热的部位，例如活塞顶燃烧室凹坑边棱。表面炽热点火通常能通过气缸盖和气缸套范围内冷却水道的合理设计来避免。

提前着火的特点是不可控制的偶尔发生的自行着火，容易发生在较低转速和较高负荷情况下，而且自行着火的时间点明显早于正常点火时刻，甚至会发生时间点变化。通常，低转速范围内具有高平均有效压力（低速转矩）的高增压发动机易产生这种现象，但是至今在这方面尚没有有效调节手段能抑制提前着火的发生，因为这大多是个别发生的现象，并且很少在较多的工作循环中一直连续发生。作为应对的措施，在批产发动机上按照当今的状况首先是降低增压压力。如果继续发生提前着火的现象，那么作为最后的措施是中断喷油。提前着火的后果是存留在气缸中的充量瞬间转化，伴随着极其大的压力升高率和非常高的峰值压力，有时会达到30MPa，因此一般提前着火现象总是会导致强烈的爆燃，就如同极其早的点火所呈现的燃烧过程那样，其原因尚未完全搞清楚。确切地说，在这方面进行过很多探索试验，其中缸内汽油直接喷射起着十分重要的作用，因为易点燃的油滴和燃油蒸气能够进入燃烧室。此外，值得怀疑的是积炭（颗粒、炭烟等），因为它们会从燃烧室壁面上脱落，因而作为主要怀疑对象予以考察。另一种探索试验从进入燃烧室的外来介质（例如机油）出发，它们呈现出比汽油中通常的碳氢组分短的着火滞后时间，因而相应降低了反应水平。这种现象的多样化与发动机密切相关，几乎不能归结为一般的原因。

2.4 转矩、功率和燃油耗

2.4.1 动力总成的转矩

汽油机所输出的功率 P 是由可供使用的离合器转矩 M_k 和发动机转速 n 所决定的，其中离合器上可供使用的转矩（图 2-13）由燃烧过程所产生的转矩扣除换气损失、摩擦和辅助设备运行所消耗的份额得到的，而真正能使用的驱动转矩则还要扣除离合器和变速器中所产生的损失。

燃烧过程所产生的转矩是在做功行程（燃烧和膨胀）中产生的，在汽油机上主要取决于：

- 进气门关闭后气缸中可供燃烧的空气质量——在均质过程中空气质量是主导参数。
- 喷入气缸的燃油质量——在分层燃烧过程中燃油质量是主导参数。
- 点火时刻，在该时间点点火火花点燃可燃混合气并开始燃烧。

2.4.2 特性参数的定义

内燃机内部动态转矩 M_i 是所产生的切向力和曲轴杠杆比（曲柄臂半径）r 的乘积：

$$M_i = F_T r \tag{2-4}$$

而作用于曲轴（曲柄臂）半径 r 上的切向力 F_T（图 2-14）则由气缸活塞力 F_Z、曲轴转角 φ 和连杆摆角 β 计算得到：

$$F_T = F_Z \frac{\sin(\varphi + B)}{\cos\beta} \tag{2-5}$$

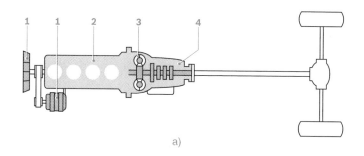

a)

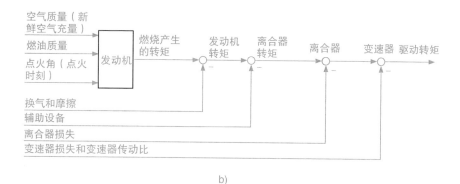

b)

图 2-13　动力总成的转矩

a）动力总成部件布置示意图　b）动力总成的转矩

1—发动机辅助设备（发电机、空调压缩机等）　2—发动机　3—离合器　4—变速器

和

$$rsin\varphi = lsin\beta \tag{2-6}$$

并引入曲柄连杆比 λ_1：

$$\lambda_1 = \frac{r}{l} \tag{2-7}$$

从而获得切向力：

$$F_T = F_Z\left(sin\varphi + \lambda_1 \frac{sin\varphi cos\varphi}{\sqrt{(1 - \lambda_1^2 sin^2\varphi)}}\right) \tag{2-8}$$

式中的活塞力 F_Z 则取决于活塞顶面积 A_K 与作用于活塞上的压力差的乘积，其中活塞顶面积 A_K 用活塞半径 r_K 由下式算出：

$$A_K = r_K^2\pi \tag{2-9}$$

而作用于活塞上的压力差则为燃烧室压力 p_Z 与曲轴箱压力 p_K 的差值，因而活塞力 F_Z 可由下式计算：

$$F_Z = A_K(p_Z - p_K) = r_K^2\pi(p_Z - p_K) \tag{2-10}$$

因此，内燃机内部动态转矩 M_i 最终与曲轴位置有关：

$$M_i = r_K^2 \pi (p_Z - p_K) \left(\sin\varphi + \lambda_1 \frac{\sin\varphi\cos\varphi}{\sqrt{1 - \lambda_1^2 \sin^2\varphi}} \right) r$$

$$(2\text{-}11)$$

行程函数 s 描述在不偏置的曲柄连杆机构情况下的活塞运动，可用下式表达：

$$s = r(1 - \cos\varphi) + l(1 - \cos\beta) \qquad (2\text{-}12)$$

也可写成下式：

$$s = \left(1 + \frac{1}{\lambda_1} - \cos\varphi - \sqrt{\frac{1}{\lambda_1^2} - \sin^2\varphi} \right) r \quad (2\text{-}13)$$

因此，活塞的瞬时位置可由曲轴转角 φ、曲轴半径 r 和曲柄连杆比 λ_1 来描述，而瞬时气缸容积 V 则是压缩容积 V_K 和活塞行程 s 与活塞顶面积 A_K 乘积之和：

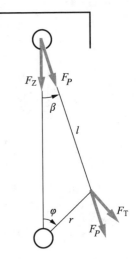

图 2-14　连杆和曲轴上的力
l—连杆长度　　r—曲轴半径
φ—曲轴转角　　β—连杆摆角
F_Z—活塞力　　F_P—连杆力
F_T—切向力

$$V = V_K + A_K s = V_K + r_K^2 \pi \left(1 + \frac{1}{\lambda_1} - \cos\varphi - \sqrt{\frac{1}{\lambda_\lambda^2} - \sin 2\varphi} \right) r \qquad (2\text{-}14)$$

　　曲柄连杆机构所产生的转矩可根据驾驶人的意愿通过调节可燃混合气的数量和浓度以及点火提前角进行调节。而最大可达到的转矩则受到最大充量以及曲柄连杆机构和气缸盖的结构设计的限制。曲轴上的有效转矩 M_d 相当于内部所做的功扣除所有的摩擦和辅助设备损失。通常最大转矩是针对低转速（$n \approx 2000$r/min）设计的，因为在该运行范围内发动机达到最高效率。

　　内部所做的机械功 W_i 可根据冲程数 n_T 直接由工作循环期间气缸压力和容积变化计算出来：

$$W_i = \int_{0°}^{\varphi} p \frac{dV}{d\varphi} d\varphi \qquad (2\text{-}15)$$

$$\varphi_T = n_T \times 180° \qquad (2\text{-}16)$$

　　用发动机曲轴上所输出的转矩 M_d 和冲程数 n_T 就能计算出有效功：

$$W_e = 2\pi \frac{n_T}{2} M_d \qquad (2\text{-}17)$$

而摩擦和辅助设备所产生的损失可作为摩擦功表示为内部所做的功与有效功之差：

$$W_R = W_i - W_e \qquad (2\text{-}18)$$

用于比较各种不同发动机负荷的一个转矩参数是单位有效功 w_e，它使有效功 W_e

与发动机排量有关：

$$w_e = \frac{w_e}{V_H} \tag{2-19}$$

因为这个参数和比例中涉及功和容积，因此往往用平均有效压力 p_{me} 来表示。

发动机输出的有效功率 P 则可由所达到的转矩 M_d 和发动机转速 n 来表达：

$$P = 2\pi M_d n \tag{2-20}$$

发动机功率提高直至标定转速，而在更高的转速下功率又会降低，因为在这个运行范围内转矩大大降低。

2.4.3 特性曲线

功率为 100kW 的增压和非增压汽油机典型的功率和转矩特性曲线示于图 2-15。

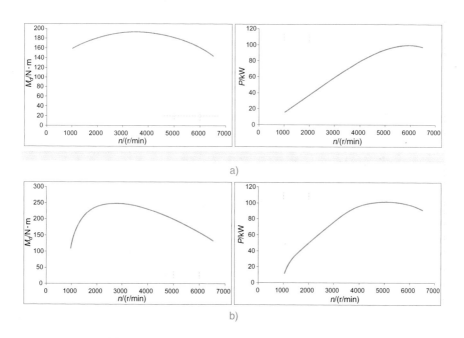

图 2-15 四缸汽油机典型的功率和转矩调整曲线

a) 1.9L 排量非增压汽油机 b) 1.4L 排量增压汽油机

n—转速 M_d—转矩 P—功率

2.4.4 比燃油耗

比燃油耗 b_e 表示发动机消耗的燃油与其输出功率的关系，因而它相当于每单位输出功所消耗的燃油量，并用 g/kWh 表示。图 2-16 和图 2-17 示出了增压和非增压汽油机均质外源点火运行特性曲线场中的比燃油耗。

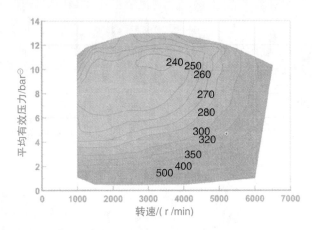

图 2-16 非增压汽油机的燃油耗特性（万有特性）曲线场
（图中数字为比燃油耗 b_e [g/kWh]）

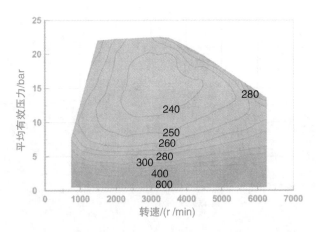

图 2-17 增压汽油机的燃油耗特性（万有特性）曲线场
（图中数字为比燃油耗 b_e [g/kWh]）

⊖ 1bar = 100kPa。

2.5　热力学基本原理：分析和模拟计算

2.5.1　系统考察和定义

为了对发动机内部过程进行热力学分析，需要对系统进行定义。为此，要以适当的方式考虑燃烧室的范围，燃烧室周围壁面形成了这种系统的界限（图2-18），而该系统根据所考虑的部分工作过程在热力学上能打开或关闭。

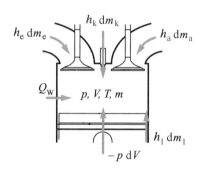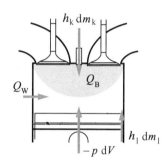

图 2-18　燃烧室系统及其重要物理量

h_e—新鲜气体质量流量的比热焓　h_a—废气质量流量的比热焓　h_k—直接喷射时燃油蒸气的比热焓　h_l—泄漏质量流量的比热焓　dm_e—新鲜气体流量的微分质量　dm_k—直接喷射时燃油蒸气的微分质量　dm_a—废气质量流量的微分质量　dm_l—泄漏质量流量的微分质量　p—瞬态气缸压力　V—瞬态气缸容积　T—瞬态气缸充量温度　m—气缸充量质量　Q_B—燃烧热量　Q_W—壁面热量　$-pdV$—容积变化功

2.5.2　能量平衡

为了对燃烧室系统进行工作过程分析，热力学第一定律转化成微分形式，其中参数的变化表示为曲轴转角 φ 增量的导数：

$$\frac{dQ_B}{d\varphi} + \frac{dQ_W}{d\varphi} - p\frac{dV}{d\varphi} + \frac{dH}{d\varphi} = \frac{dU}{d\varphi} \tag{2-21}$$

式中　U——气缸充量的能量；

　　　Q_B——由燃烧供给气缸充量热量的能量；

　　　Q_W——通过气缸壁面散发的热量；

　　　$-pdV$——容积变化功（参见图2-18）。

在换气时，进行气缸充量质量的输入和输出，并通过遍及系统界限内流动的热焓 H 来考察相应的能量变化，它可用下式表达：

$$\frac{\mathrm{d}H}{\mathrm{d}\varphi} = h_e \frac{\mathrm{d}m_e}{\mathrm{d}\varphi} + h_a \frac{\mathrm{d}m_a}{\mathrm{d}\varphi} + h_1 \frac{\mathrm{d}m_1}{\mathrm{d}\varphi} + h_K \frac{\mathrm{d}m_K}{\mathrm{d}\varphi} \tag{2-22}$$

在确定热焓流时，考察通过进排气门的系统质量变化 $\mathrm{d}m_e$ 或 $\mathrm{d}m_a$，以及在活塞环处所产生的泄漏 $\mathrm{d}m_1$，还有它们各自的比热焓 h_e、h_a、h_1、h_K。除此之外，在直喷式汽油机上，增压时的能量平衡包括喷油质量 $\mathrm{d}m_K$ 在内，其中因液相燃油的体积比例非常小，仅燃油蒸气在热力学上才是具有意义的。

工作过程期间系统质量的变化是由通过进排气门的质量流、泄漏质量流以及所考虑的喷入气缸燃油的喷射速率产生的，并达到下列质量平衡方程式：

$$\frac{\mathrm{d}m}{\mathrm{d}\varphi} = \frac{\mathrm{d}m_e}{\mathrm{d}\varphi} + \frac{\mathrm{d}m_a}{\mathrm{d}\varphi} + \frac{\mathrm{d}m_1}{\mathrm{d}\varphi} + \frac{\mathrm{d}m_K}{\mathrm{d}\varphi} \tag{2-23}$$

气缸充量的这种状态可用下列状态方程来描述：

$$pV = mRT \tag{2-24}$$

式中　p——瞬态气缸压力；

　　　V——瞬态气缸容积；

　　　m——系统质量；

　　　R——理想气体常数；

　　　T——瞬态质量平均温度。

由这个基本方程就能用数学方法确定热力学系统"燃烧室"。在这种解决方法中，除了工作介质的热量数据之外，根据所应用的测量数据还需要用于各自损失项目的假定和合适的方程，其中不仅要应用以物理过程推导为基础的模型，也要应用经验模型。

2.5.3　压力曲线分析

在进行压力曲线分析时考虑应用为分析工作过程测得的压力曲线，其中整个过程分为低压过程和高压过程。低压过程也称为换气，而且基本上由进气行程和排气行程组成，而高压过程也称为燃烧过程，基本上包括压缩行程和膨胀行程。

在进行换气分析时，其结果的评价非常重要，尤其是充气系数和残余废气含量的计算，也就是说在测量技术上只有花费非常高的费用才能采集到相关的参数。除此之外，这种计算提供"进气门关闭"时刻（压缩开始）的气缸充量热状态（压力，温度）和成分（空气、燃油、残余废气）作为分析高压过程重要的初始条件。

在假定不进行燃烧和忽略泄漏的情况下，可从式（2-21）得到用于计算换气的基本方程式，但是在直喷式汽油机情况下还要考虑到直接向气缸进行的燃油喷射：

$$\frac{\mathrm{d}U}{\mathrm{d}\varphi} = \frac{\mathrm{d}Q_W}{\mathrm{d}\varphi} - p \frac{\mathrm{d}V}{\mathrm{d}\varphi} + h_a \frac{\mathrm{d}m_a}{\mathrm{d}\varphi} + h_e \frac{\mathrm{d}m_e}{\mathrm{d}\varphi} + h_K \frac{\mathrm{d}m_K}{\mathrm{d}\varphi} \tag{2-25}$$

若在分析时涉及进气道喷射系统，那么新鲜充量中还要添加燃油，另外在计算时还要应用前面已提到的质量平衡方程式（2-23）和热状态方程式（2-24），而通过进排气门流动的质量则在假定绝热等熵流动的情况下借助于节流方程式来确定。为此所必须的气门开启的有效流动横截面在"流动试验"中查明，而其中所得到的有效流动面积则作为气门升程的函数来确定，而且与一个固定的尺寸（例如活塞横截面积）有关。在计算时其"流量系数"则根据气门升程确定，以便测定各自气门的质量流量。为了确定通过气门的压力降，首先要进行气缸盖中进排气道的压力测量。如果无法提供这些数据，那么可在假定气门处的压力水平恒定不变的情况下理想化地进行换气分析。在直喷式汽油机上，倘使燃油喷射是在换气时进行的（在均质燃烧过程中），那么可借助于半经验的蒸发模型凭借喷油速率来考察燃油喷射，因为燃油在液相时的体积份额非常小，只有燃油蒸发呈气相时在热力学上才显示出值得考虑的影响。

从行程函数表达式（2-13）可得知曲轴旋转使燃烧室容积发生的变化。为了查明所发生的壁面热流，按照参考文献［10］可考虑应用以所发生的现象为基础的经验模型。它描述了换气时的壁面热传导。空气、燃烧产物和燃油蒸气的热量数据（比热容、真实气体常数）与状态参数和成分的关系可从参考文献［8］所列出的数字讨论和多项式方程得到。进一步深入的工作同样直接从任何一种燃料相应的平衡状态确定了燃烧产物的热量数据，而整个气缸充量（空气、燃油蒸气和残余废气的混合气）的数据可根据考虑各自质量份额的混合气调节状态来查明。

图 2-19 作为例子示出了应用测得的进排气道压力曲线进行换气分析的结果。作为曲轴转角的函数，这些曲线能够考察流进和流出的质量流量、总质量或通过系统扫气的新鲜充量，以及状态参数的瞬时值。作为表示气缸特征的结果，除了换气所消耗的功之外，还得到了对其进行评价的重要的特性参数（例如充气系数、扫气系数），以及充量成分和压缩行程开始时的热状态。高压过程分析的目的，除了确定所得到的机械功之外，还要查明燃烧过程，也就是燃油中所含有的化学能转化成热量随着时间的进展，为此要进行气缸充量状态参数的计算，它被用作确定零件热负荷，或评估工作过程中所产生的有害物排放的边界条件。除此之外，在高压过程分析时还能得到工作过程的各种能量份额，它们能够与换气分析结果一起进行损失的分配，从而能够有效地优化整个工作过程。而高压过程的这些分析是以测量燃烧室压力为前提条件的。用于高压过程分析的基本方程式可从方程式（2-21）$\mathrm{d}H/\mathrm{d}\varphi = 0$（气门关闭）得到：

$$\frac{\mathrm{d}Q_b}{\mathrm{d}\varphi} = \frac{\mathrm{d}U}{\mathrm{d}\varphi} - \frac{\mathrm{d}Q_W}{\mathrm{d}\varphi} + p\frac{\mathrm{d}V}{\mathrm{d}\varphi} - h_1\frac{\mathrm{d}m_1}{\mathrm{d}\varphi} - h_K\frac{\mathrm{d}m_K}{\mathrm{d}\varphi} \qquad (2\text{-}26)$$

如果用相应的质量平衡公式并应用公式（2-24）来补充整个方程式的话，那么不仅按照方程式（2-14）计算体积函数，而且查明气缸充量的热量数据都可以与换气分析相似地进行。同样，当燃油在压缩行程中喷射时（分层运行时）要

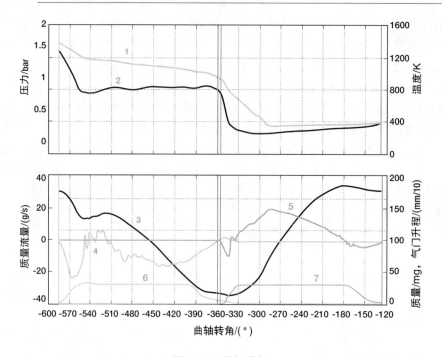

图 2-19 换气分析

1—气缸充量温度 2—气缸充量压力 3—气缸充量质量 4—通过排气门的质量流量
5—通过进气门的质量流量 6—排气门升程 7—进气门升程

考虑燃油喷射。在考察所发生的泄漏质量流时，借助于节流方程式（绝热等熵流动）并应用一个经验模型求得活塞环处的有效流动横截面积。为了确定在高压部分所产生的壁面热流，更多的方程式可以在主要的参考文献中查到，它们或是以所发生的现象或是以物理过程为基础的，可供汽油机分析应用。

图 2-20 作为例子示出了高压过程分析的结果。除了查明了随时间变化的气缸参数和气缸特征值之外，燃烧曲线还能够表明放热重心位置和放热特性（最大放热速率，放热持续期）。这样的燃烧分析为评价燃烧过程，从而优化高压过程提供了具有重要价值的信息。用燃

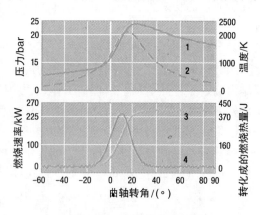

图 2-20 高压部分分析

1—温度 2—压力
3—转化成的燃烧热量 4—燃烧速率

烧过程分析查明的燃烧总放热量可与喷入燃油的能量进行比较，这种能量平衡能得出关于过程分析的品质。

工作过程的压力曲线分析在相应进行的按时间分辨测量的压力曲线情况下也可按时间坐标瞬时进行，特别是在转速强烈变化的情况下，例如在内燃机起动时的情况下，瞬时考察才能确保所获得的结果的可比较性。根据用途的不同，为了确定壁面热损失和泄漏损失随时间变化的分析要应用经相应修改的模型 [5]。

2.5.4 工作循环计算

2.5.2 节"能量平衡"所提供的参数方程式能够在规定的相应边界条件（发动机尺寸、进排气条件）和假定的燃烧速率（代用燃烧曲线）下，转而用于计算过程参数。这种工作过程计算（0D 模拟计算）能够预报在给定边界条件下的发动机功率数据和效率，同样也能以现有系统为基础在排除外界影响的情况下进行参数的变化，这就能评估新方案的潜力。

为了使计算不仅能用于换气而且也能用于高压部分，2.5.2 节"能量平衡"中所介绍的参数方程式会有所变化。壁面热流和泄漏计算或气缸充量热量数据的计算按照类似于在压力曲线分析（2.5.3 节"压力曲线分析"）中所应用的方法进行。为了规定燃烧速率，Vibe 函数已创建了一种代用燃烧曲线，该曲线尤其易于确定参数并且便于应用。还有一种两个或更多个 Vibe 函数的组合可用于新的燃烧方案（分层运行、均质压燃）的壁面放热计算。可采用一种模型进行燃烧的预计算，这种模型是以半球形火焰传播为基础，在采用紊流模型简化确定火焰传播速度的情况下，查明燃烧速率与燃烧室几何形状和充量状态（压力、温度、成分）的关系。

预计算结果可得到工作过程中所有的重要参数。除了状态参数的计算和表明气缸特征的特性值之外，同样在工作过程计算中能够确定各种损失的分配。在应用爆燃模型的情况下，该模型能够预报汽油机的全负荷性能。

因燃烧室系统方程式的解法（就 0D 模拟计算而言）是按时间变化而非局部地点进行的（参见 2.5.2 节"能量平衡"），因而它对工作过程计算出的整个结果都是非常有用的，此结果适合于进行进一步的模拟计算（特性曲线场调整、行驶循环计算）。

2.5.5 一维（1D）模拟计算

与考察内燃机燃烧室中的过程一样，空气和废气管路的设计对于内燃机的开发是极为重要的，因为它们决定性地决定了换气效果，因而也就决定了发动机的功率特性。

为了能预报输送空气和废气的管路中的气体动力学过程，至少需要进行这种系统的一维模拟计算。为此，对于由管道、分支及其接管所组成的管路系统，要按照它们的尺寸进行模型化合成，建立这些管道中流动连续性以及动量和能量守恒的一维（1D）流动方程式（Navier-Stokes 方程式），并对整个系统使用数值计算算法，以时间为基础解出这些方程式。

无论是为确定所发生的壁面摩擦，还是为计算模型化管路中气相热传导，大多数研究应用了可给定参数的模型，而节流或气门的状况则可由相应的特性曲线和系数予以考虑。

由 1D 气体动力学确定的流动状态成为通过计算算出燃烧室图像的低压边界条件，它类似于前一节所述的 0D 模拟计算，因而得到的并非是立体空间的答案。如涡轮或压气机那样的流体机械，可根据特性曲线场通过内插法绘制出来，而这些特性曲线场大多来源于在具有恒定边界条件的试验台上的测量，因而这种机械的功率数据仅在系统稳态条件下才能精确地获得。

1D 模拟计算不仅能用于整个系统的预报，因而能用于理想化（尚非现有发动机）的功率分析，而且在用测量数据对模型进行适当校准后，也能用于评估附加部件或过程的潜力。因此一维模拟计算的典型应用，除了功率和经济性分析（涉及燃油耗）之外，还包括下列范围：新鲜充量侧的进气管、空气总管、气门升程曲线和配气定时的设计和优化。涡轮增压器及其旁通的优化，或废气再循环管路的设计和评估与废气系统范围内的热分析相结合，也能够用于进气系统和排气系统噪声辐射声学试验的调整，而且大多数模拟环境都能附加提供建立调节对象的可能性，因而发动机的 1D 模拟计算同样也能够用于调节器的设计。

当然，内燃机的 1D 模拟计算除了具有许多优点，特别是与 3D 模拟计算相比建立模型的费用较低和计算时间较短之外，其应用确实也受到限制，因此如果不进一步扩展模型［与 3D 计算流体动力学（CFD）相结合］，那么 3D 因素的强烈影响会导致错误的预报。在标定不充分的情况下，与发动机密切相关的热力学参数所提供的潜力评估并非是"绝对的"，而仅能是"相对的"评价，而且常常还要检查在临界状态下是否超越所存储的特性曲线场的界限，特别是在流体机械中，在某些情况下不合适的外插法会导致不可使用的结果。

2.5.6　三维（3D）模拟计算

用于 3D 模拟计算（CFD，计算流体动力学）的起始点是借助于功能强大的计算机进行流体力学质量、动量和能量的流动方程式（常常称为适当扩展的 Navier-Stokes 方程式，用于有反应的流动）的数值解法，其中除了一般的热力学状态之外，还要计算机械运动状态，这就可以得到气缸中工作过程完全连续的机械特性。这种模拟计算能够用于任何技术上具有重要意义的流动过程的试验，因而也能用于诸如喷油嘴内部流动的计算、进气管造型设计、涡轮增压器设计和发动机冷却系统设计，当然也适用于汽车空调和空气动力学的设计。

　　最重要的是要确定所要进行计算的流动体积，并与流动体积界限的边界条件特征紧密地联系起来。在汽油机上通常将气缸空间分成进气管和排气管部分（图 2-21），而且它们是根据时间（工作行程）界限调整的，很大程度上对称性的假设允许将计算范围缩减到一半气缸或部分气缸。但是，在汽油机情况下对称性假设大多是不符合实际情况的。如果充量运动调节阀板集成在进气道中，那么在使用的时候就必须加以考虑。流动体积界限必须选择得使那里的流动精确地符合边界条件，如果有必要的话，也可随时间变化逐一加以确定。

　　在划分流动范围时将整个体积分成许多非常小的体积单元，这些体积单元可具有各种不同的形状（典型的有四面体、六面体、棱柱和棱锥），在设计网格时由使用者按照规定来形成。图 2-22 作为例子示出了这样的计算网格。但是，要解答燃油喷射以及小的缝隙（例如进气门附近或火花塞电极之间）中的流动和壁面附近流动的边界层特性，则需要众多的修改。而最终形成的网格往往是流动物理学、数值解题方法（精度和稳定性）和现有计算资源之间的折中。

图 2-21　用于 CFD 模拟计算典型的流动体积　　图 2-22　用于换气和喷油的计算网格

　　用于换气模拟计算的典型的网格由几百万个小体积单元组成。在每一个小体积单元中，可借助于近似算法（体积单元越小，原理上就越近似实际情况），它们的流体力学流动方程式集成起来就被转化成代数方程式。这种方法又被称为有限体积法（Finite – Volumen – Methode），是数字流体力学计算中应用最广泛的不连续方法。不连续的结果是具有非常大和数量不多的方阵的非线性代数方程式系统，这种系统必须借助于计算机来解，因数量巨大只能通过对照、比较才能有效地解出来。

　　在整个工作循环的 720° 曲轴转角期间必须考察气缸中所发生的众多的物理 – 化学现象：紊流、燃油雾化和喷束扩展、燃油滴的加热和蒸发、壁面油膜动力学、点火、燃烧和形成有害物排放等。这些现象因其时间和长度标度差别极大以及极其复杂而无法直接在缸内 CFD 模拟计算中进行计算，它们的影响必须借助于合适的模型在 CFD 模拟中进行近似计算，其中所利用的许多模型并非是普遍适用的，并且尚处于开发之中。计算结果通过可信度认证和适用性的控制，应该是开发过程中必不可少的组成部分。

这种计算提供了每个小体积单元中局部的描述特性的流动变量值，例如压力、温度、密度、速度和物质浓度，此外还有描述紊流特性的变量，例如紊流动能及其消耗。从图 2-23 上可看到两种实例，其中图 2-23a 示出的是进气门对称平面上的气流速度分布的总体状况，图中气流方向用矢量箭头显示出来；而在图 2-23b 上则可看到喷入气缸燃油的雾化云雾，图中的颜色编码代表当时的气流和油滴速度。

流动场在时间和空间上具有相对较高的分辨率，能够用于缸内流动和混合气形成过程的详细分析，它们对最终的燃烧具有决定性的影响，但是这种局部流动和混合气形成现象随时间发展的分析费用，要比压力曲线分析或 1D 模拟计算相对昂贵。

从这些局部随时间和空间变化的结果也可通过适当的程序计算出平均值，这样就能够通过对整个缸内容积的空间平均得到相对于整个气缸仅随时间变化的数值，它能与从压力曲线分析（或 1D 模拟计算）得到的数据进行比较，并且应与这些数据一致。应用 3D 模拟计算分析发动机工作过程的费用一般要比应用 0D 和 1D 开发工具高得多，因而仅适合于描述高空间分辨率的现象。

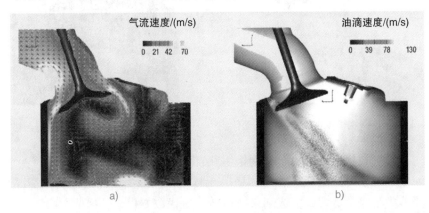

图 2-23　CFD 模拟计算的结果
a）内部流动状况　b）气缸中的燃油喷射

2.6　效率

内燃机只能将燃油中所含有的全部化学能的一部分转化成机械功，而相当一部分的能量是无法利用的。源于热力高压过程、换气和摩擦的损失则用热力学损失分配来描述，为此用压力 – 容积图（p – V 图）即工作循环图中的工作过程来表达是合适的。

2.6.1　理想循环和损失分配

在考察损失分配时，从汽油机的理想循环出发来计算各种损失，它们使理论上可做的功减少，从而就能得出效率链。

考察各项损失的顺序会影响它们的计算值。首先，恰当的方法是将所有的损失都归因于过程控制，然后再考察工作气体热量数值的损失。这样做法的理由是因为在理想循环情况下不利的、不符合实际的缸内物质热量特性，而这种特性在考察极高温度下物质特性系数时是必然会出现的。

1. 理想循环

将等容循环作为一般的理想循环，因它普遍适用于汽油机燃烧过程，图 2-24a 在压力 – 容积图中示出了这种循环。等容循环的热效率 η_{th} 仅取决于压缩比 ε 和等熵指数 κ。对于这里所引用的理想循环 κ 是常数，对于纯粹空气 $\kappa = 1.4$

$$\eta_{th} = 1 - \frac{1}{\varepsilon^{\kappa-1}}$$

2. 真实充量

损失分配的下一步是采用真实充量运行的完整发动机（图 2-24b）。这个步骤与所分析的发动机和所考察的运行工况点密切相关，因此要考虑到考察的是全负荷还是部分负荷运行工况点，而且适用下列边界条件：几何学相同的发动机；真实的质量（空气、燃油、残余废气）和进气门关闭时刻的压力；缸内物质的特性系数仅是其成分的函数，而且假定上止点时的等容过程，以及完全充分的燃烧直至达到化学平衡。另外，还假定下止点时的理想换气（纯粹新鲜充量等容置换燃气）、无壁面热损失（等熵过程控制）、绝热压缩和膨胀，以及忽略泄漏损失。

3. 燃烧重心

在这里对在燃烧重心位置放热的等容过程进行计算。这种新的理想循环可通过定义一个修改的压缩比 ε^* 来描述，此时在图 2-24c 中上止点从 OT 位移到假想的上止点 OT^*。

4. 不完全燃烧

汽油机气缸充量中含有未燃碳氢和一氧化碳成分，它们是由壁面处发生的猝熄效应（燃烧中断）和燃烧结束时的不完全转化所产生的，这些排放算作工作过程损失的能量，并在形成效率链时予以考虑。

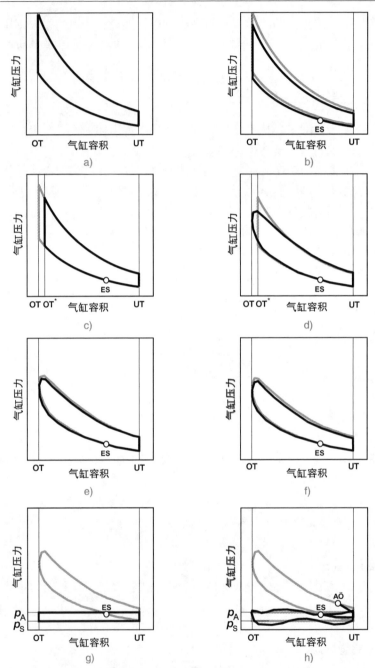

图 2-24　单个理想循环的逐步演示
（分图 a～h 中各有黑色曲线，而灰色曲线分别与其前面的曲线图有关）
a）理想循环　b）真实充量　c）燃烧重心　d）真实燃烧　e）真实工作气体
f）壁面热损失　g）理想换气　h）真实换气
ES—进气门关　AÖ—排气门开　OT—上止点　UT—下止点
OT*—按修改的压缩比 ε^* 确定位移的假想上止点（见文中（3）"燃烧重心"）　p_A—废气背压　p_S—进气管压力

5. 真实燃烧

在下一步中，必须计算由真实燃烧过程所产生的损失（图 2-24d），也就是说在这里要考虑真实燃烧过程的持续期和形式。因非最佳燃烧重心位置（燃烧位置）所产生的损失在前面已考虑了。如果在燃烧重心释放全部的热量，那么这方面的损失为零。

6. 真实工作气体

紧接着要考虑的是由真实气体特性所产生的损失（图 2-24e）。在这一步骤中，考察缸内物质（空气、残余废气、燃油）及其压力、温度和成分的关系。

7. 壁面热损失

发动机气缸壁面散热（图 2-24f）所造成的效率损失按牛顿传热方程计算。计算效率时重要的是气缸壁面传热的时间点。当类似于燃烧的等容度（见前）计算传热损失的等容度时，这种关系就变得很清楚了。传热损失高的等容度，也就是在 OT 附近燃烧，就意味着因壁面热量而造成高的效率损失，因而高的燃烧等容度抑制了效率的提高。这种互相抵触情况的优化在于设计紧凑的燃烧室，以及确保燃烧重心位于点火上止点（ZOT）后 6°~8° 曲轴转角。

8. 膨胀损失

至此的所有计算都是从下止点（UT）到下止点，不考虑真实的进排气门配气定时。膨胀损失就是考虑排气门通常在下止点前打开，以及由此而没能充分利用直至 UT 的膨胀所造成的损失。

9. 压缩损失

压缩损失考虑的是进气门在 UT 后关闭，而压缩延迟到 UT 后才开始所造成的损失。

10. 换气损失

理想换气仅是用平均的进气和排气压力进行计算的（图 2-24g），其中并没有考虑进排气侧的压力波动。理想的换气损失表示在诸如发动机有节流与无节流运行比较时按原理所产生的换气功，而在真实换气情况下，除此之外还要考虑压力波动（图 2-24h）。

在综合膨胀损失、压缩损失和真实换气损失（与理想换气损失相比较）的情况下，就能够将由流动过程和非理想配气定时所产生的损失与过程所产生的损失区分开来。

11. 机械损失

由活塞环、轴承和气门的摩擦以及辅助设备所产生的机械损失，根据测量所查明的平均指示压力和由输出转矩所决定的平均有效压力来计算。

其它方面的损失，例如活塞环漏气（泄漏至曲轴箱的气体），因它们的份额较少，以及采集参量的费用较高，大多忽略不计。

应用热力学损失分配作为例子，图 2-25 示出了各种汽油机燃烧过程和直喷式柴油机燃烧过程在相同的运行工况点（转速 2000r/min 和平均指示压力 0.3MPa）的效率链的比较。

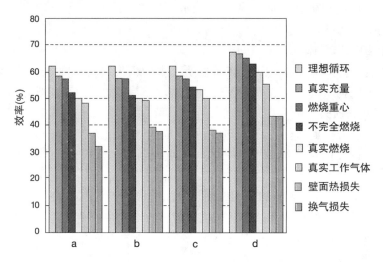

图 2-25　各种汽油机和柴油机燃烧过程效率链的比较
（图中的标志分别是各种损失及其产生的原因，它们导致效率降低到图中所标明的数值。）
a）进气道喷射汽油机　b）缸内直喷式汽油机　c）均质压燃汽油机　d）柴油机

2.6.2　效率优化技术

鉴于全球都在致力于降低 CO_2 排放，提高汽油机的效率是主要的发展重点之一。改进的和新的燃烧过程在效率方面具有优势，例如采用可变气门机构与提高缸内残余废气再循环份额的可靠性相结合，从而通过降低循环和燃烧温度获得好处。

采用均质压燃的均质无节流燃烧过程（参阅 2.3.3 节"均质自行着火"）能够实现均质低温燃烧，在保持低废气排放的同时在效率方面获得好处。而分层运行仍将是值得推荐的一种颇有前景的工作循环，这种燃烧过程通过无节流换气以及用新鲜空气非常稀地稀释混合气，使其比所有其它工作循环更接近理想的等容循环，当然其缺点仍然是分层充量的着火可靠性，以及因稀薄混合气而无法在三元催化转化器中降低的 NO_x 排放，只有采用吸附式 NO_x 催化转化器或 SCR（选择性催化还原）催化转化器才能奏效。

无论是压燃燃烧过程还是分层运行都是所谓的部分负荷燃烧过程，因为只有在部分负荷范围内才能实现并获得好处，而在其余的特性曲线场范围内通常是采用均质外源点火的。用于不同燃烧过程的与技术相关的优化潜力将在下文予以阐述，为此图 2-26 示出了过程参数曲线的比较。

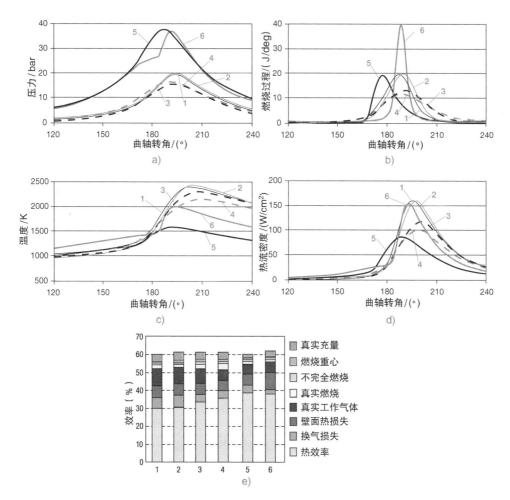

图 2-26　不同燃烧过程汽油机的物理参数和重要特性
（图中的标志分别是各种损失及其产生的原因，它们导致效率降低到
图中所标明的数值，而矩形柱的整个高度代表理想循环的效率。）

a）压力　b）燃烧过程　c）温度　d）壁面热流密度，各自为曲轴转角的函数　e）效率链
1—进气道喷射　2—缸内直接喷射均质运行　3—调节配气定时的可变气门机构　4—调节配气定时和气门
升程曲线的全可变气门机构　5—缸内直接喷射分层运行　6—压燃

1. 进气道喷射和外源点火的均质燃烧过程

在给定压缩比的外源点火均质燃烧过程情况下，点火角成为单一的优化参数。这种燃烧过程的特点通常是几乎均匀的放热（图 2-26b 中的曲线 1）。

2. 缸内直接喷射和外源点火的均质燃烧过程

通过将汽油直接喷入燃烧室使混合气得到冷却，这样就能够提高压缩比，从而能获得高的热效率（图 2-26e 中的矩形柱 2）。此外，较高的压力和温度为火焰传播创造了有利条件（图 2-26a 和 c 中的曲线 2），这就能为燃烧速度进一步带来好处。此时，不仅点火角而且喷油时刻也是优化燃油耗和废气排放的重要参数。

3. 可变气门机构和外源点火的均质燃烧过程

使用可变气门机构能够用换气气门替代进气系统中的节气门来控制一定负荷所必须的空气量，这样就能显著降低换气损失。

对于部分负荷运行工况点通常有两种控制策略：进气门早关或进气门晚关，这可以通过在 2 点式升程系统中缩短或加长进气凸轮廓线来实现，而应用连续可调节式进气升程系统，或者电液式或机电式全可变气门机构，则是更好的替代的方法。在全可变气门机构中，可自由选择缩短进排气门的升程或者改变它们的配气定时，因而也能优化排气凸轮轴的配气定时，例如"排气门开启"的时间点，以便在膨胀行程中获得最大的转矩收益。

此外，可变气门机构还能有针对性地将废气反馈到或截留在燃烧室中，这在原理上可通过在换气 OT 的一个较大的气门重叠来实现。高的残余废气份额能进一步提高燃烧室中的压力和温度水平，这能改善燃油的蒸发和混合气形成。对于燃烧而言，提高循环的压力和温度水平原则上是有利的，但是高的残余废气份额会导致强烈地降低层状燃烧速度，这又会减小效率优势，而这种效应可通过调早点火时刻予以部分补偿。在高压过程中，高残余废气的好处并非是直接从燃烧确切地说是从提高工作气体的稀薄程度得到的，而这种稀薄程度会导致较低的燃烧温度，从而在工作气体的热量特性和壁面热损失方面获得好处（图 2-26d 中的曲线 3 和 4）。但是，在这种情况下燃烧过程少许延迟了（图 2-26b 中的曲线 3 和 4），这导致在没有采用加强扰动的附加措施来补偿较高残余废气在烧尽方面的缺点的情况下，因被残余废气稀释，特别降低了燃烧和膨胀期间的缸内平均温度（图 2-26c 中的曲线 3 和 4）。

4. 缸内直接喷射和外源点火的分层燃烧过程

分层稀薄运行已接近无节流等容燃烧过程。其中对于稳定和可靠点火重要的是要确保喷油器与火花塞位置靠近布置，例如这可以通过喷油器安装在气缸盖中央位置来达到（参见图 2-5c）。

这种燃烧过程很大的优点在于消除了换气时的节流，更重要的是工作气体的稀释程度高，因质量平均温度低（图 2-26c 中的曲线 5）而在气缸充量热量特性方面带来了很大的好处。但是，由于燃烧室中的压力水平较高，首先不会像通过较低的质量平均温度所期望的那样减少壁面的传热，确切地说是高的气缸压力减小了燃烧室壁面附近的热边界层，这就提高了热传导系数，从而增加了壁面热损失。

为了降低对于通过认证具有重要意义的 NO_x 排放，附加应用了外部废气再循环，此时因添加了残余废气使工作气体的热量特性变差，因为其中的新鲜空气被取代，结果压缩行程只能达到略低的压力，从而在燃烧期间产生较低的温度，因而同样也减少了对温度和氧敏感的 NO_x 的形成。

这种燃烧过程的特点是无节流过程，即高的压力（图 2-26a 中的曲线 5），低的质量平均温度（图 2-26c 中的曲线 5）以及开始时迅速的燃烧（图 2-26a 和 b 中的曲线 5），它们导致了高的效率（图 2-26e 中的矩形柱 5）。相反，燃烧结束好像延迟了（图 2-26b 中的曲线 5），因不理想的混合气分层对效率产生了不利的影响，但是其中有利的效果明显占优势。

5. 可控均质压燃和缸内直接喷射的燃烧过程

汽油机的可控自行着火，也称为均质充量压缩着火（HCCI，Homogeneous Charge Compression Ignition，以下简称为均质压燃），因消除了换气节流，为部分负荷运行提供了很大的潜力。由于高压过程混合气极其稀薄以及放热迅速，这种循环非常接近于等容循环，而且 NO_x 排放特别低。但是，自行着火所必须的高温减小了气缸充量热量特性，尤其是壁面热损失方面的优势（图 2-26e 中的矩形柱 6）。

为了控制自行着火，需要使用可变气门机构，它能精确地控制残余废气量。为此可应用不同的气门控制策略，以便有针对性地调节温度，也可与外部废气再循环相组合，进一步获得较低残余废气温度的可变性。

此外，缸内直接喷射起到了另一种重要的作用，其中通过喷油时刻和多次喷射能够影响工作气体的热力学性能和反应动力学，因此在这种燃烧过程中能够用这两种重要参数替代传统的点火角作为调节发动机的控制参数。

因需要高的残余废气含量，外源点火之后火焰核心的增长明显缓慢，因而通常起不到显著的效果，但是在较高的负荷以及残余废气份额随之减少的情况下，外源点火却能起到稳定运行的效果。

由反应动力学所控制的非常迅速的放热不得不被减缓，因而不会出现过高的机械负荷和燃烧噪声，对此通过气门控制用惰性气体稀释气缸充量和控制充量温度以及残余废气含量，再加上与喷油策略的相互配合起着非常重要的作用。

这种燃烧过程的特点不仅在于因消除了节流而使燃烧室压力较高，而且放热速度也非常快（图 2-26a 和 b 中的曲线 6），同时因内部废气再循环率较高，其缸内平均温度也要比分层燃烧过程的高些（图 2-26c）。

2.7　内燃机测量技术

2.7.1　测量技术

　　气缸压力曲线是缸内工作过程热力学分析的基础。该参数（图2-26a）是按曲轴转角的函数采集的，但这是在燃烧室内部固定的位置测得的。为了对换气进行可靠的分析，采集每个气缸进气管和废气管道中随时间变化的压力曲线同样是十分重要的（参阅2.5.3节"压力曲线分析"）。

　　随时间变化采集的发动机特性参数被称为示功图。一般，采用瞬时记录仪进行示功图测量，它借助于曲轴转角传感器来触发当时的曲轴转角位置。曲轴转角传感器被安装在曲轴自由端，除了提供按转角分辨的触发标志（大多为1°或0.5°分辨率）外，还提供曲轴每转一转的确认信号，因而能精确地识别曲轴的位置。在每次触发时瞬时记录仪都会储存相应信号的数值，采用这种方式就能与曲轴同步地采集例如气缸压力曲线。

2.7.2　压力指示

　　为了采集低压值（进气管中的或用于废气的），大多应用压阻压力传感器，它能提供测量部位的绝对压力。为了对用于废气管道中的压力传感器进行热保护，借助于采用压力空气工作的转接器使这种压力传感器仅在进行测量时才会受到热废气的冲击。

　　而在指示高压时则应用压电压力传感器。作为测量工具它能测得真实的气缸压力变化。这种压力传感器大多采用冷却回路主动进行冷却，并可通过一个调节装置进行调节。压电压力传感器具有较大的测量范围，因而适合于测量工作循环期间强烈变化的燃烧室压力，它能提供一个电量作为测量参数，并能借助于电量放大器和转换器转换成数字化信号在瞬时记录仪中进行测量。因测得的是相对测量值，必须将压电压力传感器测得的气缸压力曲线通过适当的方法（与绝对测量信号相关的，例如进气管压力和热力学零线的查找）修正成绝对值。

2.8　实际使用燃油耗

　　汽车制造商承担着引领汽车燃油耗的责任。汽车燃油耗值通过废气排放试验测得。在废气排放试验时，汽车按规定的试验循环运行，因此所有汽车的燃油耗值是可以相互进行比较的。

　　此外，每个驾驶人自身通过其驾驶方式也能对降低燃油耗起到重要的作用，但是驾驶人通过其汽车降低的燃油耗却与众多的因素有关（图 2-27）。

　　"节俭的"驾驶人采取下面所列举的措施，在日常行驶中的燃油耗可比"平均水平的驾驶人"节省 20% ~ 30%。每个节油措施所能达到的节油效果取决于众多因素，其中重要的是行驶路程状况（城市行驶、长途行驶）和交通状况，因此规定节油的数值往往并非是合理的。

2.8.1　有利于降低燃油耗的因素

　　① 轮胎内压：汽车满载时应注意使用较高的轮胎内压（节油率约 5%）。

　　② 在负荷大而转速低时加速，应在发动机转速达到 2000r/min 时再换入高档位。

　　③ 在尽可能高的档位上行驶：即使发动机转速低于 2000r/min 时也能以全负荷行驶。

　　④ 通过有预测地行驶，避免制动和随即又加速的驾驶方式。

　　⑤ 充分利用空档滑行。

　　⑥ 在停车时间较长的情况下发动机熄火，例如交通信号灯红灯亮时间较长时，或者铁道栅栏关闭时（发动机 3min 怠速运转所消耗的燃油汽车可行驶 1km）。

　　⑦ 使用制造商规定的发动机机油（节油率约 2%）。

2.8.2　不利于降低燃油耗的因素

　　① 不必要的物品增加汽车重量，例如在行李箱中装大量物品（会额外增加燃油耗约 0.3L/100km）。

　　② 高的行驶速度。

　　③ 因车顶安装物品增大空气阻力。

　　④ 增加用电设备，例如汽车后窗加热、雾天前照灯等（约 1L/1kW）。

　　⑤ 空气滤清器太脏和火花塞损坏（应注意火花塞电极间隙的变化）。

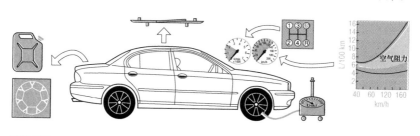

图 2-27　影响汽车燃油耗的因素

参 考 文 献

[1] Czichos, H. (Herausgeber); Hennecke, M. (Herausgeber). Hütte. Das Ingenieurwesen. 33. Aufl. Springer 2007.

[2] Grill, M.: Objektorientierte Prozessrechnung von Verbrennungsmotoren. Diss. Universität Stuttgart, 2006

[3] Grote, K.-H. (Herausgeber); Feldhusen, J. (Herausgeber). Dubel: Taschenbuch für den Maschinenbau. 23. Aufl., Springer 2012

[4] Hahne, E.: Technische Thermodynamik, 2. überarbeitete Auflage, Addison-Wesley, 1993, ISBN 3-89319-663-3

[5] Lejsek, D.: Berechnung des instationären Wandwärmeübergangs im Hochlauf von Ot-tomotoren mit Benzin-Direkteinspritzung. Diss. Technische Universität Darmstadt, 2009

[6] Merzbach, G.: Bestimmung der Leckage an einem 1-Zylinderversuchsmotor. Diplomar-beit, TH Darmstadt, 1988

[7] Mollenhauer, K. (Herausgeber); Tschöke, H. (Herausgeber). Handbuch Dieselmotoren (VDI-Buch). 3., neu bearbeitete Aufl. Sprin-ger 2007

[8] Pischinger, R.; Klell, M.; Sams, Th.: Thermo-dynamik der Verbrennungskraftmaschine. 2. überarbeitete Auflage, Springer, Wien, New York, 2002, ISBN 3-211-83679-9

[9] Vibe, I. I.: Brennverlauf und Kreisprozess von Verbrennungsmotoren. VEB Verlag Technik, Berlin, 1970

[10] Woschni, G.: Beitrag zum Problem des Wandwärmeüberganges im Verbrennungs-motor. MTZ 26, 1965

第3章 燃油供应

3.1 引言和概述

　　燃油供应系统的任务是将具有特定压力的燃油以一定的油量从燃油箱输往发动机，进气道喷射（SRE）汽油机的燃油接口是燃油分配总管及进气道喷油器，而缸内直喷（BDE）式汽油机的燃油接口则是高压燃油泵。

　　上述两种喷油类型的燃油供应系统的基本结构是相似的：由电动燃油泵将燃油从燃油箱通过钢制或塑料制燃油管输往发动机，但是各种不同的要求有时会导致系统设计的差异和方案的多样性。

　　进气道喷射是由电动燃油泵将燃油从燃油箱通过燃油管和燃油分配管（也被称为燃油共轨）直接输送到喷油器的，而汽油机缸内直接喷射虽然同样也是用燃油箱中的电动燃油泵输送燃油，但是紧接着再由高压燃油泵将燃油提升到更高的压力，然后才输往高压喷油器。

3.1.1 进气道喷射的燃油输送

　　电动燃油泵（EKP）输送燃油并产生喷油压力，进气道喷射典型的喷油压力约为 0.3~0.4MPa，这一燃油压力在很大程度上能防止在燃油系统中形成蒸气泡。集成在电动燃油泵中的止回阀阻止燃油通过泵返回到燃油箱，这样即使在电动燃油泵停止工作后，根据燃油系统的冷却过程和内部泄漏的不同，系统压力也能维持一段时间，因此即使在发动机停机后，在较高的燃油温度下也能阻止在燃油系统中形成蒸气泡。

　　目前存在各种不同的燃油供应系统，从原理上可分为全供油系统和按需调节系统，而全供油系统又可分为有回油系统和无回油系统两种类型。

1. 有回油供油系统

　　燃油由电动燃油泵（图3-1中的2）从燃油箱（1）中吸入，并通过燃油滤清器（3）和燃油管（4）输送到安装在发动机上的燃油分配管（燃油共轨）（5）。通过燃油分配管将燃油供给喷油器（7）。安装在燃油共轨上的机械式压力调节器（6）直接以进气管压力为基准来保持喷油器与进气管之间的压力差恒定变化，而与进气管绝对压力也即发动机负荷无关。

连接在燃油压力调节器上的回油管（8）将发动机不需要的燃油返回到燃油箱。多余的燃油在发动机室中被加热，返回到燃油箱会使其中的燃油温度升高，从而会产生燃油蒸气。为了避免对环境造成污染，这些燃油蒸气通过燃油箱通风系统暂时储存在活性炭罐中，并通过进气管引入进气空气中，并被吸入发动机气缸。整个燃油蒸气回收系统将在3.3节"燃油蒸气回收系统和燃油箱通风"中详细讨论。储油箱安装模块侧面有一个进油射流泵（9，也被称为进油射流喷嘴），它用从靠近发动机的燃油压力调节器返回的燃油工作，以泵油量将燃油输入储油箱，以便使电动燃油泵（2）在任何条件下始终能可靠地吸油。

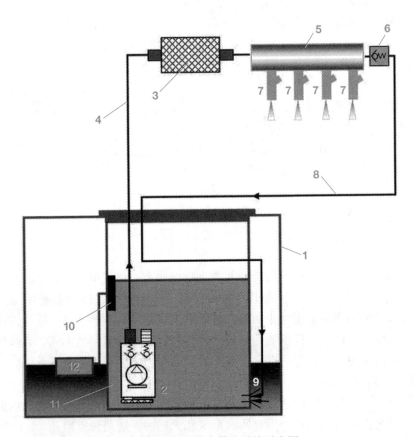

图3-1　有回油的全供油系统示意图

1—燃油箱　2—电动燃油泵　3—燃油滤清器　4—燃油管　5—燃油分配管　6—燃油压力调节器
7—喷油器　8—回油管　9—进油射流泵　10—油箱液面位置传感器　11—储油箱　12—浮子

2. 无回油供油系统

无回油供油系统（图 3-2）中的燃油压力调节器（6）位于储油箱上，而且是储油箱安装模块的组成部分，因而取消了从发动机至燃油箱的回油管。由于燃油压力调节器不以进气管压力为基准调节压力，因此这种系统的喷油压力与发动机负荷有关，发动机电控单元计算喷油持续时间时就要考虑到发动机负荷情况。

此系统仅给燃油分配管（5）输送将喷射的燃油量，而由全供的电动燃油泵供应的多余燃油直接从燃油压力调节器（6）返回储油箱，而没有经过发动机室，因此燃油箱中燃油的加热也就是燃油的蒸发就明显比有回油系统的少。由于具有这种优点，因而如今绝大多数车型都采用无回油系统。这种系统的进油射流泵（8）在输油模块上直接用电动燃油泵初始输出的燃油流运行。

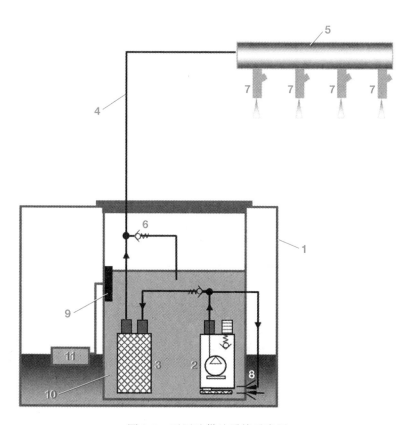

图 3-2　无回油供油系统示意图

1—燃油箱　2—电动燃油泵　3—燃油滤清器　4—燃油管　5—燃油分配管　6—燃油压力调节器
7—喷油器　8—进油射流泵　9—油箱液面位置传感器　10—储油箱　11—浮子

3. 按需调节供油系统

按需调节供油系统（图3-3）中的燃油泵仅输送当前发动机所消耗的和为调节到期望压力所需的燃油量，其燃油压力的调节是以模型为基础的预调节和一个调节回路实现的，其中当前的燃油压力由一个低压传感器采集，取消了燃油压力调节器，而用一个限压阀（英语名称为释压阀，PRV）替代，因此即使在倒拖断油时或发动机停机后也不会建立起过高的燃油压力。为了调节输油量，电动燃油泵的工作电压通过一个由发动机电控单元控制的燃油泵电子模块进行调节。在这种系统中，燃油压力在高于环境压力 250 ~ 600kPa 的范围内变化，但是也能够调节到一个恒定值。

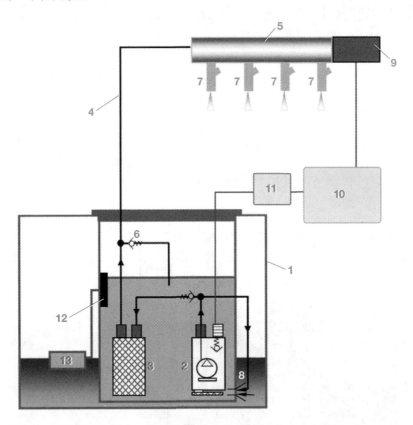

图 3-3　用于汽油进气管喷射的按需调节供油系统示意图

1—燃油箱　2—电动燃油泵　3—燃油滤清器　4—燃油管　5—燃油分配器　6—燃油限压阀
7—喷油器　8—进油射流泵　9—燃油压力传感器（用于低压）　10—发动机电控单元
11—燃油泵电子模块　12—油箱液面位置传感器　13—浮子

由于按需要进行调节，因而没有多余的燃油被压缩，燃油泵所消耗的功率被降低到正好所需要的程度，与全供油泵系统相比，它能降低燃油耗，而且与无回油供油系统相比，还能进一步降低燃油箱中的燃油温度。

　　按需调节系统的其它优点是由可变调节的燃油压力带来的。一方面可提高热起动时的燃油压力，以避免形成蒸气泡；另一方面，特别是在涡轮增压发动机上可扩大喷油器的计量范围（通过扩大喷油量），这是在全负荷时通过提高喷油压力，以及在非常小的负荷时降低喷油压力来实现的。此外，还存在越来越多的应用可能性，例如可提高冷起动时的喷油压力，以改善喷油器的雾化品质和混合气形成准备。

　　另外，与迄今为止的供油系统相比，借助于所测量的燃油压力可获得更好的燃油系统诊断可能性。除此之外，考虑到计算喷油持续时间时的实时燃油压力可获得更精确的燃油计量精度。

3.1.2　汽油机缸内直接喷射的燃油输送

　　与燃油喷入进气道相比，燃油直接喷入燃烧室时可供使用的时间窗口很短，混合气准备也就显得非常重要，因此直接喷射时燃油就必须采用比进气道喷射时明显更高的压力喷射。燃油喷射系统分为低压回路和高压回路。关于高压回路的详细情况可参阅第 5 章 5.2 节"汽油机缸内直接喷射"。

低压回路

　　汽油机缸内直接喷射系统的低压回路基本上使用了从进气道喷射系统的燃油系统及其部件。为了避免在热机起动和热机运行时形成蒸气泡，高压回路中使用的高压燃油泵必须采用更高的初级输油压力，因而使用可变的低压系统是有利的，而按需调节的低压系统对此特别适合，因为这样一来发动机的每种运行工况都能够使用最佳的初级输油压力。这些相应的要求归纳于表 3-1，实际的系统布置状况示于图 3-4。

　　当然，也有应用由单向阀控制的初级输油压力不调节的无回油供油系统，或高的恒定初级输油压力的供油系统，但是它们在能量利用上并非是最佳的。

表 3-1　按需调节供油系统的性能

喷射类型	进气道喷射		缸内直接喷射
方案	恒定压力	可调节压力	可调节压力
燃油压力/kPa	≈350	250~600	200~600
与恒定供应量相比的优点		计量范围扩大 冷起动时较好的混合气准备	较好的热机起动

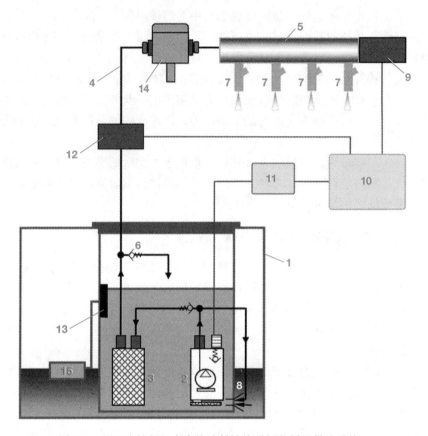

图3-4　用于汽油机缸内直接喷射的按需调节低压供油系统

1—燃油箱　2—电动燃油泵　3—燃油滤清器（油箱内）　4—燃油管　5—燃油分配管（共轨）
6—限压阀　7—高压喷油器　8—进油射流泵　9—压力传感器（用于高压）　10—发动机电控单元
11—燃油泵电子模块　12—压力传感器（用于低压）　13—油箱液面位置传感器　14—高压泵　15—浮子

3.2　燃油输送部件

3.2.1　电动燃油泵

1. 任务

电动燃油泵必须在任何运行工况时以喷油所必须的压力为发动机输送足够的燃油，其主要的要求是：

1）在额定电压时供油量为 $60 \sim 300 \text{L/h}$。

2）供油系统中的压力相对于环境为 $250 \sim 600 \text{kPa}$。

3）从 50% ~60% 额定电压起开始建立燃油压力，这对于冷起动运行是具有决定性意义的。

此外，电动燃油泵越来越多地被用作汽油机和柴油机现代缸内直接喷射系统的初级输油泵。对于汽油机缸内直接喷射而言，在热机供油运行时必须能短时间准备好高达 650kPa 的供油压力。

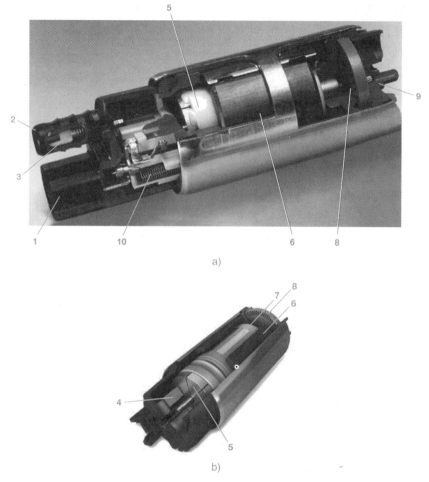

图 3-5　电动燃油泵结构（以叶片泵为例）

a）方案一　b）方案二

1—电插头　2—液压接头（燃油出口）　3—止回阀　4—电刷　5—集电环
6—永久磁铁制成的定子　7—转子　8—叶片泵转轮　9—液压接头（燃油进口）　10—扼流线圈

2. 结构

电动燃油泵由电动机驱动（图 3-5），这种电动机的标准结构是由永久磁铁制的定子和具有铜制集电环的转子组成。对于高功率、特殊应用场合和柴油机系统，也越来越多地使用碳集电环。市场上的新车也越来越多地应用无集电环和电刷的电子整流系统。泵的部分被设计成挤压式泵或叶片式泵结构形式。其它的组成部分是具有电插头的连接盖、止回阀（单向阀，阻止燃油反向回流）、必要时安装的限压阀和液压出口等。连接盖通常还包括用于集电环－驱动电动机运转的电刷和无线电抗干扰元件（扼流线圈和必要安装时的电容器）。

3. 挤压式泵

原则上，在挤压式泵中，一定体积的液体被吸入，并在封闭的空间（不考虑泄漏）中通过泵元件的旋转输送到高压侧。电动燃油泵主要采用滚柱泵（图3-6a）和内齿轮泵（图3-6b）。挤压式泵比较适合于具有高系统压力（450kPa及其以上压力）的低压系统，并且具有良好的低电压特性，即相对"平坦"的泵油功率－运行电压特性曲线，其效率能高达25%。不可避免的压力脉动会引发噪声，根据具体的技术规格和安装位置的不同而有所不同。

就电控汽油机缸内直接喷射系统中的电动燃油泵的常规功能而言，挤压式泵大多采用圆周叶片泵，而在缸内直接喷射系统（汽油机和柴油机）的初级输油中，因其压力需求范围和黏度范围大大扩展，挤压式泵获得了新的应用场合。

4. 圆周叶片泵

圆周叶片泵（图3-6c）已应用于最高压力为600kPa的低压系统。圆周叶片泵就是一种叶片式燃油泵，圆周上有众多叶片（6）的转盘，在由两个壳体件组成的腔室内旋转，而这两个壳体件与转盘叶片各自形成一个燃油通道（7），这些燃油通道从进油孔（9）处开始，其中的燃油到出油孔（10）处以系统压力离开泵油元件。为了改善热机供油性能，在离进油口一定距离处有

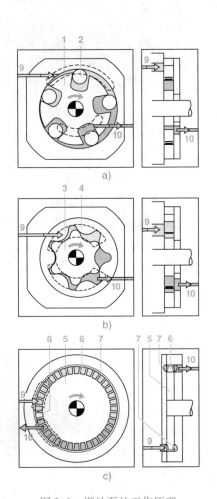

图3-6　燃油泵的工作原理
a）滚柱泵（RZP）　b）内齿轮泵（IZP）
c）圆周叶片泵（PP）
1—带槽转盘（偏心）　2—滚柱　3—内驱动齿轮
4—转子（偏心）　5—转盘　6—转轮叶片
7—通道　8—排气孔
9—进油口　10—出油口

一个小的排气孔，它能排出可能产生的气泡（容许最少的泄漏量）。沿着燃油通道通过转盘叶片与燃油之间的动量交换建立起燃油压力，由此引起转盘和通道容积中的燃油流量螺旋形旋转。圆周叶片泵的噪声较低，因为燃油压力的建立是连续的几乎无脉冲。与挤压式燃油泵相比，其结构明显简单。采用单级泵就能达到高达 650kPa 的系统压力。这种燃油泵的效率最高可达到 26%。

5. 展望

许多现代车辆的燃油供应都采用按需调节的供油系统。在这种燃油系统中，电子模块根据所必须的燃油压力来驱动燃油泵，并通过燃油压力传感器来测量燃油压力。这种系统的优点是：

1）电流消耗较少。

2）减少了电动机加入的热量。

3）降低了泵的噪声。

4）可调节燃油系统的压力。

在未来的燃油系统中，单纯的泵调节将扩展出更广泛的功能，例如燃油箱泄漏诊断和燃油箱液面位置传感器信号分析等。为了满足有关压力和使用寿命，以及全球各种不同燃油品质等方面更高的要求，未来具有电子整流功能的无刷电动机将起到更为重要的作用。

3.2.2　输油模块

电控汽油机缸内直接喷射初期，电动燃油泵都安装在燃油箱外面，而如今绝大多数机型采用安装在燃油箱内的电动燃油泵输油模块（图 3-7），其中电动燃油泵（2）是输油模块的组成部分，输油模块还包括其它元件：

1）用于转弯行驶的储油箱。绝大多数由进油射流泵（3）主动充满燃油，或者由翻转装置、转换阀等装置被动充满燃油。

2）油箱液面位置传感器（5）。

3）无回油系统（RLFS）中的燃油压力调节器（4）。

4）保护泵的滤网（6）。

5）压力侧燃油滤清器（1），它在整个汽车使用寿命期间无需更换。

6）模块法兰上的电插头和液压接头。

除此之外，还可能集成油箱压力传感器（用于油箱泄漏诊断）、燃油压力传感器（用于按需调节系统）和阀等。

3.2.3　汽油滤清器

汽油滤清器的任务是容纳和永久储存污染颗粒，以防止喷油系统遭受污染颗粒的腐蚀、磨损。

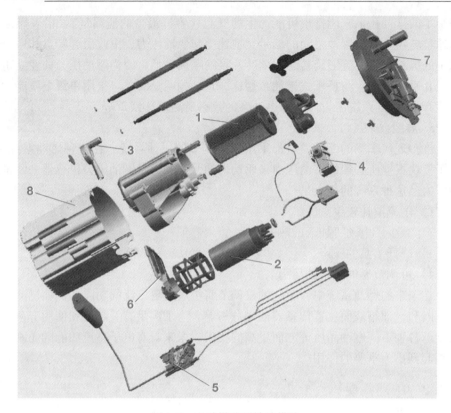

图 3-7　电动燃油泵输油模块

1—燃油滤清器　2—电动燃油泵　3—进油射流泵（选用）　4—燃油压力调节器
5—油箱液面位置传感器　6—滤网　7—模块法兰　8—储油箱

1. 结构

　　汽油机的燃油滤清器布置在燃油泵后面压力侧。在较新的车辆上，出于优化目的采用油箱内滤清器，即滤清器集成在燃油箱中。在这种情况下，它必须被设计成长寿命滤清器，在车辆使用寿命期间无需更换。此外，仍继续使用在线滤清器，即安装在燃油管路中的滤清器，这种滤清器被设计成可更换件滤芯的或长寿命的部件。滤清器壳体用钢、铝或塑料制成，它采用螺纹接头、软管接头或快速插入式接头（即所谓的快速接头）与燃油管连接。滤芯位于壳体中，它过滤燃油中的污染颗粒。滤芯集成在燃油循环回路中，应尽可能使燃油以均匀的流动速度流经滤清介质的全部表面。

2. 滤清介质

　　多数滤清器采用专门的树脂浸渍微纤维纸作为滤清介质，在要求较高的情况下还与一层软的多孔性塑料纤维层相结合，这种结合层必须确保具有高的机械、热和化学稳定性。滤纸的多孔性和孔的分布决定滤清器的污染物分离效果和流动阻力。

汽油机用的燃油滤清器滤芯被制成卷绕式或星形折叠式的结构。卷绕式滤清器是用压印的滤纸卷绕在一个芯管上制成滤芯的，污染的燃油沿纵向流经滤清器。而星形折叠式滤清器（图3-8）则是将滤纸折叠成星形滤芯装入壳体中的，并采用塑料、树脂或金属支承盘，必要时用一个内部支承套管保持滤纸稳定，污染燃油从外向里流经滤纸，从而滤清介质将污染颗粒分离出来。

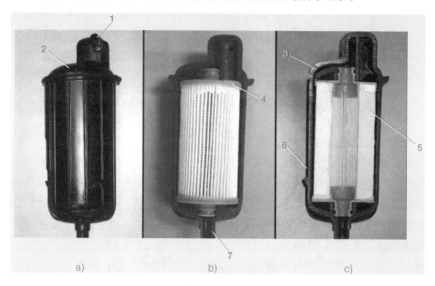

图3-8 具有星形折叠式滤芯的汽油滤清器

a）滤清器壳体 b）滤芯 c）纵剖面

1—燃油出口 2—滤清器盖 3—内部焊接边棱 4—支承盘

5—滤清介质 6—滤清器壳体 7—燃油进口

3. 滤清效应

固体污染颗粒不仅通过过滤效果，而且还通过撞击、扩散和阻挡效应进行分离。过滤效果基于较大尺寸的颗粒无法通过滤清介质的空隙，而较小尺寸的颗粒在撞击滤清介质纤维时就贴附在其上面，对此可分成3种机理：在阻挡效应中，颗粒随着燃油流冲刷纤维周围，但是它们碰撞到纤维边缘，并被内部分子力贴附在那里，而较重的颗粒则由于其惯性并不跟随滤清介质纤维周围的燃油流动，而是冲向纤维的正面（撞击效应）。在扩散效应中，非常小的颗粒由于其固有运动（布朗分子运动）而偶尔碰到滤清介质纤维，并被贴附其上面。各种效应的分离品质取决于颗粒的尺寸、材料和流动速度。

4. 要求

所必须的滤清精细度取决于喷油系统。进气道喷射系统使用的滤芯具有中等的空隙度约为 $10\mu m$，而汽油机缸内直接喷射则必须满足更精细的滤清效果，其中等的空隙度约为5μm，尺寸大于5μm的颗粒的分离率必须达到85%。除此之外，汽油机缸内直接喷射使用的燃油滤清器，在新的状态下其残余的污染物必须满足如下的要求：直径大于200μm的金属、矿物、塑料颗粒和玻璃纤维必须可靠地从燃油中过滤掉。

滤清器效率取决于流动方向，因此在更换在线滤清器时，必须符合滤清器壳体上用箭头所标明的流动方向。根据滤清器的容积和燃油污染程度，正常情况下常规的在线滤清器的更换周期为30，000～90，000km，而油箱内滤清器更换周期一般可达160，000km。汽油机缸内直接喷射所用的燃油滤清器（油箱内和在线滤清器）的使用寿命则超过250，000km。

3.2.4 燃油压力调节器

1. 任务

进气道喷射喷油器的喷油量取决于喷油持续时间，以及燃油分配管中的燃油压力与进气管中的背压之间的压差。在有回油的系统中，压力的影响能得到补偿，因为其中的燃油压力调节器能保持燃油压力与进气管压力之间的压差恒定，它将多余的燃油量返回燃油箱，正好能使喷油器处的压力差保持恒定不变。为了完全消除燃油分配管中燃油压力的冲击，通常燃油压力调节器安装在燃油分配管的末端。在无回油的系统中，燃油压力调节器位于燃油箱中的电动燃油泵输油模块上，燃油分配管中的燃油压力被调节到相对于环境压力的一个恒定值，因此它的燃油压力相对于进气管压力的压力差并非是恒定的，在计算喷油持续时间时，必须考虑到这种情况。

2. 结构和工作原理

燃油压力调节器被设计成膜片控制溢流旁通式压力调节器（图3-9）。一片橡胶帘布膜片（4）将燃油压力调节器分隔成燃油室和弹簧室两部分。弹簧（2）通过集成在膜片上的阀座盘（3）将活动支承的阀盘压紧在阀座上。当燃油压力施加在膜片上的力超过弹簧力时，阀就被打开，返回燃油箱的燃油量正好使作用于膜片上的力被调节到达到平衡值。弹簧室与节气门后进气总管中的空气相通，从而使进气管中的真空度也能作用于弹簧室，因而膜片上的压力状况与喷油器上的压力状况相同，因此喷油器上的压力落差仅取决于弹簧力和膜片表面积，并保持恒定不变。

3.2.5 燃油压力阻尼器

喷油器的喷油节拍和按照容积式泵原理工作的电动燃油泵的周期性泵油导致了燃油压力的波动，这种波动会引起压力谐振，从而损害燃油的计量精度。这些波动在一定条件下还会通过电动燃油泵、燃油管和燃油分配管的固定件传递到燃

油箱和汽车车身上，并引发噪声。可
以通过固定件的有针对性的设计和采
用专用的燃油压力阻尼器，以避免出
现这些问题。

　　燃油压力阻尼器与燃油压力调节
器的结构相似，但没有溢流旁通路
径，其中受弹簧力控制的膜片同样也
将其分隔成燃油室和空气室两部分，
弹簧力的大小也被设计得只要燃油压
力达到其起作用范围，膜片就抬离其
座面，这样容积可变的燃油室在出现
压力峰值时就能容纳燃油，而在压力
降低时又能补充燃油。为了在燃油绝
对压力随进气管压力变动的情况下，
能始终在最有利的运行范围内工作，
弹簧室可与进气管相通。就如燃油压
力调节器那样，燃油压力阻尼器也能
安装在燃油分配管或燃油管上。在缸
内直接喷射系统中，高压燃油泵也具
有类似的结构。

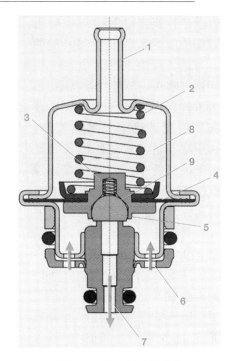

图 3-9　燃油压力调节器
1—至进气管接头　2—弹簧　3—阀座盘
4—膜片　5—阀　6—燃油进口　7—回油口
8—弹簧室　9—阀座

3.3　燃油蒸气回收系统和燃油箱通风

　　为了防止燃油箱中蒸发的燃油散发到周围环境中去，汽油机汽车都装备燃油
蒸气回收系统（燃油箱通风系统）。废气排放法规中规定了最大容许的碳氢化合
物蒸气排放量。

3.3.1　燃油蒸气的产生

　　由于随着环境温度的升高燃油箱中的燃油温度也会升高，或被邻近部件
（例如废气净化装置）加热，或热燃油返回到油箱，或环境压力降低（例如行驶
时上山）等方面的原因，使得燃油箱中的燃油蒸气越来越多。

3.3.2　结构和工作原理

　　燃油蒸气通过通风管（图 3-10 中的 2）从燃油箱（1）被引入活性炭罐
（3）。活性炭吸附燃油蒸气，而空气能够通过新鲜空气进口将这些燃油蒸气带走，因而活性炭罐必须定期进行再生，以保持吸附新蒸发燃油蒸气的能力。为此，活性炭罐通过再生阀（5，炭罐电磁阀）与进气管（8）相通。为了进行再生，再生阀（炭罐电磁阀）由发动机电控系统控制，使活性炭罐与进气管之间的管路开通，由于进气管中存在真空度，新鲜空气（4）就通过活性炭罐被吸入，将活性炭所吸附的燃油蒸气带走，并将其输送到进气管中，与发动机吸入的空气一起进入燃烧室，同时电控系统将减少喷油量以确保正确的总燃油量进入燃烧室。经过活性炭罐吸入的燃油量通过过量空气系数进行计算，并被调节到设定值。

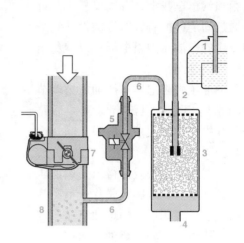

图 3-10　燃油蒸气回收系统

1—燃油箱　2—燃油箱通风管　3—活性炭罐
4—新鲜空气进口　5—炭罐电磁阀（再生阀）
6—至进气管的通气管　7—节气门　8—进气管

容许的再生气体量，即通过再生阀（炭罐电磁阀）吸入的空气—燃油流量，因可能引起燃油浓度的波动而受到限制，因为通过该阀输入的燃油份额越多，系统就必须越快越大地修正喷油量。这种修正通过空燃比调节功能进行，其中燃油浓度波动的补偿在时间上有滞后，因此过量空气系数的波动必须通过限制再生量加以节制，这样就不会损害到废气排放值和行驶性能。

废气涡轮增压和汽油机缸内直接喷射系统的特殊性

汽油机缸内直接喷射系统在增压运行时，以及稀薄燃烧系统在分层运行时，再生的效果会受到限制，因为此时进气在很大程度上消除了节流，进气管真空度较小甚至非常小，因而再生气体流量也要比均质运行时小。如果再生气体流量不足够的话（例如燃油析出多时），那么发动机就要转换到均质运行，直到再生气流中的燃油浓度降低为止，这可通过氧传感器来确定。因此，对于增压系统而言，就有可能要在燃油箱通风系统中，在废气涡轮增压器前集成一个带文杜里喷嘴的第二个支路，或用该支路替代原来的通风管路。

3.3.3　进一步的要求

燃油蒸气回收系统的再生过程，一方面受到内燃机运行条件对它的限制，另一方面还受到进气模块与环境之间压力差的限制。由于越来越高的发动机小型化以及与此相关的越来越高的增压度（在涡轮增压发动机情况下），因采用常规增压后可提供的进气管压差进一步降低，而且用于进一步节油的新型系统（起动-停车系统、混合动力）更大大限制了内燃机运行的可支配性。两方面趋势综合起来，要求在燃油箱通风系统中采取进一步的措施，例如使用压力燃油箱，以减少燃油蒸气的析出（此时燃油箱内压力提高到超过环境压力高达 $30 \sim 40 kPa$），或者使用主动清扫泵，以辅助活性炭罐再生。

3.4　汽油机燃料

3.4.1　概述

自从汽油机问世以来，对汽油机燃料（俗称为汽油）的要求发生了显著的变化。发动机技术的持续不断的发展和环境保护都需求高品质的燃油，从而确保无故障的行驶运行和低的废气排放。对燃油成分和特性的要求由燃油规格来确定，并在制定法规时以此为基准。

1. 发展历史

19 世纪最初进行的炼油是用原油通过蒸馏生产出煤油，它被用作油灯燃料。炼油过程的副产品是一种在相对较低的温度下就已挥发的液体，它被称为汽油。同样，在通过煤汽化提取照明煤气时产生的石油醚也被称为汽油，早些时候它被用作清洗用汽油。

1876 年，第 1 台四冲程汽油机仍使用照明煤气运行，并且功率小，重量也相对较重。随后开发的汽车用小型高速四冲程汽油机则是为液体燃油开发的，并且使用轻汽油即上述的石油醚运行。石油醚在药店里就能买到。随着喷嘴式化油器的出现，发动机也采用不易挥发的馏分汽油运行，这就显著改善了适用燃油的可用性。

最早的专门提炼汽油是从 1913 年开始的。为了改善汽油的出油率，曾开发了能改变汽油化学成分和特性的化学方法，此时也已出现了第 1 批汽油添加剂或"品质改善剂"。在随后的几十年中，又开发出提高汽油出油率和燃油品质的其它精加工方法，以满足环保法规和汽油机进一步发展的要求。

2. 燃油种类和成分

德国供应两种辛烷值 95 的超级汽油，它们的乙醇体积分数不同，最大的乙醇体积百分比为 5%（超级汽油）或 10%（E10 超级汽油），此外还可以买到辛烷值 98 的（超级＋）汽油，个别供应商已用 100 辛烷值汽油（V－Power 100, Ultiimate 100, Super 100）替代（超级＋）汽油，它们是在基础汽油中通过加入添加剂来生产的。这些添加剂是为改善行驶性能和燃烧而添加的有效物质。

美国则区分为常规汽油（辛烷值 92）、优质汽油（辛烷值 94）和（优质＋）

63

汽油（辛烷值98）。美国的这些汽油通常的乙醇体积百分比为10%，通过添加含氧的成分来提高辛烷值，来满足压缩比越来越高的现代汽油机对提高抗爆性的要求。

汽油机燃料大部分是由烷烃和芳香烃组成的（图3-11）。虽然具有直链式结构的烷烃（n-烷烃）显示出非常良好的点火性能，但是其抗爆性也较低。异构烷烃和芳香烃具有较高抗爆性。如今供应的大多数汽油机燃油都含有含氧成分，其中乙醇是非常重要的，因为"欧盟生物燃料法规"已规定了可再生燃料的最低含量，在许多国家中都推广应用生物乙醇。对于希望用煤来满足对燃料高需求的国家，未来应致力于应用甲醇，但是也可以使用甲醇或乙醇生产的醚类产品——甲基叔丁基醚（MTBE）或乙基叔丁基醚（ETBE），目前欧洲容许添加这些成分的体积百分比高达22%。

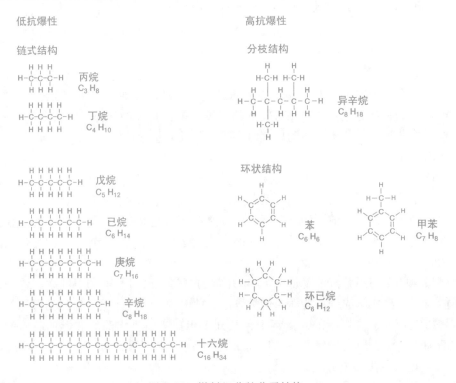

图3-11 燃料组分的分子结构

重整汽油也被称为改良汽油机燃料，它是通过改变常规汽油成分，实现更低的蒸气排放和有害物排放。在1990年美国颁布的"清洁空气法"中规定了对重整汽油的要求，例如对蒸气压、芳香烃体积分数以及燃油最终沸点等规定了更低的限值。为了保持进气系统清洁，同样也规定了添加剂的添加量。

3. 生产

　　燃料的生产工艺可分为矿物燃料工艺和再生燃料工艺（图 3-12）。燃料绝大多数都是用矿物石油制成的，而天然气作为第 2 种能量载体起着次要的作用，它不仅作为气体燃料被直接利用，而且也作为原始产品用于生产合成烷烃燃料。生产合成燃料所必须的合成气也可用煤来产生。当然，煤作为原料仅在特殊的政治和地区性边界条件下被应用。应用生物质材料生产合成气尚处于试验阶段。用合成气在 Fischer–Tropsch 系统的催化反应器中被合成为具有不同链长的烷烃类碳氢化合物分子，而它们为了可用于生产混合成燃料或直接供发动机使用，在化学上还必须进一步进行修正。

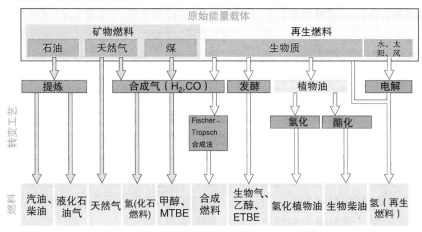

图 3-12　矿物燃料和再生燃料的生产流程

　　生物燃料的生产越来越具有重要的意义，目前基本上可使用 3 种方法来生产。生物质材料直接发酵可产生生物气。生物乙醇可通过含糖和淀粉的农业产品发酵得到。植物油或动物脂肪可以被酯化成生物柴油，或者通过氢化转变成烷烃燃料（氢化植物油，氢化处理植物油，HVO）。

3.4.2　常规燃油

　　石油是许多碳氢化合物的混合物，要在炼油过程中进行加工。汽油、煤油、柴油和重油是典型的炼油产品，它们的数量比例取决于炼油技术设备，并且要适应市场需求变化的限制。在石油蒸馏过程中，碳氢化合物的混合物被拆散成类似大小分子的组合（馏分）。在大气压下蒸馏时，诸如石油气、汽油和中等馏出物等易沸腾的成分被分离出来，而残留物的真空蒸馏则分离出轻和重的真空粗柴油，它们成为生产柴油和轻质燃料的基础。"真空蒸馏"时剩下的残留物被加工成重油和沥青。

　　蒸馏生产出的各种不同产品馏分不仅数量要满足市场的需求，而且还必须达到所需的产品品质。更大的碳氢化合物分子可以通过加氢裂化（氢化裂化）或在催化反应器中被进一步裂化。在反应器内的转变过程中，从直链式碳氢化合物分子转变为支链式分子，它们有助于提高汽油机燃料的辛烷值，而在氢化提纯塔的提炼过程中硫基本上被去除了。在炼油过程终了时才在燃油中添加乙醇和许多添加剂。

1. 醇和醚

（1）用糖和淀粉制取

生物乙醇可从所有含糖和淀粉的农作物中获得，全球大多数地区都用这些农作物制取生物燃料。含糖植物（甘蔗、甜菜）用酵母发酵，此时糖就被发酵成乙醇。在用淀粉获得生物乙醇时，诸如玉米、小麦或黑麦等谷物预先用酶进行处理，以便分裂长链淀粉分子。在紧接着的糖化过程中借助于葡萄糖淀粉酶分裂葡萄糖分子。在进一步的工艺步骤中，通过用酵母发酵产生生物乙醇。

（2）用木质纤维素制取

用木质纤维素制取生物乙醇的方法尚无法大规模应用，但是它的优点在于可利用所有的植物，而不是仅仅利用含糖和淀粉的成分。木质纤维素形成植物细胞壁的组织结构，其主要成分为木质素、半纤维素和纤维素，必须采用化学或发酵的方法将其分解。因为采用新型的方法制取，它又被称为第 2 代生物乙醇。

（3）用合成气制取

甲醇采用合成气、一氧化碳和氢的混合气制取。制取所需的合成气基本上不是再生能源，而是用化石能源（煤和天然气）制取的，对降低 CO_2 排放并无贡献。相反，如果用生物质来制取，就能获得"生物甲醇"。

（4）醚的制取

甲基叔丁基醚（MTBE）或乙基叔丁基醚（ETBE）是用甲醇或乙醇借助于异丁烯通过酸性催化剂制取的。与醇相比，醚具有较低的蒸气压、较高的热值和较高的辛烷值，并具有良好的材料相容性，因而无论是从逻辑上还是从发动机运行的角度来看，与应用醇作为掺和成分相比，它们更具有优势。由于耐用性方面的原因，绝大多数厂家使用由生物乙醇制取乙基叔丁基醚（ETBE）。

2. 标准化

欧洲的 EN 228 标准（表3-2）规定了用于汽油机的无铅汽油的要求，而在国际附录中则进一步规定了地区专用的特性值。欧洲已不容许使用有铅汽油。美国在 ASTM（美国试验和材料学会）D4814 标准中规定了汽油的规格。

表3-2　选择汽油的要求（按 EN 228 标准）

要　　求	单位	特性值	
抗爆性		最 小 值	最 大 值
研究法辛烷值（超级汽油）	—	95	—
马达法辛烷值（超级汽油）	—	85	—

（续）

要　　求	单位	特性值	
抗爆性		最 小 值	最 大 值
研究法辛烷值（超级 + 汽油） （用于德国）	—	98	—
马达法辛烷值（超级 + 汽油） （用于德国）	—	88	—
密度（在15℃时）	kg/m³	720	775
乙醇含量（E5）	体积百分比	—	5.0
乙醇含量（E10）	体积百分比	—	10.0
甲醇含量	体积百分比	—	3.0
氧含量（E5）	质量百分比	—	2.7
氧含量（E10）	质量百分比	—	3.7
苯	体积百分比	—	1.0
硫含量	mg/kg	—	10.0
铅	mg/L	—	5.0
锰含量（至2013年止）	mg/L	—	6.0
锰含量（从2014年起）	mg/L	—	2.0
挥 发 性			
蒸气压（夏季）	kPa	45	60
蒸气压（冬季） （用于德国）	kPa	60	90
蒸发量（夏季，70℃）	体积百分比	20（E10 为22）	48（E10 为50）
蒸发量（冬季，70℃）	体积百分比	22（E10 为24）	50（E10 为52）
蒸发量（100℃时）	体积百分比	46	71（E10 为72）
蒸发量（150℃时）	体积百分比	75	—
燃油最终沸点	℃	—	210

　　生物乙醇非常适合于掺入汽油中，特别有利于提高纯粹矿物油基汽油的辛烷值。

　　此外，欧洲汽油机燃料标准 EN 228 中的乙醇含量早就被限制在体积百分比5%（E5）的水平，而2013年首先规定容许使用含体积百分比10%乙醇（E10）的燃料的规格。但是，目前在欧洲市场上，仍然不是所有汽车都配备容许使用E10运行的发动机，因此使用最大乙醇含量为体积百分比5%的在用车保护的地方被保留作为二类地区。

几乎所有的汽油机燃料标准都容许添加乙醇作为掺和成分。美国绝大多数汽油的乙醇含量为体积百分比 10%（E10）。

在柔性燃料汽车（英语缩写 FFV）使用的汽油机上，生物乙醇也可作为单纯燃料来使用（例如在巴西）。这些汽车不仅可使用汽油而且也可使用任何一种汽油与乙醇的混合燃料运行。为了确保低温下的冷起动，适合于冬季要求的最大乙醇体积百分比应降低到 50%～85%（夏季为 85%）。在欧洲 CEN/TS15293 和美国 ASTM D 5798 技术规格中都规定了 E85 的燃料品质。

巴西的汽油基本上仅提供作为乙醇燃料使用，其乙醇的体积百分比绝大多数为 18%～26%，但是有纯乙醇（E100，大约含有体积百分比 7% 的水分）使用。中国除了 E10 之外还使用甲醇燃料。对于常规的汽油机而言，甲醇体积百分比的上限高达 15%（M15）。鉴于 1973 年石油危机期间使用甲醇燃料的不利经验，也因为其毒性，德国放弃了应用甲醇作为掺和成分。目前，全球仅个别国家在燃料中掺和甲醇，而且大多数国家最大甲醇体积百分比为 3%（M3）。

3.4.3 物理－化学特性

1. 含硫量

为了减少 SO_2 排放量和保护用于废气后处理的催化转化器，从 2009 年起全欧洲汽油中的硫质量分数被限制在 10mg/kg，满足该限值要求的燃油被称为"无硫燃油"，从而达到了燃油脱硫的最新等级。在 2009 年之前，欧洲仅容许使用低硫燃油（硫质量分数低于 50mg/kg），这种规定也是从 2005 年初才开始实施的。德国在脱硫方面起到了先驱者的作用，2003 年就已采取了使用无硫燃油在税收方面的鼓励措施。2006 年以来，美国终端用户可买到的商用汽油的硫质量分数的最大限值为 80mg/kg，同时还规定销售和进口燃油总量的硫质量分数平均值最大不得超过 30mg/kg，而个别联邦州例如加州则已规定了更低的硫质量分数限值。

2. 热值

燃油的能量含量通常用单位热值 H_u（早些时候称为低热值）来表示，它相当于完全燃烧时所释放出来的可利用热量，而单位燃烧热值 H_o（早些时候称为高热值）则表示释放的总反应热量，因而除了可利用的热量之外还包括形成的水蒸气中所含的热量（潜热），但是这部分热量在汽车上是无法被利用的。汽油的单位热值为 40.1～41.8MJ/kg。诸如乙醇和乙醚那样的含氧燃料或燃料组分的热值要比纯粹的碳氢化合物低，因为它们所含的氧并不参与燃烧，因此与常规燃油相比它们的燃油耗较高。

3. 混合气热值

可燃混合气的热值决定了发动机的功率。对于所有液态燃油和液化石油气而言，在化学计量空燃比情况下的混合气热值大约为 3.5~3.7MJ/m³。

4. 密度

在 EN 228 标准中，汽油的密度限定为 720~775kg/m³。

5. 抗爆性

辛烷值表征汽油的抗爆性，辛烷值越高燃油的抗爆性就越好。将抗爆性非常好的异辛烷（三甲基戊烷）的辛烷值定为 100，而将非常易爆燃的 n-庚烷的辛烷值定为 0。燃油的辛烷值在标准化的试验发动机上测定：其数值相当于与被试验燃油爆燃状况相同的异辛烷与 n-庚烷混合物中异辛烷的体积百分比。

按照研究法［3］测定的辛烷值被称为研究法辛烷值（ROZ），它能对加速时的爆燃起决定性作用。按照马达法［2］测定的辛烷值被称为马达法辛烷值（MOZ），它主要表征高速时的爆燃特性。马达法与研究法不同，它测试时采用混合物预热、较高的转速和可变的点火时刻调节，因而被测试的燃油呈现较高的热负荷。马达法辛烷值（MOZ）低于研究法辛烷值（ROZ）。

6. 抗爆性的提高

标准蒸馏汽油的抗爆性较低。在炼油时可通过添加各种不同的抗爆组分（催化改良剂、异构剂）获得适合于现代发动机的高辛烷值燃油。通过添加诸如乙醇和乙醚那样的含氧组分也能提高抗爆性。但是，提高辛烷值使用的含金属添加剂，例如 MMT（甲基环戊二烯三羰基锰），在燃烧期间会形成灰分，而在 EN 228 标准中锰的限值为微量范围，因而采用添加 MMT 来提高辛烷值的方法就无法使用了。

7. 挥发性

汽油的挥发性按上下限值予以限制的。一方面应含有易挥发的组分，以确保可靠的冷起动；另一方面挥发性也不能过高，以防在温度较高时会因形成气泡（气阻）而造成燃油输送中断，引起行驶或热起动时出现问题。此外，还应减少蒸发损失以保护环境。

燃油的挥发性用各种不同的特性参数来表征。在 EN 228 燃油标准中，将 E5 和 E10 的挥发性各自分为 10 个不同的等级，它们是用沸点曲线、蒸气压和气阻指数（英语缩写 VLI）等指标来区分的。各国可根据其特定的气候条件单独将这些等级纳入其国家标准的附录中，在夏季和冬季标准中分别规定了不同的挥发性数值。

8. 馏程（分馏过程）

为了评价燃油在汽车运行中的性能，将燃油沸点曲线的各个范围分开来进行考察，因此在 EN 228 燃油标准中，对 70℃、100℃和 150℃时的蒸发份额分别规定了限值。70℃时蒸发的燃油必定只有最少的份额，以确保冷机易于起动（这尤其是对于早期的化油器式发动机汽车显得更为重要），但是这种蒸发的份额也不能过多，否则在热机运行状态时可能会形成蒸气气泡。100℃时蒸发的燃油份额除了预热状态之外，还决定了运行准备状况和热机加速状况。150℃之前所蒸发的燃油量不应过少，以避免稀释发动机机油。特别是在冷机情况下，汽油中难以挥发的组分蒸发不良，可能会从燃烧室经过气缸壁面进入发动机机油中。

9. 蒸气压

按照 EN 13016 - 1 标准在 37.8℃（100°F）测得的燃油蒸气压是燃油的一个重要特性参数，它确定了燃油在汽车燃油箱中的安全技术要求。在所有的规格中，这种蒸气压都用上下限值予以限制。例如，德国规定夏季的最高蒸气压为 60kPa，而冬季的最高蒸气压为 90kPa。对于燃油喷射装置设计而言，较高温度（80～100℃）下的蒸气压也是非常重要的，因为由于掺混了乙醇，特别是在温度升高时这种蒸气压会提高。例如，在汽车行驶期间，因发动机温度对喷射装置系统压力的影响，燃油蒸气压升高的话，那么可能会因形成蒸气气泡而导致功能性故障。

10. 蒸气 - 液体比

蒸气 - 液体比（英语缩写 DFV）是衡量燃油形成蒸气趋势的尺度。在一定的背压和温度下单位燃油形成的蒸气量被称为蒸气 - 液体比。若背压降低（例如山区行驶时）或温度提高，则蒸气 - 液体比提高，就可能引起行驶故障。在 ASTM D 4814 标准中。例如，对于每一种挥发等级都可确定一个蒸气 - 液体比不超过 20 的温度。

11. 气阻指数

气阻指数（英语缩写 VLI）是用 37.8℃时的蒸气压（kPa）的 10 倍和直至 70℃的燃油蒸发量的 7 倍计算确定的总和。采用这种附加的限值可进一步限制燃油的挥发性，这样在燃油生产中就能无需同时控制蒸气压和沸点特性值两种最大值。

乙醇燃油的特殊性

添加乙醇特别是与提高较高温度时的挥发性有关，此外乙醇可能会损坏燃油系统中的材料，例如会导致合成橡胶泡胀以及引起铝件的乙醇腐蚀。根据乙醇的含量和温度的不同，在渗入少量水分的情况下甚至会出现乙醇离析现象。在相态分离情况下，乙醇就会从燃油中转变为含水乙醇相态。乙醚就不存在这种离析问题。

12. 添加剂

添加剂能够改善燃油品质，以防止汽车运行期间行驶性能和废气成分的恶化。大多数汽油应用由各种组分组成，并具有各种效果的添加剂组合，它们必须对其成分和浓度进行仔细的调整和检验，并且不能有不良的副作用。

在炼油厂中要添加基本的添加剂，以保护设备和确保燃油具有最起码的品质，而在炼油厂的加油站，在给油罐车加油时还要根据所供应的燃油品种规格添加多功能添加剂（最终产品化），而若售后往汽车燃油箱中加注添加剂的话，则在没有协调好的情况下会带来技术出现差错的风险。

（1）清洁剂

保持整个进气系统（进气道喷射用喷油器、进气门）的清洁是新机状态下获得最佳混合气准备和调节，从而无故障地行驶运行和减少废气中有害物的前提条件，因此应给燃油添加高效的清洁添加剂。

（2）阻蚀剂

燃油中混入水分会导致燃油系统腐蚀。阻蚀剂能在材料表面形成一层保护薄膜，因而添加阻蚀剂能够有效地防止腐蚀。

（3）抗氧化剂

给燃油添加抗氧化剂可提高燃油储存的稳定性，它能阻止燃油被空气中的氧快速氧化。

（4）金属降活性剂

有的添加剂还具有降低活性的特性，它们通过形成稳定的复合物来降低金属离子的催化作用。

3.4.4 气体燃料

1. 天然气

天然气的主要成分是甲烷（CH_4），其工业用天然气要求甲烷体积分数最少为80%，其它成分是诸如二氧化碳或氮和短链碳氢化合物，还含有氧和水分。全球都可供应天然气，而且开采后仅需要相对较低的预加工成本。但是，根据来源的不同，天然气的成分有所不同，因此其密度、热值和抗爆性也有所不同。德国 DIN 51624 标准规定了天然气作为燃料时应具备的特性。欧洲的天然气标准正在修订之中，它还考虑了对生物甲烷的品质要求。

生物甲烷可由例如粪肥、绿色收割物或垃圾等生物质中制取，而且与石油天然气相比，它在燃烧时的二氧化碳（CO_2）总排放量要明显低得多。

天然气或者在200bar压力下被气态压缩（CNG，压缩天然气）储存，或者在 $-162℃$ 温度下在耐寒油罐中被液化成液化天然气（LNG）。液化天然气只需要压缩天然气储存体积的三分之一，但是液化储存需要消耗很多能量，因此德国天然气加气站几乎只供应压缩天然气。天然气汽车的特点是 CO_2 排放较少，这是由于天然气的碳质量分数比液态汽油低所决定的。天然气的氢-碳比约为4:1，而汽油的氢-碳比则为 2.3:1。由于天然气中的碳质量分数相对较少，因此与汽油相比它燃烧时产生的 CO_2 较少，而 H_2O 较多，使用天然气的汽油机尚未进一步优化时就比汽油排放的 CO_2 少25%（在功率相当的情况下）。由于天然气的

ROZ 高达 130（与其相比，汽油的 ROZ 为 91~100），具有非常高的抗爆性，因此天然气发动机非常理想地适合于涡轮增压，而且容许提高压缩比。

2. 液化石油气

液化石油气（LPG，也被称为汽车煤气）是在开采原油时获得的，并且也产生于各种不同的炼油过程中。它是一种主要成分为丙烷和丁烷的混合气，能在常温和较低的压力下液化。由于其碳质量分数比汽油低，在燃烧时产生的 CO_2 约少 10%。液化石油气的 ROZ 辛烷值约为 100~110。在欧洲 EN 589 标准中规定了汽车用液化石油气的要求。

3. 氢

氢能够采用化学方法由天然气、煤、石油或生物质制取，或者通过电解水来产生。如今，大型工业企业绝大多数是采用蒸气重整工艺从天然气中制取的。在这种方法中将释放 CO_2。就总体而言，与汽油、柴油或者在内燃机上直接使用天然气相比，氢未必具有 CO_2 排放方面的优势，只有在用生物质再生氢或者用再生能源产生的电能电解水制取氢的情况下才能减少 CO_2 排放。氢只是在发动机中燃烧时才不产生 CO_2 排放。

（1）储存

虽然氢具有非常高的单位重量能量密度（约为 120MJ/kg，这相当于汽油的 3 倍），但是单位体积能量密度却非常低，因为其密度非常小。这就意味着氢必须或者在压力（350~700bar）下储存，或者必须被压缩液化（在 -253℃ 低温下）储存，以便达到可接受的储存罐容积。另一种可能性是作为氢化物储存。

（2）在汽车上的使用

氢不仅能用于燃料电池驱动，而且也能直接在内燃机中使用。但是，氢在燃料电池中利用方面的难点需要很长时间才能解决，当然与在氢发动机中的效率相比，它将能达到更高的效率。

参 考 文 献

[1] DIN EN 228: Januar 2013, Unverbleite Otto-kraftstoffe – Anforderungen und Prüfverfah-ren

[2] EN ISO 5163:2005, Bestimmung der Klopf-festigkeit von Otto und Flugkraftstoffen –Motor-Verfahren

[3] EN ISO 5164:2005, Bestimmung der Klopf-festigkeit von Ottokraftstoffen – Research-Verfahren

第4章 进气控制

在以一定的过量空气系数 λ 均质运行时，汽油机的转矩和功率取决于所吸入气缸的空气质量。因此，为了能精确地保持过量空气系数 λ，就必须精确地计量吸入气缸的空气质量，这样才能计算和配给适合于设计 λ 值的喷油量。

4.1 发动机功率的电子控制

燃油燃烧必然耗氧，而发动机是从吸入的空气中获得氧的。无论是在混合气外部形成的发动机（进气道喷射）还是缸内汽油直接喷射均质运行的发动机中，输出的转矩都直接取决于所吸入的空气质量。为了调节到所需的空气量，输入发动机的空气必须被节流。

4.1.1 任务和工作原理

驾驶人所需要的转矩取决于加速踏板的位置。在使用电子控制发动机功率和电子加速踏板（EGAS）的系统中，加速踏板传感器（图4-1中的1）采集这些

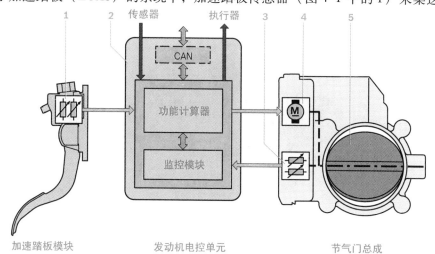

图4-1 电子控制发动机功率（EGAS系统）

1—加速踏板传感器 2—发动机电控单元 3—节气门阀板转角传感器
4—节气门阀板驱动 5—节气门总成

参数，而其它方面的转矩需求，例如接通空调装置时的附加转矩或换档时降低转矩，则由功能方面的需要而定。

发动机电控单元，例如用于进气道喷射的 ME – Motronic 电控单元或用于汽油机缸内直接喷射的 DI – Motronic 电控单元，用所要调节的转矩计算出必须的空气质量，并产生操纵电动节气门阀板的控制信号，从而调节阀板的开启截面，即汽油机吸入的空气质量流量。节气门阀板转角传感器提供阀板即时位置的反馈信号，使得能够精确地保持所期望的节气门阀板位置。

采用电子加速踏板（EGAS）的系统能以简单的方式集成行驶速度调节（FGR）功能。此时，发动机电控单元通过调节行驶速度的控制元件所预置的车速来调节发动机的转矩，而此时无需操纵加速踏板。

4.1.2　电子加速踏板系统的电动节气门总成

电动节气门总成（图4-2）用来控制进入内燃机的空气量，它由节气门体（1）和节气门阀板（3）、直流电动机（5）驱动机构、测量阀板位置的传感器和连接到电控单元的电插座（4）组成。此外，还有防止阀板结冰的，连接到发动机冷却循环回路的通道，或用于制动助力器的真空通道。

节气门阀板调节器通常制成模块化结构，因此很容易适应不同的阀板直径、法兰几何形状或电插座几何形状。节气门阀板通过阀板轴可转动地支承在节气门体上，因阀板轴与阀板同轴而避免了阀板前后压力差所产生的力矩。根据发动机排量的不同，使用32～82mm 直径的阀板。在涡轮增压发动机上阀板前后的压力差可达到0.4MPa。

图4-2　电动节气门总成
1—节气门体　2—齿轮减速器壳体　3—节气门阀板
4—电插座　5—直流电动机

　　节气门阀板由一个直流电动机通过一般约为 1：20 传动比的减速齿轮驱动，而该直流电动机则由电控单元采用频率约为 2kHz 的脉冲宽度调制矩形波电压来控制。阀板的开启和关闭时间通常小于 100ms。当阀板不被控制时，集成在节气门体中的扭簧机构将其转动到能使发动机以高怠速转速（在应急运行时）运转的位置。传感器采集节气门阀板的位置（转角）信号，并输出一个与阀板位置成比例的直流电压。接触式位置（转角）传感器（电位器）越来越多地被非接触式位置（转角）传感器（感应式或霍尔式传感器）所替代。这种传感器被设计成双份的。发动机电控单元通过不断地比较这两个（有备份的）传感器的信号，并确认它们的输出电压是否超过正常范围。新近还有一种传感器能够通过数字信号接口与发动机电控单元通信。节气门总成的插接件被设计成 6 针式结构，其中两个接头用于发动机，另外 4 个接头则作为传感器供电、传感器接地和两个传感器的信号端子。

4.1.3　加速踏板模块

　　发动机电控单元以电压的形式接收加速踏板位置的测量值，并借助于所存储的传感器特性线将这种电压换算成相应的加速踏板行程即转角位置（图 4-3）。

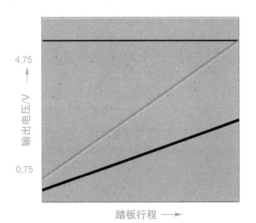

图 4-3　加速踏板（踏板行程约为 25mm）传感器中两个电位器的特性线

　　为了用于诊断用途和找出故障状况，集成了一个备用传感器，它是监控系统的组成部分。典型的结构是与第二个传感器一起工作。在所有运行工况，第二个传感器始终提供第一个传感器一半的电压，因此可为误差识别提供两个独立的信号（图 4-3）。

　　加速踏板传感器被集成在加速踏板模块（图 4-4）中。该模块由原有的加速踏板（1）、使踏板返回到静止位置的弹簧装置（8）、罩住元件的盖（2）、支承

图 4-4　加速踏板模块的部件分解图

1—加速踏板　2—盖　3—行程止位销　4—带有壳体和电插座的传感器部件
5—支承底座　6—带有两块磁铁和磁滞元件的轴（圆形磁铁看不见）
7—开关（选装）　8—两个弹簧　9—止位阻尼器
10—压块　11—底盖

底座（5）和底盖（11）组成。踏板的运动被转换成轴（6）及其上圆形磁铁的旋转运动，并通过装在传感器部件（4）中的霍尔转角传感器转换成电信号（参阅本章参考文献例如［2］）。在自动变速器汽车上，可在止位阻尼器范围内选装一个开关（7），产生踏板起动电信号。

4.1.4　电子控制发动机功率的监测方案

电子控制发动机功率（EGAS 系统）属于对安全性具有重要意义的系统，因此其控制系统必须包括各种部件的诊断在内。输入信号是决定功率的驾驶人意愿（加速踏板位置）或发动机状态（节气门阀板位置），它们通过双份传感器输往发动机电控单元。加速踏板模块中的两个传感器，以及节气门总成中的两个传感器各自提供相互独立的信号，因而在某个信号发生故障时，可提供另一个同样有效的信号值。两个传感器不同的特性线可确保控制单元能识别两个传感器之间的短路故障。

4.2 动力学增压

发动机可达到的转矩近似正比于吸入气缸的新鲜充量，而通过压缩进入气缸的空气则能够将发动机的最大转矩提高到一定的极限。换气过程不仅受到气门配气定时的影响，而且还受到进、排气管的影响。进气管增压装置由振荡管和进气总管组合而成。

图 4-5 示出了内燃机进气管增压装置的基本结构。在气缸（1）与振荡歧管（2）之间有周期性开启的发动机进气门。由于活塞吸气功的激励，进气门的开启引起了向后传播的真空波，在进气管开启终了时压力波遇到了周围的静止空气［进气总管（3）或空气滤清器］或节气门阀板（4），并在那里部分被反射成正压力波，又返回向进气门方向传播。这样在进气门处产生的压力振动只要相位和频率合适，就能被利用来增加进入气缸的新鲜充量，从而获得尽可能大的转矩。

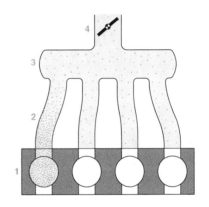

图 4-5　进气管增压装置原理
1—气缸　2—振荡歧管
3—进气总管　4—节气门阀板

这种增压效应基于利用进气空气的动力学效果。进气管中的动力学效应取决于进气管的几何状况，但是也与发动机转速有关，因此它能够通过适当的调整，在一定的转速范围内达到增加气缸充量的效果。

4.2.1 振荡进气管增压

用于分缸喷射装置的进气管由振荡歧管和进气总管组成。在这种振荡进气管增压情况下（图 4-5），每个气缸各自具有一定长度的独立的振荡歧管（2），它们大多数被连接到进气总管（3）上。在这种振荡管中，由进气门周期性开启产生的压力波能够相互独立地传播。

增压效果取决于进气管的几何参数和发动机转速，因此振荡歧管的长度和直径应与气门配气定时匹配得在所期望的转速范围内，能使振荡管末端（进气门阀盘或空气滤清器侧）的部分反射压力波穿过开启的进气门进入气缸（1），这样就能获得更好的充气效果。细长的振荡管能在低转速范围内产生较高的增压效果，而粗短的振荡管则能对高转速范围内转矩曲线产生有利的效果。

4.2.2 谐振增压

在某个发动机转速下进气管中的气体振荡，因活塞的周期性运动而产生谐振，这就会导致压力升高和附加的增压效果。

在谐振进气管系统中（图4-6），具有相同点火间隔的气缸组（1）通过短进气管（2）连接到各自的谐振箱（3），再通过谐振进气管（4）与大气或进气总管（5）相通，这样就起到谐振器的作用。分成两个独立并带有谐振进气管的气缸组可防止点火顺序相邻的两个气缸的进气流动过程交叉重叠。因产生谐振而具有大的增压效果的转速范围，决定了谐振进气管的长度和谐振箱的尺寸，但是有时候所必须的大的容积可能会因其储存作用而在负荷快速变化时引起动力学方面的缺陷。

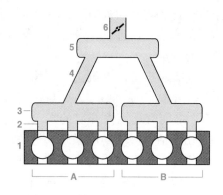

图4-6 谐振增压原理（A和B为具有相同点火间隔的气缸组）

1—气缸 2—短进气管 3—谐振箱 4—谐振进气管
5—进气总管 6—节气门阀板

4.2.3 可变进气管参数

利用动力学增压实现附加充气取决于发动机运行工况点。前面所介绍的两种增压系统能在所期望的转速范围内提高可达到的最大充气效果（充气系数，图4-7）。可变进气管几何参数（例如可转换进气系统）则能获得近乎理想的转矩特性曲线，这种进气管能根据发动机运行工况点，例如通过转换阀进行不同的动力学调节：

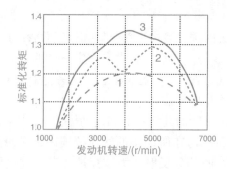

图4-7 8缸发动机整个转速范围内标准化的转矩特性曲线 [1]

1—标准 2—最佳的转换系统 3—采用可变气门机构的最佳转换系统

1）调节振荡进气管长度。

2）在不同的振荡进气管长度或不同的振荡进气管直径之间进行转换。

3）在多个振荡进气管的情况下可有选择地关闭某个气缸的振荡管。

4）转换到各种不同的储气容积。

为了实现可转换进气系统的转换，可采用电动或气－电动作方式来操纵。

4.2.4　振荡进气管系统

图 4-8 所示的进气管系统能够在两种不同的振荡进气管之间进行转换。在较低转速范围内，转换阀（1）关闭，进气空气通过细长的振荡进气管（3）流入气缸，而在高转速和转换阀开启时，进气空气则通过粗短的进气管（4）流入气缸，从而在高转速时能获得较好的气缸充气效果。

4.2.5　谐振进气管系统

开启谐振转换阀（7）就能接入第 2 个谐振管（图 4-9）。这种配置变化的几何参数影响进气装置的固有频率。当接入附加的振荡管时，更大的起作用容积能改善低转速范围内的充气效果。

4.2.6　谐振与振荡进气管组合系统

当转换阀（图 4-9 中的 7）打开时就能将两个谐振箱（3）连通成统一的容积，于是就将谐振进气管系统与振荡进气管系统组合起来，从而使短振荡进气管的空气储存容积具有高的固有频率。在低和中等转速时，转换阀被关闭，系统就如谐振进气管系统那样起作用（如图 4-6 所示），那么因长的谐振进气管（4）起作用，而产生了低的固有频率。

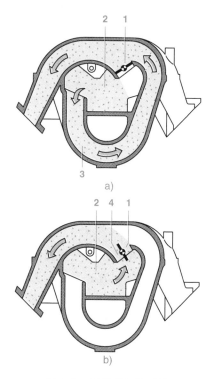

图 4-8　振荡进气管系统

a）转换阀关闭时的进气管几何形状

b）转换阀开启时的进气管几何形状

1—转换阀　2—进气总管

3—转换阀关闭时的细长振荡管

4—转换阀开启时的粗短振荡管

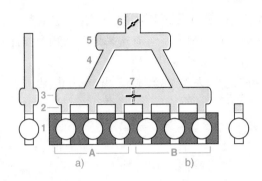

图4-9 谐振和振荡进气管组合系统（A，B 为具有相同点火间隔的气缸组）

a）转换阀关闭时的等价进气管状况 b）转换阀开启时的等价进气管状况

1—气缸 2—振荡管（短进气管） 3—谐振箱 4—谐振进气管

5—进气总管 6—节气门阀板 7—谐振转换阀

4.3 可变气门控制

汽油机气门控制机构的任务是控制换气，即为下一个工作行程配给气缸充量。气缸充量由新鲜空气或新鲜混合气与残余废气组成，而配气定时和气门流通横截面积对换气起着决定性的影响。其中，各个气门开启和关闭的时间点被称为配气定时，并且是用相对于活塞的止点位置（即上止点或下止点）来表示的，而气门流通横截面积则取决于各自气门平面上的横截面积和流通特性。在气门无可变性的发动机上，由于曲轴与凸轮轴之间的传动是固定不变的，因此气门的开启和关闭时间也是被预先确定的。采用可变气门控制是实现可变配气定时和气门流通横截面积的前提条件，从而能实现具有更高效率的新型燃烧过程，并降低废气有害物排放。

在汽油机优化的情况下，可变气门控制直接影响到减少换气功、气缸中的充量运动方式，特别是部分负荷时计量残余废气含量、控制压缩开始时的充量温度（例如通过保留热的残余废气），以及配给产生所期望转矩所需的新鲜充量质量，因而可变气门控制能够确保汽油机更少地损失有效转矩。

4.3.1 考察气门的可变性

图4-10 和表4-1 系统地示出了气门机构的可变性，除了相位位置之外，气门升程和开启持续时间都可以进行调节。

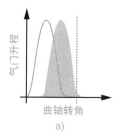

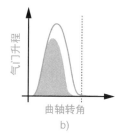

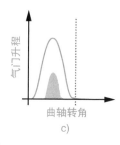

图 4-10　基本的气门机构可变性

a）可变相位位置　b）可变开启持续时间　c）可变气门升程

表 4-1　气门机构的可变性

相位调节	气门升程（和开启持续时间）	
连　续　式	不连续（可转换）式	
液压式 机电式	两级式 —转换式杯形挺柱 —支承挺柱 —摇臂 —滑动凸轮 —滚轮挺柱 三级式 —摇臂 —滑动凸轮	电动式 机械式 液压式

连续式相位调节可采用液压调节装置来实现，而机电式调节装置是应用最早的。调节范围、锁定位置、调节速度和调节精度是气门调节系统基本的特性值参数。

气门升程和开启持续时间大多是采用同一种机理进行调节的。气门升程的可变性基本上可区分为两种不同方式：一种是不连续式的，即可转换方案，它们又可分为两级式和三级式；另一种是全可变式的，下文将予以详细介绍。这些转换功能将在随后零件介绍中有选择地予以阐述。

4.3.2　可转换杯形挺柱

可转换杯形挺柱是一种电液控制式凸轮随动件，它能提供升程转换、气门切断和气缸切断功能的可能性。可转换杯形挺柱（图 4-11）的特点是有两个同轴安装的杯，它们能以锁

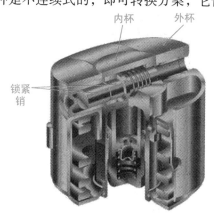

图 4-11　可转换杯形挺柱（Schaeffler 公司）

紧机理互相联结在一起。一个三重凸轮与杯相接触,内凸轮通过内杯实现小升程或零升程,而在锁定状态下两个外凸轮通过外杯转换到大升程。因设计方案的限制,可转换杯形挺柱在气门升程曲线造形方面受到限制。小气门升程曲线必须始终位于大气门升程曲线之内,两条气门升程曲线不可能交汇。可转换杯形挺柱是一种被证实可靠的技术,并且始终是实现杯形挺柱气门机构升程可变性的最佳解决方案,若与表面涂层相结合,则还能开辟附加降低摩擦功率的潜力。

4.3.3　可转换支承挺柱

可转换支承挺柱(图4-12)同样也是电液式控制的,非常适合于摇臂控制式气门机构的气门切断或气缸切断。在锁紧状态下,可转换支承挺柱就像传统的支承挺柱那样工作,而在非锁紧状态下,这种装置则能空行程运动。

在这种情况下,内壳体能运动,并在发动机气门弹簧力的作用下保持关闭。可转换支承挺柱不能进行升程转换,即不能实现不同的气门升程。如果以必须的结构空间作为先决条件的话,那么可转换支承挺柱就只需要较少的改造费用,因此它用于摇臂式气门机构实现气门切断或气缸切断时所需的费用有助于降低成本。

4.3.4　可转换摇臂

可转换摇臂(图4-13)能在摇臂机构中用于实现升程转换、气门切断和气缸切断。这种可转换摇臂与可转换杯形挺柱类似,也是由两个相互套装并能用锁

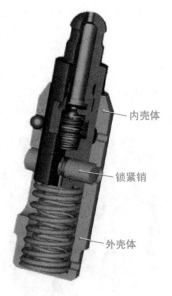

内壳体

锁紧销

外壳体

图4-12　可转换支承挺柱(Schaeffler公司)

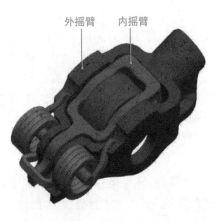

外摇臂　　内摇臂

图4-13　用于气门升程转换或气门切断的
可转换摇臂(Schaeffler公司)

紧机理联结的摇臂组成的，同样也使用一个三重凸轮。一般有许多不同的结构形式，中间凸轮通过滚轮接触能实现大升程，而两个外凸轮借助于滑动接触则能实现小升程。这种可转换摇臂采用电液式控制。它与前面介绍的可转换杯形挺柱一样，在气门升程转换时自由选择气门升程曲线方面受到类似的限制。

4.3.5 滑动凸轮系统

滑动凸轮系统能够实现升程转换、气门切断和气缸切断，它能被设计成两级和三级结构形式，采用一种特殊的控制槽还能实现每个工作循环双升程。这种系统的基本原理是基于可在心轴上滑动的凸轮片（图4-14）。执行器拨销在相应的控制槽中滑动，从而通过控制槽一定的螺距，使凸轮片在凸轮轴旋转中被强制移动。

图 4-14 滑动凸轮的配置（Schaeffler 公司）
1—滑动凸轮 2—执行器 3—执行器拨销 4—心轴

这种系统采用机电式控制，因而在低温下仍具有良好的工作能力，而且能分缸进行控制。因采用机电式执行器进行控制，工作时无需发动机机油压力。气门升程曲线能在适当的极限范围内完全自由地造形，而与相邻的凸轮无关，因而容许相邻凸轮的两条升程曲线交汇。不过，为了滑动凸轮片，足够大的心轴公共基圆区段是必须的。

4.3.6 凸轮轴相位调节器

气门可变性的另一种自由度是曲轴与凸轮轴之间的相位调节，这样能在气门升程和开启持续时间保持不变的情况下，改变气门开启和关闭的时间点，从而就能根据运行工况点的不同，改善功率和转矩特性、保证低速运转稳定性、调节残余废气含量或改进起动性能。

所期望的配气定时的调节精度对于保持运行工况点稳定不变具有重要的意义，特别是对诸如均质或部分均质自行着火之类的新型燃烧过程，对配气定时的调节精度提出了非常高的要求。在瞬态运行中，当从特性曲线场中一个变换另一个运行工况点时，调节到新的配气定时的调节速度是非常重要的，由此将影响到发动机转矩的调节。为了在发动机应用中能减小配气定时的调节速度，必须通过调整点火和喷油来进行补偿，但是这可能导致燃油耗方面的缺点。另一个重要的功能是选择内燃机起动时的配气定时的自由度。在发动机运行中，有时候要调整配气定时，而这些配气定时对发动机起动却并不适合，因此应尽可能稳定地保持各种运行工况下进气过程期间所期望的配气定时。除此之外，未来必须致力于能应用于各种起动条件（例如热起动和冷起动）的不同的配气定时。

4.3.7 全可变气门机构

气门升程、开启持续时间和相位均可调节的全可变气门机构主要有3种类型。除了纯机械式全可变气门机构之外，还有电磁式和电液式全可变气门机构。无凸轮轴的电磁式方案至今仍无可量产应用的结构形式，迄今为止量产应用的只有凸轮轴驱动的全可变气门方案。

图4-15示出了电液控制式系统的剖视图。滚轮摇臂由凸轮轴驱动，它使液压泵产生液压力。高压室以"液压推杆"的形式将这种液压力传递到位于发动机气门上方的液压缸，一旦所配置的转换阀关闭，发动机气门就跟随凸轮廓线运动，而当转换阀打开的瞬间，液压力就能转移到具有弹性的辅助室，发动机气门弹簧就将气门关闭，液压油就流入中间室。在发动机气门接近落座时，一个行程控制的制动器可起到缓冲作用，防止气门无控制地落座。在凸轮廓线的回程段中，蓄压器中的弹簧将液压油量置换到泵油室，将储存的能量又传递到凸轮轴，同时泵油室被液压油充满，以准备下一个工作行程。

通过快速转换阀相位精确地控制，就能够在凸轮廓线预先规定的气门升程曲线范围内实现各种不同的气门升程调节。通过提前控制就能使气门早关和较小的气门升程。通过两次控制快速转换阀，还能在换气期间使发动机气门获得双升程（即两次开启）。

另一种全可变气门结构系统是通过一根支承轴与一根中间摇臂来实现的。支

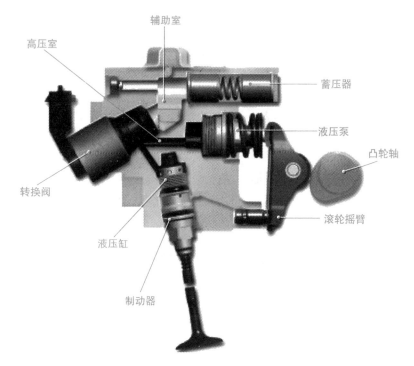

图 4-15　电液式全可变气门机构剖视图（Schaeffler 公司）

承轴可转动地支承着，并具有一种廓线，而中间摇臂则支承在其轮廓上，通过支承轴的转动改变中间摇臂的支点，从而改变凸轮轴与发动机气门之间的传动比，它可在发动机气门全升程和最小升程之间进行无级调节。

　　总而言之，可以肯定在现代汽油机上可变气门控制将应用得越来越多。因为废气涡轮增压在汽油机上的应用将越来越广泛，因而可变气门机构系统在排气门上的应用也将增多。

4.4　增压

　　当进气管压力升高（直至某个极限）时，就能不断地提高内燃机的转矩和功率，而重要的是要将进气管压力增压到高于大气压力，这是以较小的排量达到较大排量自然吸气式发动机功率的基础。为了实现合适的增压压力，就必须安装一个增压系统，而这种增压系统可制成各种不同的结构形式。下文将详细阐述这些增压方法及其优缺点。

4.4.1 机械增压

在机械增压系统中，压气机是由内燃机直接驱动的。图 4-16 示出了现代罗兹压气机的结构，它具有两个互相反向旋转的转子（1）。

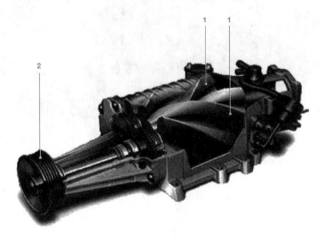

图 4-16 罗兹增压器（Eaton 公司）
1—转子 2—带轮

一般，发动机转速与压气机转速之间是通过传动带以固定传动比彼此联系起来的。为了在发动机低负荷时断开机械式增压器，通常还配有一个电磁离合器（图中没有表示出来）。

在机械式增压器情况下，增压压力是通过一个旁通道来控制的。增压空气质量流量的一部分进入气缸，确定了气缸充量，而另一部分则通过旁通道返回到压气机的进气侧，其中的旁通阀则由发动机电控系统进行控制。

机械式增压器的优点是具有良好的加速响应特性和稳定的转矩特性曲线，当然驱动机械式增压器要消耗发动机功率，而且必须采取降低噪声的措施，以及需要相对较大的安装空间。

4.4.2 压力波增压

在压力波增压的高压过程中，处于压力下的热废气会与转子格栅通道中的大气进气空气短暂接触（图 4-17），而且会产生从废气侧开始的压力波，这种压力波压缩进气空气，并将其推向压力波增压器的增压空气侧，在抵达增压空气侧废气–空气碰撞区前不远处，由于格栅转子的不断旋转，相关的格栅通道在增压空气侧被封闭。由于转子格栅间单个通道横截面较小，因而在很大程度上减少了碰撞区新鲜空气与废气的混合。

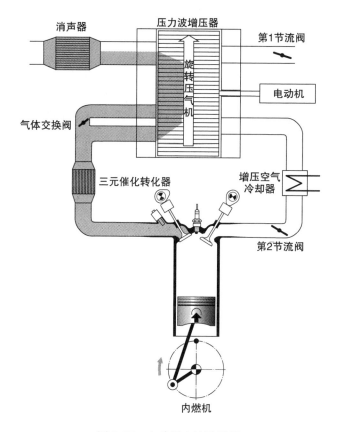

图 4-17　电动压力波增压器

　　在紧接着的低压过程中，此时被衰减的压力波向相反方向传播，并以低的残余能量压缩先前进入格栅通道的废气，通过废气侧在此期间开放的通道口将这些废气推入废气装置，同时在相同格栅通道的相反一侧，则通过动力学真空而实现大气空气的进气过程。由于转子的不断旋转，在临近抵达进气空气与废气之间新的碰撞区之前，格栅通道的废气侧被封闭，因而避免了进气空气不受控制地溢流到废气装置。

　　为了获得较为有利的安装状况和良好的调节，采用电驱动替代传动带传动。驱动功率主要消耗在克服转子惯性，以及内燃机转速所产生的动力学效应上，因而受到动力学状况的限制。为了优化过程，可预先考虑转子格栅通道空气侧控制横截面的偏移（旋转），以便能考虑到各种不同气体流动时间，使得用于压缩增压空气的功率仅仅由废气来产生。

　　为了调节增压压力，应用了一个气体交换阀（见图 4-17），在要求全增压压力时它处于关闭状态，废气完全被导入高压过程，而在要求降低增压压力时，该阀增大开度，使更多的废气转移到低压过程。

位于压力波增压器上游的第 1 节流阀控制低压过程的有效压比，从而既不达到新鲜空气溢流到废气中的临界量，也不达到废气溢流到新鲜空气中的临界量。与非增压汽油机相似，第 2 节流阀则用于控制进气管压力。

这种压力波增压器的优点是在宽广的转速范围内具有高的压比和高的动力性能，而且不会出现加速疲软现象，此外在宽广的转速范围内呈现出高的效率。

但是，它对废气背压（例如由压力波增压器下游的废气后处理装置所引起的）以及进气装置中的压力损失（例如阻力较大或湿的空气滤清器滤芯）是非常敏感的。此外，废气热量首先加热格栅转子，这不利于压缩过程，因为这会导致冷格栅转子加速疲软。另外，消声效果也处于临界状态。20 世纪 70 和 80 年代，BBC（CH–Baden）公司曾开发了一种被命名为 Comprex 的压力波增压器，并在随后几年中被进一步开发成 Hyprex（超级混合增压）。

4.4.3　废气涡轮增压

在各种增压方法中，废气涡轮增压应用得最为广泛，在小排量发动机上它已能在保持良好的发动机效率的同时获得高的功率和转矩。几年前，废气涡轮尚主要用于提高现有发动机的功率，但是由于对降低 CO_2 排放也就是降低汽车燃油耗的要求不断提高，这种趋势已转向具有重要意义的发动机小型化方案，也就是要减小内燃机的排量和气缸数，以便将发动机的机械摩擦减少到最低程度，并借助于增压来补偿因总排量减小而引起的功率损失。

1. 结构和工作原理

废气涡轮增压器（ATL，图 4-18）主要由废气涡轮、压气机和支承件等部分组成。废气涡轮包括涡轮转子（8）和涡轮壳（9），压气机包括压气机转子（3）和压气机壳（2），而支承件则由轴（6）、径向轴承（5，7）、轴向推力轴承（4）和轴承座（11）组成。

废气涡轮位于废气管路中，大多直接位于排气歧管后和催化转化器前。由于排气温度很高，涡轮转子和涡轮壳必须用耐高温材料制成。

利用高温高压废气中所含有的能量来驱动涡轮。高温废气通过涡轮壳流入，并因涡轮壳横截面连续收缩而被加速，直至最终近乎以切向冲向涡轮转子，紧接着废气在涡轮转子中转向，并从轴向离开涡轮转子，废气通过转向实现动量交换而驱动涡轮转子高速旋转（根据转子直径的不同，其转速最高可达 350，00r/min）。

涡轮转子的旋转功率通过轴传递到压气机转子，而其中的气体流动状况正好与涡轮转子完全相反，新鲜空气从轴向被吸入，而从其叶片径向朝外排出，并且被强烈地加速，根据结构形式的不同，此时进气已稍为被压缩，而压力主要在叶

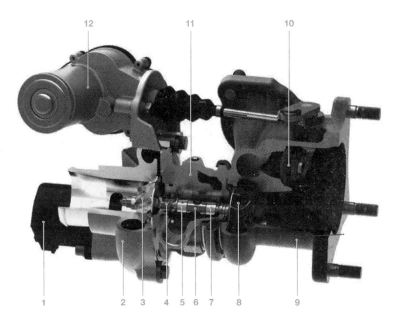

图4-18 带有电动废气放气阀和倒拖循环空气阀的废气涡轮增压器
1—倒拖空气循环阀 2—压气机壳 3—压气机转子 4—轴向推力轴承
5、7—径向轴承 6—轴 8—涡轮转子
9—涡轮壳 10—废气放气阀 11—轴承座 12—电动废气放气阀

轮出口后的扩压器中建立起来，在扩压器中气体的动能被转换成压力。

这样就能使气缸中的充量密度增大，从而在相同的排量下能达到更大的气缸充量质量，通过适当的喷油量，发动机就能几乎成正比地提高输出功率。

但是，通过压缩空气，除了提高其压力之外，也使空气的温度升高了，这对提高空气密度产生了不利的影响。为了消除这种不利影响，增压空气从压气机壳流出后在进入发动机之前再在增压空气冷却器中进行冷却。

这样，废气涡轮增压器就利用了废气能量，否则这些能量不被利用就被排出发动机。另一方面，也必须利用这些能量，否则发动机排气行程的废气会被涡轮增压器积聚成较高的废气压力，这会增大内燃机的换气功。

图4-19 示范性地示出了压气机特性曲线场，以及汽油机典型的全负荷运行曲线。压气机特性曲线场表示出了压气机压比（出口压力与进口压力之比）与空气质量流量的相互关系。压气机的转速随着流量和压比提高。等效率线呈贝壳状，最高效率大约位于特性曲线场中心。乘用车使用的废气涡轮增压器压气机的最高效率，根据其参数的不同可达到约70% ~75%。整个特性曲线场被3条极限界线所限制：左侧为喘振线，右侧为堵塞极限，上面为最大容许转速线。

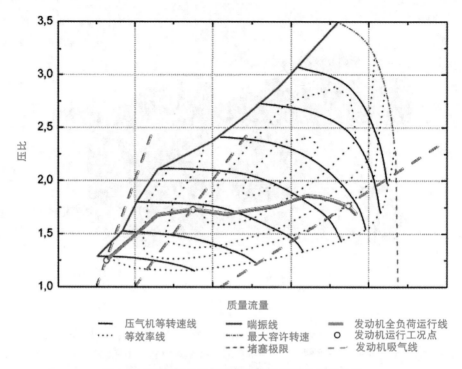

质量流量

压气机等转速线	喘振线	发动机全负荷运行线
等效率线	最大容许转速	发动机运行工况点
堵塞极限		发动机吸气线

图4-19　废气涡轮增压器压气机的特性曲线场实例

　　压气机在小流量和高压比范围内喘振线的左侧区域是无法稳定运行的，此时会出现气流与压气机叶片分离的现象，这将导致涡流并最终致使压力降低，因出现这样的压力状况而发生短暂的回流，直至最终在压气机后面又建立起压力，这种重复的过程被称为"压气机喘振"，这会导致增压压力出现明显的大幅度波动，根据压气机前后管路几何参数的不同，喘振频率在 5～10Hz 范围内。

　　为了避免发生压气机喘振现象，以及随之出现的干扰噪声和不容许的压气机负荷，在临界运行状态（例如气路突然中断）时，必须打开压气机旁路中的倒拖空气循环阀（图4-18 中的1）。

　　根据负荷谱和结构类型的不同，废气涡轮增压器压气的机特性曲线场向上去被最大转速所限制，而堵塞线则是因特性曲线场右侧边缘转速线的急剧降落而造成的。径向压气机的最大体积流量一般是被压气机叶轮进口横截面所限制，如果从那里流入的空气达到声速的话，那么其流量就不可能再增加了。

　　内燃机的全负荷运行线在发动机低转速时抬高而接近喘振线。随着发动机转速的提高和废气热焓的增加，废气对涡轮所做的功也增大了，因为涡轮与压气机之间是刚性连接的，因而最终会导致更高的增压压力，一旦发动机达到最大转矩，就必须立即借助于调节机构限制涡轮的功率即增压压力，不同结构的涡轮增压器采用不同的方法来实现这样的功能。

2. 废气涡轮增压器结构类型

汽车驾驶性能要求发动机应能在低转速时就可提供高转矩，但是按照这样的设计准则，废气涡轮增压器特性将随着进气质量流量的增加，其增压压力呈指数升高。这样，一方面在发动机低转速时达不到所需的增压压力，而另一方面发动机高转速时的增压压力又会超过发动机的要求。

（1）废气放气阀涡轮增压器

带有废气放气阀的废气涡轮增压器（见图4-18）按照小的废气流量来进行设计，这样在较低的发动机转速时就能准备好足够的增压压力，而在废气质量流量较大的情况下，一部分废气流通过涡轮前的一个旁通阀即废气放气阀（见图4-18中的10）被直接排入废气管路。通常，这种阀盖结构的旁通阀被集成在涡轮壳中。

在大多数应用场合，废气放气阀由一个气动膜盒来操纵，根据应用场合和汽车发动机的要求，选用真空膜盒或压力膜盒，其中最简易的方案是应用增压压力作为控制压力。这种方案借助于压力源与执行器之间的一个脉冲宽度调制的循环阀就可通过发动机电控单元来调节压力，从而调节执行器的行程。进一步开发的是带有行程传感器的压力膜盒，它能提高废气放气阀位置的调节精度，从而加快增压压力的调节过程。

图4-18示出的废气放气阀是采用电动执行器（图中的12）控制的，其优点是废气放气阀具有较大的关闭力，使得废气的泄漏量较小，保证良好的加速响应特性，并且在整个发动机运行特性曲线场范围内，可灵活地控制废气放气阀而与可用的系统压力无关。

（2）双蜗道废气涡轮增压器

在具有4缸或更多缸的发动机上，为了有利于发动机的换气，排气歧管将连续点火的气缸彼此分开（图4-20），以避免前面点火气缸排气门开启后的压力脉冲（前排气脉冲）对后续点火的排气门正好关闭的气缸造成干扰，否则会导致保留在气缸中的残余废气量增加、充气恶化，以及不利的爆燃敏感性。

在双蜗道涡轮情况下，各缸排气流分开直至接近涡轮叶轮前，因此在这种情况下直接连续排气的气缸是彼此相互分开的。这种原理的另一个优点是所谓的脉冲增压。由于排气气缸与涡轮之间的容积较小，压力脉冲的大部分动能仍有助于加速涡轮叶轮，这样就能呈现出更好的加速响应特性，并在发动机低转速时就能获得较高的转矩（低速转矩）。相反，若排气气道与涡轮之间的容积较大的话，则就会使压力脉冲受到阻尼，这种增压方式被称为定压增压。虽然这种增压方式在加速响应特性和低速转矩方面存在缺点，但是在设计优化的情况下，由于是恒定压力推动涡轮叶轮，因而具有较高的效率。

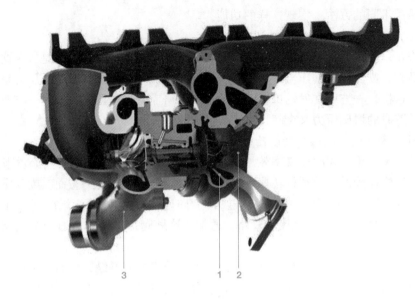

图 4-20　双蜗道废气涡轮增压器
1—双蜗道　2—涡轮壳　3—压气机壳

（3）可变涡轮几何截面废气涡轮增压器

可变涡轮几何截面（VTG）增压器提供了更为宽广的可能性，能限制发动机高转速时的增压压力。VTG 废气涡轮增压器已广泛应用于柴油机（参阅本章参考文献，例如［3］），同样也可被应用于汽油机，但是因其废气温度更高所造成的高的热负荷，目前尚未得到广泛的应用。

可调节导向叶片（图 4-21）通过叶片角度来调整涡轮侧蜗道与涡轮叶轮进口之间的流通横截面，因而在发动机低转速时，它开放较小的流通横截面，使导向叶片出口处的废气质量流达到高的流速，从而废气涡轮被加速到很高的转速。而当发动机转速提高时，导向叶片开大，从而开放较大的流通横截面，这样废气的动压头和废气涡轮转速就不会再进一步提高。这样通过导向叶片的连续调节，就能在所有的运行工况下调节到所期望的增压压力，而无需旁通废气绕过涡轮。

为了控制流通横截面，就要调节导向叶片的迎角，为此借助于一个调节环控制分别固定在各个叶片上的调节杠杆，将所有的导向叶片都调整到所期望的角度。这种调节功能是由一个调节膜盒或电动执行器来实现的。这种废气涡轮增压的优点是能以较低的成本达到高的增压压力，并且外形尺寸较为紧凑，而其缺点是特性曲线场范围受到一定的限制，以及起步加速疲软，特别是在高增压情况下更为明显。为了避免上述缺点，可以将不同的增压系统组合起来使用。

3. 组合增压系统

除了应用采用各种不同调节机理的单个废气涡轮增压器之外，还有许多应用

图 4-21　可变几何截面涡轮增压器
1—可调节导向叶片　2—涡轮蜗道　3—涡轮壳　4—压气机壳

场合组合使用几个增压装置，其中有的将几个废气涡轮增压器以各种不同的布置方式相互联结起来，以便扩大发动机的功率和运行范围。另外，还有些机型将机械式增压装置与废气涡轮增压器组合使用。下面简要地介绍最常用的几种组合增压系统。

（1）每组气缸一个废气涡轮增压器

在这种情况下，用两个相同的小涡轮增压器替代一个大涡轮增压器，这两个增压器分别由各自的气缸组供应废气，而在空气侧两个压气机的出口在进气管之前汇合起来。

（2）调节式增压

与此相反，调节式增压是用两个不同尺寸的涡轮增压器替代一个大涡轮增压器。在小进气质量流量，即发动机部分负荷运行时或低转速全负荷运行时，仅使用小涡轮增压器，而第 2 个涡轮增压器则被切断。在大进气质量流量时，小涡轮增压器运行至其极限转速，并且大涡轮增压器也被接入运行。

（3）机械式与废气涡轮组合式增压

在机械式罗兹压气机与废气涡轮增压器串联的情况下，利用机械式增压器的优点，在发动机低转速时就可提供高的增压压力即高的起步加速转矩。在较高负荷运行工况点即废气质量流量较大时，机械式增压器被脱开，由废气涡轮增压器承担高效的气缸充气任务。在动态行驶过程中，甚至在中等发动机转速时，机械式增压器短时间接通，以便辅助提高汽车的加速响应性能。

4.4.4 增压发动机的优化

除了借助于组合增压系统优化发动机转矩特性之外，还存在着优化增压系统的可能性。

1. 扫气

扫气能对提高发动机低转速转矩做出重要的贡献。进排气门被调节得重叠开启，通过进气空气管路与废气管路之间的压差，清除上一个工作循环燃烧后残留在燃烧室中的残余废气，同时用新鲜空气充满燃烧室。新鲜空气更好地充满气缸能使发动机发出更大的转矩，因为一方面能燃烧更多的燃油，另一方面较少的残余废气含量能改善发动机的抗爆性能。这样就能有更多的质量流量流经涡轮而导致更高的动压头和更高的涡轮功率，从而获得更高的增压压力，而更高的增压压力又可被用来提高发动机转矩。在高扫气率的情况下，因被新鲜空气稀释而使废气温度降低限制了这种功能的有效性。此外，为了不干扰废气后处理，也需要限制最大的扫气空气量。

采用单蜗道涡轮增压器的4缸发动机需要采用较短的排气门开启持续时间，以便使排气门开启的压力脉冲与后续气缸的扫气阶段在时间上分开来，从而在气门重叠期间能获得从新鲜空气至废气侧可用的扫气压比。与此相反，在3缸发动机情况下，排气门的开启持续时间就不受限制。双蜗道涡轮增压器（见图4-20）也可选择短的排气阶段。为了避免气门重叠阶段燃油的损失，在所有的配置情况下缸内直接喷射总是更为有利。

图4-22a表示发动机稳态运行时的转矩特性曲线。与原先的进气道喷射机型相比，在废气涡轮增压器不变的情况下，有扫气的缸内直接喷射机型的转矩有了显著的提高，并且不是在约1900r/min时而是在1500r/min时就已达到了最大转矩。

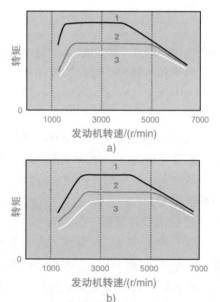

图4-22 有无扫气时的转矩特性曲线
a）发动机稳态运行　b）负荷突变后1s
1—有扫气的缸内直接喷射
2—无扫气的缸内直接喷射
3—进气道喷射

但是，对于驾驶人主观感受到的牵引力特性而言，非稳态运行时的转矩（图4-22b）则更为重要。一般驾驶人希望在加速踏板踩到底最晚1s后就能合适地转化成所期望的转矩即牵引力。图 4-22b 表示加速踏板踩到底 1s 后，在相同的发动机转速下所达到的转矩。即使在这样的情况下，与原先的进气道喷射相比，缸内直接喷射机型也有明显的改善，因此可以实现符合实际使用要求的发动机小型化，而又不会出现起步加速疲软的问题。

2. 增压空气冷却

空气在增压器中被压缩期间温度会升高，增压空气冷却器就是用于冷却被压缩而温度升高的进气空气（图 4-23）。因为被冷却空气的密度比热空气大，因而与无增压空气冷却器的增压发动机相比，这样就能增加气缸充量，从而就能提高发动机的功率和转矩，或者可降低所必须的增压压力。

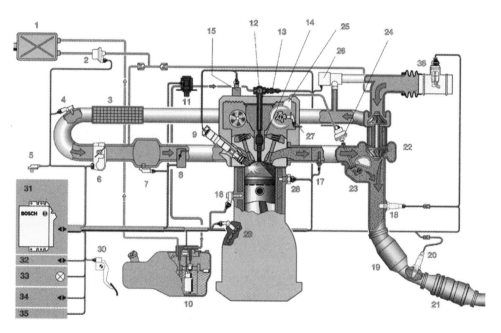

图 4-23　包括控制和调节部件在内的增压缸内直喷式汽油机结构布置示意图

1—活性炭罐　2—燃油箱通风电磁阀　3—增压空气冷却器　4—组合式增压压力 - 进气空气温度传感器

5—环境传感器　6—电动节气门总成　7—进气管压力传感器　8—充量运动控制阀板

9—点火线圈和火花塞　10—电动燃油泵和输油模块　11—高压燃油泵　12—燃油分配管（燃油共轨）

13—燃油高压传感器　14—高压喷油器　15—凸轮轴相位调节器机油转换电磁阀　16—爆燃传感器

17—废气温度传感器　18—氧传感器　19—前置催化转化器　20—氧传感器　21—主催化转化器

22—废气涡轮增压器　23—废气放气阀　24—废气放气阀调节器　25—真空泵　26—倒拖空气循环阀

27—凸轮轴相位调节器　28—发动机温度传感器　29—发动机转速传感器　30—加速踏板模块

31—发动机电控单元　32—CAN 总线接口　33—发动机故障指示灯

34—发动机故障诊断接口　35—至发动机电控单元锁定器（防盗锁）的接口

36—热膜进气空气质量流量计

温度较低的增压空气还能降低压缩行程中被压缩的气缸充量的温度，从而就能降低燃烧时的爆燃倾向，这样就能将点火时刻向早的方向移动，从而改善发动机效率，同时又能降低废气温度和发动机的热负荷。

4.4.5 增压压力的调节

在涡轮增压发动机的较高负荷范围内，进气管中的空气压力高于大气空气压力。增压压力 pi 是闭环调节的（图4-24）。增压压力设定值 p_s 是由充气控制功能预先设定的，它取决于加速踏板的位置、发动机转速、增压空气温度、环境压力和燃油品质等参数。调节到设定的增压压力就能确保由压气机输送的空气量正好是所必须的空气量。采用这种方法基于下列优点：

1）改善加速响应特性。

2）提高低转速的转矩（低速转矩）。

3）因降低了增压范围内的节流损失可改善效率。

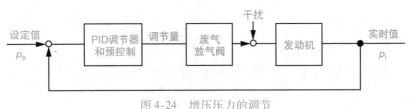

图4-24　增压压力的调节

PID—比例积分微分　p_i—增压压力　p_s—设定增压压力

4.5　充量运动

进气道和气缸中的充量流动状况对良好的混合气形成起着重要的作用。高的充量运动能使可燃混合气充分混合，从而实现良好的、有害排放少的燃烧。

在部分负荷时，对混合气形成和稳定可靠燃烧足够的充量运动具有重要意义，特别是对于为优化燃油耗而采用外部废气再循环，或缸内高残余废气率的运行工况点。不良的着火性会导致发动机不稳定运转直至发生断火。此外，特别是在增压发动机上，在高负荷范围内高的充量运动有利于更快地燃烧，从而降低了爆燃倾向。

4.5.1 优化充量运动的进气道设计

充量运动由具有与燃烧室特性参数相似直径的大幅度涡流和圆周流动所组成。这种充量运动在压缩行程期间蜕变成小幅度的扰动，它们对火焰传播具有决定性的作用，因此充量运动能对发动机的燃油耗和运转稳定性起到有利的效果。

进气道的设计必须在最佳流量和高充量运动之间寻找到最佳的折中。进气道和气门流通截面的流量对于达到全负荷目标是至关重要的，但是同时还必须兼顾到为达到高的燃烧速度所必须的充量运动和扰动。在部分负荷时，由于燃烧室中的压力和温度较低，因而反应速度也较低，所以充量运动和燃烧时刻产生的扰动对于保持良好的燃烧稳定性起着决定性的作用。

4.5.2 充量运动控制阀板

除了进气道设计之外，还使用充量运动控制阀板来主动控制充量运动。在缸内直接喷射系统中，采用连续调节式或开关式充量运动控制阀板来产生高的充量运动。典型的方式是在进气门范围内进气道被分隔成上下两层通道，而其中一层通道可用控制阀板关闭（图 4-25）。通过这种充量运动控制阀板与进气门范围内的几何形状的配合就能使燃烧室中的混合气产生翻滚运动或漩涡运动（图 4-26）。翻滚运动经常也被称为滚流，而漩涡运动则通常被称为涡流。通过充量运动控制阀板能改变充量运动的强度。在壁面导向型分层燃烧过程中，这种强制流动能确保向火花塞输送混合气，并辅助混合气准备。

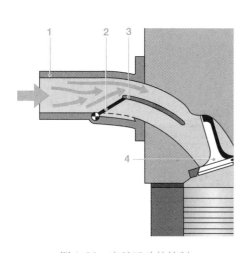

图 4-25 充量运动的控制

1—进气管 2—充量运动控制阀
3—隔板 4—进气门

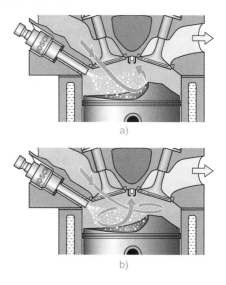

图 4-26 燃烧室中的气流运动

a）滚流 b）涡流

在均质运行时，充量运动控制阀板一般在低转速和低转矩时关闭，而在高转速和大转矩时则必须打开，否则就不能将高功率所必须的空气吸入燃烧室，因为充量运动控制阀板关闭了一部分流通横截面。当然，若在进气行程就提早将燃油喷入燃烧室，以及保持缸内高的温度水平，即使没有充量运动也能实现良好的混合气准备。

在进气道喷射中，技术上难以实现充量运动控制阀板的效果，因为必须防止在阀板关闭时燃油积聚，而这些燃油在阀板打开时才能进入燃烧室。

4.6　废气再循环

通过废气再循环（英语缩写为 EGR）保留在气缸中的残余废气量使气缸充量中的惰性气体含量超过进气空气中的惰性气体含量的数值。保留在气缸中的残余废气含量可通过可变配气定时来改变，通常将这种方法称为"内部"废气再循环，而较大的惰性气体含量变化则可通过"外部"废气再循环来实现，即通过一根管道（图 4-27 中的 3）将已排出的废气再返回到进气管。

4.6.1　外部废气再循环的控制

发动机电控单元（图 4-27 中的 4）根据发动机的运行工况点调节电动废气再循环阀（5，EGR 阀），从废气（6）中取出一部分流量输往吸入的新鲜空气（1）中去，因而若要能通过 EGR 阀吸入废气，则进气管与排气管道之间必须存在压力差。

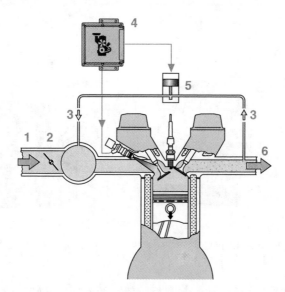

图 4-27　废气再循环（EGR）

1—进气新鲜空气　2—节气门　3—再循环废气　4—发动机电控单元
5—废气再循环阀（EGR 阀）　6—废气

缸内直喷式汽油机在稀薄运行中，在部分负荷时几乎无节流运行，也就是说它在进气管压力较高的情况下运行。此外，在稀薄运行时除了所期望的惰性气体之外，微量的氧通过 EGR 系统被返回到进气管中，因此必须采取一种控制策略，使节气门与 EGR 阀互相配合。此外，对 EGR 系统提出了很高的要求，即必须精确和可靠地工作，而且必须能有效地阻止废气温度较低时在 EGR 系统部件上形成积炭。

4.6.2 降低燃油耗

返回的惰性气体取代了发动机吸入气体中的氧。为了能调节到所期望的负荷工况点，必须通过更高的进气压力来补偿。由于减少了节流损失（泵吸损失，换气损失），使用 EGR 系统可达到较低的燃油耗，但是惰性气体减弱了混合气的着火能力。为了维持这种尽可能高的惰性气体含量，必须采取附加措施，而通过进气道中的充量运动控制阀板加强燃烧室中的扰动是非常有效的方法。

4.6.3 降低 NO_x 排放

在发动机稀薄运行时，因废气中的氧过量，使得三元催化转化器不再能降低废气中的氮氧化物，因此首要的目标是必须降低燃烧废气中的 NO_x 原始排放，只有这样才能避免采取 NO_x 后处理措施而丧失由稀薄运行所达到的燃油耗优势，因为在高 NO_x 原始排放情况下，必须频繁地通过加浓均质运行（采用过量空气系数 $\lambda < 1$）来进行吸附式 NO_x 催化转化器的再生。

废气再循环是一种降低 NO_x 原始排放非常有效的方法。通过将燃烧过的废气掺入可燃混合气，可降低燃烧峰值温度，这种措施能减少非常强烈依赖于温度的氮氧化物形成。

参 考 文 献

[1] Rudolf Pischinger, Manfred Klell, Theodor Sams: Thermodynamik der Verbrennungs-kraftmaschine; ISBN 978-3-211-99276-0, 3. Aufl. Springer, Wien NewYork

[2] Konrad Reif (Hrsg.): Sensoren im Kraftfahr-zeug. 2., ergänzte Auflage, Springer Vieweg, Wiesbaden 2012, ISBN 978-3-8348-1778-5

[3] Konrad Reif (Hrsg.): Dieselmotor-Manage-ment: Systeme, Komponenten, Steuerung und Regelung. 5., überarbeitete und erweiterte Auflage, Springer Vieweg, Wiesbaden 2012, ISBN 978-3-8348-1715-0

第5章 燃油喷射

喷油系统的任务是将由燃油供应系统从燃油箱输送到发动机室的燃油分配到汽油机的各个气缸,并按照要求将燃油准备好。

现代汽油机为了满足严厉的废气排放和燃油耗法规,必须在数量和时间顺序上非常精确地计量燃油,并按最佳条件准备好可燃混合气。这些高动态和非常复杂的混合气形成过程,对混合气准备系统提出了非常高的要求,因此如今电子控制燃油喷射已完全替代了化油器系统。

原则上,电控喷油系统可以分为两种类型:外部混合气形成系统——进气道喷射(SRE)和内部混合气形成系统——缸内直接喷射(BDE)。进气道喷射大多是在燃烧室外面进气道中形成混合气的,而缸内直接喷射则是仅在气缸中形成混合气的。图5-1示出了这两种喷油系统的主要区别。混合气形成机理和系统设

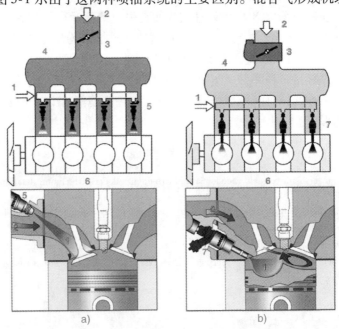

图5-1 喷油系统示意图

a)进气管喷射 b)缸内直接喷射

1—燃油 2—空气 3—节气门总成 4—进气管 5—喷油器 6—发动机 7—高压喷油器

计方面的差异也导致对喷油部件提出了不同的要求,这将在下面章节中予以详细阐述。

由于代用燃料应用得越来越多,因此对混合气形成系统的子系统和部件在诸如混合气准备的品质、计量范围,以及部件对介质的兼容性等方面提出了更多的要求。关于这些方面的内容可参阅 3.4 节"汽油机燃料"和第 14 章"代用燃料"。

5.1 进气道喷射

进气道喷射(SRE)汽油机是在燃烧室外面进气道中开始形成混合气的。这些发动机及其控制系统在最近二十多年间得到了不断的改进。

5.1.1 概述

1. 结构

现代汽车对废气排放、燃油耗和运转平稳性都提出了非常高的要求,因此也就对可燃混合气的形成提出了复杂的要求。除了根据发动机吸入的空气质量精确地计量喷油量之外,精确的喷油时刻(喷油定时)以及喷束相对于进气道和燃烧室的定位(喷束方位)也是十分重要的。由于废气排放法规不断加严,这些方面的要求也越来越引起人们的重视,而燃烧过程对降低燃油耗也变得越来越更重要,因而也就要求喷油系统不断地进行改进。

目前的进气道喷射技术已发展成为分缸单独电子控制喷射装置,它是为每个气缸单独、间歇性(即短暂中断)地将燃油直接喷射到进气门前。这种电子控制功能被集成在发动机管理系统的电控单元中。图 5-2 示出了进气道喷射系统的概貌。

机械式分缸连续喷射系统和电控中央喷射系统对于喷油系统的新发展已不再有什么意义。电控中央喷射是仅用唯一的一个喷油器将燃油间歇性地喷入节气门前的进气管中。

对于喷射部件的进一步开发主要是针对其计量范围(趋向于涡轮增压发动机和使用含乙醇汽油所致)、阀座密封性(为了减少蒸气排放),以及优化结构尺寸等方面进行的。在喷射系统范围内,还可见到一些新的应用方式,例如每个进气道应用两个喷油器(双喷射)。

2. 工作原理

(1)可燃混合气的形成

在进气道喷射的汽油喷射系统中,燃油被喷入进气管或进气道中,为此电动燃油泵将燃油输送到喷油器,那里的燃油处于系统压力之下。在分缸喷射装置

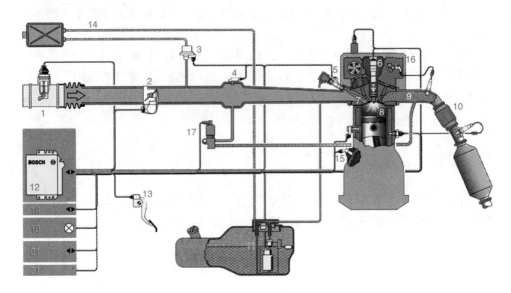

图 5-2　包括控制和调节部件在内的进气道喷射汽油机的布置示意图

1—进气空气质量流量计　2—节气门总成　3—燃油箱通风阀　4—进气管压力传感器

5—喷油器和燃油共轨　6—点火线圈和火花塞　7—进气道　8—燃烧室　9—排气管道

10—废气后处理系统　11—带有输油模块的燃油箱　12—发动机电控单元　13—加速踏板模块

14—燃油箱通风系统　15—发动机转速传感器　16—凸轮轴相位传感器　17—废气再循环阀

18—CAN 总线接口　19—发动机故障指示灯　20—故障诊断接口　21—防盗锁接口

中，每个气缸都有一个喷油器（图 5-3 中的 5），它将燃油间歇性地喷入进气管（6）或进气门（4）前的进气道（7）中。

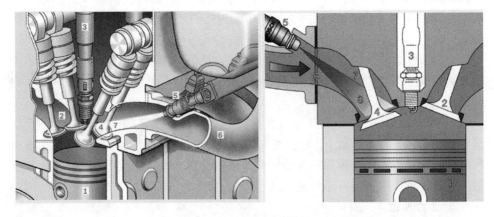

图 5-3　进气道喷射汽油机

1—活塞　2—排气门　3—点火线圈和火花塞　4—进气门

5—喷油器　6—进气管　7—进气道　8—喷束

混合气在燃烧室外面进气道（7）中从喷束（8）喷射就开始形成。喷射后在紧接着的进气行程中，可燃混合气就通过开启的进气门被吸入气缸，在气缸中混合气形成才最终完成。这个过程取决于喷束的方位，并且也受到喷射时刻的影响，同时通过节气门（见图5-2中的2）来确定进气空气质量。根据发动机机型的不同，每个气缸有时使用一个，但大多使用两个进气门。

喷油器的燃油计量范围被设计得能满足所有发动机运行工况的需求，这是非常重要的。一方面在高转速和高负荷情况下，必须在可供使用的时间内喷射足够量的燃油（在最高转速时，因涡轮增压也许要附加增加喷油量），另一方面也要确保在考虑到额外条件（例如燃油箱通风时带有燃油蒸气）下可以获得怠速运转时所需的足够小的喷油量，以保障发动机以化学计量比混合气（$\lambda = 1$）运行。

（2）空气质量的测量

与此同时，可燃混合气必须能被精确地进行调节，因而采集参与燃烧的空气质量也至关重要。位于节气门前的进气空气质量流量计（见图5-2中的1）测量通过进气管流入的空气质量，并将一个电信号传递到发动机电控单元（见图5-2中的12）。也有的电控系统采用一个压力传感器（见图5-2中的4）测量进气管压力，再与节气门踏板位置信号和发动机转速信号一起计算出吸入的空气质量。发动机电控单元根据吸入的空气质量和实时的发动机运行状况，计算出所需的喷油量。

（3）喷油持续时间

计算出的喷油量所需的喷射持续时间取决于喷油器最窄的流通横截面、喷油器的开关特性，以及进气管压力与燃油压力之间的压力差。

3. 减少有害物

前几年，发动机技术的进一步发展改善了燃烧过程，从而获得了较低的原始排放。发动机电子控制系统能够根据吸入的空气质量精确地喷射所需的燃油量，并能精确地调节点火时刻，以及根据运行工况点优化控制所有的现有部件（例如电动节气门总成，见图5-2中的2），因此除了能提高发动机功率之外，它还能明显改善废气品质和降低燃油耗。

这些新技术与废气后处理系统（见图5-2中的10）相结合，就能满足各地区执行的废气排放法规限值。三元催化转化器能够降低化学计量比空燃混合气（$\lambda = 1$）燃烧时所产生的有害物排放，因此进气道喷射式汽油机在大多数运行工况点都以这种混合气成分运行。

（1）发动机方面的措施

除了后面将要讨论的喷油系统中的措施之外，发动机方面的措施也能减少原始排放和提高燃烧效率。以下是如今被推广的措施：

1）优化燃烧室几何参数。

2）多气门技术。

3）可变气门机构。

4）中央火花塞位置。

5）提高压缩比。

6）废气再循环。

在发动机冷起动运行范围内，减少有害物排放是一项重要任务。当操纵点火开关或起动旋钮时起动机旋转，发动机以起动转速转动，同时电控单元采集转速和相位传感器（见图5-2中的15和16）的信号，据此发动机电控单元查明各缸活塞的位置，根据电控单元中存储的特性曲线场计算出喷油量，并由喷油器喷入气缸，同时据此主动调整点火，在首次点火的同时发动机转速被提高。

冷起动可用不同的阶段来表征（图5-4）：

1）起动阶段。

2）后起动阶段。

3）暖机运转。

4）催化转化器加热。

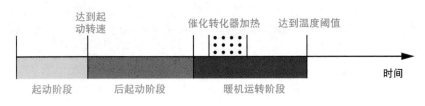

图5-4　冷起动阶段

（2）起动阶段

从首次燃烧直至首次超过所规定的起动转速的区间被称为起动阶段。为了起动发动机，此时必须加大喷油量（例如在20℃温度下起动的喷油量约为全负荷喷油量的3~4倍）。

（3）后起动阶段

在紧接着的后起动阶段中，根据发动机温度和起动结束后已经历的时间，充气量和喷油量都将连续不断地减少。

（4）暖机运行阶段

暖机阶段紧接着后起动阶段。由于发动机的温度仍较低（及其所导致的较高的摩擦力矩），因而需要较高的转矩，这就意味着需要继续提供比热机运行时更大的喷油量。与后起动阶段不同，这种需求更大的喷油量仅取决于发动机温度，而且直至达到所规定的温度阈值之前都是必需的。

（5）催化转化器加热阶段

冷起动的特点是还带有催化转化器加热阶段，在此阶段中通过附加措施来加快催化转化器的加热。不同阶段之间的界限并不明显，催化转化器加热阶段可能与暖机运转阶段重合。根据各自不同的发动机系统，暖机运转阶段也可能超过催化转化器加热阶段。

4. 冷起动期间的废气排放

冷机起动时附着在冷的气缸壁面上的燃油不能立即蒸发，因而不能参与随后的燃烧，并在排气行程中被排入废气系统，因此无助于起动转矩的建立。所以，为了确保发动机稳定运转，在起动和后起动阶段必须增大喷油量。

未燃烧就排出的那部分燃油会导致 HC 排放猛烈地增加（图 5-5），而 CO 原始排放也是如此。催化转化器的最低温度必须达到约 300℃ 才能净化有害物，因此应采取能快速加热催化转化器的措施，使它迅速达到其工作温度。此外，还有用于废气中未燃碳氢化合物放热后处理的辅助系统，它们在催化转化器加热阶段发挥作用。

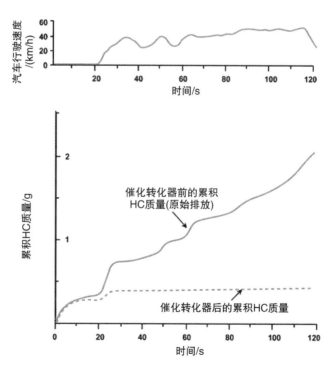

图 5-5　起动后催化转化器前后的 HC 排放

5. 加热催化转化器的措施

采取下列措施能在冷起动时快速加热催化转化器：

1）通过推迟点火和加大进气质量流量，提高废气温度。

2）催化转化器靠近发动机安装。

3）通过废气中未燃碳氢化合物后燃提高废气温度。

应根据目标市场及其所执行的废气排放法规来选择和使用这些措施。

6. 废气中未燃碳氢化合物的放热后处理

在废气管路中，通过后燃处理能减少未燃碳氢化合物，在此过程中它们在高温下进行排气道燃烧，为此当发动机加浓运行时必须添加二次空气，而发动机稀薄运行时，则可利用废气中存在的残余氧进行后燃。

7. 添加二次空气

在起动过程后的暖机运转阶段（$\lambda < 1$），通过添加二次空气向废气中附加空气，使未燃碳氢化合物发生燃烧放热反应，从而降低废气中高的 HC 和 CO 浓度，而且这种氧化反应过程释放热量，使废气温度升高，废气流经催化转化器使转化器被快速加热。

5.1.2　喷射模式

除了正确的喷油持续时间之外，以曲轴转角表示的喷油时刻（或喷射模式）是另一个优化燃油耗和废气排放值的重要参数。对于每一个气缸都可区分为提前喷射和进气同步喷射。如果有关气缸的喷油终点在时间上仍位于进气门开启之前，并且燃油喷束的大部分碰到进气道底面和进气门，那么这种喷射就称为提前喷射。与此相反，进气同步喷射则是在进气门打开时进行喷射的。

如果考察所有气缸的喷射始点，那么就可区分出下列几种喷射模式（图5-6）：

1）同时喷射。

2）分组喷射。

3）顺序喷射。

4）分缸喷射。

其中，变化的可能性取决于所应用的喷射模式。新型发动机几乎只使用顺序喷射模式，仅在冷起动中第 1 次燃烧时尚单独使用同时喷射或分组喷射模式。

1. 同时喷射

同时喷射是所有喷油器在相同时刻喷油，可供燃油蒸发的时间对于各个气缸是不相同的。为了达到良好的混合气形成，将燃烧所需的燃油量分两次在曲轴每转一圈中各喷射一半油量。这种喷射模式对于所有气缸不可能都是提前喷射，有部分气缸不得不在进气门打开时喷油，因为喷油始点是预先规定的。其缺点是各个气缸的混合气准备相差非常大。

2. 分组喷射

分组喷射是将所有喷油器分成两组，两组喷油器在曲轴每转一圈中交替喷射

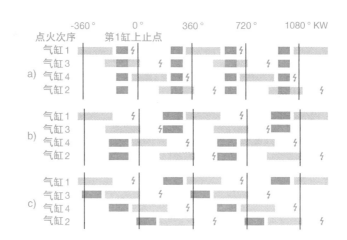

图 5-6　进气道喷射的喷射模式

［曲轴转角（KW）是相对于第 1 缸上止点计算的］

a）同时喷射　b）分组喷射　c）顺序喷射和分缸喷射

一次。这种喷射模式已能根据运行工况点来选择喷油定时，并且在某些特性曲线场范围内能避免在进气道打开时进行不希望的喷射，但是在这种情况下可供燃油蒸发的时间对于各个气缸也是不相同的。

3. 顺序喷射

顺序喷射（Sequential Fuel Injection，缩写 SEFI）是每个气缸的燃油单独喷射，各个喷油器按照点火次序依次进行喷射，而喷射持续时间和相对于各自气缸活塞上止点的喷射始点对于各个气缸是相同的，因此混合气准备对于每个气缸也都是相同的。喷油始点可以自由编程，能针对发动机运行状况进行调整。

4. 分缸喷射

分缸喷射能提供最大的自由度。与顺序喷射相比，分缸喷射的优点在于各个气缸的喷射持续时间能单独进行调节，因此能补偿各缸的不均匀性（例如气缸充气状况方面），这在发动机冷起动提速时对于降低废气排放具有重要的意义。每个气缸的化学计量比运行的前提条件是分缸采集过量空气系数 λ 信号，这取决于排气歧管的优化设计，以尽可能避免各缸废气相互混合。

5.1.3　混合气形成

随着燃油喷入气缸，混合气形成就开始了，形成过程在整个进气阶段直至压缩阶段期间在各自的气缸中持续进行。混合气形成要满足许多要求，例如确保点火时刻在火花塞附近具有可点燃的混合气、混合气在气缸中良好的均质化、在非稳态运行时具有良好的动态特性，以及冷起动时 HC 排放低。

进气道喷射系统的混合气形成是很复杂的（图5-7），它涉及初始燃油喷束在进气管中的输送特性、在燃烧室中的雾化，直至点火时刻混合气的均质化等。发动机在冷机和热机运行时的混合气形成是有所不同的，并且受到下列因素的决定性影响：

1）发动机温度。

2）初始油滴的雾化。

3）喷射模式。

4）喷束方位。

5）空气流动。

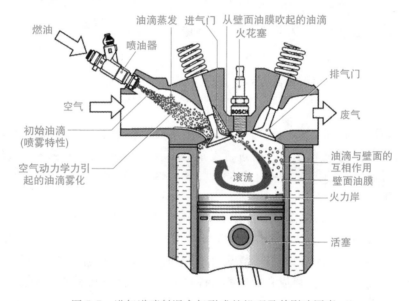

图5-7　进气道喷射混合气形成的机理及其影响因素

混合气形成的目标是在各缸点火时刻，在燃烧室中已存在分布良好的均质混合气。

1. 初始油滴雾化

直接在喷油器出口后的燃油雾化被称为初始油滴雾化。小的初始油滴有利于燃油的进一步蒸发，当然在这方面应考察到冷机时因温度较低，喷入的燃油只有非常少的部分在进气道中蒸发，而大部分燃油存在于进气道壁面，并在进气阶段被空气流拖曳成油膜状。真正的混合气准备在气缸中进行。热机时的情况与之相反，喷入的大部分燃油和部分存在的油膜在进气道中就已蒸发了。

2. 喷射模式

在冷机情况下，燃油喷射模式对混合气形成和 HC 原始排放产生特别重大的影响。

（1）进气同步喷射

在进气同步喷射时，一部分燃油被进气流输送到对面排气门侧的气缸壁面（图5-8a）上。这种燃油膜（壁面油膜）在冷的气缸壁面上并不蒸发，因而不参与燃烧而进入排气道，这会导致原始排放增加。如今进气同步喷射仅在冷起动时尚有少量应用，而在全负荷热机运行时它则被用于提高功率（为了冷却充量和减少爆燃）。每缸采用两个喷油器的新型使用方式在这方面提供了新的自由度，因为在进气同步喷射情况下，在很大程度上燃油是在燃烧室中蒸发的，因而能增加新鲜空气充量，其原因在于进气道中的液态油滴比蒸气占据更小的容积。此外，由于燃油在燃烧室中蒸发，冷却了气缸充量，这对降低发动机爆燃倾向产生了有利的效果。

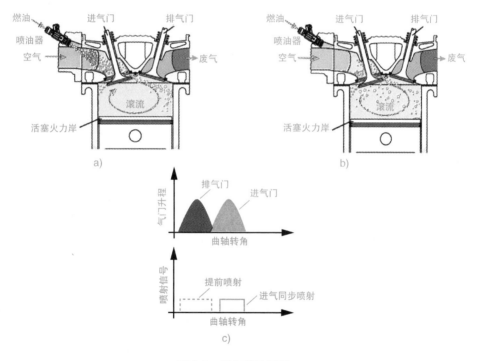

图5-8 进气流和喷油

a）同步喷射时的进气流 b）提前喷射时的进气流 c）喷油信号状况

（2）提前喷射

在冷起动时，通过提前喷射（图5-8b）可显著降低有害物排放。燃油被输往燃烧室中央，并且避免了在排气侧气缸壁上形成不希望的壁面油膜。

3. 喷束方位

提前喷射与最佳的喷束方位（喷束相对于进气道和燃烧室的方位，图5-9）相组合能进一步降低冷起动时的 HC 排放。在喷束对准进气道下壁（图5-9b）的情况下，被吸入的喷雾大多被输往燃烧室中央，因而大大减少了燃油对排气侧气缸壁面的润湿，这表现在起动阶段的 HC 排放较少，而且也减少了起动时燃油润湿火花塞的风险。但是另一方面，燃油润湿进气道下壁也导致了在进气道中强烈地形成油膜，在这种情况下非稳态运行时（负荷变换时）的燃油耗较高。原则上，往往要在冷起动与非稳态运行要求之间寻求最佳的折中。

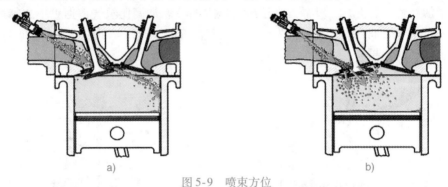

图 5-9　喷束方位

a) 喷束对准进气门阀盘中央　b) 喷束对准进气道下壁

在进气道喷射汽油机上，必须要考察在负荷变化时进气道中储存的壁面油膜内的燃油量。当负荷突变时会形成更多的壁面油膜，如果在计算所需的喷油量时没有考虑到储存的壁面油膜量及其延缓进入燃烧室的速度的话，那么就会产生不希望的空气过量。为此，在发动机电控单元中集成了油膜补偿功能，它必须建立在各自发动机几何参数和喷束方位情况下应用的数据库，以确保在非稳态运行工况下发动机尽可能以 $\lambda = 1$ 的混合气运行。

4. 空气流动

空气流动主要受到发动机转速、进气道的几何设计，以及进气门的开启时间和升程曲线的影响。有部分机型为了根据运行工况点调节空气流动方向（滚流，涡流）还应用了充量运动控制阀板。空气流动的目标是在可供使用的时间内使所需的空气量进入燃烧室，并且在点火时刻确保燃烧室中的可燃混合气达到均质化。

强烈的缸内流动有利于良好的均质化，并能提高 EGR 兼容性（EGR 率），从而能降低燃油耗和 NO_x 排放。但是，强烈的缸内流动会减少全负荷时的充气量，这会引起最大转矩和最大功率的降低，因此绝大多数机型采用可变充量运动控制阀板（见图5-18中的8），以便兼顾部分负荷时高的充量运动和尽量减小全负荷时的节流效应。

5. 二次混合气准备

空气流动也能附加辅助燃油准备（通过二次混合气准备）效果。如果在进气门开启时刻进气管与燃烧室之间存在压力差的话，那么所产生的流动会影响燃油的准备及输送。若进气门开启时进气管压力明显高于燃烧室压力，则可燃混合气和壁面油膜就会在进气门流通截面处被加速吸入燃烧室。

如果进气门开启时进气管压力小于燃烧室压力的话，那么先前燃烧的热废气就会返流到进气管，这样一方面回流气流有利于壁面油膜和燃油滴的准备，另一方面热废气又有助于燃油的蒸发。特别是在冷起动情况下，这个过程对于暖机阶段和催化转化器加热阶段而言是十分重要的。

5.1.4 电磁式喷油器

1. 任务

电磁喷油器将处于系统压力下的燃油喷入进气道，此时由发动机电控单元根据进气空气质量和发动机当时的运行状态单独为每个气缸计算好喷油时刻和喷油持续时间，并由集成在发动机电控单元中的功率驱动级相应地控制喷油器。喷油器的重要功能不仅在于精确地计量喷油量，而且它应在考虑到进气道几何形状和进气门位置的情况下，满足燃油雾化品质的要求。

2. 结构和工作原理

电磁喷油器（图 5-10）原则上由下列零件组成。

1）带有电插座（4）和液压接头（1）的喷油器体（3）。

2）电磁线圈（9）。

3）带有电磁衔铁和阀球（11）的活动阀针（10）。

4）带有喷孔圆片（13）的阀座（12）。

5）阀弹簧（8）。

为了确保稳定、可靠地工作，喷油器采用耐腐蚀钢制成。燃油进口处的滤网保护喷油器免受污染。

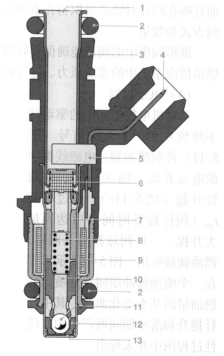

图 5-10　用于进气道喷射的电磁喷油器
1—液压接头　2—密封圈（O 形圈）
3—喷油器体　4—电插座　5—塑料夹
6—滤网　7—内磁心　8—阀弹簧
9—电磁线圈　10—带有衔铁的阀针
11—阀球　12—阀座　13—喷孔圆片

（1）连接

在如今所使用的喷油器中，燃油都是沿轴向从上向下进油的（顶部供油）。喷油器在液压接头部位用卡夹或其它夹紧装置固定在燃油分配管（燃油共轨）上，并用一个 O 形圈密封，采用卡夹能获得可靠的紧固定位。进气管上有喷油器安装孔，喷油器可插入其中，并由喷油器下端的 O 形圈密封。喷油器的电插座通过电缆与发动机电控单元连接。

（2）电磁阀功能

在线圈不通电时，弹簧力和由燃油压力产生的力将带有阀球的阀针压紧在锥形阀座上，因而燃油供应系统相对于进气管密封。如果线圈通电产生磁场，那么就将阀针衔铁吸起来，阀球抬离阀座，燃油就被喷出。若励磁电流被切断，则阀针又被弹簧力关闭。

（3）燃油出口

燃油由喷孔圆片产生雾化效果。圆片上冲出喷孔使喷油量达到高的稳定性，而且喷孔圆片对燃油沉积物并不敏感。喷出的燃油所形成的喷束取决于喷孔的排列方式和数量。

锥形阀座中的阀球能确保良好的阀密封性。单位时间的喷油量基本上取决于燃油供应系统中的系统压力、进气管中的背压和燃油出口范围内的几何参数。

（4）电子控制

发动机电控单元中的驱动功率级模块用一个开关信号（图5-11）控制喷油器。电磁线圈中的电流升高（图 5-11b），使阀针升起（图 5-11c），经过时间 t_{an}（阀针提升时间）后达到最大升程。一旦阀球抬离其阀座，燃油就被喷出。图 5-11d 示出了在一个喷油脉冲期间总共喷出的燃油量的基本变化曲线，其中阀针提升和落座期间所产生的非线性过程图中并未标出。

由于控制电流切断后磁场并非是突然消失的，因此针阀延迟关闭，经过时间 t_{ab}（阀针落座时间）后针阀才重新完全关闭。在针阀完全打开的情况下，喷油

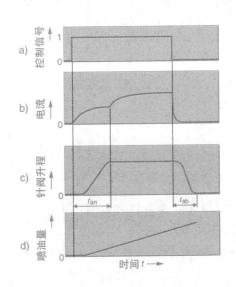

图 5-11　喷油器的控制

a）控制信号　b）电流波形　c）针阀升程　d）喷油量

t_{an}—阀针提升时间　t_{ab}—阀针落座时间

量与时间成正比，而阀针提升和落座期间的非线性必须通过控制持续时间来补偿。此外，阀针从其阀座上抬离的速度取决于蓄电池电压，因此要根据蓄电池电压延长喷油时间来修正这种影响。

（5）喷油器

图 5-10 和图 5-12 示出了目前喷射装置所用的标准喷油器。热燃油形成蒸气泡的倾向小就易于使用无回油燃油供应系统，因为这种系统喷油器中的燃油温度要比有回油系统的高。为了改善燃油的雾化品质，用最多具有 12 孔的喷孔圆片替代一般使用的 4 孔喷孔圆片，这样最多能使油滴尺寸减小 35%，从而能降低废气排放。

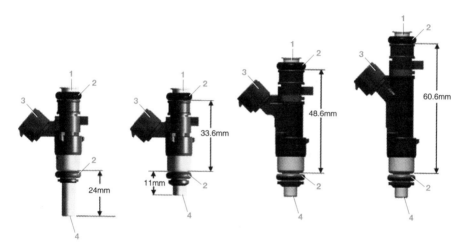

图 5-12 Bosch 公司喷油器的不同结构形式

1—液压接头 2—密封圈（O 形圈） 3—电插座 4—燃油出口

3. 喷束准备

喷油器的喷束准备，即喷射形状、喷束角度和油滴尺寸等影响可燃混合气的形成，因此喷束准备是喷油器非常重要的功能。进气管和气缸盖独特的几何形状使得有必要进行各种不同结构形式的喷束准备，为此有各种不同的喷束准备方案可供使用。图 5-13 所示出的喷束形状不仅有 4 孔方案，而且还有能减小油滴尺寸的多孔方案。

（1）锥形喷束（单喷束）

通过喷孔圆片上的孔产生单个油束，这些油束的总和形成一个喷束锥体，其角度能根据发动机的特殊要求改变（图 5-13a）。这种锥形喷束的典型应用场合是每缸一个进气门的发动机，但是锥形喷束也适用于每缸两个进气门的发动机。

（2）双喷束

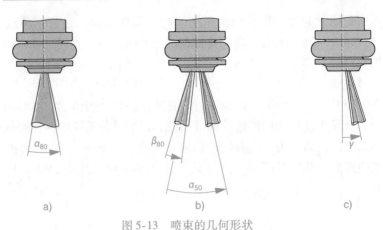

a)   b)   c)

图 5-13 喷束的几何形状

a) 锥形喷束   b) 双喷束   c) 倾斜喷束

α_{80}——燃油的 80% 份额位于角度 α_{80} 中 α_{50}——燃油的 50% 份额位于角度 α_{50} 中

β_{80}——单个喷束中燃油的 80% 份额位于角度 β_{80} 中 γ——喷束方向倾斜角

双喷束用于每缸两个进气门的发动机。喷孔圆片上的孔的排列能使喷油器喷射的两个锥形喷束各自分别由好几个单个油束组合而成，而这两个锥形喷束又分别喷射到各自的进气门前或者喷射到两个进气门气道分岔的"鼻梁"上（图 5-13b）。两个锥形喷束之间的喷孔角度能根据发动机的特殊要求改变。

（3）倾斜喷束

这种燃油喷束（单喷束和双喷束）相对于喷油器轴线倾斜一定的角度（喷束方位角，图 5-13c）。具有这种喷束形式的喷油器通常应用于结构上比较难以布置的场合。

5.1.5 燃油分配管

燃油分配管（燃油共轨或简称为共轨）的任务是储存需要喷射的燃油、抑制燃油压力脉动，以及确保将燃油均匀分配到所有的喷油器。原则上，共轨可分为通流式共轨（有回油系统，图 5-15）和非通流式共轨（无回油系统，图 5-14）。关于这两种共轨形式的应用情况及其优缺点可参阅第 3 章"燃油供应"中的 3.1 节"引言和概述"。喷油器被直接安装在燃油共轨上。在有回油系统中，除了喷油器之外，燃油共轨还集成了燃油压力调节器，在有的场合也许还集成了一个燃油压力阻尼器。

对燃油共轨尺寸进行有针对性的设计可防止在喷油器开关时谐振所引起的局部燃油压力变化，从而可避免与负荷和转速有关的喷油量不均匀性。根据不同汽车车型的要求，燃油共轨用不锈钢或工程塑料制成。为了维修时检验和卸压用途，燃油共轨上可能还集成了一个诊断阀。

114

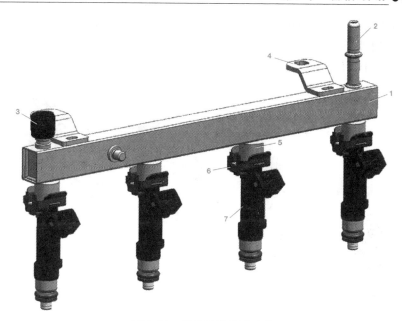

图 5-14　无回油的燃油共轨

1—燃油分配管（共轨）　2—进油接头　3—诊断阀　4—共轨安装支架
5—共轨喷油器插入孔　6—安装卡夹　7—喷油器

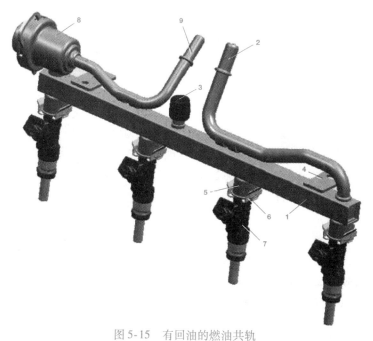

图 5-15　有回油的燃油共轨

1—燃油分配管（共轨）　2—进油接头　3—诊断阀　4—共轨安装支架
5—共轨喷油器座孔　6—安装卡夹　7—喷油器　8—燃油压力调节器
9—回油至燃油箱

115

除了用于汽油和乙醇的燃油共轨之外，还有用于天然气发动机的共轨（图5-16），其上装有专门的天然气喷射器，而压力和温度则通过相应的传感器来进行监测。关于天然气燃料系统的详细信息可参阅第14章"代用燃料"。

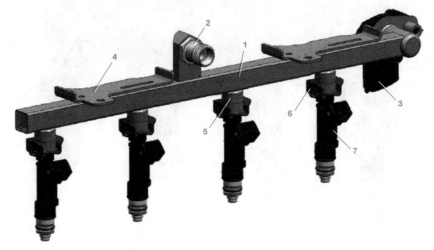

图5-16　用于天然气发动机的共轨

1—燃料分配管（共轨）　2—天然气进口接头　3—天然气压力传感器
4—共轨安装支架　5—喷油器座孔　6—安装卡夹　7—天然气喷射器

5.2　汽油机缸内直接喷射

5.2.1　优点

汽油机缸内直接喷射能在不损害汽车行驶动力性能和舒适性的情况下进一步改善汽油机的燃油耗和废气排放，它是汽油机高效小型化的关键技术，并能节油高达20%。通过汽油机缸内直接喷射、废气涡轮增压和可变凸轮轴配气调节的协同作用，小型发动机能够达到迄今为止只有大型发动机和多气缸发动机才能实现的功率和转矩。

对于驾驶人而言，这表现为在改变车速时汽车高的加速响应特性，在当今的公路交通运输中这是舒适性和安全性的体现。此外，汽油机缸内直接喷射能够使动力总成得到总体优化，以便在应对未来的废气排放法规时，例如欧洲的欧6和美国的SULEV法规，可使用有利于降低成本的废气后处理方案。

5.2.2　概述

现代汽油机要求在低燃油耗和低废气排放的同时具有高效的工作能力，这进一步推动了汽油机缸内直接喷射技术的发展。与进气道喷射系统相比，汽油机缸内直接喷射因采用了缸内混合气形成而提供了附加的自由度，成为诸如分层稀薄运行或均质压缩点火（HCCI）等现代高效燃烧过程的基础。在采用化学计量比混合气燃烧的废气涡轮增压发动机上，由于加大了气门重叠角，以及燃油在气缸中蒸发减小了爆燃倾向，在低转速转矩方面获得了好处。

缸内直接喷射的工作原理并非新颖。1937 年就已出现了机械式缸内直接喷射的飞机用汽油机。1951 年采用机械式缸内直接喷射的二冲程汽油机就首次批量应用于 Gutbrod 轿车。1954 年又推出了搭载四冲程缸内直接喷射式汽油机的 Mercedes 300 SL 轿车。

当时，缸内直喷式汽油机的结构是非常复杂的，而且这种技术对所需的材料提出了很高的要求，而在发动机耐久性方面还存在着其它一些问题，所有这些问题在很长时期内阻碍了汽油机缸内直接喷射技术的继续发展。

1. 工作原理

汽油机缸内直接喷射系统的特点是直接将高压汽油喷入燃烧室（图5-17），就像柴油机那样在燃烧室内部形成可燃混合气（内部混合气形成）。燃油系统由电动燃油泵、高压燃油泵、共轨、高压传感器和喷油器组成。

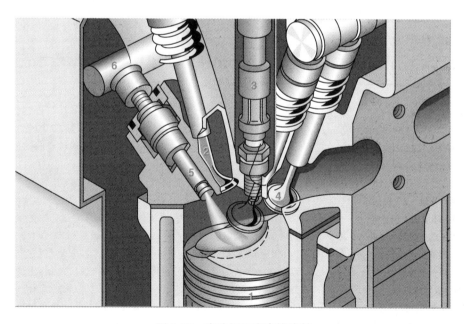

图 5-17　汽油机缸内直接喷射

1—活塞　2—进气门　3—插入式点火线圈和火花塞　4—排气门

5—高压喷油器　6—燃油分配管（共轨）

2. 高压的产生

电动燃油泵（图5-18中的10）以3~5bar[⊖]的初级输油压力将燃油从燃油箱输送到高压燃油泵（11）。高压燃油泵根据运行工况点（所需的转矩和转速）产生系统压力，高压燃油进入燃油共轨（12）储存。燃油压力用高压传感器（13）测量，并由集成在高压燃油泵中的油量控制阀调节在50~200bar范围内。高压喷油器（14）安装在共轨上，它们由发动机电控单元进行控制，并将所需的燃油喷入气缸中。Bosch公司汽油机缸内直接喷射系统的部件用不锈钢制成，因而能可靠地使用各种不同燃油，并能兼容所有市场上流行的燃油，例如E85（含体积分数85%乙醇和15%汽油）和M15（含体积分数15%甲醇和85%汽油）。其它燃料则需经汽车制造商调整后才能使用。

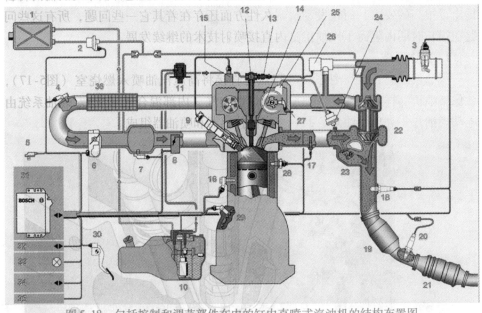

图5-18　包括控制和调节部件在内的缸内直喷式汽油机的结构布置图

1—活性炭罐　2—燃油箱通风阀　3—热膜进气空气质量流量计　4—组合式增压压力和进气空气温度传感器　5—环境压力传感器　6—电动节气门总成（EGAS）　7—进气管压力传感器　8—充量运动控制阀板　9—点火线圈和火花塞　10—带电动燃油泵的输油模块　11—高压燃油泵　12—燃油分配管（共轨）　13—燃油高压传感器　14—高压喷油器　15—凸轮轴相位调节器　16—爆燃传感器　17—废气温度传感器　18—氧传感器　19—前置催化转化器　20—氧传感器　21—主催化转化器　22—废气涡轮增压器　23—废气放气阀　24—废气放气阀调节器　25—真空泵　26—倒拖循环空气阀　27—凸轮轴相位传感器　28—发动机温度传感器　29—转速传感器　30—加速踏板模块　31—发动机电控单元　32—CAN总线接口　33—发动机故障指示灯　34—诊断接口　35—防盗锁接口　36—增压空气冷却器

⊖　1bar = 100kPa。

5.2.3　燃烧过程和运行模式

1. 燃烧过程

在燃烧室中形成混合气和燃烧释放能量的过程被称为燃烧过程。发动机运行时的许多参数都会影响燃烧过程，重要的参数有燃烧室的几何形状及其尺寸、燃烧室中的流动状况和燃油喷雾的方位等，此外还有诸如喷油时刻和点火时刻等可控制参数。所有这些参数的优化是可靠进行快速完全燃烧和低废气排放燃烧过程的基本前提条件。

燃油在燃烧室中的分布受到喷油器安装位置的强烈影响。在普通的四冲程发动机上，如今喷油器有侧置和中置两种安装位置。侧置喷油器被安装在进气道下方（图 5-19a），燃油在两个进气门之间喷入燃烧室，这种布置位置的主要优点是现有进气道喷射机型气缸盖的调整相对较为简单，这使得发动机制造商能明显较为容易地转换到缸内直接喷射。

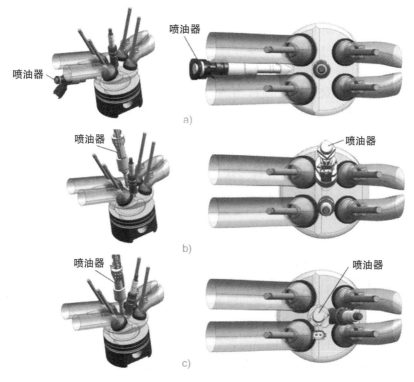

图 5-19　侧置和中置喷油器的安装状况

a）侧面安装　b）纵向中置　c）横向中置

在批产发动机上，中置喷油器有两种可能的安装方案，即纵向中置和横向中置（图 5-19b 和 c）。纵向中置方案的火花塞和喷油器位于进排气门之间的气缸顶部，因而能获得较良好的气缸盖冷却，也为进排气道保留了较大的自由空间。横向中置方案的喷油器位于两个进气门之间，而火花塞则位于两个排气门之间，在这种布置方式中喷油器顶端的温度相对较低，因而能明显改善喷油器顶端抗积炭的可靠性。此外，中置喷油器能够充分利用燃油分层燃烧的全部节油潜力，因此如今的分层燃烧过程都应用横向中置方案。

一种燃烧过程往往存在好几种不同的运行模式，它们根据发动机的运行工况点进行转换。原理上，燃烧过程分为两种类型：均质和分层燃烧过程。

（1）均质燃烧过程

均质燃烧过程通常在整个特性曲线场中在燃烧室内形成平均化学计量比混合气（图 5-20），这就意味着过量空气系数始终为 $\lambda = 1$，因此像进气道喷射时一样，可应用三元催化转化器进行废气后处理。这种燃烧过程与增压相结合用于发动机小型化（在提高效率的同时减小发动机排量），以降低燃油耗。

均质燃烧过程经常以均质模式运行，当然在这里也要介绍一些特殊的运行方式，它们被个别发动机用于某些不同的用途。

（2）分层燃烧过程

分层燃烧过程是在一定的特性曲线场范围内（小负荷，低转速）燃油在压缩行程中才喷入燃烧室，并在适当的时候将分层混合气云雾输往火花塞（图 5-20c），而且在理想的情况下这些混合气云雾被新鲜空气所包围，这样仅在局部的云雾中才存在可点燃的混合气，而整个燃烧室平均的过量空气系数 $\lambda > 1$，因此在很大的程度上可以无节流地运行，因而减小了换气损失，并且提高了混合气稀释程度，使混合气温度降低，从而使燃烧室中的气缸充量具有有利的参数值，进而提高了燃烧效率。分层燃烧过程是一种稀薄燃烧方案，用于汽油机具有高的节油潜力。

由于分层燃烧过程用于废气后处理系统的费用较高，因而如今新汽车只应用具有最大节油潜力的分层燃烧方案，即喷束导向型燃烧过程。

（3）壁面和空气导向型燃烧过程

壁面和空气导向型燃烧过程的喷油器是侧面安装的（图 5-21a－c）。混合气由活塞顶上的凹坑进行输送，凹坑或者直接将燃油导向火花塞（壁面导向型），或者引导燃烧室中的空气流将燃油在空气垫上带向火花塞（空气导向型），而真实的侧置喷油器分层燃烧过程大多数是两者兼而有之，具体取决于喷油器的安装角度、喷射的燃油量和燃烧室中的充量运动。出于成本－效益方面的原因，从 2005 年以来批产发动机就不再采用壁面和空气导向型燃烧过程了。

（4）喷束导向型燃烧过程

喷束导向型燃烧过程采用中置喷油器，而火花塞则在燃烧室顶部靠近喷油器

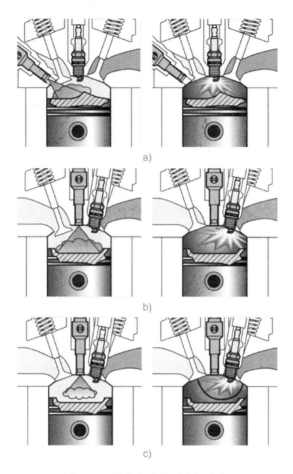

图 5-20　燃烧室中的混合气分布

a）侧置喷油器：均质混合气形成和燃烧　b）中置喷油器：均质混合气形成和燃烧

c）中置喷油器：分层混合气形成和燃烧，粗线范围表示混合气云雾

安装（图 5-21d），这样布置的优点是能够直接将燃油喷射导向火花塞，而不是间接地通过活塞或空气流来引导，其缺点是可供混合气准备的时间很短，因此喷束导向型分层燃烧过程需要约 20MPa 的燃油压力和高的混合气品质，在喷油器用于喷束导向型燃烧过程的情况下，这是靠采用具有层状喷雾的外开式喷嘴来实现的。

　　喷束导向型燃烧过程需要火花塞和喷油器的精准定位，以及精确的喷束准备，以便能够在正确的时刻点燃混合气。在这种情况下，火花塞的交变热负荷是非常高的，因为高温的火花塞也许会被相对较冷的喷射油束直接润湿。在系统设计良好的情况下，喷束导向型燃烧过程呈现出比其它分层燃烧过程更高的效率，

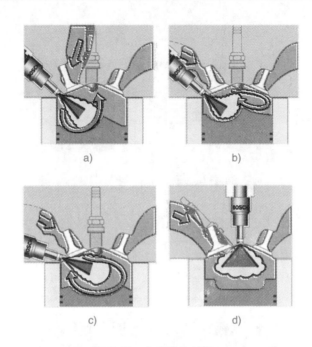

图 5-21 分层燃烧过程

a) ~ c) 壁面 – 空气导向型燃烧过程 a)、b) 借助于活塞顶凹坑输送混合气

d) 喷束导向型燃烧过程

以致于与壁面和空气导向型燃烧过程相比,它能达到更高的节油效果。在分层燃烧发动机的设计中,在分层运行范围之外的工况中,发动机仍以均质模式运行。

2. 运行模式

下面阐述汽油机缸内直接喷射应用的各种不同运行模式。由发动机电控系统根据发动机运行工况点调节到合适的运行模式(图 5-22)。

(1)均质运行

在均质运行时,喷射的燃油量是精确地按照可燃混合气化学计量比($\lambda = 1$)(例如优质汽油为 14.7∶1)计量的,并且燃油是在进气行程期间就喷入气缸的,因此有足够的时间使整个混合气均质化。为了保护催化转化器或提高全负荷的功率,在部分特性曲线场范围也采用略微加浓的混合气($\lambda < 1$)运行。在需求高转矩的情况下,"均质"运行模式是必须的,因为要充分利用整个燃烧室。由于使用的是化学计量比可燃混合气,因而这种运行模式的有害物原始排放较低,而且可由三元催化转化器完全净化。均质运行的燃烧状况在很大程度上相当于进气道喷射时的燃烧。

(2)分层运行

分层运行时,燃油在压缩行程期间才喷入气缸,而且燃油应仅与部分空气混

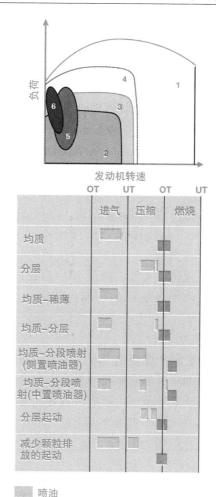

图 5-22　各种不同运行模式的喷油和点火时刻

1—均质　2—分层运行　3—均质 – 稀薄　4—均质 – 分层

5—均质 – 分段喷射（用于催化转化器加热）　6—分层起动和减少颗粒排放的起动

合，形成分层混合气云雾，在理想情况下它们被新鲜空气所包围。在分层运行时，喷油终点是非常重要的。分层混合气云雾不仅必须在点火时刻足够的均质化，而且还必须位于火花塞附近，因为在分层运行时仅在局部区域存在化学计量比混合气，并且因为周围是新鲜空气，总体平均而言混合气是稀薄的。此时，需要费用较高的废气后处理，因为在稀薄运行时三元催化转化器无法降低 NO_x 排放。

　　分层运行模式只能在预先限定的范围内运行，因为在更高的负荷下炭烟和 NO_x 排放都会明显增大，并且相对于均质运行的节油效果也会消失。而在较小的负荷下，因废气热焓较低，分层运行也会受到限制，因为废气温度较低，造成催化转化器仅由废气加温无法保持其工作温度。分层运行的转速范围大约被限制在 $n=3500\mathrm{r/min}$ 以下，因为超过这个转速阈值的话，可供分层混合气云雾均质化的时间就不够了。

混合气云雾在至周围空气的边缘区域已被稀释了，因而在该区域内燃烧时会产生较高的 NO_x 原始排放。在这种运行模式时，可采用高的废气再循环率予以补救，因为再循环废气能降低燃烧温度，从而就能减少与缸内温度成正比的 NO_x 排放。

（3）均质稀薄运行

在分层运行与均质运行之间的过渡范围内，分层燃烧过程发动机能够采用均质稀薄混合气运行（$\lambda>1$）。均质稀薄运行时的燃油耗要比 $\lambda=1$ 的均质运行低，因为通过消除节流减少了换气损失。但是，要注意的是 NO_x 排放会增大，因为在这种运行范围中三元催化转化器无法降低 NO_x 排放，附加增多的 NO_x 排放又意味着在这种情况下必须使用吸附式 NO_x 催化转化器，而它在再生阶段会导致效率的损失。

（4）均质 – 分层运行

在均质 – 分层运行时，整个燃烧室中充满了均质稀薄的基础混合气，这种混合气是通过在进气行程期间喷射的基础喷油量形成的，而第 2 次喷油则在压缩行程期间进行，这样就能在火花塞范围内形成浓混合气区域，这种分层充量是易于点燃的，并能类似于火焰点火那样可靠地点燃燃烧室中其余的均质稀薄混合气。

两次喷油之间的分配比例约为 75%:25%，这就意味着总喷油量的 75% 在第 1 次喷射时形成均质基础混合气。与分层运行相比，在低转速时，分层运行与均质运行之间的过渡范围内稳定的均质 – 分层运行能降低炭烟排放，并且燃油耗也比均质运行时低。

（5）均质 – 分段喷射

均质 – 分段喷射运行模式是均质 – 分层双次喷射的一种特殊应用方式，在所有的缸内直接喷射汽油机上，它被用于在冷起动之后快速地加热催化转化器。侧置喷油器在压缩行程早期稳定有效的第 2 次喷射，或者中置喷油器直接在点火前的一次喷射，使得能在极晚的时候（在点火上止点后 15°～30°曲轴转角）点火，因而大部分的燃烧能量不再是用于提高转矩，而是用来提高废气热焓。通过利用这种高温的废气流，在发动机起动后几秒钟，催化转化器就能达到工作温度，准备好发挥净化作用。

（6）分层起动

分层起动时，起动喷油量是在压缩行程期间提高喷油压力进行喷射的，而不是通常在进气行程期间在初级输油压力下被喷射的。这种喷油策略的优点是基于燃油被喷入已被压缩和加热的空气中，因而比在冷的环境条件下有更高比例的燃油蒸发，否则在冷的条件下，喷入的燃油会有明显更高的比例在燃烧室中形成液态壁面油膜而无法参与燃烧，因此分层起动模式可明显减少起动喷油量，这样就能大大降低起动时的 HC 排放。因为在起动时刻催化转化器尚未起作用，因此这是一种用于开发低排放机型的重要的运行模式。此外，这种分层喷射能获得明显更为稳定的起动燃烧，这就能进一步提高起动可靠性。为了能在短的可用时间内做好准备，分层起动时采用约 5MPa 的燃油喷射压力，起动机转动时就能由高压燃油泵提供这样的燃油喷射压力。

（7）减少颗粒排放的起动

由于欧 6 废气排放法规提高了对降低颗粒排放的要求，如今发动机起动时应用了降低颗粒排放的喷油策略，大多数采用在进气阶段进行第 1 次喷油的多次喷射，而第 2 次喷油则在压缩行程早期喷射，这样就能避免形成非常不均质的分层混合气云雾，颗粒仅在过量空气系数 $\lambda < 0.5$ 的局部混合气范围内产生。

5.2.4　混合气形成、点火和燃烧

混合气形成的任务是在点火时刻准备好尽可能均质的可燃混合气。

1. 要求

在均质运行模式（$\lambda \leqslant 1$ 的均质混合气和 $\lambda > 1$ 的均质稀薄混合气）时，整个燃烧室中的混合气应该是均匀的。相反，在分层运行模式时，仅仅在有限的空间范围内的混合气部分是均匀的，而在其余的燃烧室空间范围内存在的是新鲜空气或惰性气体。只有当所有的燃油都蒸发了，气体混合气或可燃混合气才能是均质的。有众多因素影响燃油蒸发，主要包括：

- 燃烧室温度。
- 燃烧室中的充量运动。
- 燃油滴的尺寸。
- 可用于蒸发的时间。

2. 影响参数

根据发动机温度、压力以及燃烧室几何形状和尺寸的不同，过量空气系数 $\lambda = 0.6 \sim 1.6$ 的汽油混合气才是可点燃的。

（1）温度的影响

温度对燃油的蒸发起着决定性的影响。在温度较低时燃油不会完全蒸发，因此在这种条件下不得不喷射更多的燃油，以获得可燃混合气。

（2）压力的影响

喷入气缸的油滴尺寸取决于喷油压力和燃烧室中的压力。随着喷油压力的提高，能获得更小尺寸的油滴，它们能蒸发得更快。

（3）几何形状和尺寸的影响

在相同的燃烧室压力下，提高喷油压力能增大贯穿深度，即单个油滴直至其完全蒸发所经过的路程。如果这种路程大于从喷油器至燃烧室壁面的距离，那么就会润湿气缸壁或活塞顶面。若如此形成的壁面油膜直至点火时不能及时地完全蒸发的话，则它们不能或仅不完全地参与燃烧，从而产生 HC 和颗粒排放。在均质燃烧过程中，壁面油膜是颗粒排放的主要来源。发动机的几何形状和尺寸（影响到进气道和燃烧室）也对燃烧室中的空气流动和扰动产生影响，它们是影响燃烧速度的重要因素。

3. 均质运行时的混合气形成和燃烧

为了获得较长的混合气形成时间，燃油应及早喷射，因此在均质运行时燃油在进气期间就已喷射了，并借助于进入气缸的空气使燃油快速蒸发，以达到良好的混合气均质化（图5-23a），尤其是通过进气门打开和关闭期间高的气流速度及其空气动力来辅助混合气的准备。在增压发动机上，可应用强烈的滚流，一方面使精细准备好的燃油喷雾远离壁面，另一方面通过可燃混合气的强烈均匀混合促进燃油的蒸发和均质化，并在点火时刻让滚流蜕变成扰动，从而使混合气快速烧尽。汽油机缸内直接喷射时均质混合气的点火和燃烧条件在很大程度上与进气道喷射时的情况相似（可参阅第5章"燃油喷射"中的5.1节"进气道喷射"）。

4. 分层运行时的混合气形成和燃烧

对于分层运行而言，点火时刻在火花塞范围内形成可燃混合气云雾是至关重要的。为此，在喷束导向型燃烧过程情况下，燃油在压缩行程期间喷射形成紧凑

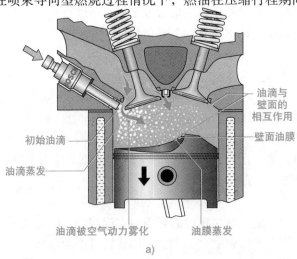

a)

图 5-23 汽油机缸内直接喷射的混合气形成机理

a）均质运行

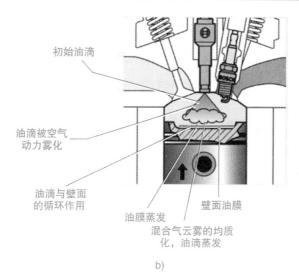

图 5-23 汽油机缸内直接喷射的混合气形成机理（续）

b）分层运行

的混合气云雾（图 5-23b），通过喷雾动量将这些混合气云雾带往火花塞。喷油时刻与转速和所需的转矩有关。在较高负荷下分层运行时，也应用多次喷射使混合气云雾均质化，由此附加卷入混合气云雾中的空气也有助于使混合气的过量空气系数达到化学计量比。

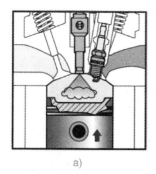 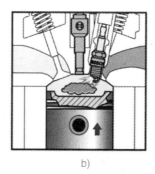 

图 5-24 喷束导向型燃烧过程的分层运行：喷油终了时点火与燃烧的衔接

a）喷油 b）喷油终了 c）从 b 增大的截面

喷油终了与点火之间的间距对于可靠点燃是至关重要的。在喷射混合期间，从火花塞旁边掠过的混合气云雾的流动速度以及燃油蒸发的冷却作用，对于点燃混合气而言都是过高的（图 5-24a）。只有在喷油结束后非常短的时间内才存在点燃混合气的理想条件，在紧随其后的燃烧室中空气流的带动下混合气很快就会被稀释。点火火花被吸入喷油结束时的这种分层混合气中形成点火核心，它跟随着扩展的混合气云雾，并很快使其燃烧，这就是燃烧开始的时刻，因而也就是燃烧重心位置，与喷油终点紧挨着。与此相反，火花塞形成的点火火花可供使用的时间却要长得多。这种燃烧机理与均质燃烧有着明显的区别，因此发动机管理系统在喷油参数调节方面必须考虑到这种差异。

下列因素对于可靠点火和燃烧是至关重要的：

1）混合气准备的品质。

2）即使在小喷油量（多次喷射）情况下也要精确地计量喷油量。

3）尽可能长的点火火花持续时间。

4）火花位置与燃油喷雾的正确配合。

5）相对精确地保持燃油喷雾与点火地点的间距。

6）燃烧室背压变化时燃油喷雾的恒定性。

7）在发动机整个使用寿命期内喷雾形状恒定不变。

5.2.5　高压喷油器

1. 任务

高压喷油器（HDEV）的任务，一方面是计量燃油，另一方面是通过自身的雾化功能使燃烧室中一定空间范围内的燃油和空气有针对性地均匀混合，根据所期望的运行状态，使燃油集中在火花塞周围（分层运行），或者在整个燃烧室中均匀雾化（均质分配）。

2. 要求

（1）雾化

稳定的喷雾对于可靠和清洁燃烧过程是必须的，其中诸如喷雾锥角、喷束倾斜度或贯穿深度等喷雾特性是重要的规范（图 5-25）。为了减少喷束与燃烧室壁

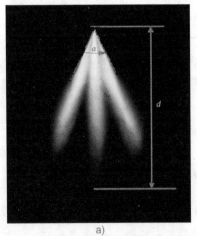
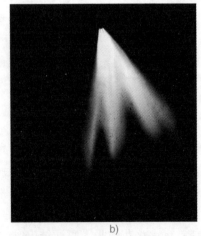

图 5-25　喷束几何参数和雾化特性

a）喷雾锥角 α 和贯穿深度 d　b）倾斜喷束

面或活塞顶面的相互作用，喷束的贯穿深度应根据发动机的特点进行匹配。通过燃油压力、喷孔布置和设计的调整达到雾化与贯穿深度之间的最佳协调。燃油喷雾准备的一个较好方案是将所需的喷油量分成多次喷射。

（2）动态特性

除了喷雾之外，高压喷油器的开关动态特性也具有重要的意义。与进气道喷射相比，汽油机缸内直接喷射的重要差别是燃油喷射压力较高，以及用于燃油直接喷入燃烧室的时间明显较短（图5-26）。进气道喷射时，燃油可在曲轴旋转两圈的时间跨度内喷入进气道，在6000r/min转速时这相当于20ms的喷油持续时间，而在汽油机缸内直接喷射均质运行时，燃油必须在进气行程期间喷射，因而只有曲轴旋转半圈的时间可用于喷油，在6000r/min转速时这仅相当于

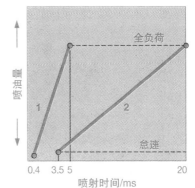

图5-26　汽油机缸内直接喷射和进气道
喷射的喷射时间和喷油量
1—缸内直接喷射　2—进气道喷射

5ms的喷油持续时间。汽油机缸内直接喷射怠速运转时（与全负荷相比）所需的喷油量要进气道喷射时少得多（1:12）。在多次喷射情况下，每次喷射的喷油时间还要缩短，这就导致对喷油器的动态特性提出了进一步高的要求。

（3）结构

从燃烧过程和给定的空间条件出发，设计者对高压喷油器提出了基本的几何要求。在侧置安装情况下（图5-27），喷油器必须具有尽可能小的结构高度和细长的结构，而在中置安装的情况下（图5-28），为了能实现电连接和液压连接，喷油器要适当加长。

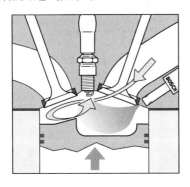

图5-27　高压喷油器侧置安装

图5-28　高压喷油器中置安装

129

3. 电磁阀式喷油器

（1）结构和工作原理

高压喷油器（图 5-29 和图 5-30）由带滤网的进油口（1）、电插座（2）、弹簧（3）、线圈（4）、喷嘴体（5）、带有衔铁的喷嘴阀针（6）和阀座（7）等零件组成。图 5-30 示出了侧置喷油器的结构。

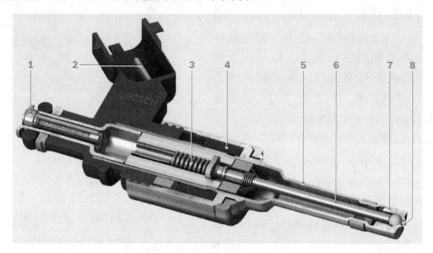

图 5-29　电磁阀式高压喷油器结构

1—进油口及其滤网　2—电插座　3—弹簧　4—线圈
5—喷嘴体　6—带有衔铁的喷嘴阀针　7—阀座　8—喷孔

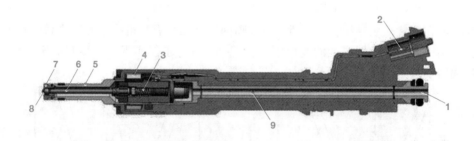

图 5-30　中置电磁阀式高压喷油器结构

1—进油口及其滤网　2—电插座　3—弹簧　4—线圈　5—喷嘴体
6— 带有衔铁的喷嘴阀针　7—阀座　8—喷孔　9—燃油通道

在线圈通电时就会产生磁场，于是就使针阀克服弹簧力抬离阀座而打开喷孔（图 5-30 中的 8），同时燃油在系统压力下喷入燃烧室，其喷油量基本上取决于针阀开启的持续时间和燃油压力。当电流切断时，阀座在弹簧力的作用下又被压紧在阀座上，于是喷油被切断。通过阀座处喷嘴合适的几何形状和尺寸就能达到良好的燃油雾化。

（2）喷油器的控制

为了确保一定和可重复的喷油过程，高压喷油器必须采用复杂的电流特性曲线（图 5-31）进行控制。发动机电控单元中的微处理器提供数字式控制信号（图 5-31a），功率驱动模块（ASIC）用该信号产生喷油器控制电流（图 5-31b）。发动机电控单元中的 DC/DC 转换器产生 65V 的放大器电压，以便尽可能快地使放大器电流达到一个高电流值，这样高的电流值是使针阀尽可能快加速所必须的。在控制阶段（t_{an}），针阀紧接着达到最大开启升程（图 5-31c）。在针阀开启的情况下，只需要较小的控制电流 I_H（保持电流）就足以保持针阀开启。在不变的针阀升程下，就能获得与喷油持续时间成正比的喷油量（图 5-31d）。

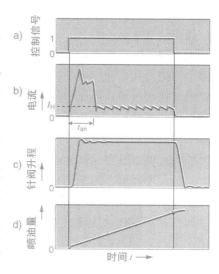

图 5-31　电磁阀式喷油器控制特性曲线

a）控制信号　b）电流曲线
c）针阀升程　d）喷油量曲线

4. 压电式喷油器

压电式喷油器的特点是具有极短的开关时间和可变调节的针阀升程，因此能够精确地计量燃油，特别是计量最小喷油量，并能实现极好的喷束雾化。这种喷油器的主要应用领域是稀薄运行汽油机。

（1）结构

压电式喷油器（图 5-32）由 3 个功能组件组成：

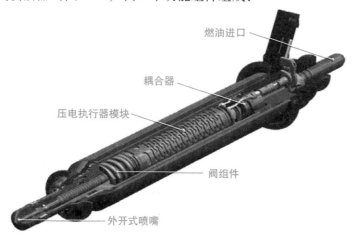

图 5-32　压电式喷油器结构

1）阀组件。

2）压电执行器模块。

3）液压补偿元件。

阀组件基本上由弹簧预紧的针阀和阀体组成。阀针直接由压电堆操纵动作，其开关过程无延迟地进行。阀针向外开启，打开一个环形流通截面，燃油通过该截面呈薄油膜状高速喷出。

压电执行器模块是调节元件。压电堆由许多压电陶瓷片和电接触层组成，并由其周围的弹性元件预压紧，要求执行器无论是在静止状态还是在产生位移时均不能承受拉力。

补偿元件也被称为耦合器，它被设计成封闭的液压补偿器，用于阀体与压电堆之间的长度补偿，以调节因温度影响而产生的不同膨胀长度。因此，在所有的运行条件下，甚至在极端温度范围内，它都能确保恒定不变的针阀升程即喷油量。即使在喷油时间较长的情况下，耦合器具有足够的刚度，因而行程损失很小。

（2）功能和控制

为了操纵压电式喷油器，压电堆要通入一定的电量，从而使针阀以平台形升程曲线开启，其开启时间小于 0.2ms。相反，针阀的关闭则是通过压电堆断电实现的。通电时间是可变的。由于是直接操纵针阀，因而循环之间的升程具有极高的精度和可重复性，从而能实现喷油量的精确计量（图 5-33）。压电式喷油器既能部分升程又能全升程运行，并且还能采取每工作循环高达 5 次喷射的喷射策略。

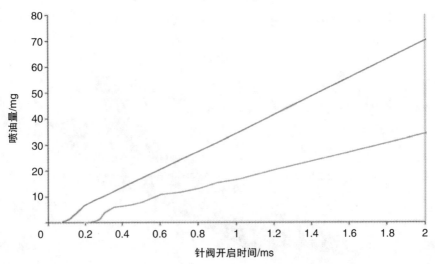

图 5-33　在固定针阀升程情况下，采用不同控制参数时喷油量随针阀开启时间的变化曲线

5.2.6 燃油分配管

燃油分配管（图5-34）也被称为共轨，其任务是储存和分配实时运行工况点所需的燃油量。它的储存量取决于容积和燃油的可压缩性，并且必须与发动机的实时需求量和压力范围相匹配。此外，燃油分配管的容积被用作高压范围内的阻尼，即用于补偿高压范围内的压力波动。诸如高压喷油器（HDEV）以及用于调节高压的压力传感器等喷油系统的附件都安装在共轨上。

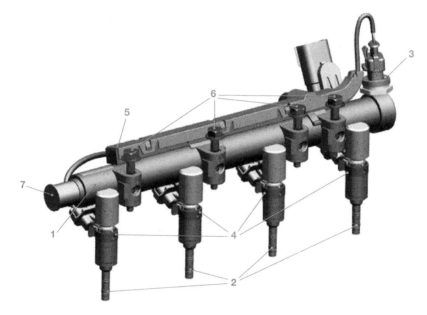

图 5-34　用于汽油机缸内直接喷射的不锈钢燃油分配管

（系统压力 30MPa，耐压力 90MPa 以上，储存容积 50～140cm^3）

1—燃油分配管　2—喷油器　3—压力传感器　4—紧固连接
5—电缆束　6—紧固螺栓　7—安全阀

5.2.7 汽油机缸内直接喷射的高压燃油泵

1. 任务和要求

高压燃油泵（HDP）的任务是将由电动燃油泵（EKP）供应的0.3～0.5MPa初级输油压力的燃油压缩到高压喷射所必须的 5～20MPa 的压力水平。目前采用的结构原则上都是按需调节的高压燃油泵。

2. 结构和工作原理

图 5-35 示出了一种在油中运转的凸轮驱动式单缸高压燃油泵，它具有集成在低压侧的油量调节阀（计量单元）、高压侧的限压阀和整体式压力阻尼器等部

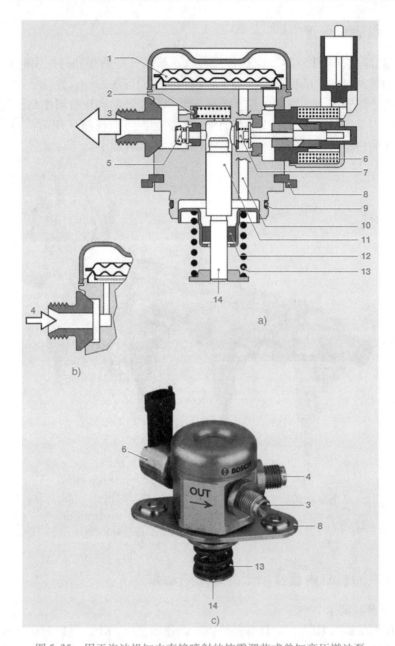

图 5-35　用于汽油机缸内直接喷射的按需调节式单缸高压燃油泵

a）带有高压接头的剖视图　b）带有低压接头的局部剖视图（位于与高压接头成角度的平面上，

参见外形图中 3 和 4）　c）外形图

1—可变压力波动阻尼器　2—限压阀　3—高压接头　4—低压接头　5—出油阀　6—线圈

7—油量调节阀　8—固定法兰　9—密封圈　10—至泵油柱塞的通道（压力波动阻尼功能）

11—泵油柱塞　12—柱塞密封圈　13—柱塞弹簧　14—机械驱动端

件。它是固定在气缸盖上的插接式燃油泵，其驱动凸轮位于发动机凸轮轴上，其泵油量取决于凸轮升程的大小。

为了将凸轮的升程曲线传递到高压燃油泵的泵油柱塞上，双凸起凸轮采用杯形挺柱传动，而 3 个或 4 个凸起的凸轮则采用滚轮挺柱传动（图 5-36）。当凸轮轴旋转时，挺柱就传递出凸轮廓线升程，从而使泵油柱塞作往复运动。在泵油行程中，挺柱承受所产生的力，例如压力、惯性力、弹簧力和接触力等。

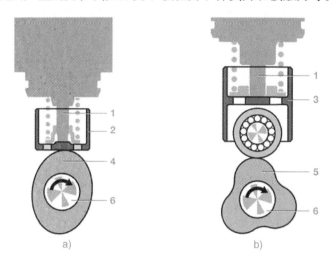

图 5-36　高压燃油泵的驱动

a）杯形挺柱传动　b）滚轮挺柱传动

1—泵油柱塞　2—杯形挺柱　3—滚轮挺柱　4—双凸起凸轮

5—3 凸起凸轮　6—驱动轴

在 4 缸发动机上，采用 4 个凸起的凸轮就能使泵油与喷油同步，即在喷油的同时进行泵油，这样一方面能降低高压回路中的压力波动，另一方面又能减小共轨容积。为了确保在发动机燃油需求量最大时仍能足够快地改变系统压力，最大泵油量按照最大需求量来设计，同时还应考虑到影响泵油性能的因素（例如汽油温度、泵老化和动态运转）。

高压燃油泵的泵油效率是实际供应的燃油量与可能的理论泵油量之比，它取决于泵油柱塞的直径和行程。泵油效率随转速变化并非是固定不变的，在低转速时与柱塞和其它部位的泄漏有关，而在高转速时则与进排油阀的惯性和开启压力有关。在整个转速范围内，泵油室的止点容积和燃油可压缩性对温度的依赖性都会产生影响。

3. 低压阻尼器

由高压燃油泵在低压回路中激励的压力波动通过可变压力波动阻尼器（图

5-35 中的 1）来抑制，并且在高转速时保障泵油室良好地充油。压力波动阻尼器通过其膜片的变形，来接纳实时运行工况点调节产生的多余燃油，而在进油行程中又能顺畅地将泵油室充满，同时能够以可变的初级输油压力运行，就是使用按需调节的低压系统。

4. 油量调节阀

采用油量调节阀（图 5-35 中的 7）可实现高压燃油泵的按需调节（图 5-37）。电动燃油泵供应的燃油经过打开的油量调节阀中的进油阀吸入泵油室。在紧接着的泵油行程中，油量调节阀在下止点后继续开启，从而使当时负荷工况点不需要的燃油在初级输油压力下返回低压回路。油量调节阀通电后，其进油阀关闭，燃油被泵油柱塞压缩泵入高压回路。发动机管理系统根据所需的泵油量和共轨压力计算确定一个时间点，从该时间点起控制油量调节阀，从而使泵油始点根据所需要的泵油量变化。

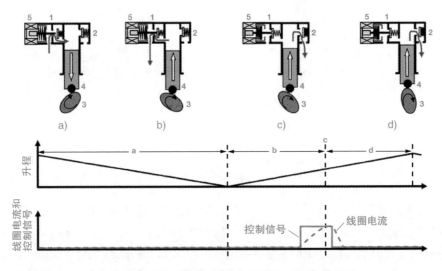

图 5-37　高压燃油泵油量调节阀的控制方案

a）~ d）高压燃油泵不同时间点的简化剖视图

a—进油行程，油量调节阀打开，出油阀关闭　b—泵油行程，油量调节阀打开，出油阀关闭
c—泵油行程，电子控制关闭油量调节阀的时刻，出油阀开启时刻　d—泵油行程，油量调节阀在
电流切断后仍保持关闭，出油阀打开　e—升程曲线　f—油量调节阀的控制信号和线圈电流
1—油量调节阀　2—出油阀　3—驱动凸轮　4—柱塞（箭头表示电流方向）　5—线圈

第6章 点 火

汽油机是一种外源点火的内燃机。点火的任务是在正确的时刻点燃已压缩的可燃混合气。可靠的点火是发动机正常运行的前提条件,为此点火系统必须按照发动机的要求来设计。在点火系统众多的不同解决方案中,曾被广泛应用过的仅有两种点火系统,一种是磁电机点火,另一种是蓄电池点火。这两种点火系统都是由燃烧室中的火花塞电极之间产生的电火花来点燃可燃混合气的。

6.1 磁电机点火

在早期的汽车上都使用 Bosch 公司的低压磁电机点火,这是在当时状况下可供使用的第一种可靠的点火装置,当通过燃烧室中断路触点的电流中断时就会产生火花(断路火花)。最后,从带有断路杠杆的低压磁电机点火系统开发出了高压磁电机点火系统,它适用于转速较高的发动机。1902 年,与磁电机点火出现的同时也出现了火花塞,它替代了机械控制的断路触点。

高压磁电机的原理至今仍在应用。结构较新型的磁电机被区分为两种结构形式:一种具有固定磁铁和旋转电枢,而另一种则具有固定电枢和旋转磁铁。在这两种情况下,运动能量通过磁感应转换成初级线圈中的电能,电能再通过次级线圈转换成高电压。在点火时刻,通过切断初级线圈中的电流而触发点火火花。为了用于多缸发动机,磁电机中集成了具有旋转分火头的机械式分电器。

由于磁电机无需供应电压,因而它可用于任何根本无供电系统或无充电系统的地方。磁电机往往与电容式点火能量中间储存器相结合,用于诸如割草机或链锯等工作机具以及摩托车上。

6.2 蓄电池点火

随着汽车电气化(用于照明和起动机)汽车上出现了电源可供使用,这就导致开发出了有利于降低成本的采用蓄电池作为电源的线圈点火(SZ)和作为能量储存器的点火线圈。线圈电流通过一个具有固定闭合角的断路器触点接通,因此线圈电流随着转速的提高而不断地降低。点火提前角分别采用一个离心式调节器和一个真空膜盒进行转速和负荷调节，而点火线圈的高电压则通过一个点火分电器分配到各个气缸。

6.2.1 晶体管点火

在进一步的开发过程中，首先用功率晶体管来接通线圈电流，因而点火设计就能采用更大的电流和更高的能量，而断路器触点则用作点火触发器的控制元件，并且仅承载较低的控制电流，从而减小了触点的烧蚀及随之出现的点火时间点的移动。在进一步的开发步骤中，又用霍尔传感器或电磁感应传感器替代断路器触点，而晶体管点火（TZ）用的点火触发器已包含有诸如限制初级电流和闭合角调节等简单的模拟控制功能，从而在宽广的转速范围内能保持初级电流的额定值。

6.2.2 电子点火

接着又开发出了电子点火（EZ），其中不同转速和负荷下的点火提前角被储存在点火控制单元的特性曲线场中。除了点火提前角具有较好的可重复性之外，还能考虑到其它的输入参数，例如用于调整点火提前角的发动机温度。点火分电器中的霍尔传感器触发点火渐渐地被曲轴位置传感器的触发系统所替代，这样由于消除了点火分电器的传动间隙而能获得更高的点火提前角精度。

6.2.3 全电子点火

最后开发出的独立点火控制单元采用全电子点火（VZ），完全取消了机械式点火分电器。这种无分电器式点火系统最常用的是每缸一个点火线圈，而在某些边界条件下，也使用每两个气缸一个双火花点火线圈的系统。关于早期应用的点火系统的详细情况可参阅第 11 章"早期的发动机控制系统"中的 11.3 节"早期的点火系统"。从 1998 年以来，就已只使用包括全电子点火在内的发动机电控系统。

表 6-1 列出了感应点火系统的发展情况，早期系统中的机械功能相继被电子功能所替代。

6.3 感应点火装置

在采用线圈点火时，汽油机中可燃混合气是用火花塞电极之间的电火花点火的。由点火线圈能量转换成的电火花点燃少量的已被压缩的可燃混合气，从这个火焰核心出发的火焰前锋引起整个燃烧室中的可燃混合气燃烧。感应点火装置为每个工作行程产生火花放电所必须的高电压，以及燃烧所必须的火花燃烧持续期。

表6-1 感应点火系统的发展

感应点火系统	线圈电流接通(图)	点火提前角调节(图)	电压分配(图)
传统线圈点火(SZ)			
晶体管点火(TZ)			
电子点火(EZ)			
全电子点火(VZ)			

☐ 机械式　■ 电子式

6.3.1 结构

典型的无分电器式线圈点火每缸都有各自独立的点火电路（图6-1）。最重要的部件包括以下几种。

1. 点火线圈

点火线圈是感应点火的核心部件，它由具有较少匝数的初级线圈和具有较多匝数的次级线圈组成，次级线圈与初级线圈的匝数比被称为变压比。两个线圈是通过一个共用磁路彼此相互耦合的。线圈产生高的点火电压，并提供用于火花塞火花燃烧持续期的能量。

2. 点火输出级

点火输出级控制点火线圈，并具有电断路器的重要功能。它与点火线圈的初级线圈和蓄电池一起形

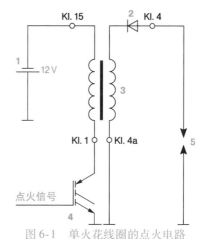

图6-1 单火花线圈的点火电路
（Kl. 1；Kl. 4；Kl. 4a；
Kl. 15 为接线柱的名称）
1—蓄电池　2—抑制接通电压的二级管　3—具有铁心、初级绕组和次级绕组的点火线圈　4—点火输出级（集成在电控单元或点火线圈中）　5—火花塞

成线圈点火的初级电路。点火输出级被集成在发动机电控单元或点火线圈中。

3. 火花塞

火花塞是燃烧室与环境之间的物理接口，它与点火线圈的次级线圈一起形成点火装置的次级电路。火花塞将点火线圈的能量转化成燃烧室中的火花放电。在次级电路中必须要有适当的连接方法和抗干扰方法，而且两者不能分开来考虑。

6.3.2 任务和工作原理

点火的任务是用火花点燃燃烧室中已被压缩的可燃混合气。为了产生火花，首先将来自供电系统的电能中间储存在点火线圈中，下一步就是在点火时刻将这些能量转换到次级电容 C_2（图6-2）中，此时所形成的高电压在火花塞上触发火花放电，并在紧接着的火花燃烧持续期间释放出尚留存的能量。

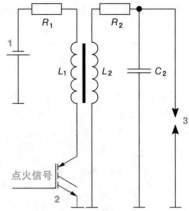

图6-2　线圈点火的等效电路

1—蓄电池　2—点火输出级　3—火花塞
R_1—初级绕组侧（绕组和电缆）电阻
L_1—点火线圈的初级电感
R_2—次级绕组侧（绕组和电缆）电阻
L_2—点火线圈的次级电感
C_2—次级绕组侧（点火线圈、电缆、火花塞）电容

6.3.3 能量储存

一旦点火输出级接通，初级电流立即闭合，初级电流开始流通，同时在初级线圈中建立起磁场，能量就被储存在其中，所储存的能量总量取决于初级电感 L_1 和初级电流 i_1：

$$E_1 = 1/2L_1\, i_1^2$$

初级电感与初级线圈的匝数有关，并通过引导磁流的铁心回路来提高有效电感。根据一定的初级电流（额定电流）来确定铁心回路的尺寸。在电流较大时，由于铁心回路磁饱和，还能增加的储存能量就很少，因此应尽可能不要超过额定电流。点火输出级接通和初级电流流通的持续时间被称为闭合时间。

闭合时间与初级电流

除了点火线圈的设计之外，蓄电池供应的电压对初级电流曲线具有很大的影响（图6-3）。为了即使在蓄电池供应的电压变动时，一方面能准备好足够的点火能量，另一方面又不使点火部件超载，在调整闭合时间时，必须考虑到蓄电池电压。在冷起动时无论是蓄电池电压不足还是直至采用外源电源起动等所有可能遇到的情况下，蓄电池电压都必须满足 $6\sim16V$ 的电压范围。闭合时间调整的时间应能保持额定电流，但是在蓄电池电压较低的情况下，则不能保障满足这样的要求，因为可能达到的最大电流受到初级回路总电阻的限制而低于额定电流。在这样的情况下，闭合时间就采取一个合适的代用值，例如能达到90%～95%额定电流值的充电时间。因此，点火装置必须设计得即使在蓄电池电压降低的情况下仍能确保其功能，能进行冷起动。

由于供电导线的电阻处于与初级线圈电阻相同的数量级，因此供电导线应具有足够的横截面，以避免不必要的线路损失。同样，也应注意的是，连接到各个气缸的供电导线长度和电阻的差异应很小。

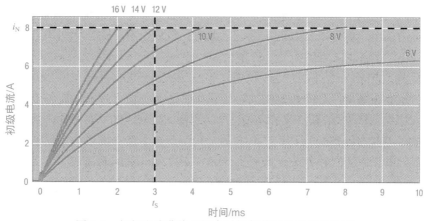

图 6-3 初级电流曲线和闭合时间与蓄电池电压的关系

i_N—额定电流 t_S—饱和时间

由于铜绕组的温度特性曲线，在点火线圈 $-30 \sim 100$℃ 以上的使用温度范围内线圈电阻会发生很大的变化，所以必须考虑到对初级电流的影响。由于线圈温度数值无法直接提供运用，因而采用冷却液或机油温度数值作为代用变量，这样至少在发动机和点火线圈运行变热的情况下能使闭合时间获得合适的修正。

由于点火线圈和点火输出级运行变热，其功率损失随转速而增加。在高转速时，特别是环境温度同时较高的情况下，为了保护点火部件，必须通过缩短闭合时间来限制初级电流。

6.3.4 高电压的产生

初级电流在初级线圈中产生的磁场引起磁通量，除了少量的漏磁之外它们在点火线圈的磁回路中流通。在点火时刻，初级线圈中的电流被切断，于是引起磁通量的迅速变化，由于初级绕组与次级绕组是通过共用的磁回路彼此相互耦合的，从而在这两个绕组中感应出电压。按照电磁感应定律，感应电压的高低取决于绕组的匝数和磁通量的变化速率，因而在具有很多匝数的次级线圈中就产生很高的次级电压。只要没有发生火花放电，高电压就以约 $1kV/\mu s$ 的升高速率一直提高到点火线圈的空载电压，然后接着就强烈地衰减（图 6-4）。

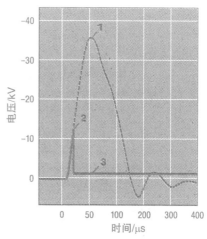

图 6-4 点火电压及其供应的次级电压
1—供应的次级电压（在断火时）
2—点火电压（对于一个火花）
3—依靠火花燃烧时的电压

最大的次级电压是在实验室中无火花塞情况下在一定的电容负荷下测量的，并被称为高电压供应或次级电压供应。此时，负载电容就相当于由火花塞及其高压连接电缆所加的负载。

1. 点火电压

引发火花塞电极之间跳火的高电压被称为点火电压。点火电压一方面取决于火花塞结构，特别是其电极的间距；另一方面也与燃烧室中的条件，特别是点火时刻的可燃混合气密度有关。在所有的运行工况点中最高的点火电压被称为发动机需要的点火电压，根据火花塞电极间距、火花塞电极的磨损状况，以及燃烧过程的不同，点火电压可以明显高于30kV。

2. 接通电压

就在初级电流接通时，在次级线圈中会感应出 1~2kV 不希望有的电压，其极性正好与点火电压相反。根据发动机转速和点火线圈的充电时间的不同，接通时刻明显早于点火时刻。必须避免在火花塞附近发生火花放电，例如采用次级电路中带有二极管的点火装置就能达到这样的效果。这种二极管被称为抑制接通火花（EFU）二极管。

3. 火花放电

一旦火花塞上的电压超过点火电压，就产生点火火花（图6-5），接着的火花放电可分为3个阶段：击穿、弧光阶段和辉光阶段。前两个阶段是非常短持续时间的高电流放电，这是由火花塞和点火回路中的电容 C_2（见图6-2）放电的结果，并转化了一部分线圈能量。

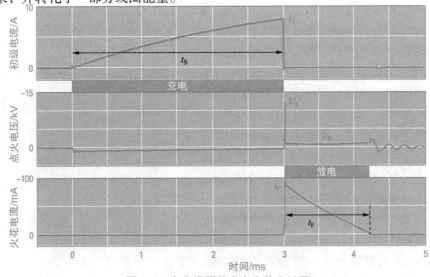

图6-5 点火线圈的充电和放电过程

i_1—断电电流　t_S—闭合时间　U_Z—点火电压

U_F—燃烧电压　i_F—火花起始电流　t_F—火花持续时间

在紧接着的辉光阶段中，尚存的能量在火花持续时间内被转化（图 6-5）。而火花电流则以起始火花电流 i_F 开始，然后就不断地降低。在辉光阶段期间，火花塞电极上的电压为燃烧电压 U_F，其数值处于几百伏直至明显超过 1kV 的范围内，它与火花等离子体的长度有关，主要取决于火花塞电极的间距，以及可燃混合气的运动使火花偏转的状况。火花电流低于一定的值，火花就会熄灭，火花塞上的电压就渐渐衰减。

4. 火花能量

辉光放电的能量通常被称为火花能量，它是火花持续期燃烧电压与火花电流乘积的积分。按照图 6-5，火花能量 E_F 的这种关系可简单地用下列公式来描述：

$$E_F = 1/2 U_F i_F t_F$$

但是，若更精确的考察的话，上述公式所确定的火花能量仅适用于非常低的点火电压 [1]。

5. 能量平衡

在较高的点火电压情况下，前面所述的电容放电（击穿和弧光阶段）就不能再被忽略了。次级侧电容充电所需的能量 E_Z 按下式，随着点火电压的二次方增加：

$$E_Z = \frac{1}{2} C_2 U_Z^2$$

在火花放电时，这些能量作为电容放电在所谓的火花头上释放，与后续的感应放电一起，就在高电压侧获得了全部的转化能量。如果将通过点火电压获得的能量看作是这两部分能量的话，那么电容放电的能量份额随着点火电压的升高而增大，而后续感应放电的能量份额则会减少。后续感应放电是在火花持续期 t_F 期间通过次级回路中的火花电流进行的，而火花电流从初始火花电流 i_F 开始而后就不断地降低。随着所能应用的后续感应放电能量的减少，无论是初始火花电流还是火花持续期都将减小。如果从后续感应放电中扣除电阻损失的话，那么得到的就是辉光放电的能量（图 6-6）。

6. 能量损失

在火花放电后，后续感应放电剩余的能量就在点火装置次级电路电阻中转化成热量。最大的损失发生在点火电压低而初始火花电流大，以及火花持续期长的情况下（图 6-6）。

旁路电阻在火花放电之前就已阻碍高电压的建立。高电压连接件的污染和受潮，尤其是燃烧室中火花塞绝缘体端部能导电的积炭和炭烟颗粒都可能引起旁路电阻。旁路损失的能量随着所需点火电压的提高而增大，因为施加于火花塞上的电压越高，通过旁路电阻流出的电流就越大。

7. 空燃混合气点燃及其所需要的点火能量

在点火时刻，在火花塞上产生火花，而点火时刻则是由发动机电控系统根据燃烧过程、运行模式和运行工况点决定的，在此不做进一步的深入探讨（可参阅第9章"电子控制和调节"）。

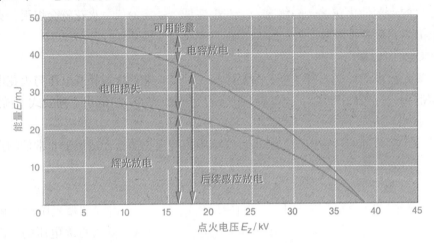

图6-6　不考虑旁路损失和点火输出级损失的点火能量平衡

电火花通过火花塞电极之间的高温等离子体点燃可燃混合气，所形成的火焰核心在火花塞附近的可燃混合气中发展，并在点火装置供应足够能量的情况下发展成能自行不断传播的火焰前锋。较大的火花长度有利于火焰核心的形成。但是，如果火花塞电极间距较大或可燃混合气运动而使火花偏转，那么所需的点火能量就会增大。若点火火花发生过于强烈偏转的话，则火花就可能熄灭，那就必须再次点火。在这样的情况下，感应点火装置就具有系统优点，无需附加的控制干预就能自动进行再次点火，只要点火系统中储存足够的点火能量。

总能量必须满足最大的点火电压需求，在高的点火电压的同时确保所需的火花持续期，并且在必要时能产生后续火花。进气道喷射的自然吸气发动机需要的点火能量为30~50mJ，而增压发动机所需的点火能量则会明显高于100mJ。

6.4　点火线圈

点火线圈是感应点火装置的重要部件，它由低的蓄电池电压产生火花塞火花放电所需的高电压。点火线圈的功能基于电磁感应原理：通过磁感应将储存在初级绕组磁场中的能量转换到点火线圈次级绕组上。

6.4.1　结构

可燃混合气点火所需的高电压和点火能量必须在火花放电之前建立和储存起来。点火线圈不仅是变压器，而且也是能量储存器，它将磁能储存在由初级电流建立起来的磁场中，并在点火时刻初级电流切断时将能量释放出来。

点火线圈必须按照点火系统的其它部件（点火输出级、火花塞）的条件进行精确的调整，其主要特性参数是：

1）可供火花塞使用的点火能量 E_F。

2）火花放电时在火花塞上产生的点火电流 i_F。

3）火花塞的火花持续期 t_F。

4）满足所有运行条件的高点火电压 U_z。

在点火系统设计时，一方面要考虑到系统每个参数与点火输出级、点火线圈和火花塞的相互作用，另一方面还要兼顾到各种发动机机型的要求。这可用下列例子予以说明：

1）为了确保在所有条件下可靠地点燃可燃混合气，废气涡轮增压发动机需要比进气道喷射发动机更高的点火能量，其中涡轮增压缸内直喷式汽油机所需的点火能量最高，而且通常点火电压也较高。

2）初级电流工作点的正确设计必须与点火输出级和点火线圈相互协调，而次级绕组的设计决定了点火电流，在使用贵金属火花塞的情况下点火电流对火花塞使用寿命的影响较小。

3）点火线圈与火花塞之间的连接件必须在所有条件（电压、温度、振动、介质耐久性）下能可靠地保证正常的功能。

6.4.2　要求

废气排放法规的限值限制内燃机有害物的排放。可燃混合气的断火和不完全燃烧会使 HC 排放增加，必须予以避免，其前提条件是要在整个使用寿命期内准备好足够大的点火能量。除了这些要求之外，还必须考虑到发动机给定的几何参数和结构条件。

点火线圈（图 6-7）是汽车上一种在电、机械和化学方面要求都很高的部件，它必须在汽车整个使用寿命期内满足免维修和无故障地实现功能的要求。根据汽车上装配状况的不同，它往往直接安装在气缸盖上，下列使用和运行条件对如今的点火线圈具有重要意义：

1）使用温度为 $-40 \sim 150℃$，部分还可能超过该界限。

2）次级电压最高会超过 30,000V。

3）初级电流为 $7 \sim 15A$。

图 6-7　Bosch 公司点火线圈的主要品种

1—单火花点火线圈（棒型点火线圈）　2—单火花点火线圈（紧凑式点火线圈）
3—具有两个磁回路的双火花点火线圈　4—具有两个单火花点火线圈的点火模块

4）动态振动要求高达 50g。

5）抗各种介质（汽油、润滑油、制动液等）的耐久性。

6.4.3　结构和工作原理

1. 结构

初级和次级绕组

点火线圈（图 6-8a - c）按照变压器原理工作。两个绕组位于一个共用铁心上。初级绕组由匝数较少的粗导线绕制而成，导线的末端通过点火开关与蓄电池正极（接线柱 KL.15）相连，而另一端（接线柱 KL.1）则连接到接通初级电流的点火输出级。在早期的点火系统中，初级电流尚采用断电器触点来连接，如今已不再使用。次级绕组由匝数较多的细导线绕制而成，其变压比处于 1:50 和 1:150 之间。

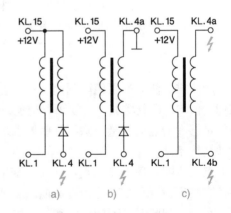

图 6-8　点火线圈示意图（二极管用于抑制接通火花，而在具有旋转式高压分配器的点火装置中就没有必要设置了）

a）自耦合变压电路中的单火花点火线圈
b）单火花点火线圈　c）双火花点火线圈

146

在自耦合变压电路（图6-8中的电路a）中，初级绕组和次级绕组往往是彼此相互连接起来，然后接至接线柱15（KL.15）上的。初级绕组的另一个接头（KL.1）与点火输出级相连，而次级绕组的第二个接头（KL.4）则与点火分电器或火花塞相连。自耦合变压电路在成本方面具有优点，但两个电路没有分开，所以点火线圈可能会对汽车电气系统产生干扰。

最常用的结构形式是单火花点火线圈，它与火花塞一起形成单火花点火（图6-8中的电路a和b），在气缸的每个压缩行程中产生一个点火火花，因而必须与发动机做功行程同步。在图8-6中，电路b的初级绕组与次级绕组是分开的，其中次级绕组的一个接头（KL.4a）接地，因而改善了汽车电气系统发生故障的可能性。

点火装置也能被设计成每个气缸具有两个点火线圈和火花塞的双火花结构形式，一个气缸中的可燃混合气用两个火花塞来点燃，这样就能具有下列优点：

1）降低废气排放量。

2）发动机功率略高。

3）在燃烧室中不同部位产生两个火花。

4）在一个火花塞或点火线圈发生故障的情况下具有良好的应急运行性能。

双火花点火线圈的次级绕组有两个接头（KL.4a和KL.4b），可分别接至两个火花塞（图6-8中的电路c）。双火花点火线圈曲轴每转一转能为两个火花塞同时产生一个点火电压（即每个做功行程产生两个点火火花），因而无须与发动机做功行程同步，其优点在于，一个气缸中的可燃混合气在压缩行程终了时被点燃，而另一个气缸的点火火花则发生在排气行程终了的气门重叠期间，此时气缸中并不存在压缩压力，火花塞上所需的击穿电压非常小，因而这种"辅助火花"仅需要非常少的点火能量。双火花点火线圈只能用于偶数气缸的发动机上。

2. 工作原理

（1）高压的产生

发动机电控单元在计算好的闭合时间期间接通点火输出级，在该时间内点火线圈的初级电流升高到其额定值，同时建立起磁场。初级电流的大小和点火线圈初级电感决定磁场中所储存的能量。在点火时刻点火输出级切断初级电流，由于磁场的变化，在点火线圈的次级绕组中感应出次级电压。最大可能的次级电压（供应的次级电压）取决于储存在点火线圈中的能量、绕组电容和绕组变压比、次级负载（火花塞）和点火输出级的初级电压（所谓的"接线柱电压"）限制等因素。

在任何情况下，次级电压都必须处于火花塞火花击穿所需的电压（需要的点火电压）。为了点燃可燃混合气，即使在后续火花期间点火能量也必须足够大。当点火火花因可燃混合气的扰动而发生偏转和中断时，就需要产生后续火花。

初级电流接通时，在次级绕组中感应出的不希望有的电压（接通电压）约为 $1 \sim 2kV$，其极性与点火电压相反，必须避免在火花塞上产生火花放电（接通火花）。在具有旋转式高压分电器的系统中，由于此时分电器存在接通火花间距，能有效地抑制接通火花，因为在接通时刻分电器分火头触点并不处于分电器盖触点对面。

在采用单火花点火线圈无需进行电压分配的情况下，高压电路中的二极管［抑制接通火花二极管（EFU 二极管），参见图 6-8 中的电路 a 和 b］可阻断接通火花。EFU 二极管可设置在线圈的"热端"（面向火花塞的一端）或线圈的"冷端"（远离火花塞的一端）。在双火花点火线圈的情况下，通过两个火花塞串联的高击穿电压来抑制接通火花，因而无须这种附加的措施。

当初级电流被切断时，会在初级绕组中产生几百伏的自感应电压，为了在电子方面保护点火输出级，该电压被限制在 $250 \sim 400V$ 之间。

（2）磁场的建立

一旦点火输出级接通电路，在初级线圈中就产生磁场。由于电感大，根据铁心横截面和绕组的不同，磁场的建立相对较缓慢（图 6-9）。若电路保持接通，则初级电流会继续增大。根据所应用的铁磁材料的不同，从铁磁回路中的电流达到一定值起就会达到磁饱和，同样在点火线圈内的损失也会大大增加，因此工作点应尽可能低于磁饱和就显得十分重要，这取决于闭合时间。

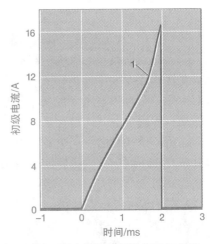

图 6-9　点火线圈中的初级电流曲线

1—磁场开始饱和

（3）磁化曲线和磁滞现象

点火线圈的铁心由软磁材料制成。这种材料的特性是磁化曲线，它表示磁场强度与磁通量密度之间的关系（图 6-10）。当达到一定磁通量密度时，再进一步提高磁场强度，磁通量密度的提高就非常少了，即就会达到磁饱和。这种材料的另一个特性是磁化曲线的磁滞现象，它表明这种材料的磁通量密度不仅与瞬态起作用的磁场强度有关，而且也与先前的磁状态有关，即磁化（磁场强度 H 增大）时的磁化曲线与退磁（磁场强度 H 减小）时的磁化曲线是不同的。这种磁滞特性越显著，所应用材料的固有损耗就越大。磁滞曲线所封闭的面积就是这种固有损耗的量度。

（4）磁回路

点火线圈中最常用的材料是硅钢片，并且被制成不同钢片厚度和质量。根据要求的不同，可应用颗粒结构定向（用于最大磁通量密度较大的场合）或颗粒结构非定向（用于最大磁通量密度较小的场合）的材料。为了减少涡流损失，使用厚度为 0.3 ~ 0.5mm 彼此电绝缘的薄硅钢片，它们被冲压成形，并相互重叠堆积紧固连接成所需的几何形状和横截面积。为了用一定的几何尺寸达到点火线圈的电功率，必须寻找到磁回路最佳的几何形状和尺寸。

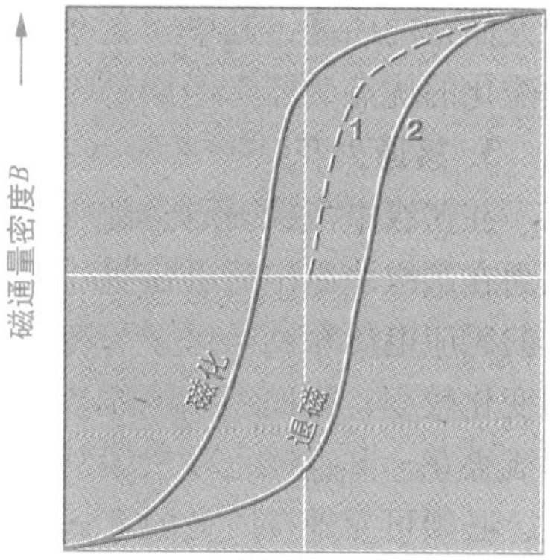

图 6-10　磁化曲线和磁滞回线
1—新曲线（退磁铁磁回路的磁化曲线）
2—磁滞回线

为了满足电方面的要求（火花持续时间、火花能量、次级电压的提升、次级电压水平），空气隙（图 6-11 中的 1）是必须的，它能修正磁回路的磁滞回线（图 6-12）。较大的空气隙（较大的修正）能获得较大的磁场强度，从而能储存较多的磁能，这样磁回路在明显较大的电流时才达到磁饱和，而无空气隙时在电流较小时就已出现这种磁饱和，当电流进一步增大时储存的能量仅有很少的增加。在有空气隙的情况下，储存的能量就大得多。

图 6-11　具有 O 形和 I 形铁心的
紧凑型点火线圈的铁磁回路
1—空气隙或永久磁铁　2—I 形铁心
3—紧固孔　4—O 形铁心

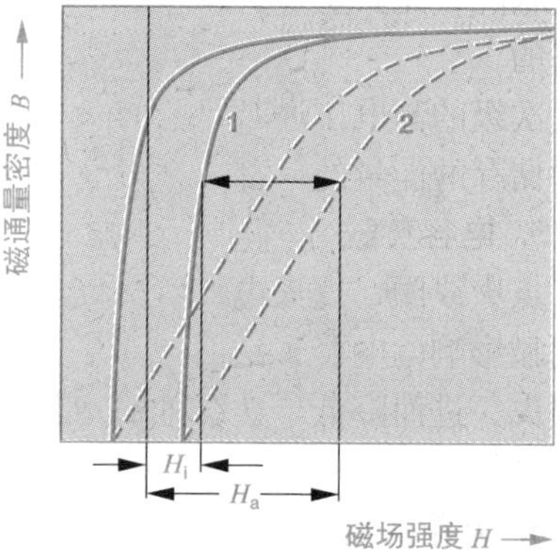

图 6-12　磁回路的磁滞回线修正
1—铁心无空气隙时的磁滞回线
2—铁心有空气隙时的磁滞回线
H_i—铁心无空气隙时的磁场强度变化
H_a—铁心有空气隙时的磁场强度变化

在开发点火线圈时，为了获得必须的电参数，通过有限元法（FEM）模拟来设计合适的磁回路和空气隙尺寸，其中要优化它们的几何形状和尺寸，使得在电流给定的情况下储存的磁能达到最大值而不会出现磁回路饱和。

随着如今要求减小结构空间，可以通过装入永久磁铁（图 6-11 中的 1）来增大储存的磁能，其中永久磁铁的极化要产生一个与绕组磁场相反的磁场。这种预磁化的优点是能在磁回路中储存更多的能量。

3. 接通火花

在初级电流接通时，由于电流的迅速变化而引起铁心中磁通量的突然变化，从而在次级绕组中感应出电压。因为电流的变化是增加，此时的电压极性与断电时的感应电压相反。由于与初级电流切断时随时间的变化相比，此时电流随时间的变化较小，因而感应电压也较低，处于 1~2kV 范围内，在一定的条件下足以形成火花，并点燃发动机压缩行程期间气缸中的可燃混合气。为了避免损坏发动机，必须可靠地排除此时在火花塞上产生火花放电（接通火花）的可能性，在单火花点火线圈上可以采用 EFU 二极管来阻止产生接通火花（参见图 6-1 中的 2，或图 6-8a–b）。

4. 点火线圈中的放热

效率即可用的次级能量与所储存的初级能量之比处于 50%~60% 范围内。用于特殊用途的高功率点火线圈在一定的条件下其效率可高达 80%。其中的能量差主要是由于绕组中的电阻损耗、交变磁化和涡流损耗而转化成了热量。

集成在点火线圈中的点火输出级也是一种附加损耗热的来源。在半导体材料中通过电流会产生电压降，这就会导致功率损失。同样，由于初级电流切断时的转换状况，尤其是在转换慢的点火输出级情况下，此机制引起的损耗能量是不可忽略的。

次级的高电压通常受到点火输出级中初级电流限制器的限制，在那里点火线圈中储存的能量的一部分被转化成热损耗掉。

5. 电容负载

点火线圈、点火电缆、火花塞安装孔和周围的发动机零部件中的电容都是具有明显影响的电容，因而减小了初级电压的升高，从而增大了在绕组中转换的效率损失，进而降低了次级的高电压，因此不是所有的次级能量都可用于点燃可燃混合气的。

6. 火花能量

点火线圈可用于火花塞的电能被称为火花能量，它是点火线圈的一个重要设计准则，取决于绕组的设计，其中包括火花塞上的火花电流和火花持续期。为了能点燃进气道喷射自然吸气和涡轮增压发动机中的可燃混合气，通常需要 30~50mJ 的火花能量，而对于缸内直喷式汽油机（涡轮增压机型也如此）而言，为了在发动机所有的运行工况点都能可靠地点燃可燃混合气，则必须具备明显较高的火花能量（最高超过 100mJ）。

6.4.4 结构形式

用于新开发机型的点火线圈形式，采用了紧凑型点火线圈和棒型点火线圈，下文将详细介绍这两种点火线圈。在随后介绍的方案中，有部分可能是将点火输出级集成在点火线圈壳中的。

1. 紧凑型点火线圈

（1）结构

紧凑型点火线圈（参见图6-7中的2）的磁回路由O形和I形铁心组成（参见图6-11），其上装有初级和次级绕组，它们都被安装在点火线圈壳中。初级绕组（用金属导线缠绕的I形铁心）与初级插塞接头进行电和机械连接，同样次级绕组（用金属导线缠绕的线圈体）的线圈起始端与初级接头连接，而次级绕组的火花塞侧接头位于壳体上，在装配绕组时电接触就制成了。

高压罩壳是壳体的组成部分，一方面具有与火花塞接触的接触件，另一方面还具有硅套管，用于对外围件和火花塞安装孔的高压绝缘。这些构件装配好后，在真空下向壳体内部灌注浸渍树脂，紧接着进行时效硬化，这样就能获得高的力学强度、良好的抵御环境影响能力，以及可靠的高压绝缘。最后，硅套管插入高压罩壳并固定，然后所有重要参数经过检验后点火线圈就可使用了。

（2）分离式结构和COP方案

由于点火线圈的结构紧凑，可以采用图6-13所示的结构。这种结构形式被称为火花塞顶点火线圈（英语缩写COP，Coil on Plug）。这种点火线圈直接安装在火花塞顶部，因而就无须附加的高压连接电缆，提高了功能可靠性（例如，不会再发生点火电缆被鼬科动物咬坏的现象），而且同样也减小了点火线圈次级回路的电容负载。

分离式结构方案已很少应用，其紧凑型点火线圈往往通过高压点火电缆与火花塞连接，而点火线圈则机械地固定在发动机室中或者气缸盖上，有时候可能还带有一个附加支架，因此对分离式结构方案（安装在车身上）的

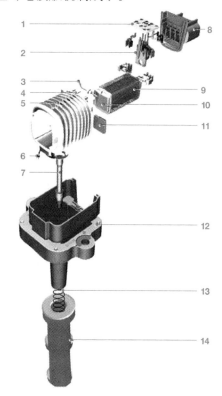

图6-13　紧凑型点火线圈的结构

1—接线板（选用）　2—点火输出级（选用）
3—EFU二极管　4—次级线圈体　5—次级绕组
6—触点片　7—高压接柱　8—初级插座
9—初级绕组　10—I形铁心　11—永久磁铁（选用）
12—O形铁心　13—弹簧　14—硅套管

耐高温和耐振动方面的要求较低。

2. 其它点火线圈的结构

（1）ZS 2×2 型点火线圈

旋转式高压分配已逐渐被固定式高压分配所替代。为了简单地将 4 缸或 6 缸发动机的点火线圈（ZS）转换成固定式高压分配，适用于 ZS 2×2 或 ZS 3×2 型点火线圈。这种结构方式在一个点火线圈外壳中包含有 2 个或 3 个双火花点火线圈。由于能在发动机室内灵活安装，汽车制造商的调整费用是很少的，但是发动机电控单元必须进行相应的调整。这种结构方式在低价位汽车（英语缩写 LPV，Low Price Vehicle）上仍有少量使用。

（2）点火线圈模块

点火线圈模块是将好几个单火花点火线圈组合在一个外壳中形成一个结构组合件，而这些点火线圈的点火功能却是彼此独立的。使用点火线圈模块的优点是只要用不多的几个螺栓来固定，安装较为简单（与单火花点火线圈相比，它仅需一道工序），在发动机电缆束中只需要一个接插件，并且因安装快速和电缆束简化而能降低成本。其缺点是必须具有与发动机专门匹配的几何形状和尺寸，并只能用于一定的气缸盖结构。

3. 棒型点火线圈

棒型点火线圈能最佳地利用气缸盖上的位置空间。由于这种点火线圈是圆柱形结构，因此可以共同使用火花塞孔作为安装空间，达到最佳的空间布置效果。棒型点火线圈总是直接安装在火花塞上，因而无须附加的高压连接电缆。

（1）结构和磁回路

棒型点火线圈（也被称为"铅笔型点火线圈"）与紧凑型点火线圈一样也是按照感应原理工作的，但是由于其形状旋转对称，因而在结构上与紧凑型点火线圈有明显的差别。磁回路用相同的材料制成，其中位于中心的棒芯（图 6-14 中的 5）是由不同厚度近似圆形的冲压硅钢片层叠封装而成的。磁回路通过用硅钢片（有时候有好几层）卷成的开缝套筒形接地片（9）连接而成。与紧凑型点火线圈不同，它具有较大直径的初级绕组（7）位于次级绕组（6）的外围，次级绕组线圈体中同时还容纳棒芯，这样在结构和功能上具有非常重要的优点。棒型点火线圈的紧凑结构，在给定的电路设计几何条件下仅能容许非常有限的磁回路（棒芯、接地片）和绕组。在大多数棒型点火线圈的应用场合，都使用能提高火花能量的永久磁铁。棒型点火线圈的火花塞接触套和发动机电缆束上的接头都与紧凑型点火线圈相同。

（2）方案

棒型点火线圈有好几种方案可用于各种不同的场合（例如各种不同的直径和结构长度），点火输出级和电子电路也可作为选装件集成在壳体中。典型的直径（在中间圆柱形部分测量）约为22mm，该尺寸是由气缸盖中的火花塞安装孔直径和具有扳手开口宽度SW16的标准结构的火花塞决定的，而棒型点火线圈的长度则取决于在气缸盖上的安装状况，以及所必须和相匹配的电数据。但是，活性零件的明显加长（为了提高电感）却受到寄生电容增加以及磁回路条件恶化的限制。

6.4.5　点火线圈电子学

在较早期的设计方案中，点火输出级绝大多数作为独立的模块结构形式，固定在发动机室中和旋转式分电器中，有的也固定在点火线圈或点火分电器上。随着改用固定式电压分配和电子元器件越来越微型化，紧凑型点火输出级被开发成集成式开关电路，能集成在点火电控单元或发动机电控单元中。

基于功率放大级的损失功率及其结构空间，发动机电控单元不断扩大的功能范围和新型的发动机设计方案（例如汽油机缸内直接喷射）要求点火输出级从发动机电控单元中转移出来。一种可能性是集成在点火线圈中，其优点是初级引线较短，因而能减少电压降，或者另一种可能性是实现集成诊断和监测功能。

1. 电参数

（1）电感

点火线圈具有初级电感和次级电感。次级电感比初级电感大好几倍。电感取决于整个磁回路的材料及其横截面积、线圈匝数和铜绕组的几何形状和尺寸。

（2）电容

点火线圈的电容可分为固有电容、寄生电容和负载电容。固有电容主要是由线圈本身形成的，它是由次级绕组中相邻导线形成的电容器所产生的。

在电系统内部存在有害的寄生电容，可用的或产生的能量一部分被消耗于这

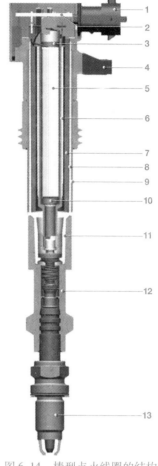

图 6-14　棒型点火线圈的结构
（中间空腔灌注填充料）

1—初级插座　2—具有点火输出级的
印制电路板（选装件）　3—永久磁铁（选装件）
4—固定臂　5—层叠式硅钢片芯（棒芯）
6—次级绕组　7—初级绕组　8—外壳
9—接地片　10—永久磁铁（选装件）
11—高压钟形罩　12—硅外壳　13—火花塞

些电容的充电或再充电中。在点火线圈中，次级绕组与初级绕组之间较小的间距，或者点火电缆与相邻构件之间电缆电容，都会形成寄生电容。

负载电容则主要是由火花塞形成的，它取决于安装状况（例如金属的火花塞安装孔），火花塞本身以及必须存在的高压导线。由于这些条件肯定是存在的，因此设计点火线圈时必须予以考虑。

2. 储存的能量

根据点火线圈设计（几何形状和尺寸、磁回路的材料、磁铁）和所使用的点火输出级的不同，点火线圈中所储存的磁能最多仅能达到一定的数量级，若再进一步提高初级电流，所能储存的能量只能有很少的增加，而损耗却过度地增大，并会在短时间内导致点火线圈损坏。在考虑到所有允差的情况下，点火线圈的最佳设计是使其工作点低于磁回路的磁饱和点。

表6-2　点火线圈的特性参数

变　量	特　性　参　数	典　型　值
I_1	初级电流	$6.5 \sim 9.0A$
T_1	充电时间	$1.5 \sim 4.0ms$
U_2	次级电压	$29 \sim 35kV$
T_F	火花持续时间	$1.3 \sim 2.0ms$
W_F	火花能量	$30 \sim 50mJ$，用于缸内直接喷射则高达100mJ
I_F	火花电流	$80 \sim 115mA$
R_1	初级绕组电阻	$0.3 \sim 0.6\Omega$
R_2	次级绕组电阻	$5 \sim 16k\Omega$
N_1	初级绕组匝数	$150 \sim 200$
N_2	次级绕组匝数	$8\,000 \sim 22\,000$

3. 电阻

绕组的电阻取决于与温度有关的铜电阻。初级绕组电阻一般为 $0.3 \sim 0.6\Omega$，其电阻值应不能太高，否则在供电系统电压较低的情况下（例如冷起动时），点火线圈会达不到额定电流而只能产生较小的火花能量。次级绕组则因匝数较多（$70 \sim 100$ 倍）和导线直径较细（约细10倍），其电阻只有几 $k\Omega$。

4. 损失功率

点火线圈中的损失取决于绕组电阻、电容损失、交变磁化损失（由磁滞所引起）以及结构形式限制所引起的相对于理想磁回路的偏差。在效率为50% ~ 60%的情况下，在高转速时产生相当高的损失，损失部分转化成了热量。通过损失最小的设计和合适的结构方案，能够尽可能地减少这种损失。

5. 绕组比

绕组比是铜线圈初级绕组与次级绕组匝数之比。标准线圈绕组比的数量级为 $1:50 \sim 1:150$。由于绕组比为一定值，因此火花电流的大小，以及在一定程度上最大次级电压都取决于点火输出级的接线柱电压。

6. 高压和火花特性

理想的点火线圈能以非常高的电压升高率达到尽可能高和负载稳定的高电压，这样就能在重要的运行条件下确保火花塞上产生火花。但是，因受到绕组实际特性的限制，其中磁回路和所应用的点火输出级都有极限。一般情况下，高压是这样极化的，火花塞的中心电极相对于汽车接地呈现负电势，特殊的用户要求例外。

7. 动态内阻

另一个重要的参数是点火线圈的动态内阻（阻抗），它取决于次级绕组的电感，与内外电容一起决定电压升高速率，因此说它是直至火花击穿瞬间，可能通过旁路电阻泄漏多少点火线圈能量的度量参数。在火花塞被污染或受潮的情况下，点火线圈内阻低是有利的，因为与此相关的较高的点火线圈效率能为火花塞准备好更多的点火能量。

6.5　火花塞

汽油机的可燃混合气采用电火花点火。电能来自蓄电池，中间储存在点火线圈中，点火线圈中产生的高电压引发了发动机燃烧室中火花塞电极之间的火花放电，火花中含有的能量点燃已被压缩的可燃混合气。

6.5.1　任务

火花塞的任务是通过电极之间的电火花点燃可燃混合气（图 6-15）。火花塞的结构必须确保传输到火花塞上的高电压始终可靠地与气缸盖绝缘，同时保证燃烧室对外密封。

火花塞与发动机其它部件，例如点火系统和混合气准备系统的协同作用，在很大程度上决定了汽油机的性能，因此火花塞必须：

1）能够实现可靠的冷起动。

2）确保在整个使用寿命期内无熄火地运行。

3）即使较长时间运行在最高车速范围内，也应保持在所容许的最高温度。

为了在火花塞整个使用寿命期内确保这样的性能，在发动机开发初期就应尽早确定正确的火花塞方案，在点燃试验中要决定对于废气排放和运行平稳性最佳的火花塞方案。热值是火花塞的重要特性值。具有正确热值的火花塞能够防止在

图 6-15　汽油机火花塞

运行时出现炽热点火，损坏发动机。

6.5.2　应用

1. 使用范围

1902 年，Bosch 公司生产的火花塞就与高压磁电机一起首次应用于乘用车，而如今火花塞已广泛地应用于由二冲程汽油机和四冲程汽油机驱动的汽车和动力机械上。

2. 形式多样化

1902 年生产的发动机每 1000mL 排量仅能发出 6 PS$^{\ominus}$（≈4.4kW）功率，而如今能达到 100 kW 功率，赛车用发动机甚至能达到 250kW。而能达到这样功率的火花塞的开发和生产技术费用是非常巨大的。最初的火花塞每秒必须点火 15~25 次，而如今火花塞的点火频率则必须高 12 倍，其温度上限也从 600℃ 提高到约 950℃，点火电压从 10kV 提高到 40kV。如今的火花塞至少必须经受30,000km 的使用周期，而早期的火花塞每隔 1000km 就要更换。

火花塞的工作原理在 100 年中很少有变化，即使在这期间 Bosch 公司为了满足发动机发展的需要已开发了 2000 多种不同形式的火花塞。而如今的火花塞形式更是多种多样，新机型在电和力学性能，以及化学和热负荷能力方面对火花塞

$\ominus$　1PS = 735.5W

提出了很高的要求。除了这些方面的要求之外，火花塞还必须适应发动机结构方面的要求（例如火花塞在气缸盖上的位置）。基于各种不同发动机提出的这些方面的要求，火花塞形式必须多样化。

6.5.3　要求

1. 对电性能的要求

在火花塞与电子点火装置一起运行时，可产生高达 40kV 以上的高电压，而且不可击穿绝缘体。由燃烧过程析出的诸如炭烟、机油积炭以及由燃油和机油添加剂而形成的灰分，在一定的热条件下会导电，因此还要求不能存在跨越绝缘体发生的火花放电。在温度高达 1000℃ 时绝缘体的电阻必须足够大，而且在火花塞的整个使用寿命期内只能有很小的降低。

2. 对力学性能的要求

火花塞必须经受住燃烧室中周期性产生的压力（可以高达 150bar）而不会丧失气体密封性，并且还应具有高的力学强度，特别是陶瓷绝缘体，在安装和运行时，它会经受火花塞插头和高压导线的负荷，而外壳必须承受拧紧力而不会出现残留变形。

3. 抗化学负荷能力的要求

火花塞突入燃烧室的部分可能会被加热到赤热，并且遭受到高温下发生的化学过程，燃油中所含有的成分可能会在火花塞上沉积，形成具有腐蚀性的残留物，并使材料性能发生变化。

4. 抗热负荷能力的要求

火花塞在运行期间会迅速地吸收炽热燃烧气体的热量，然后不久又被吸入的冷的可燃混合气冷却，因此对陶瓷绝缘体抗 "热冲击" 的耐久性提出了很高的要求。同样，火花塞还必须尽可能好的将在燃烧室中所吸收的热量散发到发动机气缸盖中，而火花塞接头侧应尽可能少的受热。

6.5.4　结构

1. 连接插头

钢制连接插头（图 6-16 中的 1）是用导电的玻璃溶液气密地封焊在绝缘子中的，其中的导电玻璃就成为传至中心电极的导电连接件。连接插头伸出绝缘子的一端，加工有螺纹，点火电缆的火花塞插头就被卡住在连接插头上。对于标准化的连接插头，它被紧固在连接插头的螺纹上，或者在制造时连接插头本身就已带有一个实心的标准化接头。

2. 绝缘子

绝缘子（图 6-16 中的 2）用专用陶瓷制成，其任务是使中心电极和连接插头对外壳电绝缘。在高的电绝缘性能的同时要求具有良好的热传导性能，这种要求与绝大多数绝缘材料的性能有很大的差别。Bosch 公司所应用的陶瓷材料用氧化铝（Al_2O_3）制成，其中还掺入了一少部分的其它物质。

为了改善空气火花型火花塞的重复冷起动性能，可以修改绝缘体下部的外轮廓，以便达到更为有利体的加热性能。绝缘体接头侧的表面涂有无铅珐琅，在光滑的珐琅上不易粘附水汽和污染物，这样就能避免泄漏电流。

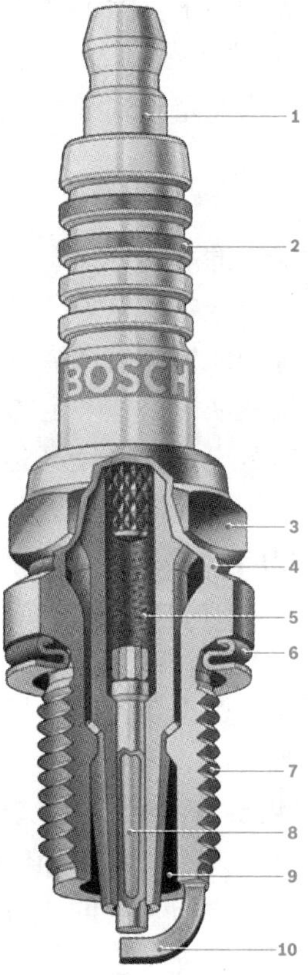

3. 外壳

外壳（图 6-16 中的 3）是由钢采用冷压加工工艺制成的。冲压出来的毛坯就已具有最终的轮廓，只需个别部位再进行切削加工。外壳下部加工有螺纹（图 6-16 中的 7），用于火花塞旋入固定在气缸盖中，可按照预先规定的更换周期进行更换。根据火花塞设计方案的不同，在外壳的端部最多可焊接 4 个接地电极。

为了保护外壳免受腐蚀，外壳表面电镀了镍镀层，它能防止螺纹咬死在铝气缸盖中。外壳的上部有一个六角头，或在较新型的火花塞品种上有双六角头，以供装配时用扳手紧固火花塞。在不改变绝缘体头部几何形状的情况下，双六角头在气缸盖中所需的空间位置较小，而且发动机设计在冷却水道设计方面可获得更大的自由度。

火花塞外壳的上部在装配好插塞组件（带有可靠装配的中心电极的绝缘体和连接螺栓）后卷边固定其位置，紧接着的缩口工艺（通过感应加热和高压力），使绝缘体与外壳之间形成气密性连接，并确保良好的传热。

4. 密封座

根据发动机结构的不同，火花塞与气缸盖之间采用平面密封座面或锥形密封座面（图 6-17）进行密封。平面密封座面应用"不会遗失"的密封圈（图 6-17

图 6-16　火花塞结构

1—连接插头　2—Al_2O_3 陶瓷绝缘体　3—外壳
4—热收缩区　5—导电玻璃　6—密封圈（密封座）
7—螺纹　8—复式中心电极（Ni，Cu）
9—呼吸室（空气室）
10—接地电极（这里是复式电极 Ni，Cu）

中的1）作为密封元件，这种密封圈具有特殊的外形，在按规定安装火花塞时，它以持久的弹性起密封作用。锥形密封座面是用火花塞壳体上的锥面（图6-17中的2）无需密封圈直接贴合在气缸盖上相应的锥面上，能起到密封作用。

5. 电极

在火花击穿和以较高温度运行的情况下，电极材料承受强烈的负荷，造成电极烧损而使电极间距变大。为了能满足按一定周期更换的要求，电极材料必须设计得具有良好的抗烧蚀能力（被火花烧蚀时）和良好的抗腐蚀能力（被化学热腐蚀时）。

原则上，纯金属的热传导要比合金好，另一方面纯金属（例如镍）对燃烧气体和固体燃烧残留物的化学腐蚀的反应要比合金敏感。通过添加锰和硅等合金元素，能够很大程度上改善镍对腐蚀性很强的二氧化硫（SO_2，硫是润滑油和燃油的成分）的化学稳定性。除此之外，添加铝和钇能提高抗氧化皮和抗氧化稳定性。

图6-17　火花塞的密封座
a）带有密封圈的平面密封座
b）无密封圈的锥形密封座面
1—密封圈　2—锥形密封座面

（1）中心电极

中心电极（图6-16中的8）用其头部固定在导电的玻璃溶液中，并具有一个铜芯（图6-18中的5）以改善散热效果。

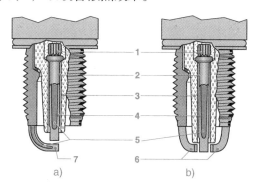

图6-18　具有复式电极的火花塞
a）具有顶置电极的火花塞　b）具有侧置电极的火花塞
1—固定在导电玻璃溶液中的中心电极头部　2—空气隙　3—绝缘体下部
4—复式中心电极　5—铜芯　6—接地电极　7—复式接地电极

铂（Pt）和铂合金具有非常好的抗腐蚀和抗氧化性能，因此被用作长寿命火花塞的电极材料。中心电极的顶端为贵金属（铂），它被用激光焊接牢固地连接在基础电极上。

（2）接地电极

接地电极（图6-16中的10）固定联结在外壳上，并且绝大多数具有矩形横截面。根据布置形式的不同，可区分为顶置电极、侧置电极和用于特殊用途的无接地电极的表面放电火花塞（图6-19）。接地电极的蠕变强度取决于其导热率。虽然其导热可以通过应用连接材料（正如在中心电极上的情况一样）予以改善，但是归根到底还是接地电极的长度、横截面积和数目决定了它的温度，因而也就决定了其烧蚀状况。

a)   b)   c)

图6-19 电极形状

a）顶置电极   b）侧置电极

c）无接地电极的表面放电火花塞（用于赛车发动机的特殊用途）

6.5.5 火花塞方案

电极的相互布置和接地电极相对于绝缘体的位置决定了火花塞设计方案的形式（图6-20）。

1. 空气放电火花方案

空气放电火花方案的接地电极与中心电极的相对位置可直接在电极之间跳火（图6-20中的a），从而点燃电极之间的可燃混合气。

2. 表面放电火花方案

由于接地电极相对于绝缘体陶瓷具有一定的位置，火花首先从中心电极滑过绝缘体顶端表面，然后跳过空气隙直至接地电极。由于通过表面放电所需的点火电压小于通过相同距离的空气隙放电所需的电压，因而在相同的点火电压的情况下，表面放电火花能比空气放电火花跨越更大的电极间距，因此能产生更大的火焰核心和明显地改善燃烧性能。同时，表面放电火花在重复冷起动中具有清洁净化作用，能防止在绝缘体端部形成积炭。

3. 空气表面放电火花方案

在这种火花塞方案中，接地电极相对于中心电极和绝缘体陶瓷具有一定的间距。根据运行条件和火花塞的状况（火花塞烧蚀和需求的点火电压），点火火花可能是空气放电火花或者空气表面放电火花。

6.5.6 电极间距

电极间距（EA）是中心电极与接地电极之间的最短距离，它决定了火花的长度。电极间距越小，产生点火火花的电压就越低。

在电极间距过小的情况下，在电极范围内仅产生一个较小的火焰核心，而与电极表面接触时又会被吸取能量（和导致猝冷），因而火焰核心只能非常缓慢地扩展，在极端情况下能量的需求较大，火焰甚至会熄灭。

a)

随着电极间距的增大（例如电极被烧蚀），虽然因猝冷损失较少而使点燃条件改善，但是所需的点火电压却增大了。在点火线圈提供的点火电压一定的情况下，储备的点火电压将降低，点火中断的风险就会增大。

发动机制造商通过各种试验精确地确定各种机型最佳的电极间距。首先，针对发动机典型的运行工况点进行燃烧试验研究，通过对废气排放、运转稳定性和燃油耗的评价确定最小的电极间距。在随后的耐久运行试验中，查明这种火花塞的烧蚀状况，评价其点火电压的需求。如果电极间距对于断火极限足够可靠的话，那么就可最终确定电极间距。从 Bosch 公司的使用说明书或者火花塞的销售资料中就可得知火花塞的电极间距数值。

b)

c)

6.5.7 火花位置

火花历程相对于燃烧室壁的位置就被称为火花位置。在现代发动机（特别是在缸内直喷

图 6-20 火花塞设计方案
a) 空气放电火花 b) 表面放电火花
c) 空气表面放电火花

式汽油机）上，可观察到火花位置对燃烧的明显影响。发动机的运转平稳性可表征燃烧的特性，而运转平稳性又可通过平均指示压力 p_{mi} 的统计学评价来描述。从标准偏差 s 或变化系数（$cov = s/p_{mi}$，用百分比表示）就能推测到燃烧的均匀性，变化系数 5% 被认定为发动机运转稳定性的极限。

如果在一台发动机上通过采用突入燃烧室较深的火花位置能使运转稳定性极限移向更大的过量空气系数，并能加大点火提前角范围（在 $cov < 5\%$ 的情况下）的话，那么此时较大的火花位置对点燃混合气是有利的。

但是，较长的火花位置就意味着接地电极也较长，这就会导致较高的温度而增大电极的烧蚀，此外自然谐振频率也会降低，这可能会导致电极的疲劳断裂。因此，较长的火花位置需要采取多种措施，以便能达到所必须的使用寿命：

1）加大火花塞壳体突入燃烧室的长度（以减小电极断裂的风险）。

2）使用具有铜芯的接地电极，电极温度可降低约70℃。

3）采用耐高温的电极材料。

6.5.8 火花塞的热值

1. 火花塞的运行温度

（1）工作范围

冷机状态时，发动机采用浓混合气运行，因而在燃烧过程期间因不完全燃烧而产生炭烟，它们会沉积在燃烧室中和火花塞上。这些残留物会污染绝缘体下部，从而引起中心电极与火花塞外壳之间的导电，这种分路会将一部分点火电流成为分路电流而导致能量的损失，从而减少了点火能量。随着污染物的增多，断火的概率就会增加。

燃烧残留物在绝缘体下部的沉积与其温度密切相关，大多发生在约500℃以下。在较高的温度下，绝缘体下部的含炭残留物就会被烧掉，使火花塞具有自洁能力，因此绝缘体下部的运行温度倾向高于约500℃的"自由燃烧极限温度"（图6-21），但是不应超过约900℃的上限温度，电极高于该温度时会因氧化和高温燃气的腐蚀而出现强烈的烧蚀。当电极温度进一步提高时，就再也无法避免发生炽热点火了。

（2）热负荷能力

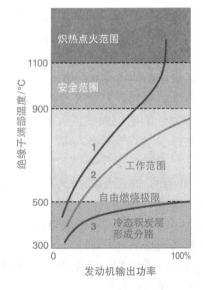

图6-21 火花塞的工作范围
（在不同功率时发动机正常工作范围内绝缘子温度应处于 500~900℃）
1—具有过高热特性参数的火花塞（过热的火花塞） 2—具有合适热特性参数的火花塞
3—具有过低热特性参数的火花塞（过冷的火花塞）

在发动机燃烧期间，火花塞吸收热量的一部分散发到新鲜混合气中，而大部分热量则通过中心电极和绝缘子传导到火花塞外壳，并散发到气缸盖中（图 6-22）。运行温度在从发动机吸收的热量与散发到气缸盖中的热量之间被调节到一个平衡温度。

火花塞输入的热量与发动机有关。一般而言，升功率高的发动机的燃烧室温度要高于升功率低的发动机。火花塞输出的热量基本上取决于绝缘体下部的结构设计，因此火花塞吸收热量的能力必须与发动机机型相匹配。火花塞热负荷能力的特性指标就是热值。

2. 热值和热值特性数

火花塞的热值是相对于标准火花塞来确定的，并借助于热值特性数予以描述。低特性数（例如 2 ~ 5）表示绝缘体下部较短吸收热量较少的"低温火花塞"，而高特性数（例如 7 ~ 10）则表示绝缘体下部较长吸收热量较多的"高温火花塞"。为了易于区别各种热值的火花塞，并配置给相应的发动机，这些特性数据是火花塞型号的组成部分。

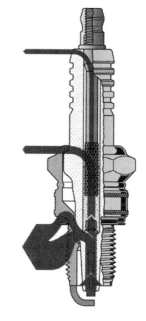

图 6-22　火花塞从燃烧室中吸收热量的大部分通过传热散发出去（其中没有考虑由旁边流过的新鲜混合气冷却的一小部分热量，约为 20%）

正确的热值在全负荷运行中测定，因为在这些运行工况点火花塞的热负荷是最高的。在运行中火花塞的温度决不能高得导致自行发生炽热点火。考虑到发动机和火花塞的制造误差，以及发动机在整个运行寿命内其热机性能可能发生变化，例如机油灰分沉积在燃烧室中会提高压缩比，这又会导致火花塞热负荷增大，因此推荐的火花塞热值应与发生自行着火现象的极限具有一定的安全距离。如果使用这种推荐热值的火花塞进行最终的冷起动试验中，火花塞积炭后并未发生故障，那么就可以确定发动机使用这样热值的火花塞是正确的。

6.5.9　火花塞的标定

1. 温度测量

早期对火花塞进行选用测试，都是采用专门制造的温度测量火花塞（图 6-23）来进行温度测量。用中心电极（3）中的热电偶（2）就能测得单个气缸火花塞在不同转速和负荷下的温度，从而确保匹配火花塞的可靠性，而且通过连续的测量就能以简易的方式确定温度最高的气缸和运行工况点。

2. 离子电流测量

采用 Bosch 公司的离子电流测量方法就能通过燃烧过程来确定与发动机相适

配的火花塞热值。火焰的电离作用能够通过火花路程上的导电率测量，并可用于判断燃烧随时间的变化过程。在正常燃烧的情况下，点火时刻的离子电流会非常急剧地增大（图6-24a），因为电火花点火会使火花路程上存在非常多的载流子。在点火线圈放电以后，虽然电流减小，但是因燃烧而仍存在足够多的载流子，因此燃烧过程仍能继续可靠地进展。如果与此同时燃烧室压力随之升高的话，那么正常燃烧就会伴随着均匀的压力升高，最高压力的位置出现在上止点（OT）后。如果进行这种测量时火花塞的热值发生变化的话，那么燃烧过程就会表现出不正常的变化。

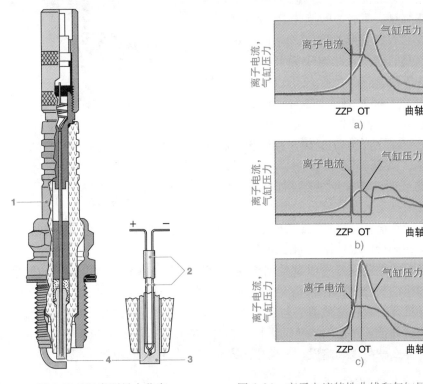

图6-23　温度测量火花塞
1—绝缘子　2—套管式热电偶
3—中心电极　4—测量部位

图6-24　离子电流特性曲线和气缸压力曲线
a）正常燃烧　b）无点火火花的后续点火
c）提前点火
ZZP—点火时刻　OT—上止点

3. 炽热点火

与点火火花无关，而是由高温表面（例如热值过高的火花塞绝缘体下部表面温度过高）点燃可燃混合气被称为自行点火。根据其相对于正常点火时刻的时间位置，这些非正常点火可区分为下列两种类型：

（1）后续点火

后续点火发生在电火花点火之后，但是对于实际发动机运行并无危险，因为电火花点火总是比它早。为了查明炽热点火是否是由火花塞引起的，进行这种测试时可停止个别循环的电火花点火，在发生后续点火的情况下离子电流在正常点火时刻之后才明显升高。但是，因为引发了燃烧，也可观察到气缸压力的升高以及有转矩输出（图6-24b）。

（2）提前点火

提前点火发生在正常电火花点火之前（图6-24c），因其变化过程无法控制，会对发动机造成较大的损害。由于过早地开始燃烧，不仅最高气缸压力位置移向上止点，而且燃烧室最高压力过高，会增大燃烧室零件的热负荷。

4. 测量结果的评价

采用 Bosch 公司的离子电流测量方法就能可靠地采集到这两种非正常的炽热点火现象。后续点火相对于正常电火花点火时刻的位置，以及后续点火相对于停止正常电火花点火次数的百分比就提供了有关发动机火花塞负荷的信息。因为绝缘体下部较长的火花塞（高温火花塞）从燃烧室中吸收较多的热量，而且吸收热量的散发也不良，因而使用这种火花塞引起后续点火甚至提前点火的概率也要比绝缘体下部较短的火花塞大。因此，为了选择正确的火花塞热值，在标定测试中对具有不同热值的火花塞相互进行比较，评价它们发生非正常点火的概率，这不仅取决于火花塞的温度，而且与发动机和火花塞的设计参数也有关系。火花塞匹配的测量主要在发动机试验台架或整车转鼓试验台上进行。

5. 火花塞的选择

火花塞匹配试验的目标是选择一种运行中无提前点火并具有足够热值储备的火花塞，也就是说所选用的火花塞热值至少要比刚发生提前点火的火花塞热值高两个等级。为了选择合适的火花塞，通常需要发动机制造商与火花塞制造商之间的密切合作才能奏效。

6.5.10 火花塞的运行性能

1. 运行中的性能变化

由于火花塞在腐蚀性的氛围中运行，电极上的材料会发生腐蚀。电极的腐蚀会使电极间距明显增大，从而导致所需的点火电压提高。当点火线圈不再能满足所需的点火电压时，就会发生断火现象。

此外，火花塞的功能也可能因发动机老化而发生变化或者因污染而受到损坏。发动机的老化可能会导致不密封，从而使窜入燃烧室的机油增多，于是在火花塞上形成更多的炭烟、灰分和机油积炭沉积，这会引起火花旁路甚至断火，而在极端情况下还会导致炽热点火。除此之外，为了改善抗爆燃性能，燃油还会掺入添加剂，它们在热负荷下可能形成沉积物而导致高温点火旁路，甚至发生断火，这会伴随着有害物排放的明显增加，并可能导致催化转化器的损坏。

2. 电极的烧蚀

火花塞电极材料的烧蚀机理是火花的烧损和燃烧室中燃气的腐蚀。电火花的放电导致电极温度升高直至其熔融温度。表面微观熔融的小范围材料与氧或燃气中的其它成分发生反应，从而导致材料的烧蚀。

为了减少电极的烧蚀，使用耐高温材料（铂或者由铂和铱组成的贵金属合金），但是通过电极几何形状（例如较小的直径，较薄的电极）和火花塞设计（表面放电火花塞）也能减少电极材料的烧蚀。在中心电极与连接螺栓之间的玻璃溶液中产生的电阻，同样也能减小电极材料的烧蚀。

火花塞的使用寿命或运行时间由发动机制造商与火花塞供应商共同确定，超过该时间已烧蚀的火花塞必须予以更换。

3. 异常运行状况

异常运行状况会损坏发动机和火花塞，炽热点火、爆燃燃烧和高的机油耗（形成灰分和机油积炭）就属于这种情况。使用热值不适合于本型发动机的火花塞，或者使用不合适的燃油都有损于发动机和火花塞。

（1）炽热点火

炽热点火是一种无法控制的点燃过程，此时燃烧室中的温度会急剧升高，严重损害发动机和火花塞。全负荷运行时的过热会在下列部位产生炽热点火：

1）火花塞绝缘子下部顶端。

2）排气门。

3）突出的气缸盖垫。

4）松散的沉积物。

（2）爆燃燃烧

爆燃时会引发无法控制的、极其迅速的化学反应。由于在火焰前锋抵达之前可燃混合气就自行点燃，因而产生了急剧升高的压力，它叠加在正常的压力曲线之上，形成了极高的压力升高率，使燃烧室构件（气缸盖、气门、活塞和火花塞）承受很高的热负荷，这很可能造成损坏，首先会在火花塞接地电极表面形成点蚀（图6-25）。

图6-25　被强烈爆燃损坏的接地电极的损坏状况

6.5.11　结构形式

1. 用于缸内直喷式汽油机的火花塞

缸内直喷式汽油机分层运行时，燃油在压缩行程由高压喷油器直接喷入燃烧室。由于在发动机不同的运行工况点气缸中气流的数量和方向是变化的，因而深入燃烧室的火花位置有利于可燃混合气的点燃，但它的缺点是接地电极的温度会因这样的几何位置而升高，可采用的有效改进措施是相应加长火花塞壳体伸入燃烧室中的长度，从而能减小接地电极的长度，因而就能降低其温度。

（1）壁面和空气导向型燃烧过程

壁面和空气导向型燃烧过程采用均质运行模式，此时因燃油在进气行程喷射，可燃混合气被调节成过量空气系数 $\lambda = 1$，因而对火花塞点火的要求与进气道喷射相似。为了达到较高的功率，缸内直喷式汽油机往往采用废气涡轮增压器运行，因此点火时刻的可燃混合气具有较高的密度，因而就需要较高点火电压。通常，此时使用空气放电火花塞，其中心电极和接地电极都具有贵金属衬面，以便能满足更可靠运行和 60,000km 使用寿命的要求。非增压发动机也适合使用表面放电火花塞，由于它具有更长的火花路程，因而能更好地防止出现断火现象和获得更好的自由燃烧特性。

（2）喷束导向型燃烧过程

最新开发的喷束导向型燃烧过程对火花塞提出了更高的要求。由于要求火花塞靠近喷油器，因而优先选用细长型火花塞。因为采用这种火花塞结构，气缸盖设计就能在喷油器与火花塞之间安排稍大一点的冷却液通道。火花塞相对于喷油器的位置必须使火花能被燃油喷束诱导的流动（卷吸流动）拉向喷雾边缘范围，这样就能确保可燃混合气被可靠点燃。

进入呼吸室（火花塞外壳与绝缘体之间的空气隙，燃烧室侧）的火花无法用于点火，而火花塞外壳上的表面放电则能够通过火花塞燃烧室侧合适的几何形状或点火极性的转换（中心电极为正极，接地电极为负极）来避免。

除此之外，在燃油喷束锥体误差很小的同时，火花位置也必须保持恒定不变。若火花位置过于深入，则火花塞会浸入燃油喷雾中而被燃油润湿，造成火花塞损坏或在绝缘体上形成积炭。如果火花位置在往燃烧室壁面方向上离喷束太远的话，那么火花可能不再能被燃油喷束诱导的卷吸流动吸入可燃混合气，以至于造成断火。

因此，可以断定，为了可靠地实现喷束导向型燃烧过程的功能，火花塞的开发与燃烧过程的开发之间必须紧密配合和共同努力才能奏效。

2. 特殊火花塞

（1）应用

特殊的火花塞用于满足特定的要求。这些火花塞在结构设计上有所不同，其结构取决于其使用条件和在发动机上的装配状况。

（2）用于赛车的火花塞

运动车辆用发动机因持续在全负荷下运行而遭受非常高的热负荷，用于这些运行状况的火花塞大多具有贵金属电极（银、铂），并且绝缘体下部较短而吸收的热量较少。

（3）带有电阻的火花塞

通过在火花塞输入电路内附加电阻能减小传递到高压线上的干扰脉冲，也就是减小了干扰辐射。由于减少了点火火花弧光阶段的电流，因而就减少了电极的烧蚀。通过中心电极与连接螺栓之间的特殊玻璃溶液来形成电阻，而所需的玻璃溶液电阻则能采用适当的方法来产生。

（4）全屏蔽的火花塞

在对消除干扰要求非常高的场合，火花塞的屏蔽是必须的。全屏蔽火花塞的绝缘子用一个金属屏蔽套包裹，而点火电缆接头位于绝缘子内部。全屏蔽火花塞是对水密封的（图6-26）。

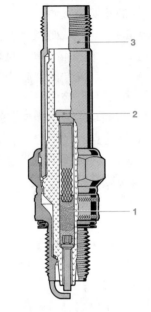

6.5.12　火花塞型号

火花塞类型的标志由其型号来确定，型号中包含了火花塞所有的重要特点。电极间距标志在包装上。适合于各种机型的火花塞由发动机制造商和 Bosch 公司规定或推荐，详细的信息可在 www. bosch – zuendkerze. de 网站上找到。

图 6-26　全屏蔽火花塞
1—特殊玻璃溶液（消除干扰电阻）
2—点火电缆接头　3—屏蔽套

6.6　火花塞的模拟开发

有限元法（FEM）是解描写物理系统特性微分方程的数学近似方法，为此将需要进行计算的结构分成许多小单元（有限元）。在火花塞设计上，有限元法被用于计算火花塞温度场和电场，以及解决机械结构上有问题的部位，无需进行昂贵的试验就能预测火花塞几何形状和尺寸以及材料的变化，或者各种不同物理边界条件对火花塞性能的影响。这种方法是有针对性地制造试验样品的基础，再用这种样品进行试验来验证计算结果。

6.6.1　温度场

位于燃烧室中的陶瓷绝缘子和中心电极的最高温度对于火花塞的热值是具有决定性意义的。图6-27a作为实例示出了一个火花塞轴对称模型的一半和气缸盖火花塞安装孔的横截面。根据图中用灰色的深浅表示出的温度场，可以明显地看出，最高温度发生在陶瓷绝缘体的顶端。

6.6.2　电场

点火时刻施加的高电压导致在电极上火花放电，而在陶瓷绝缘体上火花击穿，或经过陶瓷绝缘体在火花塞外壳上产生火花旁路都可能导致延长燃烧或者断火。图 6-27b 示出了火花塞轴对称模型的一半，以及中心电极与外壳之间相应的电场强度。电场穿透了不导电的陶瓷绝缘体和中间存在的气体。

6.6.3　结构力学

燃烧时在燃烧室中产生高压力，它要求火花塞外壳与陶瓷绝缘体气密性连接。图 6-27c 示出了火花塞在外壳翻边和收口后轴对称模型的一半所计算出的火花塞外壳的固定力和机械应力场。

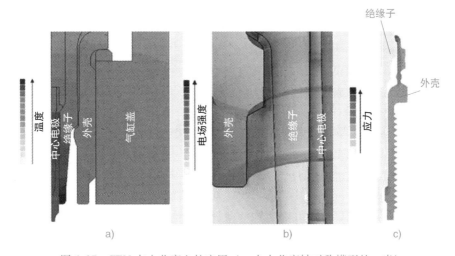

图 6-27　FEM 在火花塞上的应用（一个火花塞轴对称模型的一半）

a) 陶瓷绝缘子和中心电极上的温度分布　b) 中心电极和壳体上的电场强度
c) 火花塞外壳上的固定力和机械应力

6.7　火花塞的实际应用

6.7.1　火花塞的安装

在正确安装和选择类型的情况下，火花塞是点火系统中的一个可靠的组成部件。仅在屋架电极式火花塞的情况下才推荐再调整电极间距，而在表面放电火花式和空气表面放电火花式火花塞情况下，接地电极不需要再调整，否则就得改变火花塞的选型。

6.7.2 错误选择火花塞的后果

对于给定的发动机机型，只能使用发动机制造商自己规定的或 Bosch 公司推荐的火花塞。若使用型号不合适的火花塞，则会使发动机产生严重的损坏。

1. 错误的热值特性数

热值特性数一定要与发动机制造商规定或 Bosch 公司推荐的火花塞型号一致。若使用的火花塞热值特性数与发动机规定的不同，则可能会导致发生炽热点火。

2. 错误的螺纹长度

火花塞的螺纹长度必须适合于气缸盖火花塞安装孔中的螺纹长度。如果螺纹过长的话，那么火花塞突入燃烧室中的长度过长，一种可能的后果就是会损坏活塞，此外火花塞螺距中会形成积炭而不能再旋出，或者火花塞可能会过热。

如果螺纹过短的话，那么火花塞突入燃烧室中的长度不够，而造成可燃混合气点火恶化。此外，火花塞达不到其自由燃烧温度，并且气缸盖火花塞安装孔下部剩余的螺纹中会形成积炭。

3. 密封座面的操作

具有锥形密封座面的火花塞仍然需要使用一个密封圈，而具有平面密封座面的火花塞则只要应用火花塞上的"不会丢失的"密封圈即可，这种密封圈不可脱离火花塞，或者也可以用一个密封圈来替代。如果没有密封圈的话，火花塞突入燃烧室中的长度会过长，从而损害火花塞壳体向气缸盖的热传导，而且火花塞座面的密封不良。如果使用一个附加的密封圈的话，那么火花塞旋入螺纹孔的深度不够，同样会损害火花塞壳体向气缸盖的热传导。

6.7.3 火花塞外貌的评判

火花塞的外貌提供了关于发动机和火花塞运行状况的启示。火花塞电极和绝缘子的表面状况（即"火花塞外貌"），指示了火花塞的运行状况，以及可燃混合气状态及发动机燃烧过程。

参 考 文 献

[1] Deutsches Institut für Normung e. V., Berlin 1997. DIN/ISO 6518-2, Zündanlagen, Teil 2: Prüfung der elektrischen Leistungsfähigkeit.
[2] Maly, R., Herden, W., Saggau, B., Wagner, E., Vogel, M., Bauer, G., Bloss, W. H.: Die drei Phasen einer elektrischen Zündung und ihre Auswirkungen auf die Entflammungseinlei-tung. 5. Statusseminar „Kraftfahrzeug- und Straßenverkehrstechnik" des BMFT, 27.–29. Sept. 1977, Bad Alexandersbad.

第7章　废气后处理

7.1　废气排放和有害物

前几年，通过采取技术措施已能大大降低汽车的有害物排放，其中不仅通过机内措施和集成的发动机控制系统降低了原始排放，而且通过改进废气后处理系统也能显著减少排入环境中的有害排放物。

图 7-1 表示德国在 1999（100%）与 2009 年间减少的废气排放量，以及乘用车的平均燃油消耗量和公路客运的总燃油消耗量降低的情况。一方面欧洲在 2000 年（欧 3）和 2005 年（欧 4）实施严格的废气排放法规取得了成效，另一方面趋向于开发更为节油的汽车也对此做出了贡献。公路交通运输排放的有害物在工业、交通、家庭生活和发电厂等共同产生的废气排放中所占的份额是不同的，按照 2009 年德国联邦环保局的统计结果是：

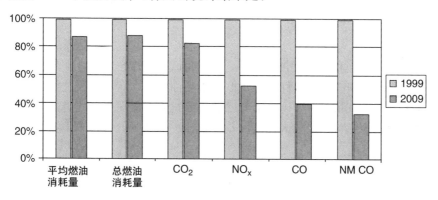

图 7-1　公路交通运输的燃油耗和废气排放（汽油机和柴油机，根据德国联邦环保局统计）。平均燃油消耗量与行驶的全部路段有关，总燃油消耗量则涉及整个公路客运

注：NMOG 是非甲烷挥发性碳氢化合物

- 氮氧化物占 41%。
- 一氧化碳占 37%。
- 二氧化碳占 18%。

● 非甲烷挥发性碳氢化合物（NMOG）占9%。

7.1.1 可燃混合气的燃烧

在纯净燃料与足够的氧完全理想燃烧的情况下仅产生水（H_2O）和二氧化碳（CO_2）。由于燃烧室中的燃烧条件不理想（例如燃油滴没有蒸发），以及燃油中存在其它成分（例如硫），燃烧时除了水和二氧化碳之外，还附带产生多种有害物质（图7-2）。

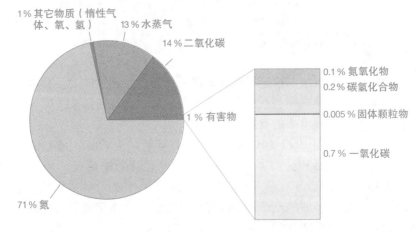

图7-2 汽油机以过量空气系数 $\lambda = 1$ 运行时的废气成分（原始排放，体积百分比数据）。废气成分特别是有害物的浓度可能会有偏差，此外它们取决于发动机的运行条件和环境条件（例如湿度）
注意：图中数字均为体积分数

通过优化燃烧和改善燃油品质，形成的有害物就能越来越少，而所产生的 CO_2 数量即使在理想燃烧条件下也仅取决于燃油中的含碳量，因此无法通过改善燃烧来影响其排放量。CO_2 排放量与燃油耗成正比，因而只能通过降低燃油耗或使用含碳量低的燃料，例如天然气（CNG，压缩天然气）来降低其排放量。

7.1.2 废气的主要成分

1. 水

燃油中含有的氢与空气中的氧燃烧生成水蒸气（H_2O），它们冷却时大部分都冷凝了，冬天废气从排气管中排出时就会形成可看得见的水蒸气云雾。它们在废气中的体积分数约为13%。

2. 二氧化碳

燃油中含有的碳在燃烧时形成二氧化碳（CO_2），在废气中约占14%的体积分数（对于典型的汽油而言）。

二氧化碳是一种无色、无味和无毒的气体，它作为空气的天然成分存在于大气中，就汽车的废气排放而言，它不被划分为有害物质，但是它会引发温室效应，因而会影响全球的气候变化。工业化使大气中的 CO_2 体积分数提高了30%，至今已达到约 400×10^{-6} ，因此通过降低燃油耗来减少 CO_2 排放量已越来越迫切。

3. 氮氧化物

氮（N_2）是空气中的主要成分，占到78%的体积分数。它几乎不参与化学燃烧过程，是废气中的最主要成分，约占71%的体积分数。

7.1.3　有害物

在可燃混合气燃烧时会产生许多有害物。在热机以化学计量比可燃混合气（$\lambda = 1$）运行时，所产生的有害物在总废气量中的体积分数足有1%。最主要的有害物成分是一氧化碳（CO）、碳氢化合物（HC）和氮氧化物（NO_x）。运行热的催化转化器最多能将这些有害物的99%净化转化成无害物质（CO_2、H_2O、N_2）。

1. 一氧化碳

一氧化碳（CO）是浓的可燃混合气因缺乏空气而不完全燃烧所产生的，但是在以过量空气运行时也会产生一氧化碳，但这是由非均质可燃混合气中浓混合气区域所产生的仅仅非常少量的一氧化碳。没有蒸发的燃油滴会形成局部的浓混合气区域，它们就不能完全燃烧。

一氧化碳是一种无色无味的气体，它被吸入人体中会减弱血液吸收氧的能力，从而导致人中毒。

2. 碳氢化合物

碳（C）和氢（H）的化合物被称为碳氢化合物（HC）。HC排放是在缺乏氧的情况下，可燃混合气不完全燃烧所导致的。但是，在燃烧时也会产生燃油中原本并不存在的新的碳氢化合物（例如因烷烃的长分子链断裂而致）。

脂肪族碳氢化合物（烷烃、烯烃、炔烃以及它们的环状衍生物）是几乎无味的，而芳香族碳氢化合物（苯、甲苯、多环碳氢化合物）的气味则是可觉察到的。在碳氢化合物的长期作用下有时候会致癌。部分氧化的碳氢化合物（例如醛、酮）会发出令人不舒服的气味，并且在日光作用下会形成系列化学生成物，在一定浓度的长期作用下同样也会致癌。

3. 氮氧化物

氮氧化物（NO_x）是由氮氧化合物组成的混合物的总称。在所有使用空气的燃烧过程中，因与空气中所含有的氮发生副反应都会形成氮氧化物，而在内燃机中主要产生一氧化氮（NO）和二氧化氮（NO_2）。

一氧化氮（NO）是无色无味的，并且在空气中会缓慢地转变成二氧化氮

（NO_2）。二氧化氮（NO_2）在纯净状态下是一种红棕色，带有刺激性气味的有毒气体。在空气被严重污染的浓度下，NO_2 会刺激黏膜。氮氧化物会因形成亚硝酸（HNO_2）和硝酸（HNO_3）而损毁森林（酸雨），以及在城市上空形成雾霾。

4. 二氧化硫

废气中的硫化物主要是二氧化硫（SO_2），是因燃油中含硫而产生的。SO_2 排放在公路交通运输排放中仅占很小的份额，它们在废气排放法规中并没有限制。

即使如此，也必须尽可能防止形成硫化物，因为 SO_2 对催化转化器（包括三元催化转化器和吸附式 NO_x 催化转化器）有害，会附着在催化剂表面上而使其中毒，即降低了它们的反应净化能力。

与氮氧化物一样，SO_2 也有助于形成酸雨，因为它在大气中或沉积后能转化成亚硫酸和硫酸。

5. 固体颗粒物

不完全燃烧时会产生固体颗粒物。根据所应用的燃烧过程和发动机运行工况点的不同，它们主要由相互链接的具有非常大单位表面积的炭微粒（炭烟）组成。未燃或部分燃烧的碳氢化合物以及带有难闻气味的醛沉积在炭烟上，燃油和机油的气溶胶（固态或液态物质细粒状分布在气体中），以及硫酸盐也会粘附在炭烟上。硫酸盐是燃油中含有的硫所生成的。

7.2　对原始排放的影响

可燃混合气燃烧时产生的主要有害物是 NO_x、CO 和 HC。原始废气（燃烧后废气净化之前的废气）中含有的这些有害物的数量与燃烧过程和发动机运行状况密切相关，过量空气系数 λ 和点火时刻对有害物的形成具有决定性的影响。

催化转化器系统在热运行的状态下能将绝大部分的有害物净化，因此从汽车排入环境的有害物远远少于原始排放量。为了能以可接受的废气后处理费用降低发动机排出的有害物，必须使原始排放中就含有尽可能少的有害物，特别是在发动机冷起动阶段，因为此时催化转化器系统尚未达到净化有害物的运行温度。在此短时间内，原始排放几乎未经处理就排入环境中去了，因此在该阶段降低原始排放是一个重要的开发目标。

7.2.1　影响因素

1. 空燃比

发动机的有害物排放主要取决于空燃比（过量空气系数 λ）：

① $\lambda = 1$：吸入气缸的空气质量相当于喷入气缸的燃油完全燃烧理论上所需

的化学计量比空气质量。进气道喷射汽油机或缸内直喷式汽油机在大多数运行范围内都以化学计量比可燃混合气（$\lambda = 1$）运行，此时三元催化转化器能达到其可能的最好净化效果。

②$\lambda < 1$：此时空气量不足，因而形成浓混合气。例如，为了在长时间全负荷行驶情况下避免废气系统中的构件过热，可以加浓混合气运行。

③$\lambda > 1$：在这种运行范围内空气都是过量的，因而形成较稀的可燃混合气。例如，为了在冷起动时能用足够的氧有效快速地转化 HC 原始排放，发动机应以稀薄混合气运行。可达到的最大 λ 值（"稀薄运行极限"）主要取决于发动机结构和所应用的混合气准备系统。稀薄运行极限时的可燃混合气就不再具有被点燃能力，就会发生燃烧断火现象。

缸内直喷式汽油机能够根据运行工况点分层或均质运行。均质运行的特点是在进气行程期间喷油，其运行状况与进气道喷射时相似。在高输出转矩和高转速运行工况下，可调节到这种运行模式。在这种运行模式中，通常过量空气系数$\lambda = 1$。

在分层运行时，燃油在整个燃烧室中的分布是不均匀的。通过在压缩行程期间才喷油就能实现混合气的分层。此时，在燃烧室中心形成的燃油云雾内部，可燃混合气应尽可能均质分布，使过量空气系数$\lambda = 1$，而在燃烧室边缘范围则几乎是纯粹的空气或非常稀薄的可燃混合气，但是就整个燃烧室而言，总的过量空气系数$\lambda > 1$，也就是较稀薄的可燃混合气。

2. 可燃混合气准备

为了完全燃烧，要燃烧的燃油必须尽可能均质地与空气混合，为此良好的燃油雾化是必须的。如果不能满足这样的前提条件的话，那么较大的油滴就会沉积在进气道或燃烧室壁面上。这些大油滴不能完全燃烧而导致较高的 HC 排放。

为了减少有害物排放，可燃混合气必须均匀地分布在整个气缸中。分缸喷射装置是空气仅输入进气歧管，燃油直接喷射在进气门前（进气道喷射）或直接喷入燃烧室（汽油机缸内直接喷射），它能保障可燃混合气均匀分布，而化油器或中央喷射装置则不能确保获得均质的可燃混合气，因为大的燃油滴会沉积在各缸进气歧管的弯管壁面上。

3. 发动机转速

较高的发动机转速意味着发动机本身的摩擦功率也较高，辅助设备（例如水泵）的功率消耗也较大，因而相对于输入能量的输出功率降低，发动机效率随着转速的提高而变差。

如果在较高的转速下输出一定的功率，这就意味着与在较低转速下输出相同的功率相比，其燃油耗较高，因而有害物排放也就较多。

4. 发动机负荷

发动机负荷也就是发动机所产生的转矩，它对于有害物成分 NO_x、CO 和未燃 HC 具有不同的影响。下文将详细研究这些影响。

5. 点火时刻

可燃混合气的点燃，也就是从火花塞跳火直到形成稳定的火焰前锋的时间阶段，对燃烧过程具有重要的影响，这取决于跳火的时刻、点火能量以及火花塞附近的可燃混合气成分。高的点火能量意味着较稳定的着火状况，对工作循环之间的燃烧过程稳定性有利，因而对废气成分产生有利的影响。

7.2.2　HC 原始排放

1. 转矩的影响

随着发动机输出转矩的增大，燃烧室内的温度升高。靠近燃烧室壁面处的火焰会因没有足够高的温度而熄灭，因而随着转矩的增大，这种区域的厚度会减小。由于燃烧较完全，因而未燃碳氢化合物的数量减少。

此外，由于高转矩时燃烧室温度较高，在膨胀和排气行程期间的废气温度也较高，因而促进了未燃碳氢化合物的后续反应转化成 CO_2 和水，因此在高转矩时因燃烧室内和废气中的温度都较高，与功率相关的未燃碳氢化合物原始排放就会降低。

2. 转速的影响

随着发动机转速的提高，汽油机的 HC 排放增加，因为可供可燃混合气准备和燃烧用的时间缩短了。

3. 空燃比的影响

在缺乏空气（$\lambda < 1$）的情况下，因燃烧不完全而会形成未燃碳氢化合物。混合气越浓，未燃碳氢化合物的浓度就越高（图7-3），因此在浓混合气范围内 HC 排放随着过量空气系数 λ 的减小而增加。

即使在较稀的混合气（$\lambda > 1$）范围内，HC 排放也是随着过量空气系数 λ 的减小而增加的。HC 排放的最小值位于 $\lambda = 1.05 \sim 1.2$ 范围内。在更稀的混合气范围内，HC 排放的增加是由燃烧室边缘范围内混合气的不完全燃烧所引起的，而在可燃混合气非常稀的情况下这种效应更甚，从而使燃

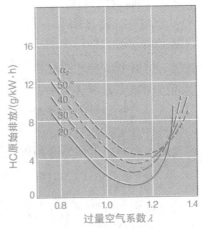

图 7-3　HC 原始排放与过量空气系数 λ 和点火提前角 α_z 的关系

烧拖延直至熄火，这会导致 HC 排放急剧增加，其原因是可燃混合气在燃烧室内的不均匀分布，这会导致在混合气较稀的部位着火条件恶化。

汽油机的稀薄运行极限基本上取决于点火期间火花塞附近的过量空气系数和

总过量空气系数（整个燃烧室中的空燃比）。通过燃烧室内有针对性的充量运动，不仅能提高均质化程度和着火的可靠性，而且还能加速火焰的传播。

相反，在缸内直喷式汽油机分层运行时，不是力求整个燃烧室内可燃混合气的均质化，而是力求在火花塞范围内形成着火性良好的可燃混合气，因此在这种运行模式时可实现的总过量空气系数明显大于均质可燃混合气。分层运行时的 HC 排放基本上取决于可燃混合气的准备状况。

在汽油机缸内直接喷射时，燃烧室壁面和活塞的润湿是起决定性作用的，因为这种壁面油膜通常是无法完全燃烧的，因而会导致高的 HC 排放。

4. 点火时刻的影响

随着点火提前角 α_z（图 7-3 中相对于上止点的点火提前角较大）的增大，未燃碳氢化合物排放增加（见图 7-3），因为在膨胀阶段和排气阶段因废气温度较低而不足以进行后续反应。只有在非常稀薄的范围内才会出现相反的情况，在可燃混合气较稀的情况下燃烧速度缓慢，导致在较晚的点火提前角情况下，在排气门打开时燃烧尚未结束。因此，在点火提前角较晚的情况下，在较小的过量空气系数 λ 时就已达到发动机的稀薄运行极限。

7.2.3 CO 原始排放

1. 转矩的影响

与 HC 排放的情况相似，发动机转矩较高时的循环温度也较高，有利于膨胀阶段 CO 的后续反应，CO 被氧化成 CO_2。

2. 转速的影响

CO 排放与转速的关系也相当于 HC 排放的情况。随着转速的提高，汽油机的 CO 排放增加，因为可供可燃混合气准备和燃烧用的时间缩短了。

3. 空燃比的影响

在浓混合气范围内，CO 排放与过量空气系数的关系几乎是线性的（图 7-4），其原因是缺乏氧，因而碳的氧化不完全。

在混合气较稀薄的范围内（空气过量的情况下），CO 排放非常少，并几乎与过量空气系数无关，此时 CO 仅是因可燃混合气均质化不良而产生的。

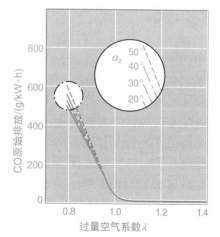

图 7-4 CO 原始排放与过量空气系数 λ 和点火提前角 α_z 的关系

4. 点火时刻的影响

CO 排放与点火时刻几乎无关（见图 7-4），并且几乎仅受过量空气系数 λ 产生的影响。

7.2.4 NO$_x$ 原始排放

1. 转矩的影响

随着输出转矩升高，燃烧室温度也会升高，有利于 NO$_x$ 的形成，因此 NO$_x$ 原始排放随着发动机输出转矩的增大而急剧增加。

2. 转速的影响

由于在转速较高时可用于形成 NO$_x$ 的时间较短，因而 NO$_x$ 排放随着转速提高而减少。此外，还必须考虑到燃烧室中的残余废气含量，它们能降低燃烧室中的峰值温度。由于随着转速的提高，这种残余废气含量一般会减少，这种效应对上述关系的效果正好相反。

3. 空燃比的影响

NO$_x$ 原始排放的最大值出现在 $\lambda = 1.05 \sim 1.1$ （空气稍微过量）的范围内，而在较稀和较浓的范围内 NO$_x$ 原始排放都会降低，这是因为燃烧的峰值温度降低了。缸内直喷式汽油机分层运行的特点是过量空气系数较大，由于只有部分气体参与燃烧，因而与 $\lambda = 1$ 的运行工况点相比，其 NO$_x$ 原始排放较低。

4. 废气再循环的影响

为了降低 NO$_x$ 原始排放，可以将已燃烧过的废气（惰性气体）返回到可燃混合气中。这可以通过适当的凸轮轴相位调节，将燃烧后的惰性气体保留在燃烧室中（内部废气再循环），但也可以通过外部废气管道抽取一部分废气与新鲜空气混合后输入燃烧室（外部废气再循环）。采取这些措施可降低燃烧室中的火焰温度和 NO$_x$ 原始排放，特别是在缸内直喷式汽油机分层运行时，应采用外部废气再循环。图 7-5 示出了分层运行时 NO$_x$ 原始排放与废气再循环（EGR）率的关系。在稀薄运行范围内，NO$_x$ 原始排放无法用三元催化转化器催化净化，而需要使用吸附式 NO$_x$ 催化转化器，它在分层运行时吸附原始排放的 NO$_x$，并要周期性地通过短暂的加浓混合气进行再生，以延长分层运行时吸附 NO$_x$ 的时间，因此降低 NO$_x$ 原始排放会对燃油耗产生不利的影响。当然，废气再循环会加大运行的不稳定性和增加 HC 原始排放，因此应用时必须寻找到一种折中关系。

5. 点火时刻的影响

在整个过量空气系数范围内，NO$_x$ 原始排放随着点火提前角 α_z 的加大而增加（图 7-6），其原因是在较早的点火时刻情况下燃烧室的峰值温度更高，使得化学平衡向形成 NO$_x$ 的一侧移动，特别是提高了形成 NO$_x$ 的反应速度。

7.2.5 炭烟排放

与柴油机相反，汽油机以近似化学计量比可燃混合气运行，其炭烟排放极

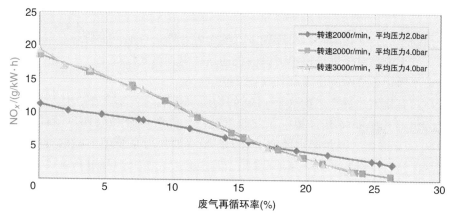

图7-5　分层运行时 NO_x 原始排放与废气再循环率的关系

（内部和外部废气再循环在趋势上具有相同的效果）

少。炭烟是在局部非常浓的可燃混合气（$\lambda < 0.4$）扩散燃烧时高达 2000K 的燃烧温度下产生的。这些条件可能发生在润湿活塞和燃烧室顶部情况下，或者由于燃油残留在进气门上和挤压缝隙中，以及未燃燃油滴而产生的。由于发动机温度对形成的润湿燃油膜具有重大影响，因此首先会在冷起动和发动机暖机运行期间观察到炭烟排放，此外也可能在局部浓混合气区域非均质气相状态下形成炭烟。在直喷式汽油机分层运行时，在局部非常浓的混合气区域或燃油滴的情况下也会形成炭烟，因此只有在中等转速以下才能分层运行，以便确保可燃混合气准备的时间足够长。

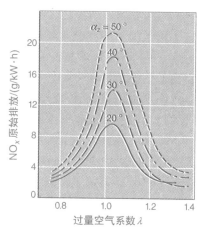

图 7-6　NO_x 原始排放与过量空气系数 λ 和点火提前角 α_z 的关系

7.3　废气催化净化装置

废气排放法规对汽车的有害物排放规定了限值。为了满足这些限值，仅仅对发动机进行改进是不够的。对于汽油机而言，利用废气催化后处理来净化有害物显得更为重要。为此，废气排入大气之前要流过废气管路中的一个或多个催化转化器，废气中的有害物在催化转化器表面上发生化学反应而转变成无害物质。

7.3.1　概述

借助于三元催化转化器对废气进行催化后处理是目前汽油机最有效的废气净化方法。无论是对于进气道喷射汽油机还是缸内直喷式汽油机，三元催化转化器都是废气净化系统中的重要部件（图7-7）。

在具有化学计量空燃比（$\lambda = 1$）的均质可燃混合气情况下，运行热的三元催化转化器几乎能将有害物—氧化碳（CO）、碳氢化合物（HC）和氮氧化物（NO_x）完全净化，但是必须借助于电子控制汽油喷射系统使形成的可燃混合气精确地保持过量空气系数 $\lambda = 1$。因此，如今电子控制汽油喷射系统已完全取代了采用三元催化转化器之前广泛使用的化油器。精确的 λ 调节功能监控可燃混合气的空燃比，并将其调节到 $\lambda = 1$。虽然并非在所有的运行状态下都能保持这样的理想条件，但是减少的有害物平均能达到98%以上。

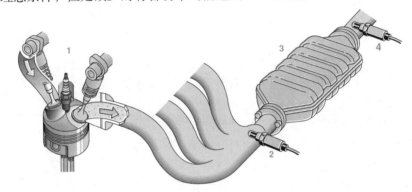

图 7-7　废气管路及其靠近发动机安装的三元催化转化器和氧传感器
（氧传感器将在 10.4 "传感器" 中详细介绍）

1—发动机　2—催化转化器前的氧传感器（两点式氧传感器或宽带氧传感器按系统而定）
3—三元催化转化器　4—催化转化器后的两点式氧传感器（仅用于具有两个传感器的空燃比调节）

由于在稀薄运行（$\lambda > 1$）时，三元催化转化器无法净化氮氧化物，因此在发动机稀薄运行模式时，要附加一个吸附式 NO_x 催化转化器。发动机 $\lambda > 1$ 运行时减少 NO_x 的另一种可能性是选择性催化还原（SCR，例如参见参考文献 [1，2]），这种方法已应用于柴油机载货车和柴油机乘用车，但是至今 SCR 尚未应用于汽油机。

柴油机为氧化 HC 和 CO 而使用独立的氧化催化转化器，但是在汽油机上并不采用这种方式，因为三元催化转化器已能满足这种功能。

7.3.2　开发目标

由于废气排放限值不断地加严，因此降低有害物排放始终是发动机开发的重要目标。运行热的催化转化器能达到近乎 100% 的非常高的转化率，而与之相比在冷起动和暖机阶段的有害物排放量明显较高，起动阶段和随后的后起动阶段排放的有害物份额，无论是在欧洲还是美国试验循环（新欧洲行驶循环 NEFZ 或美国城市标准试验循环 FTP 75）中都高达 90% 的总排放量。因此，为了降低废气排放，不仅必须迅速加热催化转化器，而且还应尽可能降低起动阶段和催化转化器加热期间的原始排放。这一方面要通过优化软件措施，另一方面还必须通过优化催化转化器和氧传感器等部件才能达到这样的效果。冷起动时催化转化器起燃，发挥净化作用的温度主要取决于催化涂层技术和涂层中的贵金属催化剂含量。氧传感器早作好运行准备就能迅速地进入空燃比调节的运行状态，使得可燃混合气空燃比与设定值的偏差比单纯调节喷油量运行时更小，因而就能降低废气排放。

7.3.3　催化转化器方案

催化转化器可区分为连续工作的催化转化器和不连续工作的催化转化器。

连续工作的催化转化器不中断地净化有害物，并且不会主动地干涉发动机的运行条件。三元催化转化器、氧化催化转化器和 SCR（选择性催化还原）催化转化器（仅用于柴油机，例如可参见参考文献 [1，2]）都属于连续工作的系统。而不连续工作的催化转化器的运行则被分成不同的阶段，并由发动机电控系统通过主动改变边界条件使其分别进入这些工作阶段。吸附式 NO_x 催化转化器就是不连续工作的：在废气中氧过剩时 NO_x 被吸附储存起来，为了紧接着进行还原阶段，就要使发动机短期转换到加浓混合气运行（氧不足）。

7.3.4　催化转化器的配置

1. 边界条件

废气净化装置的设计取决于好多边界条件：冷起动时的加热方法、全负荷时的热负荷、汽车上的结构空间，以及发动机的输出转矩和功率。

三元催化转化器所必须的运行温度限制了其安装的可能性。靠近发动机安装的催化转化器能在起动后快速地达到运行温度，但是在高负荷和高转速时可能遭受到非常高的热负荷，而远离发动机安装的催化转化器遭受到的这种热负荷就较小，但是它们在加热阶段达到运行温度就需要更多的时间，否则就要采取优化的催化转化器加热策略（例如喷入二次空气）来加速达到所需的运行温度。

严厉的废气排放法规要求采取特殊的方案在发动机起动时加热催化转化器。要想加热催化转化器时需要的热流量越小，以及废气排放限值越低，催化转化器的位置就应越接近发动机，否则就要采取改善催化转化器加热性能的附加措施。可以使用双层中空隔热的排气歧管，它能减少催化转化器的热损失，这样就有更多的热量用来加热催化转化器。

2. 前置催化转化器和主催化转化器

三元催化转化器的一种扩展配置方案是将靠近发动机的前置催化转化器与汽车地板下的催化转化器（主催化转化器）分开布置。靠近发动机的催化转化器要求优化涂层的耐高温稳定性，而汽车地板下催化转化器则要求适应低的起燃温度（即在较低的温度下就能发挥净化功能）和良好的 NO_x 净化率进行优化。为了更快地加热和净化有害物，前置催化转化器通常较小，并具有较高的蜂窝密度以及较高的贵金属催化剂含量。三元催化转化器将在 7.3.9 节"三元催化转化器"一节中详细介绍。

吸附式 NO_x 催化转化器因其容许的最高运行温度较低而被布置在汽车地板下。除了传统分成两个单独的壳体和安装位置之外，还有一种两级式催化转化器布置方案（串联式催化转化器），它将两个催化转化器载体串联安置在同一个壳体中，因此这种系统有利于降低成本。为了隔热，两个催化转化器载体之间由一个小的空气隙彼此隔开。在串联式催化转化器中，因空间上接近，第 2 个催化转化器的热负荷与第 1 个催化转化器相当，尽管如此这种布置方式允许两个催化转化器能单独优化贵金属催化剂的含量、载体的蜂窝密度和壁厚。通常，为了在冷起动时获得良好的起燃性能，第 1 个催化转化器具有较多的贵金属催化剂含量和较大的蜂窝密度。为了调节和监测废气后处理，可在两个载体之间设置一个氧传感器。

也存在仅有一个整体式催化转化器的方案。采用现代的涂层技术能够在催化转化器的前半部分和后半部分形成不同的贵金属催化剂含量，这种配置方式虽然具有较小的设计自由度，但是可达到较低的成本。如果安装空间允许的话，催化转化器应尽可能靠近发动机布置，当然在使用有效的催化转化器加热方法的情况下也可远离发动机布置。

7.3.5　多路配置

各个气缸的排气管路在催化转化器前至少部分通过排气歧管汇聚起来。四缸发动机往往使用排气歧管将所有 4 个气缸的排气按照管路短的方式汇聚起来，这样就能够使用一个近发动机催化转化器获得有利的加热性能（图 7-8a）。

为了优化发动机功率，四缸发动机选用 4 合 2 排气歧管，它们首先各自将两个气缸的排气汇聚起来，因而能降低排气背压。如果在第 2 级废气总管后才安装唯一的一个催化转化器的话，则对该催化转化器的加热性能是非常不利的，因此有时候在第 1 级废气总管后面就安装两个靠近发动机的前置催化转化器，必要时在第 2 级废气总管后还使用一个主催化转化器（图 7-8b）。在多于 4 缸的发动机，特别是在多于 1 排气缸的发动机（V 形发动机）上的情况与此相类似。每一排气缸的前置催化转化器和主催化转化器可采取上述介绍的方式布置，其区别在于废气装置是否整个被分成两个支路（图 7-8c），或者是否在汽车地板下由 Y 形废气总管汇聚成一个共用的废气管路。在后一种情况中，前置催化转化器和主催化转化器的布置方式可采用两排气缸共同使用一个主催化转化器的方法（图 7-8d）。

7.3.6　催化转化器的加热方案

催化转化器从某个温度（起燃温度）起才能发挥明显的净化效果。正常的三元催化转化器起燃温度大约为 300℃，而在催化转化器老化的情况下这个温度阈值会提高。因此，在最初冷机和废气装置冷的情况下，必须尽可能快地加热到运行温度。为此，必须在短期内输入热量，可采取多种不同的方法来提供这些热量。

1. 单纯的发动机措施

为了采取发动机运行措施有效地加热催化转化器，不仅必须提高废气温度，而且还必须加大废气质量流量。这可采取各种不同的措施来达到，但是这些措施都会使发动机效率恶化，才能产生更多的废气热流量。

所需的发动机热流量取决于

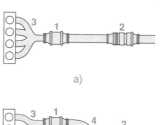

a)

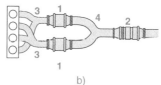

b)

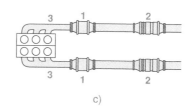

c)

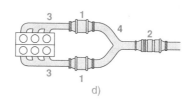

d)

图 7-8　催化转化器的布置方案
a) 使用一个近发动机前置催化转化器和一个主催化转化器
b) 用于优化发动机功率的 4 合 2 排气歧管，使用两个近发动机前置催化转化器和一个主催化转化器　c) 多于 1 排气缸的发动机（V 形发动机）：每排气缸各有一个前置催化转化器和一个主催化转化器　d) 多于 1 排气缸的发动机（V 形发动机）：在汽车地板下由 Y 形废气总管合成一个总废气管路，两个排气管共用一个主催化转化器
1—前置催化转化器　2—主催化转化器
3—第 1 个排气总管　4—第 2 个排气总管

催化转化器的位置和废气装置的设计，因为在废气装置冷的情况下，废气在通往催化转化器的管路中会冷却。

（1）调节点火提前角

点火提前角向"晚"方向调节是提高废气热流量的重要措施。燃烧尽可能晚开始，并在膨胀阶段进行，那么在膨胀终了时废气仍具有相对较高的温度。当然，这会对发动机效率产生不利的影响。

（2）怠速转速

一般情况下，提高怠速转速从而增大废气质量流量可以作为辅助加热措施。较高的转速允许点火提前角调节得较晚，而为了确保较可靠的着火，若无其它措施的话，则点火提前角被限制在上止点后约 10°～15°，但是为了满足当前的废气排放限值，此时的加热功率是不够的。

（3）调节排气凸轮轴相位

必要时通过调节排气凸轮轴相位也能有助于提高废气的热流量。由于排气门尽可能早开启，原本就晚开始的燃烧提早中断，因而所产生的机械能进一步减少，但是相应的能量可作为废气中的热量来使用。

（4）均质分段喷射

在汽油机缸内直接喷射情况下，原则上存在多次喷射的可能性，这样无须附加部件就能快速地将催化转化器加热到运行温度。在采取"均质分段喷射"措施的情况下，首先通过在进气行程期间喷油形成均质稀薄的混合气，紧接着在压缩行程期间或上止点后接近点火时喷射少量的燃油，这样就能采用非常晚的点火时刻（约上止点后 20°～30°），并导致高的废气热流量，其可达到的废气热流量相当于加入二次空气所产生的热量。

2. 加入二次空气

通过未燃烧的燃油成分在高温下的后燃烧可提高废气系统中的温度，为此调节到浓（$\lambda=0.9$）直至非常浓（$\lambda=0.6$）的基础混合气。通过二次空气泵将空气输送给废气系统，从而获得较稀的废气成分。

在基础混合气非常浓（$\lambda=0.6$）的情况下，未燃烧的燃油成分高于某个温度阈值时就会发生放热的氧化反应。为了能达到这个温度，一方面必须通过推迟点火角提高温度水平，另一方面尽可能将二次空气引至排气门附近。废气系统中的放热反应提高进入催化转化器的热流量，从而缩短了加热时间，因此与单纯的发动机措施相比，HC 和 CO 排放在催化转化器入口处就已降低了。

在基础混合气稍浓（$\lambda=0.9$）的情况下，在催化转化器前没有发生明显的反应，未燃烧的燃油成分在催化转化器中才氧化，因而催化转化器从内部被加热，但是为此必须首先采取常规措施（例如调晚点火角）使催化转化器前端表面达到运行温度。通常，仅需调节到稍浓的基础混合气，因为在基础混合气非常浓的情况下，催化转化器前的放热反应仅在稳定的边界条件下才能可靠地进行。

二次空气是由一个电动二次空气泵（图 7-9 中的 1）加入的，由于二次空气泵需要较大的电流，因而电路通过继电器（3）连接。二次空气阀阻止废气反流进入二次空气泵，并且在二次空气泵断电时它必须关闭。二次空气阀是一种被动止回阀或者是纯电动或气动控制的。在后一种情况下，如图 7-9 中所示的那样采用电操纵的控制阀（6）。在操纵控制阀时，通过进气管中的真空度打开二次空气阀。而二次空气系统的工作则由发动机电控单元（4）来协调。

7.3.7　空燃比调节回路

1. 任务

只有可燃混合气处于化学计量空燃比时，才能尽可能提高三元催化转化器净化有害物 HC、CO 和 NO_x 的效率。这就要求可燃混合气必须非常精确地保持在化学计量空燃比，使得可燃混合气的成分处于过量空气系数 $\lambda = 1$。为了在发动机运行时能够将形成的可燃混合气调节到这个设定值，在可燃混合气预控制系统中需叠加一个空燃比调节回路，因为仅用燃油计量控制尚达不到足够的调节精度。

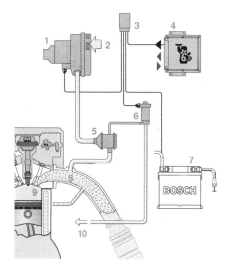

图 7-9　二次空气系统
1—二次空气泵　2—吸入的空气　3—继电器
4—发动机电控单元　5—二次空气阀　6—控制阀
7—蓄电池　8—进入废气管的入口　9—排气门
10—接至进气管

2. 工作原理

用空燃比调节回路能够识别相对于某个设定空燃比的偏差，并通过改变喷油量予以修正，其中借助于测量废气中的氧含量作为调节可燃混合气成分的措施。

图 7-10 示出了空燃比调节回路调节功能的示意图。根据催化转化器前的氧传感器（3a）类型的不同，可区分为两点式空燃比调节或连续式空燃比调节。

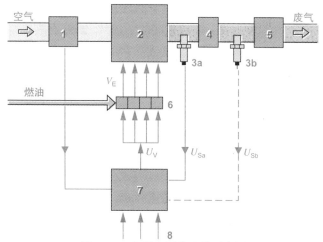

图 7-10　空燃比调节功能示意图
1—进气空气质量流量计　2—发动机　3a—前置催化转化器前的氧传感器（两点式氧传感器或宽带氧传感器）
3b—前置催化转化器后的两点式氧传感器　4—前置催化转化器（三元催化转化器）　5—主催化转化器
（三元催化转化器）　6—喷油器　7—发动机电控单元　8—输入信号
U_S—传感器电压　U_V—喷油器控制电压　V_E—喷油量

　　两点式空燃比调节仅能将可燃混合气调节到过量空气系数 $\lambda = 1$，废气管路中的两点式氧传感器位于前置催化转化器（4）之前，而若在前置催化转化器前使用一个宽带氧传感器的话，则就能将可燃混合气连续调节到偏离 1 的 λ 值。

　　若在前置催化转化器（4）后面再设置第 2 个氧传感器（3b），则采用双氧传感器调节就能达到更高的调节精度，其中第 1 个空燃比调节回路根据催化转化器前的传感器信号进行调节，并借助于基于催化转化器后氧传感器信号的第 2 个空燃比调节回路来进行修正。

　　（1）两点式空燃比调节

　　两点式空燃比调节将可燃混合气调准到过量空气系数 $\lambda = 1$。一个两点式氧传感器作为废气管中的测量传感器不断地提供可燃混合气是否偏离 $\lambda = 1$ 的信息，传感器输出电压高（例如 800mV）则表示可燃混合气较浓，而传感器输出电压低（例如 200mV）则表示可燃混合气较稀。

　　当每次可燃混合气从浓变稀和从稀变浓时，氧传感器的输出电压信号就呈现一个跃变，并由一个调节电路进行评定。在每次电压跃变时，调节变量就改变其调节方向，而调节量（调节系数）按比例地修正混合气预控制，从而增加或减少喷油量。

　　调节变量由一个跃变和一个斜坡形变化组成（图 7-11），这意味着当传感器信号跃变时可燃混合气首先立即跳跃式地改变一定的数值，以便尽可能快地修正混合气。紧接着，调节变量实施斜坡形的适应功能，直至重新进行传感器信号的电压跃变，其中典型的调节量幅度被规定在 2% ~ 3% 范围内，从而使可燃混合气的成分稳定地在 $\lambda = 1$ 附近的一个非常窄的范围内变动，这样就获得了一个有限的调节动态状态，它取决于系统的静止时间（基本上就是气体流动时间）和混合气的修正（斜坡形上升形式）时间。

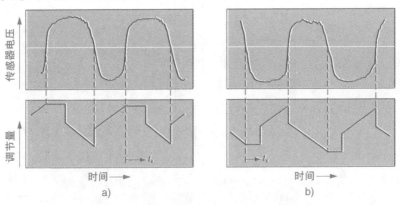

图 7-11　随 λ 控制量变动的调节量变化曲线

a）变浓　b）变稀

t_V—传感器电压跃变后的停留时间

由废气成分变化所决定的废气无氧流过即氧传感器从 $\lambda=1$ 理论值跃变的典型偏差能够通过调节量变化曲线的不对称设计予以补偿（浓或稀的变动）。在这种情况下，传感器跃变后用于控制停留时间 t_V 的斜坡终了值优先选择固定值（见图7-11）：在向"浓"方向变动时，虽然传感器信号已向浓方向跃变了，但是在停留时间 t_V 的调节量仍然保持在调浓状态，在经过停留时间后，调节变量才紧接着向"稀"方向跃变和斜坡变化。如果紧接着传感器信号向"稀"方向跃变，那么调节变量就直接向相反方向调节（跃变和斜坡形变化），而不是保持在稀调节状态。

在向"稀"方向变动时的情况相反：若传感器信号表示是稀可燃混合气，则在停留时间 t_V 内调节量保持在稀调节状态，然后才向"浓"方向调节，而当传感器信号从"稀"向"浓"跃变时就立即反向调节。

（2）连续式空燃比调节

当实际测量到偏离 $\lambda=1$ 时，能改善两点式空燃比调节的动态特性。宽带氧传感器提供一个连续的信号，因而也能测量到偏离 $\lambda=1$，并直接进行计值，因此使用宽带氧传感器能以固定不变的非常小的幅度，连续调节到设定值 $\lambda=1$，从而达到高的动态特性。这种调节的参数是根据发动机运行工况点进行计算和匹配的，特别是用这种空燃比调节方式能明显更快地补偿稳态和非稳态预调节的剩余误差。

除此之外，宽带氧传感器还能调节到偏离 $\lambda=1$ 的设定的混合气成分，其测量范围包括从 $\lambda=0.7$ 直至"纯空气"（理论上 $\lambda \to \infty$），这种主动空燃比调节的范围根据应用场合而有所限制，因此能够实现例如为保护零件的混合气加浓调节（$\lambda<1$）以及用于加热催化转化器时暖机运行的稀薄调节（$\lambda>1$），因而按照图7-3，在尚未达到催化转化器起燃温度的情况下能降低 HC 排放，因此这种连续式空燃比调节适合于混合气稀薄和加浓运行。

（3）双氧传感器调节

采用催化转化器前的氧传感器进行空燃比调节的精度受到限制，因为这种氧传感器遭受到很大的负荷（中毒，未净化废气）。两点式氧传感器的跃变点或宽带氧传感器的特性线例如由于废气成分的变化可能会移动，而位于催化转化器后的氧传感器遭受这种影响的程度就要小得多，但是仅根据位于催化转化器后的氧传感器进行的空燃比调节，因气体流动时间较长而在动态特性方面具有缺陷，特别是它们对可燃混合气的变化的反应较迟钝。

采用双氧传感器（如图7-10所示）可达到更高的调节精度。在这种情况下，通过在催化转化器后面附加一个两点式氧传感器（图7-12a），在上述快速两点式或连续式空燃比调节回路叠加一个较慢的修正调节回路。在如此形成的串联调节情况下，将催化转化器后面的两点式氧传感器的电压与设定值（例如

600mV）进行比较，据此评估与设定值的偏差，通过添加到预控制的停留时间 t_V 上来改变两点式调节的内部调节回路的加浓或减稀量或者连续式调节的设定值。

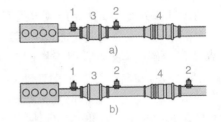

图 7-12　氧传感器的安装位置
a）双氧传感器调节　b）三氧传感器调节
1—两点式或宽带氧传感器　2—两点式氧传感器
3—前置催化转化器　4—主催化转化器

（4）三氧传感器调节

无论是从催化转化器的诊断（为了分别监测前置催化转化器和主催化转化器），还是保持废气恒定的角度考虑，为了满足日益严厉的美国废气排放法规 SULEV（特超低排放汽车，属于加州废气排放法规范畴）的要求，值得推荐在主催化转化器后面使用第 3 个氧传感器（图 7-12b）。通过采用主催化转化器后的第 3 个氧传感器的极慢调节功能，扩展双氧传感器调节系统（采用简单串联方式）的调节功能。

由于满足 SULEV 限值要求适用于 240，000 千米行驶里程，在此期间前置催化转化器可能会老化，此时采用前置催化转化器后的两点式氧传感器进行氧含量测量会丧失精度，但是这可通过采用主催化转化器后的两点式氧传感器进行调节能予以补偿。

7.3.8　吸附式 NO_x 催化转化器的调节

1. 汽油机直接喷射时的空燃比调节

在采用缸内直接喷射系统的情况下，能实现各种不同的运行模式，根据发动机的运行工况点来选择各自的运行模式，并由发动机电控系统进行调节。在均质运行时，空燃比调节与迄今为止汽油机上实施的调节策略并无差异，而在分层运行模式（$\lambda > 1$）时，则必须采用吸附式 NO_x 催化转化器进行废气后处理，因为在稀薄运行时三元催化转化器无法转化净化 NO_x 排放，在这种运行模式中空燃比调节就不起作用了。

2. 吸附式 NO_x 催化转化器的调节

在附加支持发动机稀薄运行的系统中，必须对吸附式 NO_x 催化转化器进行调节（图 7-13）。

吸附式 NO_x 催化转化器是一种非连续工作的催化转化器。在第 1 阶段稀薄运行时吸附储存排放的 NO_x，当催化转化器的 NO_x 吸附能力耗尽后，发动机电控系统就主动干预使其转换到第 2 运行阶段，此时为了使吸附式 NO_x 催化转化器进行再生，发动机就短时间加浓混合气运行。调节吸附式 NO_x 催化转化器的任务是描述吸附式 NO_x 催化转化器的吸附程度，并决定从什么时候起就必须进行再生，进而必须决定从什么时候起就能再重新转换到稀薄运行。就综合效果而言，分层运行模式所带来的燃油耗优势超过因采用浓可燃混合气进行再生对燃油耗所产生的不利影响。图 7-14 示意性地表示出了吸附式 NO_x 催化转化器前后的 NO_x 质量流量。

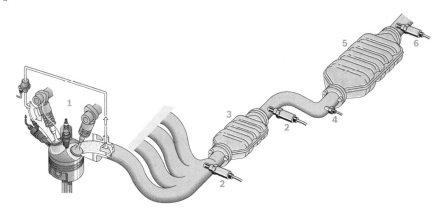

图 7-13　采用三元催化转化器作为前置催化转化器以及串联吸附式 NO_x 催化转化器

1—采用废气再循环的发动机　2—氧传感器　3—三元催化转化器（前置催化转化器）　4—温度传感器
5—吸附式 NO_x 催化转化器（主催化转化器）　6—集成两点式氧传感器的 NO_x 传感器

（1）NO_x 吸附阶段

为了调节吸附式 NO_x 催化转化器，建立了 NO_x 原始排放质量流量与运行参数之间关系的模型，在图 7-14 所示例子中，NO_x 原始排放质量流量定为常数，该质量流量作为 NO_x 吸附模型的输入参数，这种模型不仅描述了吸附式 NO_x 催化转化器的吸附程度，而且表明了催化转化器后的 NO_x 排放量。在吸

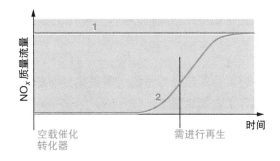

图 7-14　吸附阶段期间 NO_x 质量流量的示意图（吸附阶段中吸附式 NO_x 催化转化器前后的 NO_x 排放）
1—NO_x 原始排放　2—模型描述的吸附式
NO_x 催化转化器后的 NO_x 质量流量

附阶段开始时，NO_x 原始排放几乎完全被吸附，而模型计算出的催化转化器后的 NO_x 质量流量几乎为零。随着吸附量的增加，吸附式 NO_x 催化转化器后的 NO_x 排放随之增加。调节功能决定到什么时刻吸附效率已不再足够，并触发 NO_x 再生。该模型能通过串联在吸附式 NO_x 催化转化器后的 NO_x 传感器来进行调整。

（2）NO_x 再生阶段

NO$_x$ 再生阶段也被称为 NO$_x$ 还原阶段。为了使吸附式 NO$_x$ 催化转化器再生，发动机从分层运行模式转换到均质运行模式并加浓混合气（$\lambda = 0.8 \sim 0.9$），以便能由加浓的混合气使吸附的 NO$_x$ 排放还原转化而得到净化。通过两种方法来决定再生阶段的结束即触发转换到分层运行模式：第 1 种模型支持的方法是计算出的催化转化器中尚存在的 NO$_x$ 量达到一个下限，而第 2 种方法则是由集成在 NO$_x$ 传感器中的氧传感器测量吸附式 NO$_x$ 催化转化器后废气中的氧浓度，并在再生结束时显示出从"稀"向"浓"的电压跃变。

7.3.9　三元催化转化器

1. 工作原理

三元催化转化器将可燃混合气燃烧时产生的有害成分碳氢化合物（HC）、一氧化碳（CO）和氮氧化物（NO$_x$）转化成无害成分，最终形成的产物是水蒸气（H$_2$O）、二氧化碳（CO$_2$）和氮（N$_2$）。

（1）有害物的转化

有害物的转化可分成氧化反应和还原反应。例如，一氧化碳和碳氢化合物的氧化按照下列反应式进行：

$$2CO + O_2 \rightarrow 2CO_2 \tag{1}$$
$$2C_2H_6 + 7O_2 \rightarrow 4CO_2 + 6H_2O \tag{2}$$

而氮氧化物的还原则是按照例如下列反应式进行的：

$$2NO + 2CO \rightarrow N_2 + 2CO_2 \tag{3}$$
$$2NO_2 + 2CO \rightarrow N_2 + 2CO_2 + O_2 \tag{4}$$

根据可燃混合气成分的不同，碳氢化合物和一氧化碳氧化所需的氧不是取自废气中的氧分子，就是废气中存在的氮氧化物。在 $\lambda = 1$ 时，氧化反应与还原反应之间达到平衡状态，$\lambda = 1$ 时废气中的残余氧体积分数（约 0.5%）和氮氧化物中化合的氧能使碳氢化合物和一氧化碳完全氧化，同时碳氢化合物和一氧化碳又被用作氮氧化物的还原剂而使氮氧化物被还原。

在制作三元催化转化器涂层时使用了储氧的成分，最重要的物质是氧化铈。储氧的成分在混合气被调节到 $\lambda = 1$ 的发动机上补偿过量空气系数的波动，此时它们的氧化等级从 + Ⅲ 转化成 + Ⅳ 以及相反转化，同时能储存和释放氧，从而在催化转化器反应区域范围内达到恒定的过量空气系数。此外，目前用于判断催化转化器状态的车载诊断功能就是以催化转化器储存和释放氧的能力为基础的。这种能力会与贵金属的活性一样随着老化的加剧而降低，并且可借助于催化转化器前后的氧传感器来判断这种能力。催化转化器中发生下列反应：

$$2Ce_2O_3 + O_2 \longleftrightarrow 4CeO_2 \qquad 用于\ \lambda > 1 \tag{5}$$
$$2CeO_2 + CO \longleftrightarrow Ce_2O_3 + CO_2 \qquad 用于\ \lambda < 1 \tag{6}$$

在持久氧过量（λ>1）的情况下，碳氢化合物和一氧化碳被废气中存在的氧氧化，而不是用于还原氮氧化物，因此 NO_x 原始排放没加处理就排放出去了。在持久缺氧（λ<1）的情况下，用碳氢化合物和一氧化碳作为还原剂，氮氧化物进行还原反应，而过量的碳氢化合物和过量的一氧化碳则因缺乏氧而不能被转化，没加处理就排放出去了。

（2）转化率

释放有害物的数量取决于原始废气中的有害物浓度（图7-15a）及其转化率，即在催化转化器中能被转化的份额，而这两个参数又取决于所使用的过量空气系数λ，过量空气系数 λ=1 的化学计量比可燃混合气成分才能使所有3种有害物成分获得尽可能高的转化率，因而可燃混合气所必须的过量空气系数λ的调节范围是非常小的。因此，在空燃比调节回路中必须跟踪监测可燃混合气的形成状况。

HC 和 CO 的转化率随着过量空气系数的增大而提高，即 HC 和 CO 的排放量减少（图7-15b）。λ=1 时，这两种有害物成分的份额仅非常小。随着过量空气系数的增大（λ>1），这两种有害物的浓度仍保持在这样的低水平。在浓混合气范围（λ<1）氮氧化物的转换非常好，而从 λ=1 起，废气中氧含量稍微增加就阻碍了氮氧化物的还原，其浓度就陡然增大。三元催化转化器后废气成分的这种急剧变化也反映在两点式氧传感器的电压特性曲线上（图7-15c），其铂电极同样如催化转化器那样起作用。

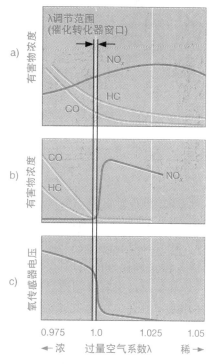

图7-15 废气中的有害物

a）催化后处理前（在原始废气中）

b）催化后处理后

c）两点式氧传感器的电压特性曲线

2. 结构

催化转化器（图7-16）基本上是由外壳（6）、载体（5）和具有活性催化贵金属涂层的中间层（4）组成的金属薄板容器。

（1）载体

如今用于催化活性涂层的陶瓷载体远比金属载体应用广泛得多。作为陶瓷载体的替代方案，在不多的场合中也应用金属载体。首先，载体本身并不具有催化特性，而应为活性涂层提供尽可能大的表面和良好的附着特性，因此载体对于废

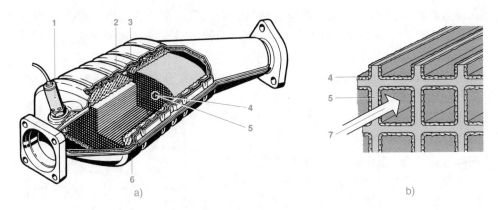

图 7-16　采用被动方法的催化转化器诊断（具有氧传感器的三元催化转化器）

a) 整体式催化转化器　b) 带有中间层和贵金属涂层的载体

1—氧传感器　2—膨胀垫　3—双层隔热套　4—带有贵金属涂层的中间层（Al$_2$O$_3$ 载体层）

5—载体（蜂窝陶瓷载体）　6—外壳　7—含有有害物的废气流

气净化系统的设计起着重要的作用。对载体的要求是：在废气系统中具有较小的背压、较轻的质量、高的力学性能和热稳定性、低的热膨胀特性和外形成形的自由度，还有具有对成本有利的结构形式。

1）蜂窝陶瓷载体。蜂窝陶瓷载体是具有好几千个贯通的蜂窝状小通道的陶瓷体，它是原材料混合物通过挤压模塑和烧结成形的整体式结构，而废气从这些蜂窝通道中流过。陶瓷由耐高温的镁－铝－硅酸盐组成。对机械应力反应敏感的蜂窝载体被固定在一个金属板壳体中，两者之间衬有矿物质膨胀垫（图 7-16 中的 2），在首次加热时它会膨胀，从而获得气体密封性。蜂窝陶瓷是目前应用最广泛的三元催化转化器载体。

2）蜂窝金属载体。除了蜂窝陶瓷载体之外，还有一种蜂窝金属载体，它是由 0.03～0.05mm 厚的细小波形金属箔缠绕并采用高温工艺焊接而成的。由于其壁厚很薄，因而在单位面积上具有较多的通道，这样就减小了废气的流动阻力，从而有利于高功率发动机的优化。

（2）涂层

催化涂层的各种成分可如下分类：

1）载体氧化物。

2）其它氧化成分。

3）贵金属和其它催化活性物质。

中间层是载体材料上具有很大粗糙度的涂层以加大表面积，它由多孔性氧化铝（Al$_2$O$_3$）和其它金属氧化物组成。

实际上，除了氮氧化物被氨还原之外，贵金属被证实是有效的催化剂，其中特别是铂和钯因具有高的氧化力，以及铑对于 NO 被 CO 转化都是有效的催化剂，而在稀薄运行发动机上，把铱用作氮氧化物被碳氢化合物还原的催化剂并不多见。催化转化器上的贵金属含量约为 $1 \sim 5\mathrm{g}$，其数值取决于发动机排量、原始排放、废气温度和所要满足的废气排放法规。

当前的催化转化器方案被称为"中间层上的贵金属催化转化器"，对此可理解为采用串联式工艺步骤将贵金属成分固定在一定的载体氧化物上，而这种固定可以利用化学特性来实现，或者通过化学过程来达到。首先，按照这种方法使各种含贵金属成分聚集在一起，并采用某种涂层工艺涂敷在基质上，通过这种方法将贵金属成分固定在一定的中间层成分上，从而利用两种成分之间的协同作用。这种方式方法的一个实例，是在随后的步骤中附加氧化铝作为另一种载体氧化物之前，将铂沉淀在铈成分上。

载体涂层被调节得使中间层（也就是贵金属）达到一定的涂敷量。中间层的流变特性和中间层成分的颗粒尺寸对于贵金属的可涂层性具有重要意义，它们必须与载体特性相匹配。

3. 运行条件

（1）运行温度

必须给反应组分输入一定的活化能量，才能进行净化有害物的氧化反应和还原反应，而这些能量是通过加热催化转化器以热量的形式准备好的。

催化转化器降低了活化能量（图7-17），因而降低了起燃温度（即50%有害物被转化净化的温度）。活化能量即起燃温度强烈地依赖于有害物各自的反应温度，三元催化转化器在 300℃ 运行温度下才能明显地转化净化有害物。高转化率和长使用寿命的理想运行条件位于 $400 \sim 800$℃ 温度范围内。

在 $800 \sim 1000$℃ 温度范围内，因贵金属和氧化铝（Al_2O_3）烧结而使催化转化器的热老化现象大大加剧，这会导致活化表面积减少，而且在该

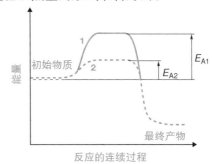

图 7-17 活化能量
1—无催化转化器的反应曲线
2—有催化转化器的反应曲线
E_{A1}—无催化转化器的活化能量
E_{A2}—有催化转化器的活化能量

温度范围内的运行时间也会对热老化产生很大的影响。当温度超过 1000℃ 时，催化转化器会非常急剧地热老化，并导致转化净化能力显著降低。

由于发动机发生功能性故障（例如断火），如果未燃燃油在废气管路中被点燃的话，那么可能会使催化转化器中的温度升高到高达 1400℃，如此高的温度

会因载体材料熔化而导致催化转化器完全损坏。为了防止出现这种情况，点火系统必须特别可靠地工作。现代发动机电子控制系统能识别断火和燃烧中断，必要时能停止相关气缸的喷油，从而使得废气管路中不会有未燃的可燃混合气。

（2）催化转化器高温失去活性

高温使催化转化器失去活性有多种机理，其中可区分为载体氧化物烧结而引起贵金属的烧结，或者中间层成分相互之间或与载体间的反应。

新催化转化器中的贵金属成分分布得极细，在高活性催化转化器中其晶粒尺寸通常仅为几纳米，而在高温下这些晶粒就会很快聚集在一起增大为较大的颗粒，从而明显减小了贵金属的弥散程度而降低其催化活性。稀土金属氧化物的氧化稳定性减小了改善贵金属与载体氧化物结合的可能性。

高温改变了氧化铝的晶体结构，其中特别是所使用的 γ 相最终转变成 α - Al_2O_3，随之而使表面积减小约 100 倍。在烧结过程期间，因结晶水析出，空隙直径连续减小直至空隙结构吻合，从而使废气不再能与活性表面位置接触，这样不仅丧失了被贵金属包围的活性核心，而且因空隙半径及其扩散效果减小而使反应率降低。

（3）催化转化器中毒

发动机废气中含有一些可降低催化活性的成分，早期主要是铅，它作为金属有机化合物混合在燃油中，因会形成非活性的铅 - 铂合金而在很短时间内使催化转化器受到不可逆的损坏。

目前主要有害物质是硫的氧化物或发动机机油组分。硫作为中毒成分被吸附在催化活性核心上，并可逆地降低了催化转化器的活性。在高温稀薄废气条件下仍然会形成硫酸铝，它是三氧化硫（SO_3）与载体中氧化铝反应的产物。

另一个重要方面是发动机灰分所引起的中毒。磷作为一种典型的中毒元素会明显降低催化转化器的活性，同时无论是野外使用老化的，还是发动机试验台架上耐久试验老化的催化转化器，在催化转化器长度方向上呈现出明显的磷分布梯度。

4. 催化转化器的发展趋势

以 $\lambda = 1$ 混合气运行的发动机机型的废气净化装置呈现出下列发展趋势：

1）汽车地板下的催化转化器改为布置到靠近发动机的位置。

2）开发耐高温的涂层。

3）制备具有快速动态特性的储氧成分。

4）确保车载诊断功能（OBD）。

通过催化转化器靠近发动机布置降低发动机冷起动废气排放。汽车行驶循环测试证实，发动机冷起动时的废气排放量超过总排放量的 70%。使用靠近发动机的催化转化器对系统的耐高温性能提出了特殊的要求，其中重要的中间层成分是储氧组分。在断油期间，因空气充足而使铈组分氧化，而在紧接着的加速阶段废气中包含较多的未燃碳氢化合物，在高温下它们与氧化铈中的氧反应被氧化成二氧化碳和一氧化碳，而所释放的热量直接与储氧量有关。

减少前置催化转化器中储氧组分数量，可降低高温老化期间连续进行断油和加速过程所产生的热负荷，这样就能减少使催化转化器老化的影响，这会对汽车行驶循环试验中的废气排放产生有利的效果。耐高温涂层对前置催化转化器具有重要意义，而通过减少储氧组分数量就能提高温度稳定性，但是这会影响到 OBD 监测的品质，这通常可以通过运行期间储氧组分的变化来予以评估，在这方面必须寻找到一种合适的折中方案。

7.3.10　吸附式 NO_x 催化转化器的结构

1. 任务

在稀薄运行模式时，三元催化转化器无法转化净化燃烧时所产生的氮氧化物（NO_x），因为一氧化碳（CO）和二氧化碳（CO_2）被废气中的大量氧都氧化了，因此不再有可供还原氮氧化物的还原剂，而吸附式 NO_x 催化转化器（英语缩写 NSC）则采用其它方式来还原氮氧化物。

废气后处理系统的主要组成部分是靠近发动机安装的起动催化转化器和布置在汽车地板下的吸附式 NO_x 催化转化器（图 7-18）。靠近发动机安装的起动催化转化器用于均质运行时的废气净化以及分层运行时的氧化反应。吸附式 NO_x

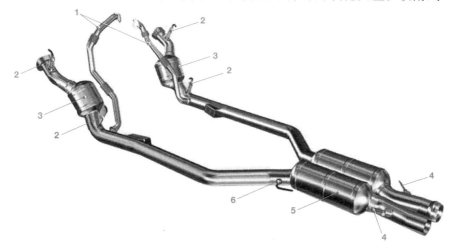

图 7-18　Mercedes – Benz 公司 V6 缸内直喷式汽油机的废气后处理系统
1—废气再循环管路　2—氧传感器　3—近发动机三元催化转化器　4—NO_x 传感器
5—吸附式 NO_x 催化转化器　6—温度传感器

催化转化器被安装在汽车地板下，因为它在那里可达到最佳的工作温度。吸附式 NO_x 催化转化器后面有一个用于监测功能的 NO_x 传感器，出于同样的原因在其前面有一个温度传感器。

2. 结构和涂层

氮氧化物的储存基于酸基反应。原则上，所有特性合适的材料都能作为 NO_x 储存材料，在缸内直喷式汽油机稀薄运行工况点所规定的温度范围内形成足够稳定的硝酸盐。为此，特别可考虑应用碱元素（Na 钠、K 钾、Rb 铷、Cs 铯）、碱土元素（Mg 镁、Ca 钙、Sr 锶、Ba 钡）以及有限范围内的稀土元素（例如 La 镧）的氧化物，而在汽油机场合则大多仅采用钡化合物。

3. 工作原理

吸附式 NO_x 催化转化器的基本工作原理基于两个连续的步骤。氮氧化物首先在稀薄废气条件下储存在催化转化器中，紧接着通过一定的再生策略使浓废气短暂流过催化转化器使氮还原。首先，由废气中几乎仅存在的 NO 形成 NO_2，再由 NO_2 与存在于催化转化器中的碱元素或碱土元素组分生成硝酸盐，而催化转化器涂层中的贵金属催化剂则促进这种还原过程的进行。

（1）NO_x 的吸附

发动机稀薄运行时（空气过量，$\lambda > 1$）时，氮氧化物（NO_x）在铂涂层壁面被催化氧化成二氧化氮（NO_2），紧接着 NO_2 与催化转化器表面上的专用氧化物和氧（O_2）反应生成硝酸盐，例如 NO_2 与氧化钡（BaO）反应化合成硝酸钡 $Ba(NO_3)_2$：

$$2BaO + 4NO_2 + O_2 \rightarrow 2Ba(NO_3)_2$$

与温度有关的吸附式 NO_x 催化转化器的吸附能力基本上可分成两个相互交叉过渡的活性反应范围。在低温范围内（低于300℃），催化转化器的效率与从 NO 氧化成 NO_2 的速度有关，而其氧化速度又随着可供使用的活性核心的数量而提高。

在高温范围内（高于300℃），就热力学效应而言形成的 NO_2 肯定是增多的，因此这个吸附储存 NO_x 的范围主要取决于吸附材料的吸附效率，而其吸附效率又随着吸附剂的单位表面积和吸附储存空位的数量而提高。

随着空气过量持续时间的增长，吸附材料储存 NO_x 的数量增加，则吸附效率也随之降低，当吸附储存的 NO_x 达到某个临界量时，就由发动机电控系统引导进行 NO_x 的再生。

当催化转化器饱和吸附储存阶段结束时，存在两种识别的可能性：或者由模型支持的方法在考虑到催化转化器温度情况下计算出所吸附储存的 NO_x 数量，或者由吸附式 NO_x 催化转化器后面的 NO_x 传感器测量废气中的 NO_x 浓度。

（2）再生和转化

在紧接着的再生阶段中，燃烧被转入到还原剂多于氧的状态，此时在燃烧中没有氧化或仅部分被氧化的成分（HC、CO 或 H$_2$）现在就可作为 NO$_x$ 还原剂使用，而氧化的铂类金属必须同时还原，并且消除储氧物质的动态份额。再生阶段快结束时，残留储存的氧减轻了还原剂过剩的程度，从而减少了 HC 和 CO 的存在。

还原反应的速度用 HC 还原最小，而用 H$_2$ 还原最快。下面用 CO 作为还原剂来表述的再生是以这样的方式进行的：一氧化碳将硝酸盐［例如硝酸钡 Ba（NO$_3$）$_2$］还原成氧化物（例如氧化钡 BaO），同时产生二氧化碳和一氧化氮：

$$Ba（NO_3）_2 + 3CO \rightarrow 3CO_2 + BaO + 2NO$$

紧接着，铑涂层借助于一氧化碳将一氧化氮还原成氮和二氧化碳：

$$2NO + 2CO \rightarrow N_2 + 2CO_2$$

有两种方法来识别再生阶段的终止：或者由模型支持的方法计算在吸附式 NO$_x$ 催化转化器中尚存在的 NO$_x$ 数量，或者由吸附式 NO$_x$ 催化转化器后面的氧传感器测量废气中的氧浓度，后者在再生终止时显示出一个从"稀"向"浓"的跃变电压。

4. 运行温度和安装方式

吸附式 NO$_x$ 催化转化器的吸附储存能力与温度密切相关，在 300～400℃ 温度范围内其吸附储存能力达到最大值，因此有利的温度范围要比三元催化转化器低得多。由于这个原因，以及吸附式 NO$_x$ 催化转化器容许的最高运行温度较低，因而废气催化净化装置必须使用两个分开的催化转化器：一个靠近发动机安装的三元催化转化器作为前置催化转化器（见图 7-18），还有一个远离发动机安装的吸附式 NO$_x$ 催化转化器作为主催化转化器（汽车地板下催化转化器）。

5. 吸附式 NO$_x$ 催化转化器高温失去活性

为了保持吸附式 NO$_x$ 催化转化器吸附储存 NO$_x$ 的功能，两种核心成分是绝对必要的：含有贵金属的氧化成分和基础的吸附储存成分。

吸附式 NO$_x$ 催化转化器最重要的热老化过程能够通过物理化学分析方法与描述催化特性方法相结合进行鉴定。

热老化会导致贵金属烧结，从而减少用于将 NO 氧化成 NO$_2$ 的催化活性核心的数量，它们是吸附储存 NO$_x$ 的前提条件。

当超过临界温度时，吸附储存 NO$_x$ 材料的热老化会在吸附储存 NO$_x$ 材料与相应的载体氧化物之间形成混合相，由此所产生的结合物通常只具有较小的吸附储存 NO$_x$ 的能力。

两种老化现象除了时间和温度的作用之外还有气体氛围的作用，尤其是在高温情况下，富氧废气会导致强烈的老化效应。在发动机使用中通过采取合适的措施能够在很大程度上避免催化转化器失去活性。例如，禁止在高温下断油倒拖，或者使催化转化器处于保护温度状态。

6. 硫中毒

对吸附式 NO_x 催化转化器工作能力最重大的损害是与强亲和力分子的化学反应。活性成分除了吸附储存 NO_x 之外还会吸附 SO_x，占据吸附储存 NO_x 的空位。燃油中的含硫量如果过高，会使吸附储存 NO_x 的空位不断减少。硫中毒的主要根源是燃油中含有的硫，它会生成 SO_2，与吸附储存材料反应形成硫酸盐造成中毒，并且这些硫酸盐包围了用于形成硝酸盐的吸附核心，NO_x 的转化随着硫酸盐负载量的增多而降低。

由于形成硫酸盐的过程大多是可逆的，因而能通过加浓废气让它重新被分解。当然，硫酸盐在热力学上比硝酸盐稳定，因此在典型的 NO_x 再生时无法使硫酸盐还原。脱硫必须较高的温度和较长的时间，充分脱硫所需的温度为 600 ~ 750℃，较高的温度有利于硫的释放。每次脱硫对于催化转化器而言都是一次显著的热负荷，因此必须精确地调节和控制好温度。

虽然通过使用准无硫燃油能减少硫中毒，但是定期脱硫仍然是必须的。即使在使用含硫量低于 15×10^{-6} 燃油的情况下，在整个使用寿命期间在催化转化器上仍会累积显著数量的硫。当然，在使用无硫燃油的情况下可以延长脱硫的间隔周期，这样就能减轻催化转化器的热负荷。

7. 靠近发动机起动用催化转化器的开发

靠近发动机安装的起动用催化转化器在冷起动和均质运行时对于废气净化做出了重要的贡献，而且在分层运行时能促进氧化反应。例如在以 $\lambda = 1$ 运行的汽车上，靠近发动机起动用催化转化器开发的一个重点是要优化冷起动性能。众所周知，应用喷束导向型燃烧过程会导致分层运行时废气温度明显降低，因此除了使起动用催化转化器早起燃之外，为了在新欧洲行驶循环（NEFZ）中的 ECE（欧洲经济委员会）循环范围内，在温度较低时实现 HC 的转化净化，还必须高的活性水平。

对起动用催化转化器的一般要求的规范是：

1）催化转化器具备良好的冷起动性能。
2）低温 HC 活性。
3）分层运行时的 HC 活性。
4）NO_x 再生期间低的再生平均燃油耗。
5）OBD（车载诊断）功能。
6）高温稳定性。
7）高负荷和高转速范围内的动态特性。

在开发起动用催化转化器时，储氧特性具有特别重要的意义。储氧能力低在稀薄废气条件下起燃特性显示出明显的优势，而在 $\lambda = 1$ 范围内储氧能力的提高倾向呈现出优势。

根据相应的均质和分层运行份额，起动用催化转化器工艺必须匹配相应的储氧特性。为了在 NO_x 再生期间达到低的燃油耗，希望起动用催化转化器具有低的储氧能力。

8. 吸附式 NO_x 催化转化器的开发

为开发吸附式 NO_x 催化转化器规定了一系列的准则：

1）与温度有关的 NO_x 吸附储存能力（NO_x 窗口）。

2）NO_x 再生动态特性。

3）热稳定性。

4）稀薄运行时的 HC 转化。

5）储氧能力（英语缩写 OSC）。

6）三元催化转化活性。

7）脱硫特性。

上述准则从原理上可区分性能，它们或者是由适用于稀薄运行，或者是由适用于再生运行和 $\lambda = 1$ 运行所决定的。

催化活性核心的数量对于从 NO 氧化成 NO_2 的速度，特别是对于在新欧洲行驶循环中温度低时的 HC 起燃性能具有决定性的意义。而催化活性核心的数量则主要取决于两个因素：贵金属催化剂数量和老化后贵金属催化剂的分散程度。因为从降低成本角度而言不希望提高贵金属催化剂的数量，因而贵金属催化剂分散程度的稳定性就显得特别重要。

扩展与温度有关的 NO_x 吸附窗口的同时，还必须确保在整个温度范围内具有足够快的再生动态特性。吸附储存氮氧化物的周期性再生通过短暂转换到浓混合气运行来实现。通过转换到还原条件减小氧分压提高 HC、CO 和 H_2 的浓度，与此同时在催化转化器中起动两个平行进行的过程，即稀薄运行阶段所吸附储存的硝酸盐分解以及所释放的 NO_x 氧化和还原，而重新调整储氧和储 NO_x 成分能缩短再生时间。

7.4　可选用的废气后处理系统

为了满足未来全球更为严厉废气排放限值，下面将探讨许多可选用的废气净化系统。

7.4.1　电加热催化转化器

在发动机冷起动时，用电能按比例加热较小的催化转化器体积，从而使得这部分小体积的温度能非常迅速的提高，这样就足以使该部分体积超过起燃温度，从而非常早就能首先发挥转换净化作用。此时，最初的反应就能进一步产生热量，以便加热后面由前置催化转化器和主催化转化器组成的系统，从而激活它们的催化净化活性。借助于这种电"初期引燃"加热由前置催化转化器和主催化转化器组成的整个净化系统，要比被动系统快得多。

在电加热催化转化器中，废气首先流过约 20mm 厚的 2kW 电功率加热的催化载体盘，并可辅助使用二次空气系统，通过废气与二次空气的混合气在催化转化器加热盘中的附加放热可进一步加速加热。

必要时通过采取发动机方面的措施与掺入二次空气相结合可使废气热流量最高达 20kW，与此相比 2kW 电功率就显得相对较小了，但是对于催化转化器的运行而言，催化转化器载体的温度是决定性的，而并非是废气的温度，因而载体的直接加热更为高效，可达到非常好的废气排放值。

在具有 12V 供电电压的常规乘用车上，加热催化转化器所用的高电流成为汽车供电系统明显高的负荷，因此如果单个蓄电池不能满足因电加热催化转化器而大大提高的起动阶段的能量需求，那么就必须加大发电机容量，以及必要时加装第 2 个蓄电池。若在电混合动力汽车上应用这种加热系统的话，则原本就具备几百伏电压的功率强大的供电系统就显得更为有利了，当然那里所使用的变压器功率仅在 2kW 范围内，此时同样必须进行匹配，以便其电功率可使催化转化器达到起燃温度。至今电加热催化转化器仅应用于小批量生产项目。

7.4.2　HC 吸附器

首先，冷起动时所产生的碳氢化合物因催化转化器的温度过低而无法被催化净化。HC 吸附器用于冷机状态时将 HC 分子先中间储存起来，紧接着在废气净化系统被加热时再释放出来，在随后的催化转化器中转化净化。HC 吸附器以沸石材料为基础，而沸石混合物必须进行优化，使其吸附和随后的解吸作用与废气中存在的 HC 分子相协调。

理想的吸附材料应在冷机状态吸附储存 HC，并尽可能在随后的催化转化器已完全被加热时再释放出来，因此 HC 吸附器的解吸温度应为 300～350℃之间，而且要考虑到随后的催化转化器在 250～300℃之间起燃，但是在时间上滞后于 HC 吸附器加热，在这种状况下可实现 HC 吸附器与催化转化器的简单串联。当然，HC 的解吸在约 200℃时就已开始了，这相当于后面的催化转化器的温度，而此时催化转化器尚未被激活，一直吸附储存的碳氢化合物被解吸后没有转化就离开废气净化系统，此时对于总的废气排放 HC 吸附器并无带来好处。

为了消除这种时间上的差异，正在开发下列系统：外部旁路系统与旁路 HC 吸附器一起工作，它能通过主废气流中的一个废气放气门来进行控制。在冷起动时，该放气门先被关闭，废气实现通过一个尚未被激活的（冷的）前置催化转化器流入 HC 吸附器，HC 被吸附储存，而剩余的热量随废气被引入其后的主催化转化器中。如果在进一步的过程中吸附器被 HC 饱和并达到解吸温度的话，那么放气门被打开，HC 吸附器就停止工作。与 HC 吸附器相比，前置催化转化器因其安装位置而具有温度优势，在该时间点恰好已活化，使 HC 进一步被转化净化。当废气净化系统终于达到其运行温度，以及主催化转化器也完全被活化时，饱和的 HC 吸附器就能释放碳氢化合物，在主催化转化器中进行转化净化，这可通过有针对性地关闭废气放气门来达到，或者也可根据旁路和主管路的分岔点的几何设计，在较长的时间范围内在放气门打开的情况下自动进行。用于旁通管路、废气放气门和控制包括必要的诊断方面的技术和经济费用，必须按照所选用的系统来确定。

这种串联式系统由选用的前置催化转化器、具有催化活性涂层的 HC 吸附器和一个主催化转化器串联而成，其目标使碳氢化合物的解吸及其催化转化几乎同步自动进行，以减小解吸与起燃之间的时间差异，因而在吸附材料上附加了催化活性成分涂层，以此消除催化转化器加热情况下的时间滞后，但是仍然要求 HC 吸附器上的催化涂层具有非常低的起燃温度。由于吸附器解吸与催化转化器起燃之间时间上的差异并不能完全消除，因此冷起动时 HC 排放的最高净化效率估计为 50% 。用于批量生产的主要问题是吸附器 - 催化转化器组合的耐久性尚不能满足要求。

7.4.3　HC 吸附器与电加热催化转化器的组合

完全消除吸附器解吸与催化转化器起燃之间时间差异的有效解决方案是 HC 吸附器与电加热催化转化器的组合。在吸附器吸附储存冷起动 HC 排放期间，设置在上游的可电加热的催化转化器能首先激活主催化转化器。所必须的加热元件电功率小于无 HC 吸附器的系统，因为此时所必须的加热速度较小。当最终超过吸附器解吸温度时，已有足够大活化的催化转化器体积可用于转化净化所解吸的HC。这种系统的费用是最大的，因此目前仅用于少量特殊场合。

参 考 文 献

[1] Konrad Reif: *Automobilelektronik – Eine Einführung für Ingenieure.* 5., überarbeitete Auflage, Springer Vieweg Verlag, Wiesbaden 2015, ISBN 978-3-658-05047-4
[2] Konrad Reif (Hrsg.): *Dieselmotor-Management: Systeme, Komponenten, Steuerung und Rege-lung.* 5., überarbeitete und erweiterte Auflage, Springer Vieweg, Wiesbaden 2012, ISBN 978-3-8348-1715-0

第8章 传 感 器

传感器一方面采集驾车人的意愿，一方面采集发动机的运行状况，它将物理量或化学量转换成能由发动机电控单元接收的电信号。

8.1 在汽车上的应用

传感器和执行器用于实现汽车复杂的动力驱动、制动、底盘和车身功能，以及作为处理部件的电子控制单元（例如发动机控制、ESP、空调控制）之间的接口（译注：ESP＝电子稳定性程序，它包括 ABS 制动防抱死系统、ABV 制动力分配自动调节、ASR 防侧滑调节、GMR 偏转力矩自动调节）。其中传感器将采集到的量值转换成电量，例如电阻或电容的变化。一般，传感器中的计值电路就已将这些量值处理成能由电控单元读入的输入电信号。根据功能划分的不同，传感器可区分为各种不同的集成等级（图 8-1）。

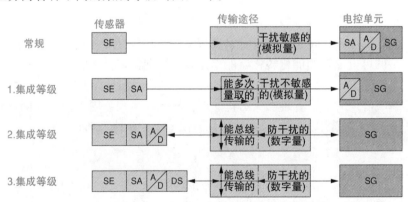

图 8-1　传感器的集成等级

SE—传感器元件　SA—模拟信号处理　A/D—模拟－数字转换器　DS—数字信号处理　SG—电控单元

传感器的输入信号直接影响发动机的功率、转矩和废气排放，以及汽车的行驶性能和安全性，因而需要精确和可靠的传感器，使其在下列极端的使用条件下仍能可靠地发挥功能：

1) 典型的工作温度范围为 -40 ~ 140℃，在废气中工作的温度高达1000℃。
2) 在宽广的频率和加速度振幅范围内的振动负载高达 70g。
3) 由水汽、盐雾、燃油和废气所造成的具有腐蚀性的环境条件。
4) 高的电磁辐射和通过电缆束连接。

发动机管理功能增大了参与的传感器范围，因此传感器一方面必须具有较小的尺寸和功率消耗，另一方面价格还必须低廉。微机械技术提供了满足这些要求的可能性，因而目前所使用的许多传感器都是微机械式传感器。通过微机械传感器元件与微电子计值电路的一体化，就能将传感器元件、信号处理、模数转换和自行标定等功能集成在一块芯片上。

除此之外，由诸如压力传感器、湿度传感器、温度传感器和流量传感器等各种不同传感器组合成所谓的传感器模块，就能在功能、结构空间以及从传感器模块到电控单元的通信等方面获得协同的效果。

8.2 温度传感器

在发动机管理系统中应用了众多的温度传感器。下面介绍最重要的温度传感器类型。

8.2.1 应用

1. 发动机温度传感器

这种温度传感器（图8-2）被安装在冷却液循环回路中，以便能从冷却液温度推断出发动机温度（测量范围 -40 ~ 130℃），用于发动机控制。

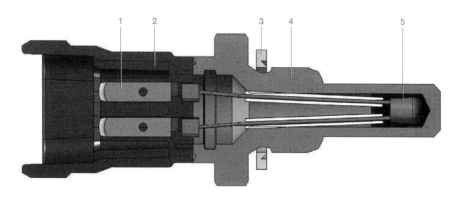

图 8-2 冷却液温度传感器

1—电插座 2—壳体 3—密封圈 4—旋入螺纹 5—测量电阻

2. 空气温度传感器

空气温度传感器采集进气管路中的进气空气温度，它与增压压力传感器相结合就能计算出进气空气质量流量。此外，可使调节回路（例如废气再循环、增压压力调节）的设定值与空气温度相匹配（测量范围 −40 ~ +130℃）。

3. 发动机机油温度传感器

除监测发动机状态，发动机机油温度传感器的信号还可用于计算维修周期（测量范围 −40 ~ +170℃）。

4. 燃油温度传感器

温度燃油传感器安装在发动机低压燃油回路中。利用燃油温度可精确地计算喷油量，并相应修正燃油密度的波动（测量范围 −40 ~ +120℃）。

5. 废气温度传感器

废气温度传感器被安装在废气系统中关键的温度部位，它用于废气后处理系统的调节，其测量电阻大多用铂制成（测量范围 −40 ~ +1000℃）。

6. 传感器模块中的温度传感器

温度传感器往往与其它传感器一起组成传感器模块，例如压力传感器与温度传感器相组合，这有助于在机械结构和电触点连接方面取得协同效果。

8.2.2　结构和工作原理

温度传感器根据应用范围的不同可提供各种不同的结构形式。在其壳体中装入一个随温度变化的用半导体材料制成的测量电阻，这种电阻通常具有负温度系数（NTC，图 8-3），其电阻值随着温度的升高而大大减小。

该测量电阻是一个具有基准电压的电位器的一部分，因而在测量电阻上测得的电压与温度有关，它们在电控单元中通过模数转换器读入，成为传感器中的温度量值。在发动机电控单元中储存着特性曲线，可将输入电压信号换算成相应的温度。

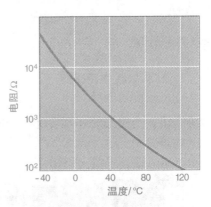

图 8-3　负温度系数（NTC）
传感器的特性曲线

8.3　发动机转速传感器

8.3.1　应用

发动机转速传感器也称为转速传感器，在发动机管理系统中它被用于下列用途：

1）测量发动机转速。

2）查明曲轴的角度位置（发动机活塞位置）。

3）通过识别凸轮轴相对于曲轴的位置，查明四冲程发动机工作循环所处的相位位置（0～720°曲轴转角）。

4）在相位传感器发生故障时保证发动机应急运行。

由脉冲信号轮产生磁场变化，随着发动机转速的升高所产生的脉冲数目增加，通过发动机电控单元中通过的脉冲信号之间的时间间隔计算出转速。

8.3.2 电感式转速传感器

电感式转速传感器由空气隙隔开直接面对着铁磁材料制成的脉冲信号轮（图8-4中的7）安装。传感器中有一个线圈（5），其中心有一根与永久磁铁（1）相接的软铁心（磁极销4），磁通量通过磁极销直至脉冲信号轮中，而通过线圈的磁通量与传感器是否面对脉冲信号轮的轮齿或齿隙有关，轮齿聚集磁铁的漏磁，加大通过线圈的磁通量，相反齿隙则减弱磁通量。当脉冲信号轮旋转时，这种磁通量的变化就会在线圈中感应出与磁通量变化速度，即与发动机转速成正比的周期性变化的输出电压（图8-5）。交变电压的振幅随着转速的升高大大增加（从几毫伏直至超过100V），从约20r/min起就存在足够大的电压振幅。

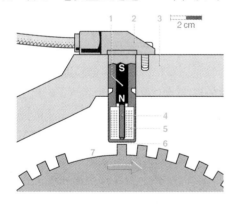

图 8-4 电感式转速传感器结构

1—永久磁铁 2—传感器壳体 3—发动机机体

4—磁极销 5—线圈 6—空气隙

7—具有基准标记的脉冲信号轮

N—永久磁铁 N 极 S—永久磁铁 S 极

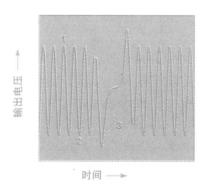

图 8-5 电感式发动机转速传感器的信号

1—轮齿 2—齿隙 3—基准标记

脉冲信号轮的齿数取决于应用场合，用于发动机控制则使用 60 分度的脉冲信号轮，其中缺少两个齿（见图8-4中的7），因而脉冲信号轮具有 60－2＝58 个齿。缺齿时的齿隙是基准标记，代表确定的曲轴相位位置，用于电控单元的同步。

齿和磁极的几何形状和尺寸必须彼此相互匹配。电控单元中的计值电路将振幅差异很大的近似正弦电压信号转换成振幅恒定的矩形电压信号，这种信号在电控单元的微处理器中计值。

8.3.3 主动式转速传感器

主动式转速传感器按照磁静力学原理工作，因而转速也只能在非常低的转速下采集，也就是准静态转速采集。接收的原始信号由传感器中的计值电路进行处理，这样输出信号的振幅就与转速的高低无关。

1. 差动式霍尔传感器

当电流流过被磁通量 B 垂直穿过的霍尔芯片时，就会产生与电流方向横向交叉并与磁场强度成正比的电压 U_H（霍尔电压）。在差动式霍尔传感器中，磁场是由传感器中的永久磁铁（图8-7中的1）产生的。

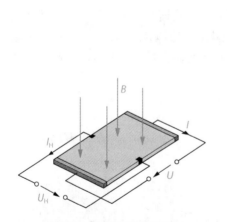

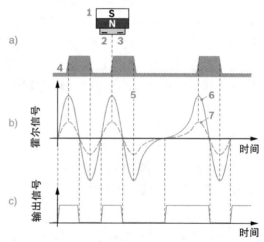

图 8-6　霍尔传感器元件

B—磁通密度　I—供电电流　U—供电电压
I_H—霍尔电流　U_H—霍尔电压

图 8-7　微分霍尔传感器的工作原理

a）结构布置形式　b）霍尔传感器的信号　c）输出信号
1—磁铁（N 为 N 极，S 为 S 极）　2、3—霍尔元件
4—脉冲信号轮　5—齿侧面　6—小空气隙时的大振幅
7—大空气隙时的小振幅

磁铁与脉冲信号轮之间有两个霍尔元件（2 和 3）。贯穿这两个霍尔元件的磁通量取决于转速传感器面对的是轮齿还是齿隙。由于两个传感器差动产生信号，因而减小了磁干扰信号，可达到良好的信号–噪声比。

传感器齿侧信号无需数字化就可直接在电控单元中进行处理。也可使用多磁极信号轮替代软铁材料的脉冲信号轮（图8-8），它是在非磁化金属轮外圆周表面上涂敷一种可磁化的合成材料，并被交变磁化，这些北极和南极就承担相当于脉冲信号轮轮齿的功能。使用多磁极信号轮时就无需传感器中的永久磁铁了。

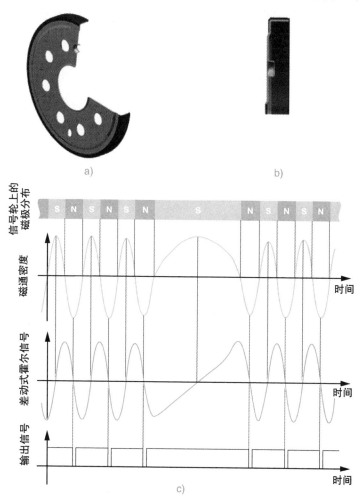

图 8-8　用多磁极信号轮测量转速
a)、b) 多磁极信号轮　c) 传感器信号

2. 各向异性磁阻传感器（AMR）

磁化材料的电阻是各向异性的，即与所具有的磁场方向有关，各向异性磁阻传感器（英语缩写 AMR）就是利用这种特性制成的。这种传感器位于磁铁与脉冲信号轮之间，当脉冲信号轮旋转时磁力线改变方向，从而产生一个正弦形电压，并在传感器计值电路中被放大和转换成一个矩形信号。

3. 具有转向识别功能的传感器

特别是在具有起动–停车功能的发动机上，发动机停机后必须精确地识别曲轴的相位，以便发动机能快速地起动。为此，必须识别发动机停机时曲轴的摆动，因此除了决定转速之外还必须检测旋转方向，而旋转方向就由两个错开布置的差动式霍尔传感器来确定（图8-9），由两个信号之间相位的错开就能得知旋转方向。两个传感器元件被安置在一个壳体中。

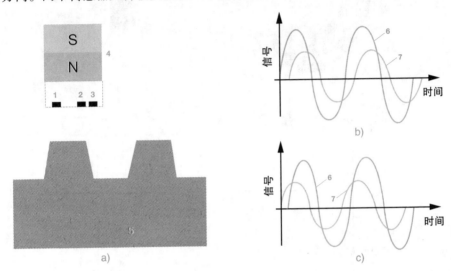

图8-9　转速采集和方向识别的原理

a）结构布置　b）向前旋转时的传感器信号　c）向后旋转时的传感器信号

1、2、3—霍尔传感器（第1个差动式霍尔传感器由霍尔传感器1和2组成，第2个差动式霍尔传感器由霍尔传感器2和3组成）　4—永久磁铁　5—脉冲信号轮　6—第1个差动式霍尔传感器的信号
7—第2个差动式霍尔传感器的信号

8.3.4　霍尔相位传感器

1. 应用

在四冲程发动机上，凸轮轴与曲轴之间的转速比为1∶2。凸轮轴的位置表明向上止点运动的活塞是处于压缩行程还是排气行程，而凸轮轴相位传感器就是向电控单元传递这种信息的。在采用分缸点火线圈的点火系统和顺序燃油喷射系统的情况下，为了查明凸轮轴的相位位置（在有凸轮轴相位调节器时），以及在转速传感器发生故障后发动机应急运行情况下，这种信息是必须的。

2. 结构和工作原理

霍尔传感器（图8-10）利用霍尔效应：由铁磁材料制成的带有扇形轮齿的脉冲信号轮（图8-10中的7），或者带孔金属轮与凸轮轴一起旋转，霍尔集成电路芯片（6）位于脉冲信号轮与永久磁铁（5）之间，而永久磁铁提供垂直于霍尔件的磁场。

当轮齿（Z）转过相位传感器中通电的霍尔元件（半导体芯片）时改变垂直于霍尔元件的磁场强度，从而产生一个电压信号（霍尔电压），其大小与传感器与脉冲信号轮之间的相对速度无关。霍尔集成电路芯片中集成的传感器计值电子电路对该电压信号进行处理后提供矩形电压信号（见图 8-10）。

图 8-10 所示的传感器可任意绕其轴线转动而不会影响到它的测量精度。由于具有这种可灵活转动的安装位置，这种传感器可以相同的几何尺寸和相同的固定法兰，在各种不同的应用场合和安装状况下使用，因而减少了传感器品种的多样性。

此外，图 8-10 中的这种传感器在接通时就可直接识别出是处于轮齿或齿隙上方，这种特性被称为"正确接通"（英语称为"True Power on"），它缩短了曲轴与凸轮轴信号之间的同步时间，这在起动 – 停车系统中具有重要意义。

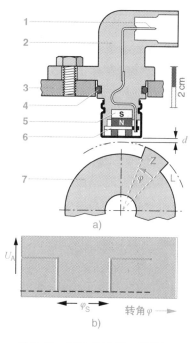

图 8-10 相位传感器（结构）

a）传感器与脉冲信号轮的相对位置

b）输出电压曲线 U_A

1—电插座 2—传感器壳体 3—发动机机体 4—密封圈 5—永久磁铁 6—霍尔集成电路芯片 7—脉冲信号轮及其轮齿（Z）和齿隙（L）

d—空气隙 φ—转角 φ_S—轮齿角 U_A—输出电压

8.4 热膜空气质量流量计

8.4.1 应用

精确预控制空燃比的前提条件是要精确地确定实时运行状态下的进气空气质量，为此用热膜空气质量流量计测量实际吸入气缸的空气质量流量。热膜质量流量计还能排除因进排气门开关所引起的脉动和回流，而进气空气温度和压力的变化对其测量精度并无影响。

8.4.2　结构和工作原理

热膜空气质量流量计（HFM）按照热测量原理工作。图 8-11b 所示的热膜空气质量流量计包含有一个微机械传感器元件，它将一片传感器膜片（2）覆盖在一块硅基片（1）上，在传感器膜片中间有一个加热区，它借助于一个加热电阻（3）和一个热敏元件（4）将温度调节到明显高于进气空气温度。位于硅基片上的温度传感器（7）采集进气空气温度作为基准，而通过相似的调节将膜片温度调节到比进气空气温度高约 100K。

在无气流流过时，加热区的温度 $\tilde{T}$ 向膜片边缘均匀降低（图 8-11a）。加热区上游和下游各有一个测量点 s_1 和 s_2，在这种情况下它们处于相同的温度，即：

$$\tilde{T}(s_1) = \tilde{T}(s_2) = \tilde{T}_2$$

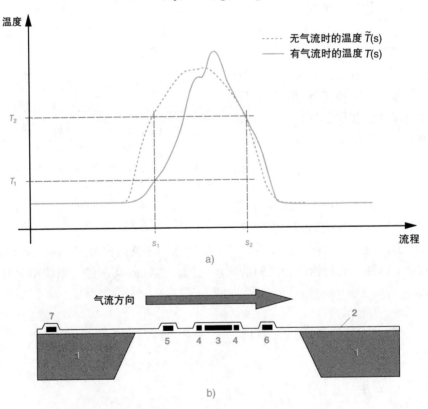

图 8-11　热膜空气质量流量计（测量原理）

a）沿气流方向的温度变化曲线　b）微机械传感器元件的剖面图

1—硅基片　2—膜片　3—加热电阻　4—加热温度传感器　5、6—温度传感器

7—进气空气温度传感器

当有气流流过时，由于热膜向较冷的进气空气流的热传导，处于加热区上游的膜片被冷却，测量点 s_1 的温度降低到 $T(s_1) = \hat{T}_1$，如图 8-11a 所示。从旁边流过的空气被加热区加热，位于下游的温度传感器因加热区空气的加热而仍近似保持其温度 $T(s_2) = T_2$，因此这两个温度传感器呈现一个温度差，其差值取决于气流的流量和方向。一个测量电桥采集该温度差值，差值就代表了空气质量流量的信息。图 8-12 示出了热膜空气质量流量计的输出电压与空气质量流量的函数关系。

这种传感器采用非常薄的微机械膜片，能非常快地对变化做出反应（时间常数小于 15ms），这特别是在空气流强烈波动的情况下是非常重要的。传感器膜片被灰尘、脏水或机油污染会导致空气质量的指示误差，因此必须予以避免。

图 8-13 所示的热膜空气质量流量计的壳体插入一个测量管中，该测量管可根据发动机所需的空气质量具有不同的流量。传感器中集成有一个具有计值电子电路（2）和微机械传感器元件（3）的电子模块。计值电子电路通过电插头（1）与电控单元连接。

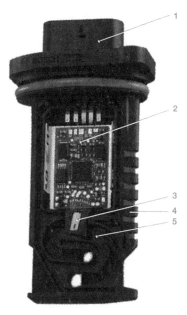

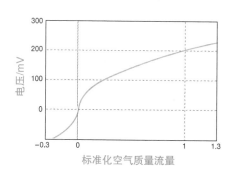

图 8-12 热膜空气质量流量计特性曲线

图 8-13 热膜空气质量流量计
1—电插座 2—计值电子电路
3—传感器元件 4—传感器壳体
5—测量通道

为了改善污染保护的效果，测量通道（图 8-13 中的 5 和图 8-14）被分成两部分，其中从传感器元件旁边流过的通道具有一个尖锐的转向边棱，被测量的空气必须绕过其流动，这样较重的颗粒和脏水滴就不能跟随被测量空气流动而从该

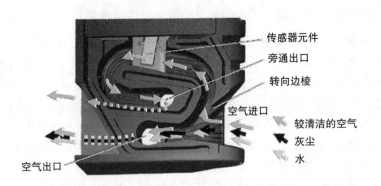

传感器元件
旁通出口
转向边棱
空气进口
较清洁的空气
灰尘
水
空气出口

图 8-14　热膜空气质量流量计测量通道

部分流中分离出去，并通过第 2 个通道离开传感器，从而使传感器元件上的污染颗粒和液滴明显减少，因而减少了污染，即使在运行空气被污染的情况下仍能延长空气质量流量计的使用寿命。

8.4.3　热膜空气质量流量计模块

热膜空气质量流量计在某些应用场合用作传感器模块（图 8-15），这种模块可同时测定进气空气质量流量、进气压力、进气温度和空气湿度，因而所有对充气状况采集和诊断具有重要意义的参数，都在空气质量流量计模块中测定了。

8.5　压电爆燃传感器

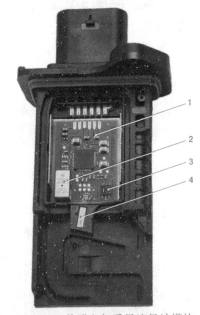

图 8-15　热膜空气质量流量计模块
1—标准热膜空气质量流量计　2—压力传感器
3—湿度传感器　4—集成温度传感器的传感器元件

8.5.1　应用

爆燃传感器是按振动传感器功能原理工作的，适合于采集固体传声振动，例如在汽油机上发生诸如"爆燃"那样无法控制的状态时就会产生这种振动，它们由爆燃传感器转换成电信号（图 8-16），并传输给发动机电控单元，发动机电控单元就通过调整点火提前角来消除发动机爆燃。

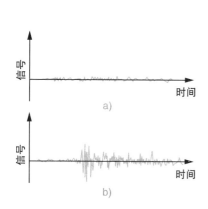

图 8-16　爆燃传感器的信号

a）正常时　b）爆燃发生时

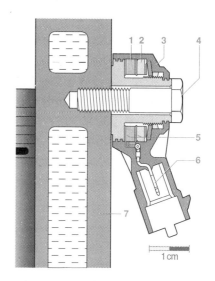

图 8-17　爆燃传感器（结构和安装）

1—压电陶瓷片　2—振动质量　3—壳体
4—紧固螺栓　5—触点接通　6—电插座
7—发动机气缸体

8.5.2　结构和工作原理

一片与壳体分离的质量块（图 8-17 中的 2），因其惯性在激励振动的循环中将压力施加在一片环形压电陶瓷片（1）上，这些压力在陶瓷片内部引起电荷移动，在陶瓷片上下侧（相对于螺栓紧固方向而言）之间产生电压，该电压通过触点接通（5）引出，随后在发动机电控单元中进行进一步的处理。

8.5.3　安装

对于 4 缸发动机，一个爆燃传感器就足以采集所有气缸的爆燃信号，而若气缸数更多，则就要采用两个或更多个爆燃传感器。爆燃传感器在发动机上的安装位置要选择得能可靠地识别每个气缸的爆燃，它大多数位于发动机机体较宽的一侧，所产生的信号（固体传声振动）必须无共振地从发动机机体上的测量部位传入爆燃传感器。为此，固定螺栓必须采用规定的拧紧力矩紧固，而且发动机机体上的接触面和螺孔必须达到规定的品质，并且不能使用防护垫片和放松的弹簧垫圈。

8.6　微机械式压力传感器

8.6.1　应用

微机械式压力传感器采集汽车上各种不同介质的压力，例如：

1）进气管压力，例如用于发动机管理系统中的负荷采集。

2）用于增压调节的增压压力。

3）用于测量环境空气压力，例如用于增压压力调节。

4）用于控制发动机润滑的机油压力（必要时控制报警灯报警）。

5）用于监测燃油滤清器污染程度和采集燃油箱液位的燃油压力。

6）压力差，例如用于监测柴油机颗粒捕集器的颗粒承载状况。

8.6.2　压力传感器的工作原理

微机械式压力传感器的测量芯片由一个硅片（图8-18中的2）组成，它借助于微机械工艺在硅薄膜（1）上进行蚀刻扩散入4个测量电阻，其电阻值在机械拉伸和压缩下会发生变化。

根据所承受的压差，传感器芯片的硅薄膜会弯曲，同时薄膜中心会在$10 \sim 1000\mu m$范围内移动，并且随着压差的增大而增加。薄膜上的4个测量电阻因薄膜弯曲发生相应的机械拉伸或压缩，从而使其电阻值发生变化（按照压阻效应原理）。

硅薄膜上的测量电阻布置得在薄膜发生弯曲时使两个测量电阻的电阻值增大，而另外两个测量电阻的电阻值减小，4个测量电阻被布置成桥式电路

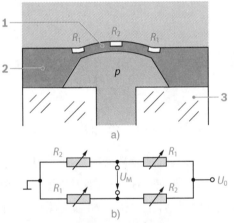

图8-18　压力传感器的测量芯片

a）剖视图　b）电桥电路
1—硅薄膜　2—硅片　3—载体
p—测量压力　U_0—供电电压
U_M—测量电压　R_1—弹性电阻（被压缩）
R_2—弹性电阻（被拉伸）

（图8-18b），因而测量电压U_M是作用在硅薄膜上压差的度量。

处理信号的电子电路被集成在芯片上（图8-19），其任务是放大电桥电压、补偿温度的影响以及压力特性曲线的线性化。输出电压的典型值为$0 \sim 5V$范围内，并通过电插座输送给发动机电控单元，由其根据输出电压换算成测量压力。

用于测量绝对压力的压力传感器的结构与测量压差的压力传感器相似，其传感器硅薄膜弯曲所需的压差则是由所要测量的绝对压力与一个基准真空给出的。

该基准真空以往是在带有盖罩的传感器壳体中实现的，最初为了降低制造成本，将基准真空直接封闭在传感器硅薄膜之下（图 8-20a），而目前的绝对压力传感器中，传感器硅薄膜与基准真空则通过表面 – 微机械工艺直接在传感器芯片中实现（图 8-20b），通过更高的集成度和简化结构与连接工艺进一步降低了成本。

图 8-19 集成计值电子电路的
机械式压力传感器

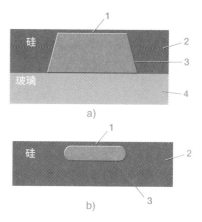

图 8-20 具有基准真空的
机械式绝对压力传感器
a）空穴中的真空 b）表面微机械工艺
形成的绝对压力传感器
1—薄膜 2—硅芯片 3—基准真空
4—玻璃载体

8.6.3 压力传感器的结构

压力传感器的结构取决于各自的用途，但其最基本的部件是一块测量芯片（图 8-21）。传感器芯片的触点被连接到预制壳体的引线底座上，这样形成的测量芯片被安放在壳体中，其中从测量芯片到电插座触点采取键连接或焊接工艺连接。安装和连接好后，传感器壳体用盖密封。为了提高传感器的可靠性，传感器芯片上方用特殊的凝胶保护以防止环境的影响。

绝对压力传感器（图 8-22、图 8-23）和压差传感器的区别在于测量芯片和结构设计。测量绝对压力时传感器膜片的一侧承受所要测量的压力，其背压必须是封入的基准真空，而压差传感器要测定的是压力的差值 $p_1 - p_2$，即膜片上方输入压力 p_1，和膜片下方输入压力 p_2 之差。另外，结构设计的目标是要防止传感器受到环境的有害影响，在这方面必须在合适的压力可接触性和保护传感器之间达到良好的折中。

原则上，在压力传感器中集成有一个温度传感器，其信号可单独进行计值。

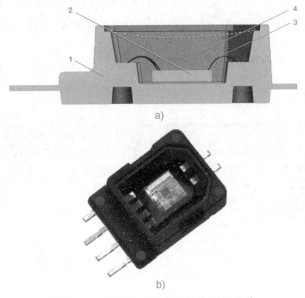

图 8-21 用于绝对压力测量的测量芯片
a）结构 b）外形
1—具有引线底座的预制壳体 2—具有计值电路的传感器芯片 3—薄导线键和连接 4—保护凝胶

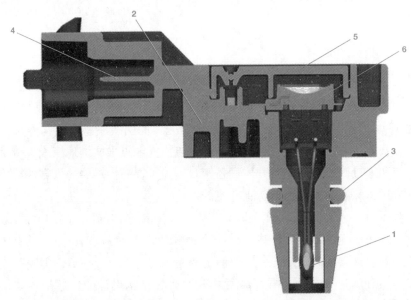

图 8-22 绝对压力传感器实例——进气管压力传感器（结构）
1—温度传感器（负温度系数 NTC） 2—下壳体 3—密封圈 4—电插座 5—壳体罩盖
6—测量绝对压力的测量芯片

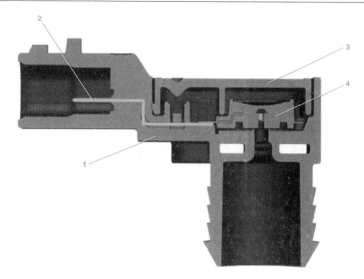

图 8-23　绝对压力传感器实例——燃油箱压力传感器（结构）

1—下壳体　2—电插座　3—壳体罩盖　4—测量压差的测量芯片

8.7　高压传感器

8.7.1　应用

高压传感器在汽车上被用于测量燃油压力和制动液压力，例如用作汽油机缸内直接喷射系统中的共轨压力传感器（压力高达20MPa）或共轨直喷式柴油机的高压传感器（压力高达200MPa），以及电控稳定性程序系统液压装置中的制动液压力传感器（压力高达35MPa）。

8.7.2　结构和工作原理

高压传感器的工作原理与微机械式压力传感器相同。传感器的核心是一块钢膜（图8-24中的3），其上面气相扩散渗镀的弹性电阻组成电桥电路。这种传感器的测量范围取决于钢膜的厚度，钢膜越厚，能测量的压力就越高。一旦欲测量的压力通过压力通道

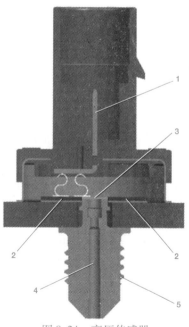

图 8-24　高压传感器

1—电插座　2—计值电路　3—具有弹性电阻的钢膜　4—压力通道　5—固定螺纹

（4）作用于钢膜的一侧，弹性电阻就会因钢膜弯曲而改变其电阻值，由电桥电路产生的输出电压与钢膜所承受的压力成正比，并通过连接导线（键和导线）传递到传感器中的计值电路（2），它将电桥信号放大到 $0 \sim 5V$，再传输给发动机电控单元，由其借助于特性曲线换算成压力。

8.8 氧传感器

8.8.1 基本原理

氧传感器测量废气中的氧含量，在汽车上被用于调节空燃比。其名称从过量空气系数 λ 演变而来，而过量空气系数是当前吸入气缸中的空气量与喷入气缸中的燃油完全燃烧所需的理论空气量之比，它不能在废气中直接确定，而是只能间接地通过废气中的氧含量或可燃成分完全转化所需的氧气量来确定。氧传感器由安装在传导氧离子的陶瓷固体电解质（例如二氧化锆 ZrO_2）上的铂电极组成。所有氧传感器的信号都是基于氧参与下的电化学反应。

氧传感器所应用的铂电极催化废气中残余的可氧化成分（CO、H_2 和碳氢化合物 $C_XH_YO_2$）与残余氧的反应，因此氧传感器不是测量废气中实际的氧含量，而是测量与废气化学平衡相对应的氧气量。氧传感器由伦斯特（Nernst）电池和泵电池组合而成。

8.8.2 伦斯特（Nernst）电池

氧离子渗入或析出固体电解质晶格取决于电极表面上的氧分压（图8-25）。因此，当氧分压低时氧的析出量多于渗入量，而晶格中空出的空位又被随后的氧离子占据。在不同氧分压下，由此所导致的电荷分离在第2个电极附近产生一个电场，其电场力抑制了随后的氧离子，从而形成与所谓的伦斯特（Nernst）电压相对应的一种平衡。

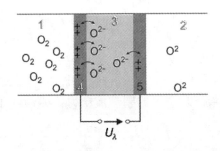

图 8-25　伦斯特（Nernst）电池
1—基准气体　2—废气　3—由添加钇（Y）的 ZrO_2
组成的固体电解质　4—正极　5—负极
O^{2-} 氧离子　U_λ—传感器电压

8.8.3 泵电池

通过施加一个小于或大于所形成的伦斯特（Nernst）电压的电压，就能改变这种平衡状态，并激活氧离子通过陶瓷进行传输，从而在两个电极之间产生由氧离子携带的电流，其中施加的电压 U_p 与所形成的伦斯特（Nernst）电压之间的差值决定了电流的方向和强度。这种过程被称为电化学泵。

8.9 两点式氧传感器

8.9.1 应用

两点式氧传感器指示可燃混合气是浓（$\lambda < 1$，燃油过量）还是稀（$\lambda > 1$，空气过量）。借助于其特性曲线的跃变就能够非常精确地确定化学计量比可燃混合气的氧分压，通过调节喷油量就能使废气中的有害物尽可能少。

8.9.2 工作原理

两点式氧传感器的工作原理是以伦斯特（Nernst）电池（NZ，见图 8-25）原理为基础的，其有效信号是分别受废气和基准气体影响的两个电极之间的伦斯特（Nernst）电压 U_λ，其值正比于基准气体分压 $p_R（O_2）$ 与废气分压 $p_A（O_2）$ 之比的对数，比例常数则由法拉第常数（Fa"rataykonstante）F、通用气体常数 R 和绝对温度组成，并且给出下列公式（见例如参考文献 [3]）：

$$U_\lambda = \frac{RT}{4F} \ln \frac{(p_R（O_2）)}{p_A（O_2）}$$

伦斯特（Nernst）电压特性曲线在 $\lambda = 1$ 时是非常陡的（图 8-26）。

在较稀薄的可燃混合气中，伦斯特（Nernst）电压随温度线性地增高，而在浓混合气中，温度对均衡氧分压的影响占主导地位。废气电极旁的均衡调节也是 λ 在偏差非常小的精确值跃变的原因。废气电极表面涂敷多孔性陶瓷涂层限制气体微粒直接抵达电极表面的数量，以防止电极污染和促进均衡调节，而氢和氧通过多孔性保护涂层扩散，并在电极上被转化。为了使快速扩散到电极上的氢完全转化，在保护涂层旁必须有更多的氧可供使用，而废气中必须存在总体上稍微较稀的可燃混合气。

此时，特性曲线向稀的方向移动，在调节时电子补偿这种"λ 漂动"。为了生成信号必须一种被 ZrO_2 陶瓷气密性分开的基准气体。图 8-27 示出了具有基准空气通道的平板型传感器元件的结构，在这种形式传感器中环境空气被用作为基准气体。

图 8-28 示出了传感器壳体中的元件。废气侧和基准气体侧由密封组件彼此气密性地隔开，而壳体中基准气体侧沿着供电导线处的间隙不断地向其供应基准空气。增强型系统则应用"泵气"基准来替代基准空气，其中泵气可理解为通过压入气流主动将氧输入 ZrO_2 陶瓷。此时，压入的气体流量要选择得较小，以

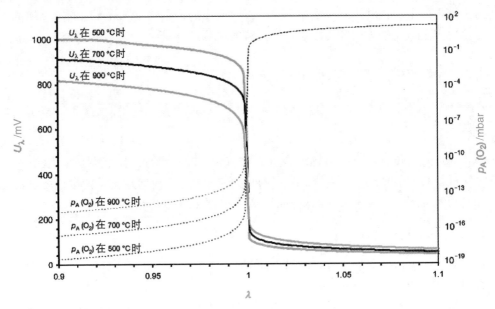

图 8-26　在传感器元件处于不同温度时两点式氧传感器的特性曲线

U_{λ}—传感器电压　p_A（O_2）—废气中的氧分压　λ—过量空气系数

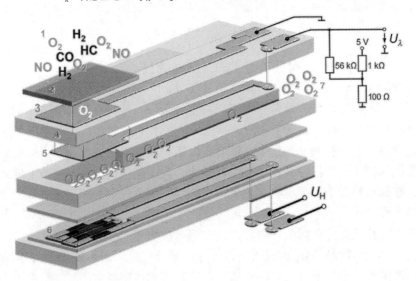

图 8-27　平板型两点式氧传感器的结构及其电路（零件分解图）

（图中蓝色垂直线表示导线连接）

1—废气　2—保护涂层　3—外部电极　4—伦斯特电池　5—基准电极　6—加热器　7—基准空气

确保不至于干扰原本的测量，而基准电极本身则被安装在传感器元件密封出口上方的基准气体室中，这样基准电极就处于氧超压的氛围中，因而这种系统可附加防止其它的气体成分进入基准气体室。

8.9.3 可靠性

陶瓷传感器元件由保护套管防御废气流的直接冲击（见图 8-28）。保护套管上有许多孔，仅少部分废气穿过这些孔被引导到传感器元件，这样就能防止废气流产生强烈的热负荷，同时又为陶瓷元件提供了机械保护。

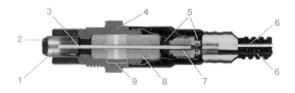

图 8-28　两点式氧传感器：壳体中的传感器元件

1—废气侧　2—保护套管　3—传感器元件　4—六角头　5—基准气体　6—供电导线
7—触点连接　8—涂层套管　9—密封组件

大多数两点式氧传感器都配备了一个加热器（见图 8-27），它能快速加热（英语 Fast – Ligh – Off，FLO）传感器元件达到工作温度，以尽早发挥调节功能。

实际上，氧传感器在发动机起动后往往最初先延迟接通，因为作为燃烧产物产生的水汽在冷的废气管路中又会凝结，随着废气输送，会抵达传感器元件。若这种水滴碰到热的传感器元件，就会瞬间汽化，局部吸收传感器元件的许多热量而产生热冲击，此时所产生的强烈的机械应力会导致陶瓷传感器元件开裂。因此，在许多发动机应用场合，在废气管路足够加热后氧传感器才接通。在较新开发的氧传感器中，陶瓷元件表面涂敷多孔性陶瓷涂层（热冲击保护涂层，Thermal Shock Protection，TSP），能够显著提高传感器抗热冲击的可靠性（图 8-29）。当水滴冲击时就会被分散到多孔性涂层中，局部的冷却效应就会被广泛地分散，从而避免产生机械压力。

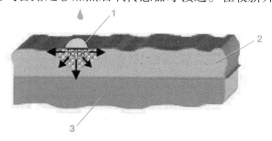

图 8-29　具有多孔性保护涂层的传感器元件

1—水滴　2—多孔性保护涂层　3—传感器元件

对氧传感器壳体提出了高的温度要求，它需要使用耐高温材料。废气中的温度可能高达 1000℃以上，六角头处的温度仍然高达 700℃，而电缆束处的温度最高可达 280℃，因此在传感器热区通常只能使用陶瓷材料和金属材料。

8.9.4 电路布置

图 8-27 已示出了两点式氧传感器的电路布置。由于在冷态时 ZrO_2 陶瓷缺乏

传导性而不能产生信号，因而通过一个电阻连接到分压器上。在冷态时，传感器信号约为450mV，相应于化学计量比（$\lambda = 1$）燃烧后的废气。随着温度的升高，传感器就会产生伦斯特（Nernst）电压。

为此图8-30示出了氧传感器加热过程中的电压信号变化曲线。大约10s后氧传感器达到足够高的温度，对外就表现出预先规定的稀–浓交替变化，然后在汽车上就转换到调节运行。

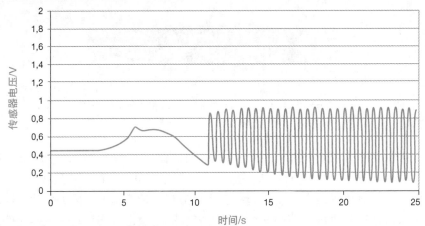

图8-30 氧传感器加热过程中的电压信号变化曲线

8.9.5 结构形式

两点式氧传感器有各种不同的结构形式，传感器元件可以与加热元件分开做成手指形的（图8-31），或者是采用薄膜技术制成的集成加热器的平板型元件（见图8-27，参见例如参考文献［2］）。

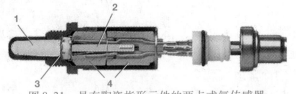

图8-31 具有陶瓷指形元件的两点式氧传感器
1—指形元件 2—加热元件 3—密封垫 4—支承陶瓷套管

8.10 宽带氧传感器

8.10.1 应用

采用上述跃变式氧传感器能够非常精确地测量出化学计量比可燃混合气在其

特性曲线跃变时的氧分压,当然在空气过量($\lambda > 1$)或燃油过量($\lambda < 1$)时,特性曲线的变化是非常平缓的(见图 8-26)。

宽带氧传感器具有很大的测量范围($0.6 < \lambda < \infty$),就能够应用于缸内直接喷射和分层运行汽油机以及柴油机系统中。采用宽带氧传感器可连续调节的方案能获得明显的系统优点。例如,全负荷时调节空燃比,降低燃烧温度以保护零部件。宽带氧传感器高的信号动态特性(时间常数 $t_{63} < 100ms$,增长到最大值 63% 的时间)能进一步改善低排放汽车上的废气成分,例如采用分缸调节,更精确地调节各缸空燃比。

8.10.2 结构和功能

宽带氧传感器可采用简单的结构(单电池传感器),仅由一个泵电池组成,具有一个位于废气中的电极和位于基准气体室中的第二个电极,而优化的结构(双电池传感器)则由一个伦斯特(Nernst)电池和一个泵电池组合而成,其中泵电池的第一个电极面对废气,而第二个电极位于传导氧离子陶瓷的空腔中。在优化的结构中,还装有伦斯特(Nernst)电池的一个电极,其第二个电极与两点式氧传感器一样也位于基准气体中。通过有针对性地调整多孔性陶瓷结构中的气孔半径来限制进入空腔的废气量,这被称为扩散阻碍(DB)。

8.10.3 单电池传感器

泵电池通过电化学泵使氧离开空腔,直至泵电池电极上的泵电压与伦斯特(Nernst)电压一样大为止。在泵电压足够大的情况下,在这种静态平衡时从废气渗入的氧分子电流 I_M 正比于泵电池的泵电流 I_P,并且根据扩散定律也直接正比于废气中的氧分压 $p_A(O_2)$,可得出下式:

$$\frac{I_P}{4F} = I_M = \frac{AD(T)}{RTl}[p_A(O_2) - p_H(O_2)]$$

式中　$p_H(O_2)$——空腔中低得可忽略的氧分压;

T——温度;

$D(T)$——与温度相关的扩散常数;

l——长度;

A——扩散阻碍的横截面积(见图 8-32a)。

如果存在浓废气的话,则产生约 1000mV 的伦斯特(Nernst)电压,以至于因得到的是负电压而氧被泵入空腔,从而特性曲线的线性段延伸到浓混合气范围,此时在废气侧的电极上因 H_2O 和 CO_2 减少而获得氧。

这种简单结构的宽带氧传感器的缺点是,为了在浓废气时将氧泵入空腔以及在稀薄废气时将氧从空腔中泵出，必须具有例如500mV那样大的固定泵电压，因此泵电池的内电阻必须非常小。此外，在缺乏空气的情况下，测量范围受到基准通道中分子电流的限制。在变换时，由于泵电压变化时电极电容的再充电，单个传感器的动态特性受到限制。

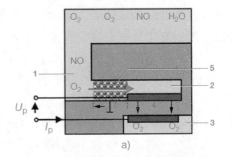

8.10.4 双电池传感器

为了克服单电池传感器的缺点，通过同样连接到空腔的伦斯特电池测量空腔中的氧分压，并借助于一个调节器（图8-33和图8-34）跟踪泵电压，从而使空腔中存在约 10^{-2} Pa 的氧分压，这样的氧分压就相当于预先规定的例如450mV的伦斯特电压（图8-33b）。

在浓废气情况下（图8-33a），通

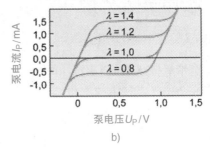

图8-32 稀薄废气中的单电池氧传感器
（泵电池中的箭头表示泵方向）
a）横剖面 b）特性曲线
1—稀薄废气 2—空腔 3—基准空气 4—泵电池
5—扩散阻碍（面积 A，长度 l）

过外部泵电极上的电压变换，由 H_2O 和 CO_2 产生氧，通过陶瓷输送并重新交还给空腔，在那里氧与渗入的浓废气反应，所产生的惰性反应产物 H_2O 和 CO_2 通过扩散阻碍向外扩散。由于扩散极限电流随着传感器温度而增大，因而温度必须尽可能保持恒定不变，为此必须测量与温度密切相关的伦斯特电池的电阻，并采用脉宽调制的电压脉冲加热传感器，根据运行状况电子控制调节伦斯特电池的电阻和调节温度。

在浓废气情况下，各种废气组分（H_2、CO、$C_xH_yO_z$）的扩散系数明显不同，与气体分子质量相关，它们向空腔扩散的速度也是不同的，而且它们的氧化还需要不同数量的氧，因而它们的特性曲线也不一样陡（见图8-33c），因此要通过电控单元中各自气体组分的特性曲线来换算成信号。

传感器的扩散极限电流及其灵敏度与扩散阻碍的几何形状和尺寸有关。为了在制造中达到所必须的高精度，泵电流的保持是必要的，这往往由传感器插座中的一个电阻来实现，它与作为电流分配器的测量电阻一起起作用。另一种替代方案是，在制造过程中就通过专用开口调整扩散极限电流，因而就无须进行补偿了。为了事后在汽车上进行传感器标定，可以在倒拖运行中测定空气中的氧浓

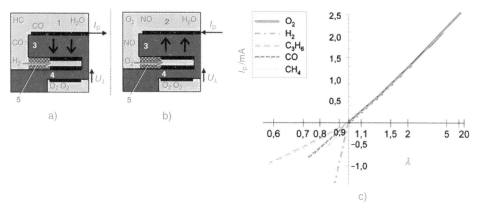

图 8-33　在浓和稀薄废气中的双电池氧传感器

[根据泵电流 I_P 的极性，主要是还原的废气组分（图 a 中）或氧（图 b 中）通过扩散阻碍进行扩散。

对于 $\lambda < 1$，特性曲线（图 c 中）取决于废气成分，其中各种废气成分的特性曲线是不同的]

a)、b）剖视图　c）特性曲线

1—浓废气　2—稀薄废气　3—泵电池　4—伦斯特电池　5—扩散阻碍

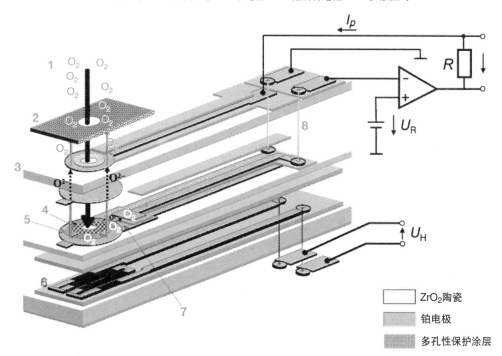

图 8-34　宽带氧传感器的零件分解图

I_P—泵电流　U_R—基准电压　U_H—加热电压　R 电阻

1—废气　2—保护涂层　3—泵电池　4—扩散阻碍　5—空腔　6—加热器　7—伦斯特电池　8—连接导线

225

度，由此来修正电控单元中的特性曲线。与两点式氧传感器相似，这种传感器元件也安装在一个壳体中（见图 8-28）。

8.11 NO_x 传感器

8.11.1 应用

NO_x 传感器应用于降低柴油机和汽油机氮氧化物排放的废气后处理系统。在柴油机系统中，NO_x 传感器被安装在 SCR（选择性催化还原）催化转化器的前后，以及吸附式 NO_x 催化转化器（英语缩写 NSC）之后，而在汽油机系统中它仅用在吸附式 NO_x 催化转化器后面。在这些位置上，NO_x 传感器测定废气中氮氧化物和氧的浓度，在 SCR 催化转化器后面还附加测定氨的浓度作为综合控制信号。

这样，发动机管理系统就接收到当前残余的氮氧化物浓度，并被用于精确计量 SCR 催化转化器中的尿素水溶液浓度，以及检测废气系统中可能出现的偏差。氮氧化物连续地与 SCR 催化转化器中储存的氨发生反应：

$$2NH_3 + NO_2 + NO \rightarrow 3H_2O + 2N_2 \tag{1}$$

氮氧化物转变为硝酸盐储存在吸附式 NO_x 催化转化器中：

$$BaCO_3 + 2NO + O_2 \rightarrow Ba(NO_3)_2 + CO_2 \tag{2}$$

同时，NO_x 传感器凭借迅速升高的 NO_x 信号就能检测到储存能力饱合，而通过混合气的短暂加浓就能使吸附式 NO_x 催化转化器再生，此时硝酸盐借助于一氧化碳或氢被还原成氮（这里以 CO 为例）：

$$Ba(NO_3)_2 + 3CO \rightarrow BaCO_3 + 2NO + 2CO_2 \tag{3}$$

$$2NO + 2CO \rightarrow N_2 + 2CO_2 \tag{4}$$

8.11.2 结构和工作原理

图 8-35 中的 NO_x 传感器是一种平板型 3 电池式极限电流传感器。与宽带氧传感器一样，一个伦斯特浓度电池和 2 个改进型氧泵电池（氧泵电池与 NO_x 电池）组成整个系统。传感器以及由几层相互绝缘的传导氧离子的陶瓷电解质（用深色表示）组成，而在它们表面上安置了 6 个电极。这种传感器集成了一个加热器，它将陶瓷加热到 600 ~ 800℃。

面对废气的外部泵电极和通过扩散阻碍 1 与废气隔开的第 1 个空腔中的内部泵电极组成氧泵电池。在第 1 个空腔中还有一个伦斯特电极，而在基准气体室中则有基准电极，两者组成伦斯特电池，它是与宽带氧传感器中相同的功能组成部分。

此外，还有第 3 个电池，即 NO_x 泵电极及其反电极。NO_x 泵电极位于第 2 个空腔中，而第 2 个空腔则通过扩散阻碍 2 与第 1 个空腔隔开。

反电极位于基准气体室中。第 1 和第 2 个空腔中的所有电极具有一条公共馈电线。

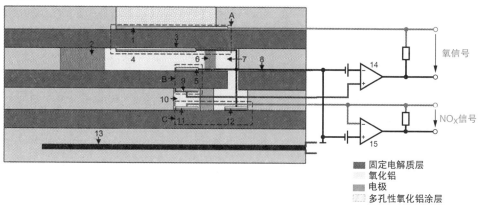

图 8-35　NO_x 传感器的剖视面

A—氧泵电池　B—伦斯特电池　C—NO_x 电池

1—外部泵电极　2—扩散阻碍 1　3—内部泵电极　4—第 1 个空腔　5—伦斯特电极　6—扩散阻碍 2

7—第 2 个空腔　8—公共馈电线　9—基准电极　10—基准气体室　11—NO_x 反电极

12—NO_x 电极　13—加热器　14—氧调节器　15—NO 电流放大器和电压转换器

与宽带氧传感器中的内部电极不同，其内部电极因采用铂和金而在催化活性方面受到限制，所产生的泵电压 U_p 仅足够分解氧分子，而不足以分解 NO。即使在调节泵电压的情况下，仅有很少的 NO 被分解，而且穿过第 1 个空腔时损耗很少。NO_2 作为强烈的氧化剂在内部泵电极附近被直接转化成 NO，而氨在内部泵电极附近在存在氧和 650℃ 温度情况下则反应生成 NO 和 H_2O。浓度几乎不变的 NO 以及由 NO_2 还原和氨氧化而生成 NO 经过扩散阻碍 2 进入第 2 个空腔。由于 NO 泵电极上的电压较高，以及通过与铑混合其催化活性得到改善，在该电极附近 NO 完全分解，所产生的氧通过电解质被泵出。

1. 电子电路

与其它的陶瓷传感器不同，NO_x 传感器具有计值电子电路（英语称为传感器控制单元，SCU），它通过 CAN 总线提供氧信号和 NO_x 信号，而且往往还提供这些信号的状况。在这种计值电子电路中由一个微控制器和一个 ASIC（专用集成电路）用于氧泵电池的运行和放大非常小的 NO 信号电流。此外，在电子电路中还有一个

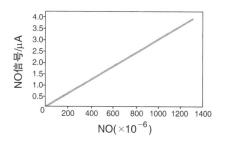

图 8-36　氮氧化物信号特性线

电压调节器和一个 CAN 驱动器，以及加热器输出级。

2. 特性线

对于空气而言，氧信号为 3.7mA。氧特性曲线与宽带氧传感器几乎相同（见图 8-33）。NO_x 特性线示于图 8-36。

参 考 文 献

[1] Thorsten Baunach, Katharina Schänzlin und Lothar Diehl. Sauberes Abgas durch Keramik- sensoren. Physik Journal 5 (2006) Nr. 5.

[2] Robert Bosch GmbH (Hrsg.); Konrad Reif (Autor), Karl-Heinz Dietsche (Autor) und über 200 weitere Autoren: Kraftfahrtechni-sches Taschenbuch. 28., überarbeitete und erweiterte Auflage, Springer Vieweg, Wies-baden 2014, ISBN 978-3-658-03800-7

[3] H. Czichos (Herausgeber), M. Hennecke (Herausgeber). Hütte. Das Ingenieurwissen, Gebundene Ausgabe: 1566 Seiten; Verlag: Springer; Auflage: 33 (2007); ISBN-10: 3540203257; ISBN-13: 978-3540203254

第9章 电子控制和调节

9.1 概述

发动机电控单元的任务是控制发动机管理系统的所有执行器，使发动机尽可能好地运行，从而在燃油耗、废气排放、功率和行驶舒适性等方面获得最佳的效果。为了达到这些目标，必须由传感器采集许多运行参数，并运用一定的算法进行处理，这种算法是按照固定设置的程序进行的运算过程，而运算的结果是控制执行器的信号曲线。

发动机管理系统包括控制汽油机的所有部件（图9-1，以汽油缸内直接喷射为例）。驾驶人所需要的转矩通过执行器和变换器来调节，它们基本上是：

- 控制空气系统的电子节气门：它控制进入气缸的空气质量流量，即控制气缸充量；
- 控制燃油系统的喷油器：它们为气缸充量配给适当的燃油量；
- 控制点火系统的点火线圈和火花塞：它们用于准时点燃气缸中的可燃混合气。

现代发动机还对废气状况、功率、燃油耗、可诊断性和舒适性等方面提出了很高的要求，为此发动机上还集成了其它的执行器和传感器，而发动机电控单元则按照预先规定的算法计算调节参数，从而产生控制执行器的信号。

9.1.1 传感器和设定值传感器的运行数据采集

发动机电控单元通过传感器和设定值传感器采集控制和调节发动机所需的运行数据（图9-1），设定值传感器（例如开关）采集驾驶人所要求的调节量，例如点火开关中的点火钥匙（接线柱15）、空调控制的开关调节或调节车速调节器的操纵手柄等。

传感器采集物理和化学量，从而获得有关发动机当前运行状况的信息。这些传感器例如有：

- 转速传感器：用于识别曲轴位置和计算发动机转速。

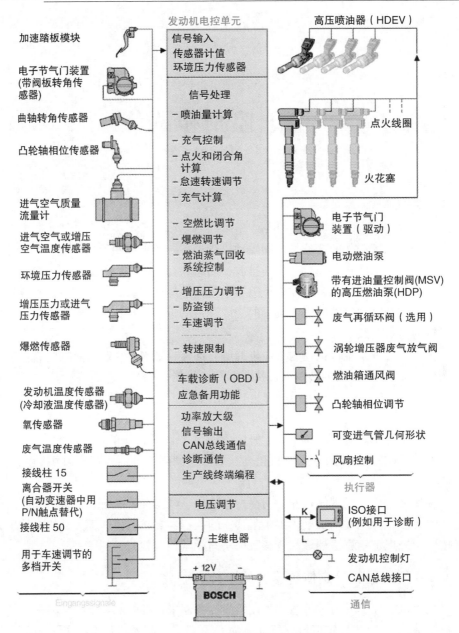

图 9-1　用于汽油机电子控制和调节的部件

- 相位传感器：在具有凸轮轴相位调节器的发动机上识别相位（发动机工作循环）和凸轮轴位置，用于调节凸轮轴相位。

- 发动机温度传感器和进气空气温度传感器：用于计算与温度有关的修正量。

- 爆燃传感器：用于识别发动机爆燃。
- 空气质量流量计和进气管压力传感器：用于采集充气状况。
- 氧传感器：用于空燃比调节。

9.1.2　电控单元中的信号处理

传感器的信号可分为数字电压、脉冲电压和模拟电压。电控单元中的输入电路准备好所有这些信号，或者未来将越来越多地在传感器中就准备好这些信号。它们调整信号的电压水平，使这些信号适合于发动机电控单元中的微处理器进一步进行处理。数字输入信号在微处理器中可直接读入，并作为数字化信息储存起来，而模拟信号则由模 – 数转换器（ADW）转换成数字值。

9.2　运行数据的处理

发动机电控单元通过加速踏板传感器和控制开关的输入信号来识别驾驶人的需求，同样也通过输入信号来识别辅助设备的要求和当前的运行状态，并由此计算出调节执行器的信号。发动机电控单元的任务被划分成功能块，其算法作为软件储存在电控单元的程序存储器中。

1. 电控单元的功能

根据吸入气缸的空气质量的需要计量喷油量，以及在尽可能最好的时刻产生点火火花是发动机电控单元的基本功能，这样喷油与点火就能彼此相互协调。

发动机电子控制所应用的微处理器还能集成众多的其它控制和调节功能。越来越严厉的废气排放法规要求改善发动机废气特性和废气后处理的功能，其中能对此发挥作用的功能是：

- 怠速转速调节。
- 空燃比调节。
- 燃油箱燃油蒸气回收系统的控制。
- 爆燃调节。
- 降低 NO_x 排放的废气再循环。
- 确保催化转化器快速起燃的二次空气系统的控制。

在对动力总成系统要求较高的情况下，系统还能够附加补充下列功能：

- 控制废气涡轮增压器和进气管转换，以提高发动机功率和转矩。
- 凸轮轴控制，以降低废气排放以及提高发动机功率和转矩。
- 限制转速和车速，以保护发动机和汽车。

在开发汽车时，驾驶人的舒适性变得越来越重要，这也会对发动机控制产生影响，例如车速调节、自适应巡航控制（英语缩写 ACC，或自适应车速调节）、自动变速器换档时的转矩适应调节，以及负荷冲击阻尼（平缓驾驶人需求）、倒车入位辅助和停车助理。

2. 执行器的控制

发动机电控单元的功能是按照储存在其中的程序存储器中的算法来进行的，由此所得到的参数量（例如喷油量）通过执行器来进行调节。例如，按照确定的时间来控制喷油器。而控制执行器的电信号则由电控单元来产生。

9.2.1　转矩结构

随着采用电子节气门来控制功率，就开始应用以转矩为基础的系统结构（转矩结构），对发动机的所有功率需求（图 9-2）进行协调，并换算成所需求的转矩。在转矩协调器中，这些内部和外部的功率消耗者，以及对发动机效率的其它要求享有优先权，最终所得出的设定转矩被分成空气系统份额、喷油系统份额和点火系统份额。

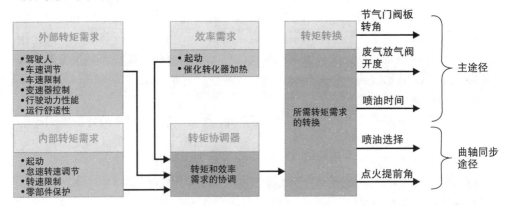

图 9-2　以转矩为基础的系统结构

充气调节（用于空气系统）通过节气门流通横截面积的变化来实现，而在涡轮增压发动机上则还要附加通过控制废气放气阀来共同实现。喷油调节在考虑到燃油箱通风（燃油蒸气回收系统）的情况下，基本上取决于喷油量。

转矩可通过两条途径进行调节。在空气途径（主途径）中，由换算的转矩计算出设定充气量，再由该设定充气量换算成节气门转角设定值。由于 λ 值是预先给定的，因此喷油量取决于充气量。通过空气途径的调节只能缓慢地改变转矩（例如怠速转速调节时）。

而在曲轴同步途径中，则由当前所存在的充气量计算出用于该运行工况点所可能的最大转矩。如果所期望的转矩小于可能的最大转矩，那么为了快速减小转矩（例如怠速转速调节的差额、换档过程时或缓冲阻尼时的转矩反馈）可选择推迟单缸或几个气缸的点火角［通过喷油选择，例如在接入电子稳定性程序

（ESP）或倒拖时］。

在较早车型上不采用转矩结构的发动机电控系统中，转矩的反馈（例如自动变速器在换档时所要求的）由当时的控制功能（例如通过调晚点火角）来进行，无法协调各方面的要求和协调的转换。

9.2.2　监测方案

在汽车行驶时要求不出现并非驾驶人所需要的车辆加速状况，因此对发动机电子控制的监测方案提出了高的要求。为此，电控单元除了主控制器之外还附加有一个监测控制器，两者之间相互进行监测。

9.2.3　诊断

集成在电控单元中的诊断功能检查发动机电控系统（电控单元及其传感器和执行器）是否有故障和干扰，并将识别到的故障储存在数据存储器中，必要时还要引入应急备用功能，同时通过发动机故障灯或在组合仪表的显示屏上向驾驶人指示故障，然后在售后服务站通过其诊断接口连接到电控系统检测仪（例如 Bosch 公司的 KTS650）上，这样就能够读出储存在电控单元中的故障信息。

原本诊断仅仅是为了便于在售后服务站检查车辆状况，但是随着美国加州 OBD（车载诊断）废气排放法规的实施，已规定电控单元必须具备故障诊断功能，用来检验整个发动机系统是否有与废气排放密切有关的故障，并通过发动机故障灯指示这些故障。例如催化转化器诊断、氧传感器诊断，以及发动机断火识别等都是用于这种用途的。而欧洲法规（EOBD）则以不同的方式满足了这些要求。

9.2.4　在汽车上的应用

通过例如 CAN 总线（控制器局域网）这样的总线系统，具备电控单元的发动机电子控制系统能够与其它的汽车系统进行通信，图 9-3 为此示出了几个实例，这些电控单元能够将其它系统的数据作为输入信号在其控制和调节算法中进行处理，例如：

● ESP 电控单元：为了提高汽车的稳定性，ESP 电控单元能够通过发动机电控系统降低转矩。

● 变速器电控单元：在换档过程中，变速器控制能够降低转矩，以便能获得较为柔和的换档过程。

● 空调电控单元：它对发动机电控系统提出空调压缩机的功率需求，以便在计算发动机转矩时考虑其要求。

● 组合仪表：发动机电控系统在组合仪表上为驾驶人提供信息，例如当前

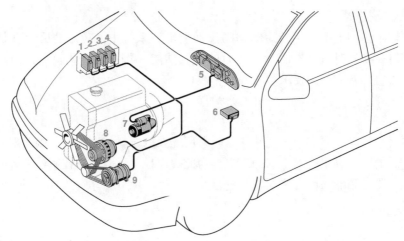

图 9-3　发动机电控系统及其通信

1—发动机电控单元　2—ESP（电子稳定性程序）电控单元　3—变速器电控单元　4—空调电控单元
5—带有行车计算机的组合仪表　6—防盗锁电控单元　7—起动机　8—发动机　9—空调压缩机

的燃油耗或当前的发动机转速等。

● 防盗锁：防盗锁电控单元的任务是防止未经许可使用汽车，为此防盗锁将发动机电控单元锁住，只有驾驶人用点火钥匙打开后，防盗锁电控单元才能使发动机电控单元通电开始工作。

9.3　系统实例

发动机电子控制系统包括控制汽油机所必须的所有部件，系统部件的多少取决于对发动机功率（例如废气涡轮增压）、燃油耗，以及当时所实施的废气排放法规等方面的要求。美国加州废气排放和诊断法规（CARB）对发动机电子控制的诊断系统提出了特别高的要求，某些对废气排放有重大影响的系统只能借助于附加部件来进行诊断（例如燃油蒸气回收系统）。

在发展历史进程中，产生了几代发动机电控系统（例如 Bosch 公司的 M1、M3、ME7 和 MED17），首先它们的硬件结构有所区别，其主要的不同特点在于微处理器系列、外围设备结构和输出级结构（芯片组）。不同汽车制造商的要求不同，其硬件方案也就会有所区别。除了下面介绍的结构形式之外，还有带有整体式变速器控制的发动机电控系统（例如 Bosch 公司的 MG – Motronic 和 MEG – Motronic），但是因其对硬件的要求较高而没有得到推广。

9.3.1　采用机械式节气门的发动机控制

对于进气道喷射汽油机可以采用机械调节式节气门供应空气。加速踏板通过拉杆或绳索传动装置与节气门连接，加速踏板的位置确定节气门的开启横截面积，从而控制通过进气管进入气缸的空气质量流量。

通过一个怠速调节器（旁通通道）可使规定的空气质量流量绕过节气门，在怠速运转时由这些附加空气可将转速调节到某个恒定值，为此发动机电控单元控制该旁通通道的开启横截面积。但是，这种系统在为欧洲和北美市场新开发的机型上已不再使用，已采用带有电子节气门的系统来调节怠速转速。

9.3.2　采用电子节气门的发动机控制

当今进气道喷射汽油机应用的电子控制系统，在加速踏板与节气门之间已不再采用机械连接，加速踏板位置即驾驶人的意愿是由加速踏板上的一个电位器（加速踏板模块中的加速踏板位置传感器，图 9-4 中的 20）来采集的，并由发动机电控单元（21）以模拟电压信号读入，而在电控单元中产生调节电子节气门开启横截面积的信号，以便用来调节内燃机输出所需的转矩。

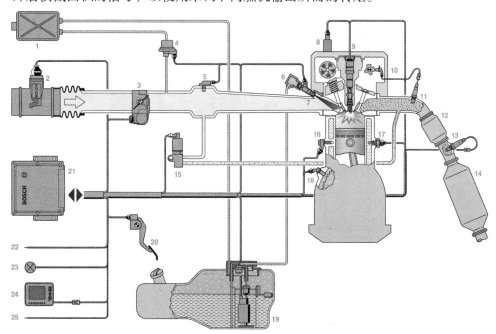

图 9-4　进气道喷射和电子节气门汽油机用于控制和调节的部件

1—活性炭罐　2—热膜式空气质量流量计　3—电子节气门　4—燃油箱通风阀　5—进气管压力传感器
6—燃油分配管（燃油共轨）　7—喷油器　8—用于可变凸轮轴相位调节的传感器和执行器
9—点火线圈和火花塞　10—凸轮轴相位传感器　11—前置催化转化器前的氧传感器
12—前置催化转化器　13—前置催化转化器后的氧传感器　14—主催化转化器　15—废气再循环阀
16—爆燃传感器　17—发动机温度传感器　18—转速传感器　19—电动燃油泵输油模块
20—加速踏板模块　21—发动机电控单元　22—CAN 总线接口　23—发动机故障灯
24—诊断接口　25—至防盗锁接口

9.3.3 用于缸内汽油直接喷射的发动机控制

随着缸内汽油直接喷射（BDE）在汽油机上的推广，需要发展新型电子控制方案，在电控单元中同时存在着不同的运行方式。均质运行时，控制喷油器在燃烧室中形成均质可燃混合气分布，为此燃油在进气行程期间喷射，而在分层运行时，推迟到压缩行程接近点火时才喷射，从而在火花塞附近形成局部有限的混合气云雾。

近几年来，出现了越来越多的在整个运行范围内发动机以均质化学计量比（$\lambda = 1$）运行的缸内汽油直接喷射（BDE）方案，并且与废气涡轮增压相结合得到越来越广泛的推广。这些方案因在发动机功率相当的情况下可减小发动机排量（发动机小型化）而能降低燃油耗。

在分层运行时，发动机采用稀可燃混合气（$\lambda > 1$）运行，因而在部分负荷运行范围内能降低燃油耗，但是在这种运行方式下因稀薄运行而必须应用昂贵的废气后处理装置来降低 NO_x 排放。

图9-5 示出了采用废气涡轮增压和化学计量比均质运行的缸内汽油直接喷

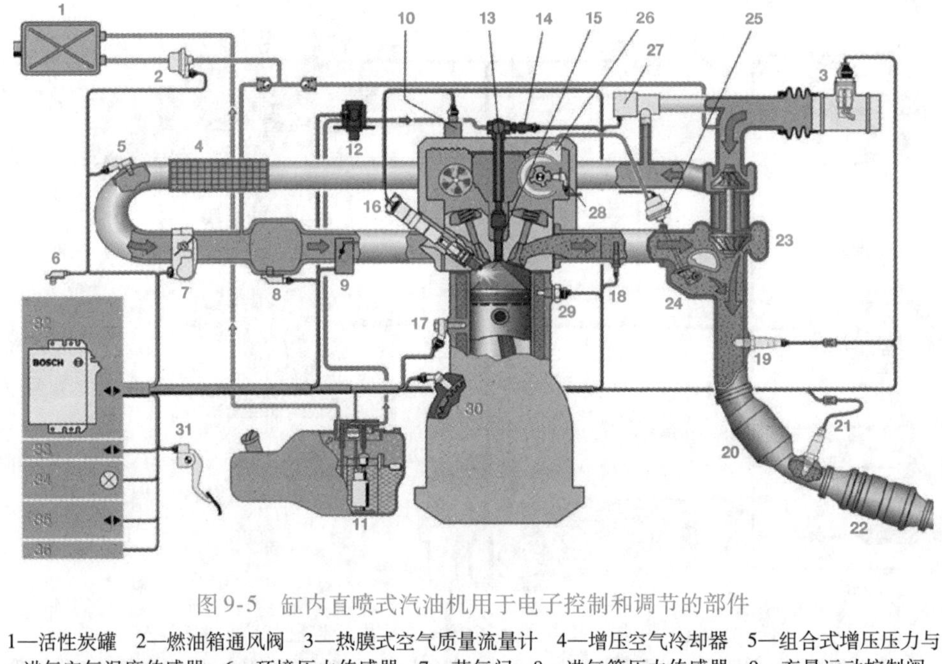

图9-5 缸内直喷式汽油机用于电子控制和调节的部件

1—活性炭罐 2—燃油箱通风阀 3—热膜式空气质量流量计 4—增压空气冷却器 5—组合式增压压力与进气空气温度传感器 6—环境压力传感器 7—节气门 8—进气管压力传感器 9—充量运动控制阀 10—凸轮轴相位调节器 11—电动燃油泵输油模块 12—高压燃油泵 13—燃油分配管（燃油共轨） 14—燃油高压传感器 15—高压喷油器 16—点火线圈和火花塞 17—爆燃传感器 18—废气温度传感器 19—氧传感器 20—前置催化转化器 21—氧传感器 22—主催化转化器 23—废气涡轮增压器 24—废气放空阀 25—废气放空阀调节器 26—真空泵 27—倒拖循环空气阀 28—凸轮轴相位传感器 29—发动机温度传感器 30—转速传感器 31—加速踏板模块 32—发动机电控单元 33—CAN总线接口 34—发动机故障灯 35—诊断接口 36—至防盗锁接口

射（BDE）的电子控制系统实例。这种系统具有由带有进油量控制阀的高压燃油泵（12）、带有高压传感器（14）的燃油分配管（燃油共轨）（13）和高压喷油器（15）组成的高压喷油系统，而燃油压力根据运行工况点在 3 ~ 20MPa 之间调节，实时燃油压力由高压传感器采集，并通过进油量控制阀调节到设定值。

9.3.4　用于天然气系统的发动机控制

压缩天然气（CNG）汽车由于其 CO_2 排放较少，因而作为汽油机的代用燃料变得越来越重要。因天然气加气站分布的密度相对较少，如今使用天然气的汽车绝大多数配备双燃料系统，它能选择用天然气或汽油行驶。目前，双燃料系统既用于进气道喷射汽油机，也用于缸内直喷式汽油机。

用于双燃料系统的发动机电控系统包含有用于进气道喷射或缸内汽油直接喷射的所有部件，附带还包含用于天然气系统的部件（图9-6）。在替代汽油的天

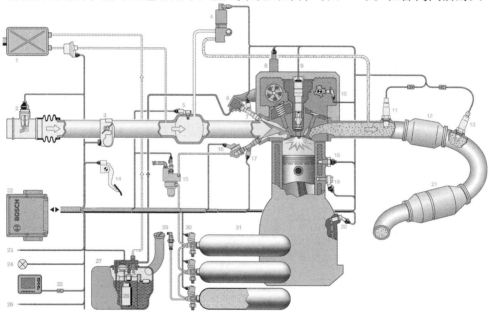

图9-6　可选择天然气或汽油运行的汽油机（双燃料系统）用于控制和调节的部件

1—活性炭罐和燃油箱通风阀　2—热膜式空气质量流量计　3—电子节气门　4—废气再循环阀
5—进气管压力传感器　6—燃油分配管（燃油共轨）　7—汽油喷油器　8—用于可变凸轮轴相位调节的
传感器和执行器　9—点火线圈和火花塞　10—凸轮轴相位传感器　11—前置催化转化器前的氧传感器
12—前置催化转化器　13—前置催化转化器后的氧传感器　14—加速踏板模块　15—天然气压力调节器
16—带有天然气压力和温度传感器的天然气共轨　17—天然气喷嘴　18—发动机温度传感器　19—爆燃传感器
20—转速传感器　21—主催化转化器　22—发动机电控单元　23—CAN 总线接口　24—发动机故障灯
25—诊断接口　26—至防盗锁接口　27—燃油箱　28—电动燃油泵输油模块　29—汽油和天然气注入口
30—天然气罐截止阀　31—天然气罐

然气系统中，天然气运行工况由一个外部电控单元来进行控制，而在双燃料系统中则与汽油运行工况的电控系统集成在一起。在双燃料电控单元中，发动机的设定转矩和决定运行状态的特性量值仅一次就形成了。通过以物理参数为基础的转矩控制功能就能很容易地调节出专门用于天然气运行的参数。

燃料种类的转换

在高负荷需求情况下自动转换燃料种类使发动机能发出最大的功率，这对于发动机设计是十分重要的，此外为了实现特定的废气策略和更快速地加热催化转化器或者进行普通的燃料管理，其它方式的自动转换也是十分重要的。但是，在自动转换时重要的是转矩不能有变化，也就是不能被驾驶人察觉出来。

双燃料发动机电控系统允许在不同的燃料种类中进行转换。一种可能性是直接转换，相当于用一个开关进行转换，此时要求燃料喷射不能中断，否则在发动机运行中就存在断火的危险。但是，与汽油不同，天然气的突然喷入会导致较大的容积挤压，从而使进气管压力升高，因转换而使气缸充气减少约5%。考虑到这种效应必须将节气门开得更大些。为了使转矩在负荷下转换时保持恒定，有必要附加干预点火角，它能使转矩快速变化。

另一种转换的可能性是从汽油运行叠化到天然气运行。为了转换到天然气运行，通过一个分配系数减小汽油的喷油量，并相应增加天然气的喷气量，从而避免空气充气量的突变。另外，还有一种可能性就是在转换期间用空燃比调节功能来修正天然气质量的变化，采取这种方法即使在高负荷工况下转换，也不会察觉到明显的转矩变化。

在替代汽油的天然气系统中，往往不存在使用汽油和天然气相互协调配合运行进行转换的可能性，因此为了避免转矩的突变，在许多系统中只能在倒拖运行期间进行转换。

9.4 系统结构

9.4.1 概述

发动机电控系统因具备新的功能而使其复杂性大大增加，因而在此必须详细描述系统的结构。Bosch公司所应用系统的描述基础是转矩结构，对发动机的所有转矩需求都由发动机电控系统作为设定值接收，并且最重要的是相互协调，计算出所需要的转矩，并通过下列调节变量进行调节：

- 电子节气门开启角度。
- 点火提前角。
- 喷油参数选择。

- 废气涡轮增压发动机上的废气放气阀控制。
- 发动机稀薄运行时的喷油量。

图 9-7 示出了 Bosch 公司发动机电控系统所应用的系统结构及其子系统，各方块和名称（见表 9-1）将在下文详细解释。

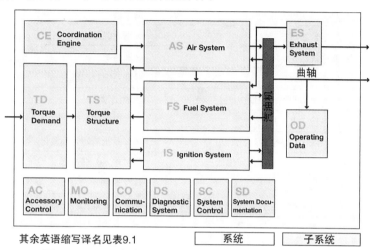

其余英语缩写译名见表9.1　　系统　　子系统

图 9-7　Bosch 发动机电控系统的结构图示（参见表 9.1）

表 9-1　Bosch 发动机电控系统的子系统和主要功能

缩写	英 语 名 称	德 语 名 称
ABB	空气系统制动助力器	制动力助力控制
ABC	空气系统增压控制	增压压力控制
AC	辅助设备控制	辅助设备控制
ACA	辅助设备控制－空调	空调控制
ACE	辅助设备控制－电气设备	电气设备控制
ACF	辅助设备控制－风扇控制	风扇控制
ACS	辅助设备控制－转向	转向助力泵控制
ACT	辅助设备控制－热管理	热管理
ADC	空气系统－充量测定	空气充量计算
AEC	空气系统－废气再循环	废气再循环控制
AIC	空气系统－进气歧管控制	进气管控制
AS	空气系统	空气系统
ATC	空气系统－节气门控制	节气门控制
AVC	空气系统－阀控制	阀控制
CE	发动机协调	发动机运行状况和方式协调
CEM	发动机运行协调	发动机运行方式协调
CES	发动机状况协调	发动机运行状况协调

（续）

缩写	英 语 名 称	德 语 名 称
CO	通信	通信
COS	使用安全通信	防盗锁通信
COU	用户通信接口	通信接口
COV	汽车通信接口	数据总线接口
DS	诊断系统	诊断系统
DSM	诊断系统管理器	诊断系统管理器
EAF	废气系统 - 空燃比控制	空燃比调节
ECT	废气系统 - 温度控制	废气温度调节
EDM	废气系统 - 描述和模型化	废气系统描述和模型化
ENM	废气系统 - NO_x 主催化转化器	吸附式 NO_x 催化转化器调节
ES	废气系统	废气系统
ETF	废气系统 - 前置三元催化转化器	前置三元催化转化器调节
ETM	废气系统 - 主催化转化器	主三元催化转化器调节
FEL	燃油系统 - 燃油蒸气泄漏探测	燃油箱泄漏识别
FFC	燃油系统 - 供油预控制	燃油预控制
FIT	燃油系统 - 喷油定时	喷油始点
FMA	燃油系统 - 混合气匹配	混合气匹配
FPC	燃油蒸气净化控制	燃油箱通风
FS	燃油系统	燃油系统
FSS	供油系统	供油系统
IGC	点火控制	点火控制
IKC	点火爆燃控制	爆燃控制
IS	点火系统	点火系统
MO	监测	监测
MOC	微控制器监测	计算机监测
MOF	功能监测	功能监测
MOM	监测模块	监测模块
MOX	扩展监测	扩展功能监测
OBV	运行数据 - 蓄电池电压	蓄电池电压采集
OD	运行数据	运行数据
OEP	运行数据 - 发动机位置管理	转速和转角采集
OMI	断火监测	断火识别

（续）

缩写	英 语 名 称	德 语 名 称
OTM	运行数据－温度测量	温度采集
OVS	运行数据－车速控制	车速采集
SC	系统控制	系统控制
SD	系统文件	系统描述
SDE	系统文件－发动机/汽车/ECU	系统文件－发动机/汽车/发动机电控系统
SDL	系统文件－程序库	系统文件－功能库
SYC	系统控制－ECU	系统控制－发动机电控系统
TCD	转矩协调	转矩协调
TCV	转矩转换	转矩转换
TD	转矩需求	转矩需求
TDA	辅助功能需求转矩	辅助功能需求转矩
TDC	巡航控制需求转矩	车速调节器需求转矩
TDD	驾驶人需求转矩	驾驶人需求转矩
TDI	怠速转速控制需求转矩	怠速转速调节需求转矩
TDS	转矩需求信号准备	转矩需求信号准备
TMO	转矩模型化	发动机转矩模型
TS	转矩结构	转矩结构

图 9-7 中的发动机控制被称为电子控制系统，电子控制系统中的各个范围被称为子系统，其中几个子系统（例如转矩结构）是纯粹由软件技术形成的，而其它子系统（例如具有喷油器的燃油系统）则还包含有硬件部件。这些子系统是通过一定的接口彼此相互连接起来的。

就功能流程角度来看，发动机电控系统可通过系统结构来描述。系统包括电控单元（带有硬件和软件）以及能与电控单元电连接的外部部件（执行器、传感器和机械部件）。系统结构（图 9-8）根据功能规范按等级将系统分成 14 个子系统（例如空气系统、燃油系统），而它们又被划分成约 70 个主要功能（例如增压压力调节、空燃比调节，见表 9-1）。

自从引入转矩结构以来，子系统对发动机转矩的需求重要的是转矩需求与转矩结构的协调配合。驾驶人操纵加速踏板所规定的转矩需求调节（驾驶人意愿）可通过电子节气门来进行充气控制，而行驶运行所需要的所有附加转矩需求（例如在空调压缩机接通时）可在转矩结构中进行协调，在这期间转矩结构的协调使得无论是汽油机还是柴油机都能良好地运行。

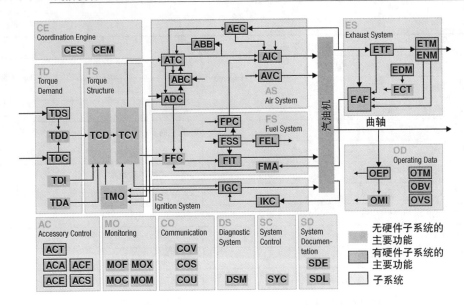

图 9-8　Bosch 发动机电控系统及其子系统和主要功能的结构图示（参见表 9-1）

（其余英语缩写译名见表 9-1）

9.4.2　子系统及其主要功能

以下概述发动机电控系统主要功能的重要特点。

1. 系统文件

系统描述的技术基础被综合在系统文件（SD）之下（例如电控单元、发动机数据和汽车数据的描述，如系统配置的描述）。

2. 系统控制

控制计算机的功能被综合在系统控制（SC）子系统中，系统控制 – ECU（SYC，系统状态控制）的主要功能是描述微控制器的状态：

- 初始化（系统起动）。
- 运行状态（正常状态，此时发挥主要的功能）。
- 电控单元后运行（例如用于风扇的后运行或硬件测试）。

3. 发动机协调

发动机协调（CE）子系统不仅协调发动机状态，而且还协调发动机运行数据。这些功能处于重要的地位，因为整个发动机电控系统中的许多其它功能都与这种协调有关。发动机状态协调（CES）的主要功能不仅包括诸如起动、运转运行和停机等各种不同的发动机状态，而且也包括用于起动 – 停车系统和激活喷油（倒拖断油，重新恢复喷油）的协调功能。

发动机运行协调（CEM，发动机运行数据协调）的主要功能是对缸内汽油直接喷射的运行方式进行协调和转换。为了确定所设定的运行方式，在考虑到运行方式协调器中所规定的优先权情况下，来协调各种不同功能的要求。

4. 转矩需求

在所考察的系统结构中，对发动机的所有转矩需求不断地在转矩层面上进行协调。转矩需求（TD）子系统采集所有的转矩需求，它们作为输入量提供给转矩结构（TS）子系统使用（见图 9-8）。

转矩需求信号准备（TDS）的主要功能基本上是采集加速踏板位置信号，它采用两个独立的转角传感器采集，并换算成标准的加速踏板转角，并且通过各种可信度检验确保在发生单一误差情况下标准加速踏板转角不会出现比实际加速踏板位置大的数值。

驾驶人需求转矩（TDD）的主要功能是用加速踏板位置计算出发动机转矩设定值，除此之外还要确定加速踏板特性。

巡航控制需求转矩（TDC，车速调节器需求转矩）的主要功能是在不操作加速踏板情况下，根据由操纵装置调定的车速设定值，只要是在可调节的发动机转矩范围内就能够保持汽车行驶速度恒定不变。切断这种功能的最重要条件是按下操纵装置上的"Aus – Taste"（"切断按键"）、操纵制动或离合器，以及降低到所要求的最低车速。

怠速转速控制需求转矩（TDI，怠速转速调节）的主要功能是在不操作加速踏板情况下，将发动机转速调节到怠速转速。怠速转速的设定值必须确保发动机平稳安静地怠速运转，而在一定的运行条件（例如冷机状态）下的怠速设定值应高于额定怠速转速，为了支持催化转化器加热和提高空调压缩机功率，或者在蓄电池充电不足的情况下也能提高怠速转速。辅助功能需求转矩（TDA，内部转矩需求）的主要功能是产生内部转矩需求和限制（例如用于限制转速或阻尼车辆向前冲动）。

5. 转矩结构

转矩结构（TS，见图 9-8）子系统协调所有的转矩需求，然后由空气系统、燃油系统和点火系统来调节转矩。转矩协调（TCD）的主要功能是协调所有的转矩需求，并区分不同的转矩需求（例如驾驶人或转速限制的要求）予以优先，再根据当前的运行方式换算成控制途径的转矩设定值。

转矩转换（TCV）的主要功能是用设定转矩的输入量，计算出用于相应空气质量、过量空气系数 λ 和点火角的设定值，以及选择喷油方式（例如倒拖断油）。空气质量设定值是这样计算的，即借助于所应用的过量空气系数 λ 和基本点火角调节到所需的转矩。

转矩模型化（TMO，转矩模型）的主要功能是用当前的充气量、过量空气

系数 λ、点火角、减缩等级（例如在气缸切断时）和转速计算出理论上最佳的发动机指示转矩，此时的指示转矩是气体作用在活塞上所产生的转矩，而因有损失的真实转矩小于该指示转矩，借助于效率链就能得出实际指示转矩。效率链包括3 种不同的效率：选择效率（正比于着火气缸数）、点火角效率（由实际点火角移动到最佳点火角确定），以及 λ 效率（由作为过量空气系数 λ 函数的效率特性曲线确定）。

6. 空气系统

空气系统（AS）子系统调节转换转矩所需的充气量，除此之外废气再循环、增压调节、进气管转换、充量运动控制和气门控制等都属于空气系统部分。

空气系统 - 节气门控制（ATC）的主要功能是由设定的空气质量流量确定节气门的设定位置，它就决定了进气管中的空气质量流量。

空气系统 - 充量测定（ATC，空气充量计算）的主要功能是借助于可供使用的负荷传感器查明气缸充量中的新鲜空气和惰性气体，由空气质量流量用进气管压力模型模拟计算出进气管中的压比。

空气系统 - 进气歧管控制（AIC，进气管控制）的主要功能是计算进气管和充量运动控制阀的设定位置。

进气管中的真空度使得能实现废气再循环，而废气再循环率的计算和调节是空气系统 - 废气再循环（AEC，废气再循环控制）的主要功能。

空气系统 - 气门控制（AVC）的主要功能是计算进排气门相位的设定值，并对其进行调整或调节，从而影响内部废气再循环的废气量。

空气系统 - 增压控制（ABC，增压压力控制）的主要功能是为增压发动机计算增压压力，并为这种系统提供执行机构。

缸内直喷式汽油机有时在低负荷范围内采用分层充量无节流运行，因而进气管中的压力近似环境压力。

空气系统 - 制动助力器（ABB，制动力助力控制）的主要功能是通过需求的节流使制动助力器中始终具有足够的真空度。

7. 燃油系统

燃油系统（FS，见图9-8）子系统计算用于喷油的输出量值，即喷油时刻和喷油量。

燃油系统 - 供油预控制（FFC，燃油预控制）的主要功能是由设定充气量、λ 设定值、加法修正（例如转换补偿）和乘法修正（例如用于起动、暖机和重新恢复喷油）等计算设定喷油量，再由空燃比调节、燃油箱通风和可燃混合气匹配进一步修正。在汽油缸内直接喷射系统中，还要计算运行方式的特定值（例如在进气行程或压缩行程时的喷油，多次喷油）。

燃油系统 - 喷油定时（FIT，喷油始点）的主要功能是计算喷油持续时间和喷油的曲轴转角位置，以及进行喷油器的转角同步控制，而其中的喷油持续时间则是根据事先计算的喷油量和状态参数（例如进气管压力、蓄电池电压、共轨压力、燃烧室压力）进行计算的。

燃油系统－混合气匹配（FMA）的主要功能是通过对空燃比调节器较长时间偏离中间值的调整改善 λ 值的预控制精度。在充气较少的情况下，由空燃比调节器偏差形成一个附加修正项。在带有热膜式空气质量流量计（HFM）的系统中，它反映了通常较小的进气管泄漏。而在带有进气管压力传感器的系统中补偿残余气体误差和漂移误差。而在充气较多的情况下则确定一个乘法修正系数，原则上它表明了热膜式空气质量流量计的高误差、共轨压力调节器的偏差（在缸内直接喷射系统中），以及喷油器特性曲线的高误差。

供油系统（FSS）的主要功能是以所需的燃油量和预定的压力将燃油从燃油箱泵入燃油分配管（燃油共轨）。在按需控制的系统中燃油压力被调节到 200 ~ 600kPa，并由压力传感器反馈实际压力值。在缸内汽油直接喷射系统中，供油系统还包含有一个带有高压燃油泵和压力控制阀，或者带有油量控制阀的按需调节高压燃油泵的高压回路，因而高压回路中的压力能够根据运行工况点在 3 ~ 20MPa 之间进行可变调节，而预置的设定值则根据运行工况点进行计算，并由高压传感器采集实际压力。

燃油系统－燃油蒸气净化控制（FPC，燃油箱通风）的主要功能是在发动机运行期间控制燃油箱中蒸气和聚集在燃油蒸气回收系统活性炭罐中的燃油的再生。根据用于控制燃油箱通风阀的活性炭罐吸附状况和压力状况来计算通过通风阀的总质量流量设定值，在节气门控制（ATC）中将要考虑到该设定值，同样要计算出其中所含有的实际燃油份额，并从设定的喷油量中减去这部分燃油份额。

燃油系统－燃油蒸气泄漏探测（FEL，燃油箱泄漏识别）的主要功能是按照美国加州 OBD－Ⅱ法规检查燃油箱系统的密封性。这种诊断的结构和工作原理将在第 13 章 13.3 节"车载诊断（OBD）功能"中予以介绍。

8. 点火系统

点火系统（IS）子系统（见图9-8）计算用于点火的输出量值，并控制点火线圈。

点火控制（IGC）的主要功能是根据发动机运行条件，并考虑到转矩结构的需求计算出当前的点火角设定值，并在所期望的点火时刻在火花塞上产生点火火花。最终的点火角根据基本点火角和与运行工况点相关的点火角修正值和需求进行计算。在决定与转速和负荷相关的基本点火角时，如果存在的话，还要考虑到凸轮轴相位调节器、充量运动控制阀、气缸排的分配，以及缸内汽油直接喷射（BDE）特有的运行方式。为了计算尽可能最早的点火角，还要用发动机暖机点火角调整、爆燃调节和废气再循环（如果存在的话）来修正基本点火角。根据当前的点火角和点火线圈所必须的充电时间计算点火输出级的接通时刻，并进行相应的控制。

点火系统－爆燃控制（IKC）的主要功能是使发动机接近爆燃极限以最佳效率运行，并借助于爆燃传感器监测所有气缸中的燃烧过程，防止发生有害于发动机的爆燃。爆燃传感器采集到的由某个气缸最近一次燃烧所产生的低频爆燃响声信号与一个基准电平进行比较，而基准电平是无爆燃运行时的发动机背景噪声。通过比较就能推断出当前燃烧的噪声比背景噪声大多少，超过一定的阈值就被识别为爆燃。无论是在基准电平计算时还是在爆燃识别时，都应考虑到不同运行条件（发动机转速、动态转速、动态负荷）的干扰。

分缸爆燃调节能在计算当前点火角时推迟某个点火角差值。当识别到发生爆燃燃烧时，就先加大这种差值推迟点火角，紧接着再小幅度地不断推迟点火角，直到经过一个时间段不再发生爆燃燃烧为止。而当识别到硬件中发生故障时，就会激活某种可靠性措施（可靠性推迟点火角）。

9. 废气系统

废气系统（ES）子系统参与可燃混合气形成，同时调节过量空气系数 λ，并控制催化转化器的承载状态。

废气系统－描述和模型化（EDM）功能的主要任务首先是废气系统物理量的模型化、废气温度传感器（如果存在的话）的信号计值和诊断，以及用于检测任务的废气系统特性量的准备。模型化的物理量是温度（例如用于保护零件）、压力（主要用于残余废气采集）和质量流量（用于空燃比调节和催化转化器诊断），此外还要确定废气的过量空气系数（用于吸附式 NO_x 催化转化器的控制和诊断）。

前置催化转化器前具有氧传感器的废气系统－空气燃油控制（EAF，氧调节）主要功能的目的是将过量空气系数氧调节到预先规定的设定值，以降低有害物排放、避免转矩波动以及满足稀薄运行极限的要求。来自主催化转化器后氧传感器的输入信号能进一步降低废气排放。

废气系统－前置三元催化转化器（ETF，前置三元催化转化器的控制和调节）的主要功能是应用前置三元催化转化器后的氧传感器（如果存在的话），该传感器的信号被作为导向调节和催化转化器诊断的基础。这种导向调节能大大改善可燃混合气的调节，从而使催化转化器达到尽可能最好的催化转化性能。

废气系统－主三元催化转化器（ETM，主三元催化转化器的控制和调节）的主要功能基本上与上述介绍的 ETF 功能同样工作，而且其导向调节与各自的催化转化器配置相匹配。

废气系统－NO_x 主催化转化器（ENM，吸附式 NO_x 催化转化器的控制和调节）的主要功能，在具有吸附式 NO_x 催化转化器和稀薄运行的系统中的任务是

通过与吸附式 NO_x 催化转化器需求相适应的可燃混合气调节，以满足 NO_x 排放法规的要求。

根据 NO_x 催化转化器的状态，NO_x 吸附储存阶段结束，发动机就转换到 $\lambda <$ 1 运行，从而腾空 NO_x 吸附储存器，吸附储存的 NO_x 排放物被转化成 N_2。

吸附式 NO_x 催化转化器的再生随着吸附式 NO_x 催化转化器后氧传感器的跃变信号而结束。在带有吸附式 NO_x 催化转化器的系统中，当转换到一种特定的模态时使催化转化器进行脱硫。

废气系统-温度控制（ECT，废气温度调节）的主要功能是控制废气温度，以便发动机起动后能快速加热催化转化器，或避免运行时催化转化器冷却，或为了脱硫而加热吸附式 NO_x 催化转化器（如果存在的话），或防止废气系统中的零部件发生热损坏。例如，因点火角向晚方向调节将会使废气温度提高，而在怠速运转时因提高怠速转速也会增加热流量。

10. 运行数据

运行数据（OD）子系统采集所有对发动机运行起重要作用的运行参数，并验证其可信度以及必要时准备替代值。

运行数据-发动机位置管理（OEP，转角和转速采集）的主要功能是根据经处理好的曲轴传感器和凸轮轴传感器的输入信号计算曲轴和凸轮轴的位置，并由这些信息计算出发动机转速。根据曲轴信号传感轮上的基准标记（两个缺齿）和凸轮轴信号的特性来实现发动机位置与电控单元之间的同步，以及监测发动机运转中的同步。为了优化起动时间，分析凸轮轴信号和发动机停机位置模型，从而能加快同步。

运行数据-温度管理（OTM，温度采集）的主要功能是处理由温度传感器提供的测量信号，并验证其可信度以及在发生故障时准备替代值。除了发动机温度和进气空气温度之外，还可选择采集环境温度和发动机机油温度，紧接着通过特性曲线将读入的电压值换算成温度值。

运行数据-蓄电池电压（OBV，蓄电池电压采集）的主要功能是准备供电电压信号及其诊断，而其原始信号则通过接线柱 15 以及必要时通过主继电器采集。

断火监测（OMI，断火识别）的主要功能是监测发动机的点火断火和燃烧断火（参见"第 13 章诊断"）。

运行数据-车速控制（OVS，车速采集）的主要功能是车速信号的采集、处理和诊断，此外这种量值对于车速调节和车速限制以及在手动变速器情况下的档位识别也是必须的。根据系统配置状况的不同，还有可能由 CAN 总线由组合仪表或者 ABS（汽车制动防抱死系统）或 ESP（电子稳定性程序）电控单元使用其所提供的量值。

11. 通信

通信（CO）子系统中综合了所有的发动机电控系统主要功能与其它系统的通信。

用户通信接口（CO，通信接口）的主要功能是建立与诊断设备（例如发动机故障诊断仪）和应用设备的连接。通信是通过 CAN 总线接口或 K 导线进行的，而不同的通信协议（例如 KWP 2000，McMess）可供各种不同的应用场合使用。

汽车通信接口（COV，数据总线通信）的主要功能确保与其它电控单元、传感器和执行器的通信。

使用安全通信（COS，防盗锁通信）的主要功能是建立与防盗锁的通信，以及能够为 Flash – EPROM（选用）重新编程进行存取控制。

12. 辅助设备控制

辅助设备控制（AC）子系统控制辅助设备。

辅助设备 – 空调控制（ACA）的主要功能是控制空调压缩机，以及分析空调装置中的压力传感器信号。例如，当驾驶人或空调电控单元通过一个开关提出空调请求时空调压缩机将被接通，于是就通知发动机电控单元应接通空调压缩机，此后不久空调压缩机就被接通，并在决定发动机转矩设定值时通过转矩结构考虑空调压缩机的功率需求。

辅助设备控制 – 风扇控制（ACF）的主要功能是按需控制风扇，并识别风扇及其控制方面的故障，当发动机停机时若需要的话可使风扇进行后运转。

辅助设备控制 – 热管理（ACT）的主要功能是根据发动机运行状况调节发动机温度。发动机温度设定值与发动机功率、汽车行驶速度、发动机运行状态和环境温度有关，从而使发动机更快地达到正常的运行温度，随后又能获得足够的冷却。根据设定值计算通过散热器的冷却液体积流量，并控制例如按特性曲线场工作的节温器。

辅助设备控制 – 电气设备（ACE）的主要功能是控制电气设备（例如起动机、发电机）。

辅助设备控制 – 转向（ACE）的主要功能任务是控制转向助力泵。

13. 监测

监测（MO）子系统用于监测发动机电控单元。

功能监测（MOF）的主要功能是监测发动机电控系统中决定转矩和转速的元件，其核心部分是转矩比较，它对根据驾驶人意愿计算的容许转矩与根据发动机参数计算的实际转矩进行比较。若实际转矩过大，则通过合适的措施确保处于可掌控的状态。

监测模块（MOM）的主要功能中综合了所有的监测功能，它们有助于功能计算机与监测模块的相互监测及其执行。功能计算机与监测模块是电控单元的组成部分，它们之间的相互监测通过不断的问答通信进行。

微控制器监测（MOC，计算机监测）的主要功能综合了所有的监测功能，它们能识别计算机芯片及其外围设备的缺陷或功能故障，例如：

- 模 – 数转换器检验。
- RAM 和 ROM 存储器检验。
- 程序过程控制。
- 指令检验。

扩展监测（MOX，扩展功能监测）的主要功能包括扩展功能监测的功能，它们确定发动机能输出的可信的最大转矩。

14. 诊断系统

部件和系统的诊断在子系统的主要功能中进行，而诊断系统（DS）则承担各种不同诊断结果的协调。

诊断系统管理器（DSM）的任务是：

- 将故障与环境条件一起储存起来。
- 控制发动机故障灯。
- 建立故障诊断仪通信。
- 协调各种不同诊断功能的过程（重视可信度和锁定条件）和管理故障。

9.5　软件结构

对发动机电控系统的功能要求通过应用电气设备、电子元器件和软件来实现。发动机电控系统的软件由许多软件部件组成，而软件部件的结构和所有功能的相互作用则由软件组织架构来确定。

9.5.1　对发动机电控系统软件的要求

对发动机电控系统软件的要求是非常多种多样的（表9-2）。用于发动机的许多功能必须具有"实时工作能力"，也就是说调节反应必须由物理过程步骤来确保，因此在调节非常快速的物理过程（例如点火和喷油）时，其计算必须进行得极其迅速。对许多方面的可靠性要求也是非常高的，特别是对于安全性具有重要意义的功能，例如电子节气门。复杂的诊断功能监测软件和电子元器件。

软件是针对内燃机控制和调节的应用场合开发的，并被装入整个系统，被称为嵌入式软件。许多功能往往是在全球许多地方经历很长一段时间才开发出来的。因为电控单元作为配件也必须在汽车生产结束后才可供使用，因此汽车中的软件具有长达30年相对较长的使用周期。

表 9-2 对发动机电控系统软件的主要要求

要 求 范 围	实　　例
功能要求	由快速计算循环实现实时要求 大量数据的传输 高可靠性
诊断要求	监测对安全性具有重要意义的功能 监测对环境具有重要意义的功能 具有在维修服务站进行诊断的能力
经济性要求	可维修性 可适应调整而具有可重复使用性 长的使用周期 储存代码和运行时间优化代码
组织要求	可全球分散开发

软件被应用于许多发动机机型和汽车车型，它们必须可与相应的目标系统相匹配，为此它们包含有许多应用参数和特性曲线场，每种发动机机型可能超过1000 个，而这些调整量相互之间的依赖关系是多种多样的。

出于降低成本的原因，电控单元中应用的微控制器往往具备有限的计算能力和有限的存储位置，这在许多情况下就要求在软件开发中采取一些优化措施，以便减少所必须的硬件资源。

汽车中的软件经常是联合开发的，其特点是多学科共同合作（例如动力装置开发与电子元器件开发之间的合作）和分散开发（例如零部件供应商和汽车制造商之间的开发或在不同开发地点的开发）。这些要求和特点所导致的复杂性，就必须在汽车制造商与零部件供应商之间的联合开发中掌控好经济性。同时，如今发动机电控单元往往在整车中是作为网络化系统来考虑的。

9.5.2 软件组织架构

软件组织架构描述一个或好几个软件产品的组织结构，它包括软件部件及其对外显示出的特性以及软件部件之间的标记。

1. 对软件组织架构的要求

软件组织架构来源于对软件产品的功能性要求和非功能性要求（"品质"）。

（1）功能性要求

对软件组织架构的功能性要求是从所期望的软件产品的功能性能提出来的，而这种功能性能则在系统结构中描述（参见 9.4 节"系统结构"），软件组织架构就是由这种结构产生的。

（2）非功能性要求

非功能性要求是从所要制定的软件产品的期望特性提出来的。主要的非功能性要求是：

- 可重复使用性。
- 硬件独立性。
- 硬件资源消耗。
- 可扩展性。
- 可测试性。
- 有助于分散开发。

2. 组织架构的层面

由于对软件组织架构的所有特性和属性的适当描述不可能仅在某一个层面上进行，因此软件组织架构中存在各种不同的层面。主要的软件组织架构层面有：

- 静态层面（图9-9）。

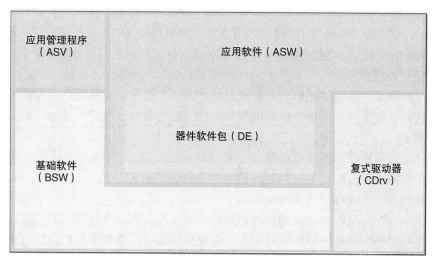

图 9-9　软件组织架构的静态层面

- 动态层面（图9-10和图9-11）。
- 功能性层面。
- 分配层面（描述软件部件在电控单元中的分配）。
- 组织层面。

以下详细介绍静态层面和动态层面。

（1）静态层面

静态层面包括软件部件及其按等级的排列以及它们的静态特性，在发动机电控系统的软件组织架构中有下列上级软件部件（参见图9-9）：

- 应用软件（ASW）：控制和调节功能。
- 应用管理程序（ASV）：监测和核心软件功能。

- 器件软件包（DE）：用于控制无实时转换要求的传感器和执行器的软件功能。
- 复式驱动器（CDrv）：具有独特硬件存取功能的实时转换软件功能。
- 基础软件（BSW）：与硬件密切相关的软件功能。

此外，这些上级软件部件被划分得越来越细，划分终了时成为不可再划分的软件部件，即所谓的软件功能，它们包括可执行的代码，而这些结构上位于软件功能之上的软件部件并不含有可执行的代码，并且仅对于开发过程才有意义。

（2）动态层面

动态层面描述软件中的时间流程和依赖关系。在发动机电控系统软件中，动态层面显得很特别，因为如在其它软件应用场合中一样，它没有固定的调用顺序。

发动机电控系统的许多调节必须是实时的，而实时调节必须确保在一定的时间间隔内对要求做出反应，因此必须在最短的时间内完成几个控制和调节过程，例如甚至必须在高转速情况下以非常高的时间精度完成喷油和点火过程，即使是最小的偏差也会使发动机功率降低，或者使噪声辐射和有害物排放恶化。为了确保控制和调节的实时性，电控单元中的程序部分具有优先权，它们能彼此相互中断。

（3）功能原理

电控单元中的微控制器向其它控制器输出一个指令，它从程序存储器中取出指令代码，而用于读入指令和输出指令的持续时间取决于所使用的微控制器和冲程频率。

由于受到程序完成速度的限制，软件结构必须能中断具有较低优先权的程序，而先完成具有高优先权的时间紧急的功能，具有较高优先权的程序完成后，微控制器再继续进行低优先权程序的计算。

例如，发动机电控系统的程序必须根据转速的不同，在毫秒范围内对时间间隔很短的曲轴转速传感器的信号做出非常快速的反应，电控单元必须以高优先权分析这种信号，而读入诸如发动机温度等其它功能并不具有高的紧迫性，因为这些物理量都是非常缓慢变化的。

（4）中断控制

一旦发生一个必须非常快速反应的事件，就能立即用微控制器的中断控制功能使正在运行的程序中断，于是该程序就进入中断程序并完成中断，而此事结束后该程序就在此前已中断的程序的位置上又继续进行下去（图9-10）。例如，可通过外部信号实施中断，其它的中断来源是集成在微控制器中的计时器，它能产生控制时间的输出信号（例如点火信号：微控制器的点火输出信号在预先计算好的时刻接通）。计时器还能产生内部时间光栅。电控单元程序对好多这样的中断产生反应，因而一个中断来源可在另一个中断事件完成后要求一次中断，其中每一个中断来源都固定分配到一个优先权，而优先控制则决定哪一个中断在哪一次能中断。图9-10极其简要地示出了由中断控制功能计算的分配状况。

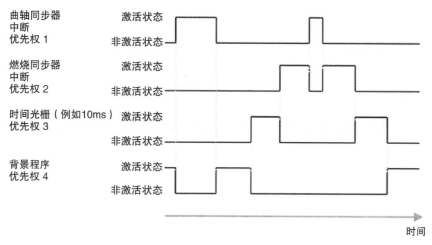

图 9-10　微控制器中完成程序的分配和优先原理

（5）曲轴转角同步中断

喷油和点火任务根据适当计算的输出量在曲轴范围内实施。因为必须非常精确地遵守预先规定的喷油时间和点火角，因此中断任务以非常高的优先权进行控制。

（6）燃烧同步中断

在每个燃烧行程中都必须进行一些计算，例如为每个气缸与燃烧同步计算点火角和喷油，为此程序分支成"同步程序"。这种同步程序被连接到一定的发动机曲轴转角位置，并且必须以高的优先权完成，因此通过一次中断来激活，它是由曲轴转角同步中断程序中的一个指令来触发的。因为同步程序在高转速时要经历好几度曲轴转角，因此它必须由曲轴转角同步中断才能被中断。曲轴转角同步中断作为同步程序获得较高的优先权。

（7）时间光栅

许多调节算法都必须在一个固定的时间光栅中进行，例如空燃比调节必须在一个固定的时间光栅（例如 10ms）内完成，因此调节量要足够快地进行计算。

（8）背景程序

所有不在中断程序或时间光栅中进行的剩余活动都在背景程序中完成。在高转速时，同步程序和曲轴转角同步中断往往起动，导致只为背景程序剩下很少的计算时间，而背景程序完整经历的持续时间却随着转速的提高而大大增长，因此应当仅将不需要高优先权的功能置于背景程序中，例如发动机温度的计算。

除此之外，发动机电控系统中还有状态自动化，它们描述例如电控单元的起动、行驶运行中的电控单元状态以及电控单元停止工作等。图 9-11 示范性地示出了各种不同的系统状态，以及状态之间的转换。

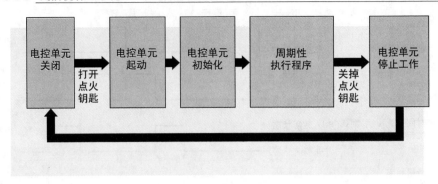

图 9-11　Bosch 发动机电控系统控制示意图

● 电控单元关闭：

电控单元处于关闭状态，硬件和软件均不工作。

● 电控单元起动：

通电后或恢复后系统处于起动阶段（Boot – Phase），此时电控单元被起动，最终运行系统起动。

● 电控单元初始化：

初始化阶段，即在运行系统控制下进行硬件和软件的初始化。

● 周期性执行程序：

初始化阶段之后，开始周期性地执行程序，即电控单元软件正常运行。

电控单元停止工作：

在这个阶段中，电控单元停止工作，并在结束不需要运行系统控制而由主动控制执行的任务后最终断电。

（9）功能层面

功能层面描述功能关系，例如通过功能作用链的表达来描述。功能作用链描述输入信号的信号流，一般是传感器信号的信号流，它们在各种软件功能中被处理成通常用于控制执行器的一个或几个输出信号。空燃比调节的作用链就是一个实例，从氧传感器的信号出发，在各种功能中进行传感器信号处理、空燃比调节以及计算所得到的喷油持续时间的修正值，最终在喷油器控制持续时间中一并考虑这种修正值。这种功能层面呈现出与系统结构非常协调地工作。

3. 组织架构机理

组织架构机理是具有重要意义的软件机理或模型。组织架构机理的实例有：

● 分层模型。

● 变型机理。

● 主存储器读写存取的密度安全。

● 软件部件的重要公共设施，例如诊断管理器。

以下详细介绍几种这样的组织架构机理。

4. 分层模型

分层模型再细分成带有一定特性和任务分层的软件组织架构。在这方面，发动机电控系统中有硬件包（HWE）、器件包（DE）和应用软件（ASW）。

硬件包（HWE）装入了具体计算机硬件应用软件的依赖关系，并允许改变无完整软件组织架构的计算机硬件的交换。仅硬件包才必须与新的计算机硬件进行匹配。

器件包（DE）包括用于电控单元运行的软件，它装入了传感器和执行器，从而简化了它们的信息交换。图 9-12 示出了传感器器件包的方案模型。

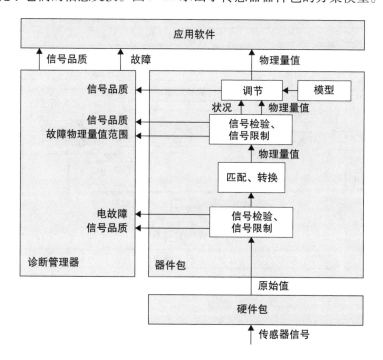

图 9-12　分层模型（以传感器为例）

应用软件包括软件产品的功能逻辑，并且与软件产品中应用的传感器、执行器和计算机硬件无关，因此分层模型提高了应用软件中软件部件的可重复应用性。

5. 变型机理

变型机理使得能够在软件中进行功能变型，其中原则上可区分为软件产品内部的变更和软件产品的变型。

一个软件部件可具有一个内部开关，这种开关允许这种软件部件应用于有和无涡轮增压器的系统中。或者这种软件部件存在两种明显不同的变型，而这种开关置于这种软件部件的外面，根据系统的不同选择合适的软件部件变型。

6. 软件组织架构和开发流程

软件开发过程调节和控制所有必须的活动、工作产物和作用是制造软件产品所必须的。

软件开发过程有非常不同的表达方式和模型。V 形模型（图 9-13）是一种广泛应用的模型，它也应用于发动机电控系统的软件开发。其中，"V"左侧为要求分析、软件方案和设计以及软件自动编码，而"V"右侧为鉴定有效性的试验活动。

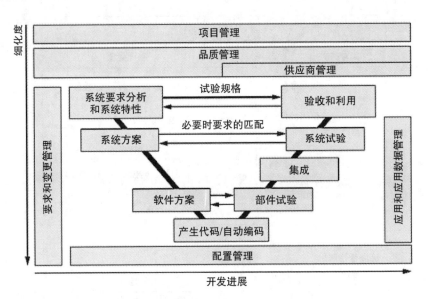

图 9-13   V 形模型

软件组织架构在软件开发过程中起着支撑作用，它决定了可供使用的软件部件数量，以及这种软件部件的特性，例如它的接口和软件部件组织方面的管辖权限。

这样，它就形成了用户对每个软件功能要求的需求分配基础，此外它可支配软件方案的规定，例如哪些软件部件必须准备好或利用哪些接口。另外，它还确定哪些软件部件必须彼此相互进行试验，并预先规定软件产品集成模块中的子软件产品必须提供怎样的细化度。

9.5.3   AUTOSAR

软件组织架构模型化适合应用形式标准化的描述表达方式。在汽车领域中，近几年在这方面产生了"汽车开放式系统架构"（Automotive Open System Architecture，AUTOSAR*）标准。这种 AUTOSAR 标准化措施是汽车制造商、电控单元制造商以及开发工具、基础软件（BSW）和微控制器制造商共同制定的，其主要目标是：

- 电控单元之间有效的软件交换。
- 准备好一种统一的软件组织架构。
- 为电控单元中软件部件的特性和配置确定一种描述表达方式。

AUTOSAR 软件组织架构（图 9-14）基本上可区分为与电控单元无关的应用软件（ASW）、电控单元特有的基础软件（BSW）和 AUTOSAR 运行时间环境（RTE）。这样一方面实现应用软件的各个软件部件之间的通信，另一方面实现应用软件与基础软件的通信。运行时间环境源于每个结构配置的虚拟功能总线（VFB），在虚拟功能总线中，为了连接汽车上的电控单元，软件部件之间的通信

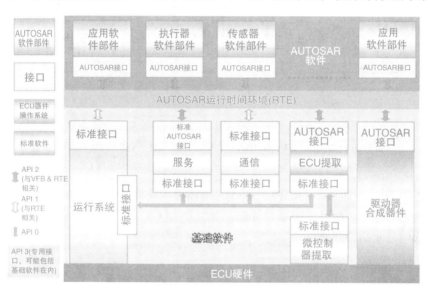

图 9-14 AUTOSAR 软件组织架构
（ECU：电控单元；API：应用程序接口；VFB：虚拟功能总线；RTE：运行时间环境）

---

* 译注：2004 年面世的 AUTOSAR 开放式系统架构标准是由欧日汽车制造商、零部件供应商以及软件、半导体和电子工业的企业共同制定的产业标准或操作系统，它可简化开发流程并使得 ECU 软件具有复用性。汽车制造商正在开发基于 AUTOSAR 的电子系统以应对当代汽车中日益复杂的软件。AUTOSAR 将电子架构分成若干层和模块。在定义接口的同时，AUTOSAR 也定义了软件组件和易于交换的硬件平台标准。AUTO-SAR 开发成员不仅提供了基础软件模块的规范，还提供了用于开发分布式系统应用程序的方法，这种方法以基于模型的软件和分布式系统描述开始，以自动代码生成和可重复的测试结束。在具体实现的过程中还需要借用现有的实时操作系统（OSEK，vxWorks，WindowsCE，LINUX，QNX 等）。目前 AUTOSAR 的版本是 3.1，许多厂商（FREESCALE，RENESAS，Vector，Infineon，WindRiver 等）已经推出了自己的 AUTOSAR 系统。

跨越电控单元进行模型化（图 9-15），然后以电控单元中的软件部件分配为基础，每个电控单元形成运行时间环境，而这种运行时间环境就为软件部件实现与其它软件部件的通信，而与该软件部件位于哪个电控单元无关。

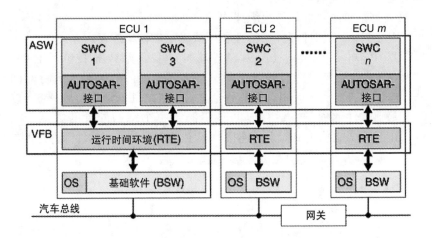

图 9-15　通过虚拟功能总线跨越电控单元的通信

（ECU：电控单元；ASW：应用软件；SWC：软件部件；VFB：虚拟功能总线；
RTE：运行时间环境；BSW：基础软件；OS：运行系统）

正如图 9-16 时所示的那样，运行时间环境不仅能实现电控单元中软件部件之间的内部通信，而且还能通过外部总线（例如 CAN 总线）实现不同电控单元软件部件之间的外部通信。

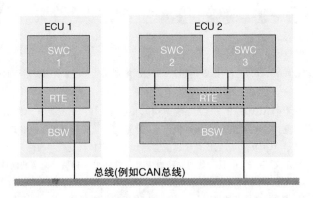

图 9-16　各种软件部件之间的通信

（ECU：电控单元；SWC：软件部件；RTE：运行时间环境；BSW：基础软件）

9.6　电控单元的标定

发动机电控系统的组织架构和功能首先要确定与项目（各自的发动机或汽车）规格相匹配并优化的参数，从而使发动机和汽车能获得最佳运行所必须的性能。

在这种关系中，最佳就意味着在考虑到零部件运行极限的情况下，在最低废气排放、最低燃油耗和最大工作能力之间获得最好的折中，同时还有法规规定的有害物排放限值、燃油耗策略、制造商规定的工作能力，以及零部件所容许的负荷等。因为这些目标往往取决于法规状况，因而电控单元标定的主要任务是在考虑各自边界条件下确定上述要求之间的最佳折中，因此确定参数过程的结果是发动机电控系统功能软件十分重要的组成部分。

确定参数、这些参数的有效性、数据管理以及它们的认证等方面工作的总和被称为电控单元的标定。

9.6.1　标定流程

电控单元标定的工作流程可相应将通常的处理顺序如下细分成：

- 基本匹配：发动机稳态运行时部件、计算模型、调节器和设定值的基本匹配，其中的数据绝大多数是借助于发动机台架试验来确定的。
- 动态匹配：将发动机台架试验中确定的数据转换到汽车上，并进行瞬态性能匹配，包括起动和怠速运转的废气排放以及行驶性能参数的确定。
- 诊断：发动机电控系统自身诊断的参数确定，特别是与废气密切相关的故障（车载诊断，OBD）。
- 监测：与安全性密切相关的发动机电控系统功能的标定。
- 认证：发动机电控系统软件参数确定的认证，以及用于批产运行发动机电控系统中的项目专用部件的认证。

所有参数及其相互之间协调配合的综合性能在整车行驶试验中进行检验，即使在诸如高低温、高海拔等外部不利条件下，都要确保整个系统的适用性。工作范围可部分平行地完成，但是某些任务则要按照规定的顺序进行。

9.6.2　确定参数任务的分类

确定功能参数的合适方法取决于要处理的任务和边界条件，同时任务组及其确定参数的相关可能性可如下来区别而不会提高对完整性的要求：

1. 确定部件（传感器、执行器）**参数**

在真实系统可供使用之前，某些参数在"桌面上"就能确定，这大约就是传感器特性曲线、几何尺寸或部件数据，在开发过程中不再变化的参数也属于这一类，因为它们能确保某些部件的运行安全性。

2. 确定模型参数（充气模型、转矩模型等）

在发动机电控系统中存在基础的物理模型，由此可计算描写系统的状态参数。它们或是因原理上的限制无法测量的参数，或是出于经济方面的原因通常在批产汽车上可能放弃测量的参数。为了确定这些模型参数，必须相应地对系统进行测量，采集调节输入参数时系统的应答，然后根据这种输入－输出状况，发动机电控单元中的模型在工具的支持下完全有可能与真实系统一样确定参数。

3. 发动机调节参数（点火角、喷油始点、凸轮轴相位等）

该部分确定常规的发动机定时，即寻找到发动机所有调节参数的最佳组合，例如凸轮轴相位、喷油始点、燃油压力、点火角等。以往可以通过全扫描即通过所有运行工况点的参数变化查明最佳参数，但是随着调节参数的数量越来越多，全扫描的方法就不再实际可行了，因此必须采用新的方式方法确定参数，例如统计试验计划（试验设计，还有其它的解释）。

4. 预控制值和设定值（曲线形状设置、起动参数等）

在这方面可以起动参数作为例子。发动机起动依然是一种纯控制过程，为此要在起动试验中查明所必须的设定值，例如点火角、节气门开启角度、喷油量等，其中还包括环境温度和空气压力，而且还要采用各种不同品质的燃油进行试验，其目标是在所有的环境条件下以尽可能少的有害物排放实现可靠起动。

5. 确定调节器参数（怠速调节、增压压力调节、爆燃调节等）

通过动态瞬变激励、振动试验和常规的调节设计方法来进行调节器参数（例如用于怠速调节的参数）的匹配。发动机电控系统中的许多调节器依靠预控制，并调节弥补实际值与设定值之间的偏差。

6. 阈值（诊断阈值、转换、滞后等）

例如在诊断功能范围中就存在阈值，其中在确定参数期间要规定极限样本或偏差部分或者模拟故障状况，然后将阈值调整得使容许的极限样本刚好低于所确定的阈值，而偏差部分则肯定被识别为故障。

真正的标定工作依靠开发的方法和工具予以支持，它们承担下列任务：

- 降低确定参数的费用。
- 减少试验载体的数量。
- 提高对系统的理解能力。

- 进一步提高控制复杂性的能力。
- 不断地改善标定品质。

首先，通过开发功能强大的方法和工具，即使复杂性不断提高，以及发动机电控系统功能的范围越来越大，但是标定任务仍能在一目了然的时间范围内高品质地进行处理。

开发的方法和工具能以辅助方法减轻例行任务的负担，在选择优化参数方面予以帮助，或者通过应用适当的算法使其能够高效地处理复杂的标定任务。

除了常规的标定工具之外，还有功能强大的数据库可用来管理应用数据，借助于这些数据例如就能进行参数初始化或数据可信度的判断。

9.6.3 标定工具

大部分标定工作是采用便携式计算机辅助的标定工具进行的（图 9-17）。对此可区分为两种类型，其中基础标定工具可提供诸如测量、调节和比较等基本功能，而另一种标定工具的工作则与标定和功能有关并包含某些例如用于优化功能的算法。

对于基础标定工具的基本功能，Bosch 公司使用 INCA（综合标定和采样系统）标定工具，它能提供广泛的测量和标定功能以及用于管理标定参数、测量数据分析和电控单元 Flash 程序化的工具。而一个 综合数据库使得在新的电控单元项目中已建立的配置和试验易于快速地重复应用。通过开放的接口 INCA 标定工具可自动进行标定，以及集成到试验台上、闭环试验系统的硬件中或者其它的工具环境中，它支持电控单元的描述，用于测量和标定系统、试验台接口、测量数据交换，以及由电控单元统一与 ASAM* 标准 ASAM MCD – 2 MC、ASAP3 和 ASAM MCD – 3 MC、ASAM MDF、CCP** 和 XCP 的通信协议。

针对使用目的，专门为高带宽高速通信装备了一个电控单元，它装有一个仿真器测头（ETK，也被称为电测头）替代程序存储器（EPROM），该仿真器测头中复制了电控单元的 EPROM 和 RAM，并为便携式计算机中的标定工具提供一个接口，因此标定工具能在存储器中直接存取，这样仿真器测头就为标定单元的连接形成了实时工作能力强大的电控单元接口。

---

* 译注：ASAM（Association for Standardisation of Automation and Measuring Systems，自动化及测量系统标准协会）是汽车工业中的标准协会，致力于数据模型，接口及语言规范等领域。该协会创建于 1991 年，是德国汽车工业中的领军人，如今 ASAM 已经成为一个拥有 100 多个成员公司的世界性协会。

** 译注：CCP（CAN Calibration Protocol）是一种基于 CAN 总线的 ECU（Electronic Control Unit）标定协议，已经在许多欧美汽车厂商得到应用，采用 CCP 协议可以快速而有效地实现对汽车电控单元的标定。

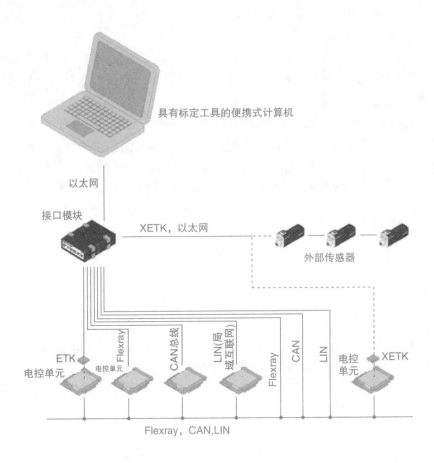

图 9-17　电控单元和外部传感器连接到具有标定工具的便携式计算机上的可能性
[ETK：仿真器测头；XETK：具有 XCP（虚拟化云平台）协议的仿真器测头]

通过符合 ASAM 标准 CCP（CAN 标定协议）的 CAN 总线接口，标定单元（例如便携式电脑）就能很方便地连接到电控单元。对于特殊任务，有许多专用的标定工具，它们分别能处理一个完全确定的任务，例如确定充气模型参数和废气温度模型参数或者识别断火。

下面将阐明标定任务典型的工作流程。原则上，可区分为两种标定方式，其中一种方式是在行驶或运行期间通过连续的测量、观测和调节直接进行的，将这种过程称为在线标定，而在所谓的离线标定中则按照规定的试验计划进行测量，并记录系统的反应，紧接着根据所记录的测量结果进行一定的分析处理，并确定特性曲线场、特性曲线和常数。

9.6.4 软件标定的流程

1. 确定所期望的性能

按照前面所述的分类确定某种功能所期望的性能，例如对于所必须的模型精度或一定的调节性能，根据这些目的和给定的边界条件，就有怎样达到这些目的的确定的标准做法，通常为此总要在汽车上或发动机试验台架上进行必要的试验和测量。

2. 预先准备

为了获得所有必须的系统信息，必须确定重要的测量参数和影响参数。在一个新的或未知系统的情况下，可以借助于软件资料依据下列条件制作一张图：怎样来建立所要标定的功能，一个功能具有哪些输入量和输出量，以及应调节哪些参数。

这些所要测量的参数，不仅可能是来自于发动机电控系统由其它功能计算和可提供使用的数值，而且也可能是外部测量装置或传感器的测量值，而外部测量装置或传感器则可能由相应的外围设备（例如接口模块）添加的（参见图 9-17）。对于已知的功能，在标定工具中有重要测量参数和调节参数的清单。根据系统的配置，必要时还必须补充其它的参数。

除此之外，要确保所需试验装置（发动机或汽车）的可用性、成套性以及正确和完整的配置，或者将可能需要添加的测量装置或装备纳入计划，而且还应将诸如发动机试验台架、试验路段、气候或废气排放测试转鼓试验台、制动牵引器等所需的测量和试验装置纳入限期完成计划。

3. 实际系统性能的测量

如果所有的准备工作就绪的话，则就可按照标定程序对试验装置（发动机或汽车）进行测量，其中试验装置用标定工具采取不同的方式进行调节，并记录系统的反应。

4. 功能参数的匹配

在在线标定时，可根据目标设定和边界条件在测量期间同时调节要标定的参数，从而优化系统性能。其间，标定工具能直接在系统中采集调节结果，并不断改变参数直至调节到所期望的性能。而在离线标定的情况下，则调节某种标定工具的功能参数不断地进行优化，直至调节到所期望的性能。

5. 为修改参数提供依据

若在测量时直接调节功能参数的话，则测量结果也被用作为后续调节参数提供依据。而在离线标定的情况下，则用改变参数进行检验测量，以便验证变化的性能，并为进一步调整提供依据。

9.6.5 发动机电控单元标定中的统计学试验规划

应用统计学试验规划方法（试验设计，DoE），可以一方面减少所必须的测量次数，另一方面能快速和高精度地模拟内燃机高度复杂的性能。这种方法包括试验规划、建立模型及其模型分析。

这种方法的核心是建立模型，其中模型是以数学关系为基础的，而绝对不包含物理结构（黑盒模型化，英语称为 Black Box Modeling），而模型的参数则取决于测量数据。

现在借助于这种内燃机性能模型，或者可获得"综合"测量数据，以便由此能确定电控单元功能参数，或者能直接在模型上进行优化，以便确定关于废气排放、燃油耗和性能的最佳调节参数，而这两方面的工作也能组合起来进行。这种模型被用作为"虚拟"发动机，并能在模型上进行所有重要的"测量"，这样就能在非常短的时间内完成。

当以基本物理方程式为基础的模型化接近可模型化、精度或计算时间极限的情况下，这种方法特别适合，因此在遇到所有的围绕发动机燃烧方面的问题时，往往会想到使用这种模型化方法。

在模型化算法方面有许多方法，例如多项式方法、径向基函数（德语缩写 RBF，radial Basisfunktion – Netzwerke）网络*、局部线性模型、支持向量机（英语缩写 SVM，Support Vector Machines）**、高斯法、神经原网络等，其中每一种方法都具有特殊的优缺点，多项式方法应用得最为广泛。

在试验规划时，测量数据的分配和数量的确定要在所应用的模型化算法上被调整得最佳。所必需的测量数据数量应尽可能少，以便将发动机或汽车上昂贵而费时的测量减少到最小程度，而且所应用的模型化算法必须能规避测量干扰，并具有高的灵活性，以便也能描述复杂过程。理想的方式是在模型训练期间不需要应用者的帮助就能通过合适的模型化方式自动确定模型结构和模型参数。例如，

---

*译注：RBF 网络能够逼近任意的非线性函数，可以处理系统内的难以解析的规律性，具有良好的泛化能力，并有很快的学习收敛速度，已成功应用于非线性函数逼近、时间序列分析、数据分类、模式识别、信息处理、图像处理、系统建模、控制和故障诊断等。

**译注：支持向量机是一种监督式学习的方法，它广泛地应用于统计分类以及回归分析中。

ETAS 公司的 ASCMO 程序* 在模型化核心中应用高斯法。

9.6.6 基于模型的标定

由于要求和复杂性越来越高，同时可供使用的试验装置的数量减少，因而借助于基于模型的方法（例如 DoE，试验设计）处理标定过程的不同部分，以便减少基于汽车测量的标定步骤，同时必须用模型足够精确地描述系统性能，但是用于确定其参数的费用必须尽可能少。由于对于许多任务必须描述发动机或汽车与电控单元确定参数数据功能之间的相互作用，因而基于模型的标定在一种 HIL 模拟器（HIL – Simulator，硬件在环）** 上进行，而较小部分也能用软件凹口（Software – Freischnitt）来进行处理，其中一小部分的功能软件作为便携式电脑中的程序与确定参数的区间模型（Streckenmodell）一起运行和优化。

9.6.7 标定实例

点火提前角的优化

在汽油机上，点火提前角起着重要的作用，借助于点火提前角能通过燃烧重心位置影响发动机的效率。

---

* 译注：ETAS ASCMO 程序是一种基于数据建模与标定的易于使用的解决方案，能极大地缩短先进的基于模型的标定和基于数据的建模时间。它支持快速高效地创建精确的基于数据的模型，所创建的这些高精度模型可用在不同的模拟环境中（例如，Simulink 或者 HiL 系统）优化发动机电子控制单元或者系统模型等实际系统的参数，而两者的稳态和动态/瞬态系统行为都可以被采集到。通过采用试验设计（DoE）方法可以极大地减少实际系统的数据（测量或者模拟数据）创建工作。传统上，采用 DoE 确定必须测量的数据点的最低数量具有一定难度，而 ETAS ASCMO 能简化这项工作。高精度模型是采用现代统计学习方法（高斯法）自动生成的。即使是高度复杂的系统行为的描述也无须事先掌握丰富的系统知识或者对使用的算法具有特殊的数学专业知识。ETAS ASCMO 为广泛的应用场合（即可视化和模型评估）提供各种功能以及各种强大的优化算法。其主要用途为：柴油和汽油发动机的高效标定；基于模型的油耗和排放优化；控制器标定（例如，驾驶性能、增压压力、怠速）；复杂功能参数化（例如，充气和转矩结构）；阀门、传感器及其它硬件组件优化；缩短物理模拟的计算时间；提高物理模拟的精确度等。

** 译注：汽车上的电控单元越来越多，功能越来越复杂，对于这些电控单元的功能测试，故障诊断及网络测试的需求也越来越多。通过 HIL Simulator 可以搭建虚拟的测试台架及车辆环境，产生实车的各种信号，满足发动机，传动系，整车及车身电控单元的功能测试，故障诊断测试、网络测试和自动测试的需求，其功能为：模拟被控对象的各种工况，产生车辆所需的各种信号，与电控单元构成闭环系统；在线实时监控和标定各种仿真参数，模拟各种不同驾驶人操作、试验环境和驾驶工况；实现整车的各种电气故障，模拟复杂的故障模式；快速复现故障模式；实现测试自动化，且测试过程可复现；实现多个电控单元的集成测试及网络测试；实现高速运算，满足电控单元测试的实时性要求；易于维护和扩展测试能力。通过该测试平台搭建虚拟的测试台架及车辆环境，可以实现车辆行驶的各种工况，对电控单元在不同环境条件、极限测试工况以及故障模式下的情况，进行系统的大范围的可复现的测试，减少实车测试所带来的风险，降低人员、开发时间和费用支出。

为了使发动机以最高效率运行，也就是达到低的燃油耗和输出最佳转矩可供使用，点火提前角根据下列因素进行调节：

- 发动机转速。
- 气缸空气充气量（发动机负荷）。
- 气缸中的残余废气含量。
- 气缸充量运动控制阀板（如果存在的话）的位置。
- 运行方式（均质或分层充量运行）。
- 混合气的空燃比。
- 发动机温度。
- 进气空气温度。
- 燃油品种。
- 燃油品质。

为此，在发动机试验台架上进行试验，调节上述运行参数（就可能而言）并进行自动测量，然后在控制台上借助于标定工具查明测量结果的最佳值，并存放在作为电控单元功能的特性曲线场和特性曲线结构中，而在发动机试验台架上无法测试的影响则在整车行驶试验中确定其参数。

在较高的负荷和转速下，汽油机点火提前角的调节受到爆燃燃烧的限制，那么出于保护零件起见，发动机就不再以最佳的点火提前角运行，对于这些范围的点火提前角设定值则与爆燃调节一起进行标定，以便一方面确保发动机可靠运行，而另一方面应对转矩和燃油耗产生尽可能小的损害。

此外，还必须查明可燃混合气仍可能被可靠点燃的最晚点火角，而此时发动机输出尽可能小的转矩，这些范围被作为点火角调节的极限，这是其它短暂降低转矩的功能所要求的，例如催化转化器加热、自动变速器换档过程、行驶状态功能等。可能的最晚点火角直接在发动机试验台架上进行调整，因为点火角调晚，废气温度就会随之显著升高，可能很快就会超过容许的极限而危及零件的安全。

这种废气温度的升高被用来在冷起动后较快地加热催化转化器，当然发动机的效率就会恶化，也就是说点火时刻即燃烧中心位置向晚的方向移动，以便达到提高废气温度的效果。即使发动机效率恶化，但是仍要提供足够的转矩，因而要增加气缸中的空气质量（以及在化学计量比运行条件下也要增加燃油质量），这样就会导致燃油耗增加，因此催化转化器加热阶段应尽可能缩短。

9.6.8 其它方面的匹配

1. 适应性

在批量生产范围内，无论是发动机还是传感器和执行器的性能都会受到生产条件波动的影响，而且系统性能也会随着时间因污染、磨损和老化而发生变化。

在发动机电控系统中存在补偿这些波动和变化影响的功能，它能由不同计算和测量信号的可信度计算出修正系数，然后被计入设定值的计算之中，从而针对生产中的离散度和汽车的老化程度确保不仅在新车状态下，而且超过 100 000km 后仍能可靠地达到废气排放限值的要求。

2. 安全可靠性匹配

除了对废气排放、燃油耗和动力性能具有决定性影响的功能之外，还有众多的安全可靠性功能要进行匹配，以便即使在传感器或执行机构发生故障时，仍能确保系统达到一定的性能。这些安全可靠性功能首先用于使汽车保持在对驾驶人无危险的状态，并确保发动机及其零部件的运行安全可靠性（例如避免发动机及其废气后处理系统免受损坏）。

3. 通信

一般，发动机电控单元与好多个电控单元相连接，汽车电控单元、变速器电控单元和其它电控单元之间的数据交换是通过数据总线（大多是 CAN 总线）进行的。所有相关电控单元正确地协同工作在汽车原始装配时进行检验和优化。

汽车上两个电控单元协同配合工作的一个典型实例是自动变速器换档过程的进行。变速器电控单元在换档的最佳时间点通过数据总线要求降低转矩，然后无须驾驶人操作，发动机电控单元就会采取措施，使发动机输出合适的转矩，从而能实现无冲击的柔和的换档。

4. 诊断

按照法规规定，在整个汽车使用寿命期间必须确保满足废气排放限值的要求。为此，发动机电控单元具有自身诊断功能（车载诊断，OBD），它对功能能力影响废气排放的汽车部件进行监测，对传感器、执行机构和催化转化器的监测，以及对发动机断火的监测就属于这种功能。

发动机电控单元监测各种不同信号是否超过或低于运行极限、有否接触不良和短路以及与其它信号相比的可信度。标定必须规定信号的范围极限和可信度极限，它们必须被选择得即使在极端条件（高温、低温、高海拔）情况下也不会发生错误的诊断，但是另一方面，对于真实的故障仍必须具有足够大的灵敏度，并确保足够的监测频率（英语缩写 IUMPR，In – Use Monitor Performance Ratio，在用车监测频率[*]）。此外，还必须规定在存在某个故障的情况下发动机可怎样继续运行，最后该故障还应储存在故障存储器中，以便维修服务站能够快速寻找到该故障并予以排除。

---

[*]译注：新的欧 5 法规中规定，EOBD 采用在用车监测频率指标 IUMPR 来衡量 EOBD 系统工作状况，它是指制造商设定的满足监测条件的工况与车辆实际行驶总体工况的比值，反映了随车运行的 EOBD 系统对某一监测项的监测频率。

9.6.9 极端气候条件下的标定

试车时要进行低温极端条件下的试验，这种行驶条件通常仅发生在汽车使用寿命期间的特殊情况下。试验中发生的这些行驶条件可仅限于在试验台架上进行模拟，因为在这方面试车人员的主观感觉及其经验起着重要的作用。单是温度在试验台上模拟并不困难，但是与真实的行驶运行相比，例如起步性能仅在转鼓试验台上就非常难以评估。

除此之外，试验时大多要用好几辆汽车行驶一段较长的路程，这样就能通过不同试验车辆的批产离散度来检验标定参数，使标定工程师能够对调整好参数的不同车辆的性能状况进行评价。

另一个重要方面是世界不同地区燃油品质的影响，而主要的是不同燃油品质对发动机起动性能和暖机的影响。汽车制造商要花费很高的费用来确保汽车能使用市场上存在的所有燃油运行而不会出现问题。

1. 冬季试验

冬季试验要覆盖大约为 $-30 \sim 0℃$ 的气候范围。首先要进行起动性能测试和评定起步性能。

起动时要对每次燃烧进行评估，必要时应优化相应的参数。正确地确定每次喷油参数对于起动时间和使发动机从起动转速提高到怠速转速具有决定性的意义。在发动机起动加速期间，即使只存在唯一的一次不完全燃烧，就会减缓转矩的建立而使终端用户感觉到有缺陷。

2. 夏季试验

夏季试验要覆盖大约为 $15 \sim 40℃$ 的气候范围。这些试验在例如法国南部、西班牙、意大利、南非和澳大利亚进行。南非和澳大利亚虽然距离远以及材料运输费用大，但是还是很令开发商感兴趣的，因为在我们冬季月份期间那些地方具备夏季试验所必须的温度，由于开发时间越来越短，必须充分利用这些可能性。夏季试验时要检验例如热起动、燃油箱通风、燃油箱泄漏识别、爆燃调节和许多诊断功能等。

3. 海拔试验

海拔试验要覆盖 $0 \sim 4000m$ 的海拔范围。对于这种试验不仅在绝对海拔检验方面，而且在必须短时间内达到尽可能大的海拔差方面具有决定性的意义。海拔试验大多与冬季和夏季试验结合起来进行，而此时起动又起着很大的作用，此外还要进行例如混合气匹配、燃油箱通风、爆燃调节和许多诊断功能等方面的试验。

第10章 电控单元

10.1 概述

电控单元承担发动机及其许多辅助设备的总体控制和调节。随着数字技术的应用，电子控制获得了多种多样的可能性，而且这些年来这种可能性变得越来越多，例如现代废气排放法规的实施，以及在高发动机功率下要达到低的燃油耗值，没有电子控制是不可想象的。在发动机控制中能同时考虑到许多运行因素，从而能使发动机以最佳工况运行。电控单元感受到表征发动机物理状态的传感器信号以及驾驶人的意愿，并对它们进行分析，计算出用于执行机构（执行器）的控制信号，并对其进行控制。电控单元所应用的电子器件的工作能力不断增强，能够完成越来越复杂的用于发动机管理（点火、混合气形成等）的控制和调节功能。电控单元中的所有电子元器件被称为"硬件"。

相应于电控单元在汽车上的重要作用和复杂的外部应用条件，设计者对电控单元的功能、品质和使用寿命提出了高的要求。由于发动机电控系统的部件安装在汽车上各种不同的部位，从乘客车厢、散热器上、专用的电子盒和发动机室中，直至直接附装在发动机上，根据汽车制造商和车型的不同，对发动机电子控制系统的要求会有很大的变化，有时候温度应力和振动应力会达到非常高的数值。由于不断有新的要求，因而现代发动机电控系统的功能范围随之不断扩展，而电控单元的外部测量却趋于减少，因此电控单元向更高的功能集成，以及电子元器件甚至机械部件（例如插接件）的超微型化方向发展。

同时还必须在困难的条件下确保电子控制功能，因而电控单元还必须在蓄电池电量不足（例如冷起动时），以及在高的充电电压下可靠工作。此外，还对电磁兼容性（EMV）提出了进一步的要求，因此要求电控系统既不受强烈电磁干扰场的影响，也不受其它系统的电磁辐射（例如汽车无线电）的妨碍。对发动机电控系统的主要要求归纳于表10-1。

表 10-1　对发动机电控单元的典型要求

要　　求	数值或典型实例
使用寿命	15 年
有效工作小时数	6000 ~ 8000h
行驶里程（乘用车）	240，000km
每年工作天数	365
每天起动过程次数 其中冷起动次数	6 2
安装在车身或者车轮罩或散热器上时的工作温度	−40 ~ 85℃
靠近发动机安装时的工作温度	−40 ~ 105℃
安装在车身或车架时的振动要求	实际噪声值：27.8m/s^2 （频率 10 ~ 1000Hz）
离开发动机安装或安装在空气滤清器上时的振动要求	实际噪声值：27.8m/s^2 （频率 10 ~ 1000Hz） 正弦加速度：180m/s^2 （频率 100 Hz ~ 1.5kHz）
发动机室内的防水	防护等级典型为 IP6K9K（灰尘密度，即使在高压或蒸气喷射清洗情况下）
化学腐蚀	盐水、机油、清洗剂、燃油、制动液

10.2　电控单元构造

10.2.1　组织构架

　　在发动机控制的机械－电子系统中，电控单元是调节装置，它承担发动机功能的控制、调节和监测。为此，图 10-1 示出了其组织构架的方块示意图，并将在下文予以详细解释。

　　电控单元通过输入电路采集由传感器提供的实测值，例如转速或节气门位置，并通过输出电路控制作为执行机构的执行器，例如喷油器或点火线圈。

　　输出级提供控制执行器所必须的功率，而在数字电路中进行信号处理，在中央计算单元（处理器）中进行控制和调节算法，为此所必须的控制程序（软件）和数据则储存在程序和数据存储器中。中央计算单元、存储器和其它的模块（例如计时器单元）被集成在一个半导体芯片中，它被称为微控制器。

　　为了与外界进行通信，电控单元具有一个或多个通信接口，通过这些接口可

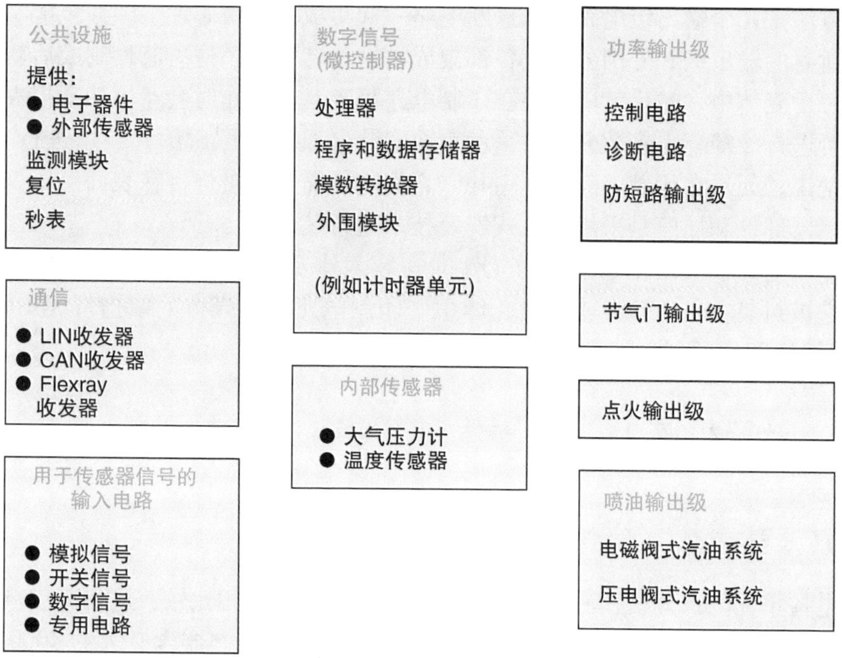

公共设施	数字信号	功率输出级

公共设施

提供：
● 电子器件
● 外部传感器
监测模块
复位
秒表

数字信号
(微控制器)

处理器
程序和数据存储器
模数转换器
外围模块

(例如计时器单元)

功率输出级

控制电路
诊断电路
防短路输出级

通信

● LIN收发器
● CAN收发器
● Flexray
　收发器

节气门输出级

内部传感器

● 大气压力计
● 温度传感器

点火输出级

用于传感器信号的
输入电路

● 模拟信号
● 开关信号
● 数字信号
● 专用电路

喷油输出级

电磁阀式汽油系统
压电阀式汽油系统

图 10-1　发动机电控单元的组织构架

以与其它系统（例如 ABS 系统）的电控单元或诊断检测仪进行数据交换，此外通过这种接口也可在车间装配流水线终端对电控单元进行编程。

在电控单元中的电子电路运行时需要外围公共设施，它们提供所有运行必须的电压和电流的电路。除此之外，外围公共设施还通过监测和复位电路，确保电控单元的正确和可靠地运行。监测电路（也被称为监测模块）是监测方案的组成部分，监测模块与微控制器彼此相互进行监测，当识别到故障时就采取相应的措施。

为了防止损坏，所有的输入电路和输出级电路都被设计得可防止与蓄电池电源端和接地端短路。为了进行诊断，输出级中的专用电路在发生故障时能确定故障的类型（短路、断路）。通过一个专用接口，控制程序可读出来自输出级模块的诊断信息。

10.2.2　结构

由于电路的复杂性以及对电控单元品质、成本和结构空间的要求，因此电控单元不可能是由单个电子部件组成的结构，而其中的电路被开发得能密集地集成在一块半导体芯片上，该半导体芯片被称为专用集成电路（英语缩写 ASIC）。在电控单元开发阶段，就确定哪些电路能以合适的方式一起集成在一块芯片上，正确的方法是几个输出级电路与其诊断电路一起集成在一块芯片上，甚至能将电控单元所有的输出级和外围公共设备都集成在一块芯片上。这些芯片制成后就被封装在一个壳体中，然后就能安装在印制电路板上，因工作时会产生功率损失，必要时可进行冷却。大多数元器件采用表面安装（英语缩写 SMD）技术进行装配，也就是说，无须在印制电路板上钻孔，它们就能简单地被焊接在表面上，仅很少的传感器部件和插座是采用插入式安装技术进行装配的。

印制电路板被用作电子结构元件的安装载体及其电连接，为了防止环境影响，它被封装在一个塑料或金属壳体中。印制电路板和壳体的结构将在 10.8 节"机械结构"中予以详细介绍。

10.3 计算机核心

10.3.1 要求

电控单元的计算机核心往往被拿来与微机的处理器相比较，这在高度概念化层面上是正确的，因为当前发动机电控系统所用的微控制器含有大约 4000 万个晶体管（Pentium Ⅱ型计算机具有约 670 万个晶体管），但是对电控单元计算机核心的要求要比微机高得多：

- 在 $-40 \sim 165℃$ 温度范围内具有正常功能。
- 低于 1×10^{-6} 的故障率。
- 使用寿命 40 000h（相当于一台微机，每天工作 8h，正常工作约 14 年）。
- 可连续生产 20 年（即使这种技术不再用于其它工业领域）。

10.3.2 微控制器

微控制器是电控单元中的核心部件（图 10-2），它控制功能流程。在微控制器中，除了 CPU（中央处理单元，中央计算单元）之外，在一块硅芯片上还集成了输入和输出通道、计时单元、RAM 存储器、Flasch 存储器、串行接口和其它的外围部件。

汽车上应用的现代微控制器还具有更多的外围设备，例如模数转换器、安全 Core 处理器（一个 Core 处理器监测另一个 Core 处理器）、协调保护硬件和以太网等。

1. 程序和数据存储器

微控制器进行计算需要程序——"软件"，这些程序被储存在程序存储器中。CPU 读出这种程序，并将其转换成指令，然后依次输出这些指令。

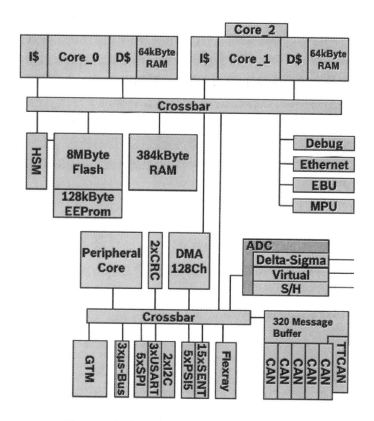

图 10-2　发动机电控系统现代微控制器的组织构架

Crossbar：内部总线；I\$：指令存储器；D\$：数据存储器；HSM：硬件安全模块；

Virtual ADC：虚拟模数转换器，可多通道同时采样；EBU：外部总线单元；

MPU：多处理器单元；TTCAN：具有时间触发器性能的 CAN 总线，以确定的应答时间确保 μs 总线 – 总线控制外围设备。

译注：

Core：是英特尔处理器的名称；Peripheral Core：外围设备 Core 处理器；

Debug：dos 中的一个外部命令；Ethernet：以太网；Message Buffer：信息缓冲存储器；

CRC：英语 "Cyclic Redundancy Check" 的缩写，循环冗余码校验，在数据存储和数据通信领域，为了保证数据的正确，就不得不采用检错的手段，在诸多检错手段中，CRC 是最著名的一种；

DMA：英语 "Direct Memory Access" 的缩写，直接内存访问，是一种不经过 CPU 而直接从内存存取数据的数据交换模式，主要用于快速设备和主存储器成批交换数据的场合；

GTM：英语 "Generic Transport Model" 的缩写，通用传输模块；

SPI：英语 "Serial Peripheral Interface" 的缩写，串行外围设备接口，它是一种同步串行外设接口，它可以使微控制器与各种外围设备以串行方式进行通信以交换信息。

USART：英语 "Universal Synchronous/Asynchronous Receiver/Transmittor" 的缩写，通用同步/异步串行接收/发送器，它是全双工通用同步/异步串行收发模块，该接口是一个高度灵活的串行通信设备；

程序被储存在一个长期存储器（Flash – EPROM）中，而且在这种存储器中存在着变化储存的数据（单个数据、特性线和特性曲线场），这些数据被用作匹配各种车型的软件功能（例如喷油特性曲线场与汽车制造商的发动机有关）。

因为现代半导体技术能够在芯片上配置完整的存储器，因此新型的程序存储器被集成在微控制器中，从而降低了系统成本，并提高了性能（存取的时间可以更短）。

还有可能将 RAM 存储器和 Flash 存储器紧接在外部总线接口上，因限于这些存储器的存取时间损失，以及这些部件的供应商数量不足，它们的应用仍很少。

Flash – EPROM

Flash – EPROM（FEPROM）因其优点将尽可能取代传统的 EPROM 作为程序存储器，因此在此就不详细介绍 EPROM 了。

Flash – EPROM 是电可擦的（与用紫外线光擦除的 EPROM 不同），因而电控单元无需打开，在售后服务站通过串行接口将电控单元与编程器连接起来就能重新进行编程。

2. 可变存储器或工作存储器

为了储存诸如计算值和信号值等可变数据，必须一种可写 – 读存储器。

（1）RAM

所有当前值的储存都在 RAM（随机存取存储器，写 – 读存储器）中进行。这种存储器与 Flash – EPROM 一样可集成在控制器芯片上。

当电控单元断开供电电压时，RAM 作为暂时存储器就会丢失储存的全部数据，但是匹配值（关于发动机和运行状态的学习值）则要在下一次起动时重新准备好，而在切断点火的情况下这些量值却不会丢失。为了防止出现这种情况，RAM 永远连接着供电电压，但是若断开蓄电池的话，也会丢失这些量值。

（2）EEPROM

断开蓄电池时也会丢失的数据（例如重要的匹配值、防盗锁代码）必须持久地储存在长期存储器中。EEPROM（也被称为 E2PROM）是一种电可擦EPROM，但与 Flash – EPROM 不同，其中的每个储存单元可单独擦除，因而 EE-PROM 可作为长期写 – 读存储器使用，有几种电控单元方案也利用 Flash – EPROM 中可分开擦除的区域作为永久性存储器。

3. 组合存储器

由于应用各种不同类型的存储器 Flash – EPROM、RAM 和 EEPROM，在系统中受到限制，因此致力于开发所谓的组合存储器，将 3 种类型存储器的所有优点综合在一起（在无电压状态时保持数据以及快速地读和写）。未来这种类型的存储器能够成为 MRAM（Magnetische RAM，磁性随机存储器）或 PCM（Phase Change Memory，相变存储器），因而在微控制器中能集成多得多的 RAM，也就能描述新的软件方案（需要更多的 RAM）。

4. 专用集成电路（ASIC）

因为电控单元功能的复杂程度越来越高，市场上能购买到的标准微控制器越来越不够用，在这方面专用集成电路（ASIC）组件能予以弥补。这种集成电路是按照电控单元开发的规定设计和制造的，例如它们可以包含有附加的 RAM、输入和输出通道，并能产生和输出脉冲宽度调制信号（PWM）。

5. 监测模块

电控单元具有监测模块，并且微控制器和监测模块通过"问答方式"（"Frage – und – Antwort – Spiel"）进行相互监测，若识别到差错的话，两者就能相互独立地导入相应的备用功能。

10.3.3 输出信号和控制信号

微控制器用输出信号控制输出级，提供通常足够的功率直接接通执行机构（执行器），而对于电流消耗特别大的用电器（例如发动机风扇）也可以由规定的输出级控制所属的继电器。

为保护输出级，避免与接地或蓄电池电压短路以及因电或热超负荷而损坏，这些干扰以及导线中断都会由输出级集成电路识别为故障，并通知微控制器。

脉冲宽度调制信号（PWM）

数字输出信号能以 PWM 信号输出。这种脉冲宽度调制的信号是具有恒定频率和接通时间可变的矩形信号，它能使各种不同的执行机构（例如废气再循环阀、增压压力调节器）进入连续可变的工作状态。

10.3.4 电控单元内部通信

支持微控制器工作的外围部件必须能相互进行通信，这是通过地址总线和数据总线进行的。微控制器通过地址总线输出例如 RAM 地址，并应读出其存储器中的内容，然后通过数据总线传输属于该地址的数据。在汽车领域内，早期开发的 8Bit 总线结构就已足够了，这就是说，数据总线由 8 根导线组成，能够传输超过 256 个数值。在这种系统中如今通常采用 16Bit 的地址总线，能够传输 65 536个地址，而更新型的复杂系统需要 16Bit 甚至 32Bit 的数据总线。为了节省插接件上的端子，数据和地址总线可综合在一个复合式系统中，这也就是说，地址与数据利用同一条导线在时间上交错传输。对于无需如此快速传输的数据（例如驾驶人储存的数据），使用仅带有一根数据线的串行接口。

10.3.5 装配流水线终端（EOL）的编程

许多要求不同控制程序和数据记录的车型需要采取减少汽车制造商所必须的

电控单元品种的方法，为此 Flash – EPROM 的整个存储范围可以在汽车生产终了时采用 EOL（英语 End of Lined 的缩写）编程方法加装程序和不同规格的数据记录。另一种减少电控单元品种多样化的可能性是在存储器中储存好多套数据方案（例如变速器数据方案），然后在汽车装配流水线终端通过编码来选择数据方案，而这种编码则被储存在 EEPROM 中。

10.4　传感器

除了执行机构（执行器）作为外围部件之外，传感器也可作为处理单元成为汽车与电控单元之间的接口。传感器的电信号通过电缆束和连接插头传输给电控单元，这些信号通过不同的接口供电控单元使用。

传感器接口

传感器具有模拟和数字接口，未来趋向于绝大多数传感器采用具有数字接口的传感器。

10.4.1　传感器模拟接口

模拟输入信号能接受一定范围内的任意一个电压值。例如进气空气质量、蓄电池电压、进气管压力和增压压力或冷却液温度和进气空气温度都是作为模拟测量值准备的物理量，它们由电控单元微控制器中的模 – 数转换器转换成微控制器中央计算单元能进行计算的数字值。集成在微控制器中的模 – 数转换器的典型分辨率是 10Bit，在 5V 基准电压下可获得约 5mV 的分辨率。

10.4.2　传感器数字接口

数字输入信号具有两种状态："高"（逻辑上为 1）和"低"（逻辑上为 0）。例如控制信号或数字传感器信号就是数字信号，如霍尔传感器或电磁感应传感器的转速脉冲。

未来数字接口将应用得越来越多，这种接口已标准化，可将不同制造商的传感器连接到发动机电控单元。SENT*（Single Edge Nibble Transmission，单边半字节传输）就是这种接口中的一种。每个传感器都需要一个专用的输入口。这些传感器需要 3 个接口，另一个数字接口是 PSI5（Peripferal Sensor Interface，外围

---

*译注：SENT（Single Edge Nibble Transmission，单边半字节传输）协议（如 SAE J2716）是美国汽车工程师学会推出的一种点对点的、单向传输的方案，被用于汽车传感器和电子控制单元（ECU）之间传输高清传感器数据，适用于汽车行业中对安全性要求严格和对成本敏感的应用，它有助于取代传感器和微控制器之间的模拟信号传输。

传感器接口），它是一个电流接口，因而测量值的传输和传感器的供电是通过两根导线进行的（图 10-3）。与 SENT 不同，PSI5 具有总线功能，而且能双向传输，也就是说，它能将好多个传感器连接在一组导线上，并且数据能双向交换，共轨压力传感器就是其中一种应用。

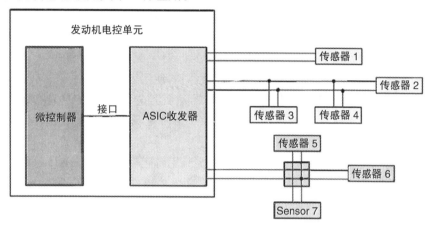

图 10-3　PSI5 的布局实例

10.4.3　传感器信号处理

输入信号由保护电路限制在容许的电压水平上，所利用的信号由滤波器尽可能消除叠加的干扰信号，并在必要时通过放大调整到控制器容许的输入电压（0～5V）。根据传感器的集成度，感应到的信号部分或完全在传感器中进行处理。

对于有些传感器，例如氧传感器，需要专用部件（ASIC）承担这些传感器复杂的控制和分析计值。这些 ASIC 控制具有一定信号的这些传感器，并对电流、电压和温度进行高精度的计值，将这些信号为微控制器处理成数字输入信号。图 10-4 所示的整个信号路径则是由唯一的一块 ASIC 来实现的。

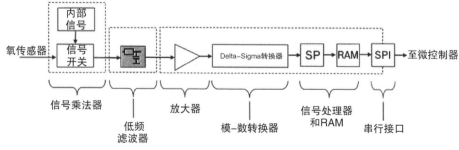

图 10-4　氧传感器信号处理路径

（译注：SP：信号处理器；SPI：串行外围设备接口）

10.5　执行器控制

发动机电控单元以微处理器中处理的数据为基础，通过相应的输出级来控制不同的执行器。这些执行器按照功率需求和控制方式来区分，即采用开关信号或脉宽调制（PWM）信号或专用输出级进行控制。

开关信号由发动机电控单元根据当前的运行工况点接入或断开汽车上的负载，例如通风机，而对于需求大电流的负载则要使用继电器。

采用脉宽调制（PWM）信号能使执行器达到预先规定的工作位置（例如废气放气阀控制或增压压力调节器）。这种控制信号是具有固定频率和可变接通时间的矩形信号。

当应用上述标准输出级无法实现而需要应用特定电流和电压曲线进行控制的场合，则要应用专用输出级，例如控制直流电动机的 H 桥形电路（图 10-5），点火级电路（图 10-6），以及控制用于缸内汽油直接喷射的高压喷油器输出级（图 10-7）。

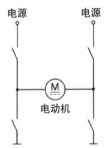

图 10-5　控制电动机的 H 桥形电路

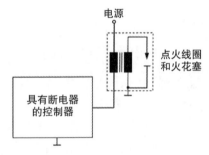

图 10-6　具有点火线圈和火花塞的点火级电路原理图

当借助于 ASIC 实现附属的控制逻辑电路和模拟信号处理时，能够特别高效地实现诸如控制高压喷油器之类需求高功率的复杂的输出级。新车型普遍应用高集成度的半导体微处理器，它有高的逻辑电路密度以及精确的模拟功能和高电压稳定性，而原本的功率输出级通常是用分立式半导体器件〔金属－氧化物半导体场效应晶体管（MOSFET）、二极管〕实现的。

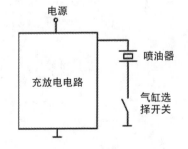

图 10-7　高压喷油器输出级的电路原理图（用于一个气缸的部分）

10.6 电控单元在汽车设计中的标定

如前所述，电控单元的结构总是非常相似的，而各种应用场合所必须的特定控制功能，则是通过微控制器中所实施的程序来实现的。这些程序由可实施的程序代码以及标定数据部分（各种特性量、特性曲线和特性曲线场）组成。所有的程序都储存在固定值存储器（发动机电控单元采用 Flash 存储器）中。为了满足发动机控制以及废气排放和诊断等方面法规规定的各种不同要求，必须改变并优化标定数据。对于第一代电控单元而言，100 ~ 1000 个标定数据就足够了，而如今则需要好多万个标定数据。这些标定数据的优化过程被称为"电控单元的标定"。

为进行标定必须在发动机试验台架和试验样车上进行必要的试验工作，并需要预先准备好专用的发动机电控单元，这种发动机电控单元也被称为标定电控单元，它必须首先满足下列要求：

- 与批产电控单元相同的性能。
- 与发动机转速和计算时间光栅（例如 1ms，10ms）同步采集以变量储存的计算值和信号值（例如转速、温度、计算出的点火提前角、……），它们被称为测量数据。
- 在发动机运行时能调整标定数据。

为了达到这些要求必须要有合适的接口，以及专用的写 – 读存储器和标定 RAM。

这些接口对于电控单元与标定工具之间的数据交换是必须的，而测量数据被中间储存在标定 RAM 中，并储存调整的标定数据（图 10-8）。

另一方面，整个标定系统由两部分组成，其中一部分位于电控单元中或其旁边，而另一部分则由内

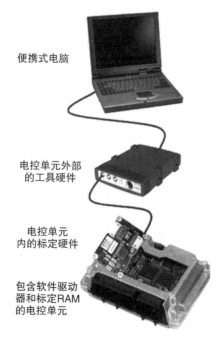

便携式电脑

电控单元外部的工具硬件

电控单元内的标定硬件

包含软件驱动器和标定RAM的电控单元

图 10-8 标定系统的典型组成部分

部工具硬件完成。这种内部工具硬件大多与便携式电脑连接，在其上执行程序，它控制所有用于采集测量数据和调整标定数据所必须的动作。

标定中应用的这些接口取决于利用测量数据的速率，如今所应用的 CAN 总线（国际标准 ISO 11898）可高达 50 kByte/s，而高效接口则可高达 500kByte/s。其中高效接口是标准调试接口，而标定数据的调整则进行得明显较慢。

由于发动机电子控制的复杂性越来越高（每次燃烧行程的多次喷射、更高的调节回路性能……），未来必须采集越来越多的测量数据，因此最新一代电控单元最大可能的总数据速率至少必须提高 8 ~ 10 倍（图 10-9），那么标定数据的调整也就能实时进行了。

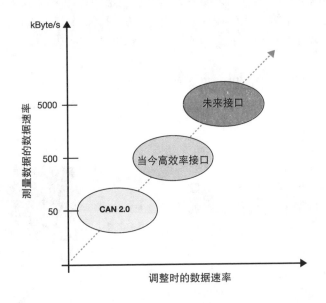

图 10-9　标定接口数据速率的发展

采用这种标定用电控单元就能采集、分析和评估发动机和汽车的运行性能，以便在反复的标定工作步骤中查明用于各车型的最佳参数，最终确保终端用户汽车的运行性能。

10.7　与硬件密切相关的软件

由于社会对能量效率、能量消耗和低有害物排放燃烧等方面提出了越来越多的要求，因而电控单元也变得越来越复杂，其中系统在硬件和软件方面按要求协调分配起着重要的作用。除了智能功能之外，应用软件的网络化功能使得硬件以及与硬件密切相关的软件（基本软件）具有越来越重要的作用。为了获得足够的柔性功能并能实现很快的功能扩展，未来更多的管理功能将转移到与硬件密切相关的软件中。

1. 与硬件密切相关的软件的目标设定

该方法通过引入一种软件架构来明确应用软件（英语缩写 ASW，Application Software）和与硬件密切相关的软件（英语缩写 BSW，Basis Software，基本软件）之间的分隔（封闭）。纯粹的 ASW 模块在任何硬件平台上都可选用，而与硬件密切相关的基本软件在硬件变换时则必须重新开发。

与硬件密切相关的软件包含有用于输入和输出的软件驱动器、通信协议、故障存储器管理、维修检测仪通信、运行系统和维修数据库。基本软件中的信号流与物理量无关，例如模－数转换器值不仅可能是环境压力，也可能是加速踏板位置。

与硬件密切相关的软件脱离硬件，也就是说，内部标准化的存取机理使硬件与应用软件脱离关系（图 10-10）。借助于智能化配置方法，基本软件能适应各种不同用户的要求，而基本软件与应用软件之间的通信则借助于简单功能的接口进行（图 10-10 中的箭头）。

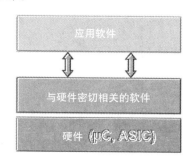

图 10-10 电控单元软件的结构。可选用与硬件无关的软件，它由空燃比调节、转矩调节和诊断功能（OBD Ⅱ）组成，而与硬件无关的软件，包含有微控制器驱动器、ASIC 驱动器和 OSEK* 运行系统。μC：微控制器；ASIC：专用集成电路

（* 译注：德语缩写 OSEK = Offene Systeme und deren Schnittstellen für die Elektronik im Kraftfahrzeug，汽车电子开发式系统及其接口）

2. 标准化，AOTOSAR 方式

为了能支持处于变化中的各种现有电气和电子结构，有必要尽可能使应用软件与硬件脱离关系。解决方案是一种标准化的基本软件（BSW）和可用于所有汽车电子功能的标准接口。通常，基本软件被认为是与硬件有关的软件，也就是用于控制外围设备、ECU 外围设备（ASIC）、复合驱动器以及用于标定接口、诊断、通信、运行系统和系统控制的驱动器的软件部件。

通过应用全球 AUTOSAR（"汽车开放式系统架构"的英语缩写，Automotive Open System Architecture）标准，确保软件具有高的可重复应用性和可交换性。

AUTOSAR 考虑整个汽车系统而并非单个电控单元。

AUTOSAR 是一个由汽车制造商、零部件制造商、电子元器件制造商和工具开发商组成的一个联合组织，它在 2003 年有针对性地组织起来，公布了与硬件密切相关的软件、软件方法和软件架构的规格。

AUTOSAR 统一的基本软件提供了可在运行时间环境（英语缩写 RTE = Runt-ime Environment，见图 10-11）层面下使用的包括复合驱动器在内的软件包。3 种软件层面的区别在于：

• 微控制器抽象层（英语缩写 MCAL）用于抽象微控制器外围设备（见图 10-11 中的浅色方框）。

• 硬件抽象层（ASIC 抽象，图 10-11 中的深色方框）。

• 服务层（至应用层的标准化接口，图 10-11 中的灰色方框）。

其中，微控制器抽象层是专门用于不同的控制器的衍生物，而输入/输出硬件抽象层则大多是为各自的应用专门开发的。

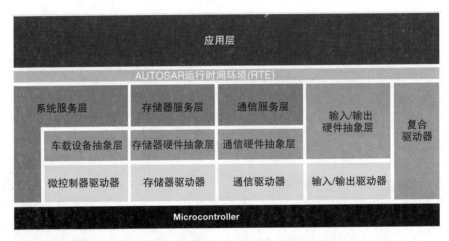

图 10-11 AUTOSAR 统一的软件架构

10.8 机械结构

发动机管理（点火、混合气形成等）的所有控制运算和调节算法都在发动机电控单元中完成，为此必须有插接件作为至电源以及发动机管理用的传感器和执行机构（执行器）的接口（图 10-12）。传感器的电信号由印制电路板上的电子元器件进行处理，并为执行机构计算控制信号，为此必须在存储器中储存必须的软件。

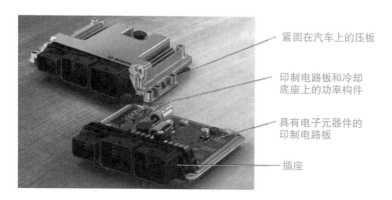

紧固在汽车上的压板

印制电路板和冷却
底座上的功率构件

具有电子元器件的
印制电路板

插座

图 10-12 典型的发动机电控单元

1. 使用条件

如表 10-1 所示，汽车环境对发动机电控单元提出了很高的要求。图 10-13
表示的是天气较好时的状况。

图 10-13 对发动机电控单元的环境要求

2. 散热

根据使用状况，发动机电控单元中的功率消耗最多可达 70W，因此发动机
电控单元的一个重要功能是功率器件的冷却，将结构组件安置在金属外壳的冷却
底座上（图 10-14），电子器件就被安装在朝下的冷却面（导热片）上，热量就

能通过印制电路板上具有良好导热性的贯通触点和电控单元金属底面上的一种柔性的传热介质散发出去。在极少型号上，采用具有朝上冷却面的导热金属片，通过电控单元金属罩盖上的导热介质散热冷却。

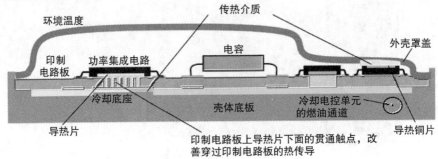

图 10-14 发动机电控单元的冷却

参 考 文 献

Konrad Reif: *Automobilelektronik – Eine Einführung für Ingenieure*. 5., überarbeitete Auflage, Springer Vieweg Verlag, Wiesbaden 2015, ISBN 978-3-658-05047-4

第 11 章　过去的发动机控制系统

11.1　概述

喷油系统的任务是尽可能好地为发动机准备好与其当时运行状况相匹配的可燃混合气。随着时间的变迁，喷油系统始终不断地改进，其中电子控制的喷油系统在新车型上已基本普及。

汽油机还需要点火系统，以便用火花塞上的点火火花点燃燃烧室中被压缩的可燃混合气，从而开始燃烧。由于采用了电子控制，新型点火系统的工作能力变得更为强大，但也越来越复杂。

在现代发动机电子控制系统中，喷油和点火的功能都被集成在一个发动机电控单元中，并且利用相同的输入信号进行控制和调节，而这些输入信号都在一个微控制器中进行处理。

20 世纪 70 年代，发动机开发的目标主要是提高功率和舒适性，而从 80 年代起，发动机开发的重点则转移到降低废气排放，另一个越来越重要的要求是降低燃油耗，从而降低 CO_2 排放。除此之外，随着自诊断功能的不断改进，大大支持了汽车维修服务站的故障检测和排除。

11.1.1　汽油喷射系统的发展

电子控制喷油系统的应用是汽油机控制系统发展历史中的一个里程碑。继早已出现的机械式喷油系统之后，1967 年 Bosch 公司首先推出了 D - Jetronic 电控喷油系统，它采用电磁操纵的喷油器将燃油间歇式喷射到每个气缸的进气门前，这被称为多点喷射（德语 Mehrpunkteinspritzung，英语 Multi Point Injection）。

但是，喷油系统只有采用低成本的结构形式才能广泛应用。机械式 K - Jetronic 和 Mono - Jetronic 喷油系统仅具有唯一的一个中央布置的电磁喷油器（德语 Einzelpunkteinspritzung，英语 Single Point Injection），使得这种喷射技术也能推广到中级和小型汽车上。

由于汽油喷射在燃油耗、功率、行驶性能和废气排放性能等方面具有优势，因而完全取代了化油器，特别是仅仅通过喷油技术的进步并与废气后处理（采用一个三元催化转化器）相结合就能达到降低有害物排放的效果。法规规定的碳氢化合物（HC）、一氧化碳（CO）和氮氧化物（NO_x）的排放限值需要喷油系统能将混合气成分调节在一个非常窄的限度范围内。

表 11-1 示出了 Bosch 公司喷油系统的发展历史。新型的发动机管理系统仅应用 Motronic 多点喷射系统，只有采用这种喷射方式与复杂的发动机管理系统相结合，才能满足严厉的废气排放限值的要求。

表 11-1　Bosch 公司喷油系统的发展

年份	系统	特　　　点
1967	D – Jetronic	– 采用模拟技术的电控多点喷射系统 – 间歇式喷射 – 进气管压力控制喷射
1973	K – Jetronic	– 机械 – 液压式多点喷射系统 – 连续式喷射
1973	L – Jetronic	– 电控多点喷射系统（最初采用模拟技术，后采用数字技术） – 间歇式喷射 – 测量空气量
1981	LH – Jetronic	– 电控多点喷射系统 – 间歇式喷射 – 测量空气量
1982	KE – Jetronic	– 具有电控附加功能的 K – Jetronic
1987	Mono – Jetronic	– 中央喷射（单点喷射） – 间歇式喷射 – 由节气门转角和计算空气量

11.1.2　点火系统的发展

1. 磁电机点火

在发明汽车时，汽油机点火是个大问题。最初可供使用的点火系统是 Robert Bosch 公司的低压磁电机点火装置，它较可靠地适用于当时的状况。磁电机由绕制电枢中的磁感应产生点火电流，当断路时就在火花塞上释放点火火花。用这种火花就能点燃燃烧室中的混合气。但是，这项技术不久就接近其极限。

高压磁电机点火能满足转速更高的发动机的要求。这种磁电机点火装置也是由磁感应产生电压的，它能高效地输送点火电压，并在火花塞电极处产生点火火花。

2. 蓄电池点火

要求价廉物美的点火系统促进了蓄电池点火系统的开发，从而产生了传统的线圈点火系统，它用蓄电池作为能源，而用点火线圈作为蓄能器（图 11-1）。线圈电流通过断电器触点接通，而离心式调节器和真空膜盒则作为点火角的调节装置。

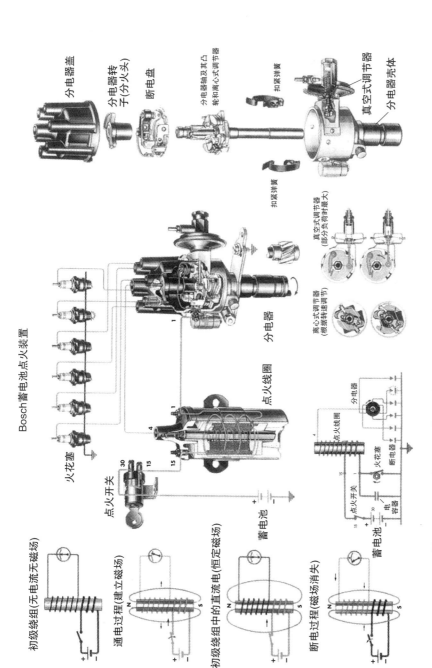

分电器盖

分电器转子(分火头)

断电盘

分电器轴及其凸轮和离心式调节器

扣紧弹簧

真空式调节器

分电器壳体

扣紧弹簧

Bosch 蓄电池点火装置

火花塞

真空式调节器
(部分负荷时意大)

离心式调节器
(根据转速调节)

分电器

点火线圈

点火开关

蓄电池

30 15 15

1 4

1

初级绕组(无电流无磁场)

通电过程(建立磁场)

N S

初级绕组中的直流电(恒定磁场)

N S

断电过程(磁场消失)

N S

分电器

点火线圈

火花塞

断电器

点火开关

电容器

15

15

30

蓄电池

图 11-1 1969 年 Bosch 蓄电池点火项目中的一种老式标准分电器点火系统

287

但是，点火系统开发工作并未停留在此，而是逐步应用电子元器件，并且使用的数量越来越多。首先，在晶体管点火装置中通过一个晶体管来接通线圈电流，以避免断电器触点烧蚀，从而减少其烧损。在其它的晶体管点火方案中，始终作为点火线圈控制元件的断电器触点也已被替代，而由霍尔传感器或感应传感器来承担这种任务。下一步就是电子点火，其中与负荷和转速有关的点火角被储存在电控单元中的特性曲线场中，从而就能够考虑诸如发动机温度等其他方面用于决定点火角的参数。最后一步还能采用全电子点火，从而取消了机械式分电器。表 11-2 示出了这种发展过程。从 1998 年以来，仅 Motronic 系统仍在应用，它在发动机管理系统中已集成了全电子点火功能。

表 11-2　感应点火系统的发展

感应点火系统	线圈电流接通	点火角调节	电压分配
传统线圈点火（SZ）			
晶体管点火（TZ）			
电子点火（EZ）			
全电子点火（VZ）			

机械式　　电子式

11.2　早期的混合气形成

每个发明家设计首台内燃机时都遇到了可靠充入并形成可燃混合气的问题，特别是采用内部燃烧的发动机究竟是否能运转，完全取决于与有效点火、稳定燃烧有关的各类问题的解决方案。

化油器的基本结构在 18 世纪就已发明了。当时人们尝试使液态物质蒸发而能用作照明或取暖设备。1795 年，Robert Street 作为首创者发明了在一台大气机器中蒸发松节油或煤焦油的工具。1825 年前后，Samuel Morey 和 Eskine Hazard 开发了一台两缸发动机，而且还为此设计了第一台化油器，并取得了英国 5402 号专利。直到此时，这种主要使用松节油或煤油作为燃料的混合气形成系统才能正常工作。但是，在 1833 年情况就发生了变化，德国柏林化学教授 Eilhard Mitscherlich 成功地将苯甲酸进行热裂化，从而得到了"法拉第（Faraday）碳氢化合物"，并将其命名为汽油。William Barnett 设计出了第一台汽油化油器，并于 1838 年获得了 7615 号专利。

　　这里要提及的是油芯式化油器（图 11-2）或表面式化油器（图 11-3）的发明。油芯式化油器是用于汽车的第一种化油器，其油芯吸收燃油，就类似于油灯上的情况。油芯上的燃油被空气流导向发动机，从而使空气与燃油混合。而在表面式化油器中，燃油被发动机废气加热，从而在燃油表面产生蒸气层，与流过的空气混合形成可燃混合气。

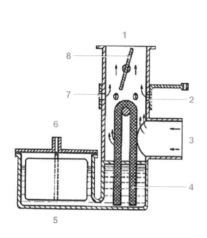

图 11-2　油芯式化油器原理
1—至发动机的可燃混合气　2—环形托架
3—空气入口　4—油芯　5—浮子和浮子室
6—燃油入口　7—辅助空气　8—节气门

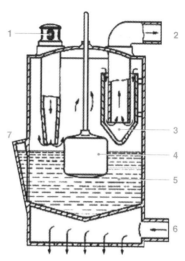

图 11-3　表面式化油器原理
1—空气入口　2—至发动机的可燃混合气
3—燃油分离器　4—浮子　5—燃油
6—发动机废气　7—汽油注入口

　　随后，1882 年由 Siegfried Marcus 开发的刷子式化油器又申报了专利。在这种混合气形成装置中，一个由驱动轮传动的快速旋转的圆环形刷子与一个甩油器相互作用，在刷子室中形成燃油雾，它们通过接管被发动机吸入。这种刷子式化油器可能在工业装置中使用了约 11 年。

　　1885 年，Nikolaus August Otto 经过多年的努力终于成功地开发出了使用碳氢化合物燃料运行的内燃机，实际上他在 1860 年就已确立了这个目标。第一台装备表面式化油器和独特设计的电点火装置的四冲程汽油机（Otto 发动机），在比利时安特卫普（Antwerpen）国际博览会获得了高度赞扬而闻名世界。该结构是由 Otto & Langen、Deutz 公司经过多年研发、试制了众多样品才设计出来的，并曾大量销售（图 11-4）。

　　同年，Carl Benz 在其第一辆专利汽车（图 11-5）上安装了具有独特结构的表面式化油器（图 11-6）。不久他又改进了其第一台化油器装置，采用了浮子阀，"以便使汽油液面能始终自动地保持在相同的高度"。

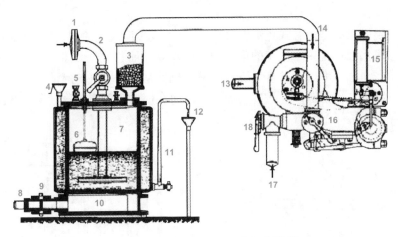

图 11-4　Nikolaus August Otto 汽油机

1—空气入口　2—进气管　3—卵石粒（火焰保护）　4—水漏斗　5—加油管接头　6—浮子
7—汽油罐　8—废气输入管　9—旋塞　10—加热底板　11—冷却水套　12—水管循环　13—冷却水进口
14—至发动机的可燃混合气　15—点火装置　16—气体旋塞　17—空气进口　18—空气旋塞

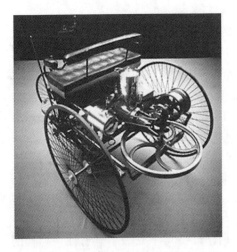

图 11-5　采用表面式化油器的 Benz 汽车

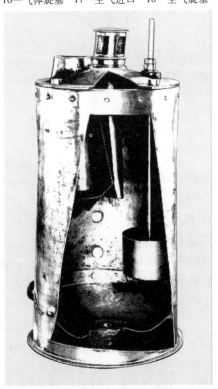

图 11-6　1885 年的表面式化油器
（局部剖视图）

　　1893 年，Wilhelm Maybach 又推出了其开发的喷嘴式化油器（图 11-7）。在这种化油器中，从喷嘴喷出的燃油在撞击面上被雾化，在通道中呈圆锥形分布（图 11-8）。

　　1906 年和 1907 年又出现了 Claudel 化油器和 Francois Bavery 化油器结构，它们使得化油器结构得到进一步的改进。在这些后来成为 Zenith 化油器基本结构的化油器结构中，在空气流速增大的情况下，燃油过稀时使用的辅助喷嘴或补偿喷嘴能供应空燃比几乎不变的混合气（图 11-9）。

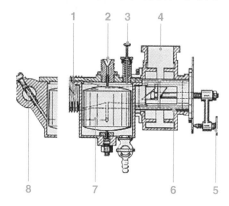

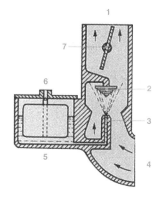

图 11-7　Wilhelm Maybach 的喷嘴式化油器

1—空气进口　2—燃油入口　3—弹簧压销
4—混合气出口　5—旋转滑阀式止动器
6—调节混合气的旋转滑阀　7—浮子　8—喷嘴

图 11-8　喷嘴式化油器的原理

1—至发动机的可燃混合气　2—撞击面
3—燃油喷嘴　4—空气进口　5—浮子
和浮子室　6—燃油进口　7—节气门

　　同一时间还报道了 Mennesson 和 Goudard 的化油器专利，它们的结构发展成世界闻名的 Solex 牌化油器（图 11-10）。

　　在随后的几年中，出现了众多的化油器结构，其中一些著名品牌包括：Sum、Cudell、Favorit、Escoma 和 Graetzin。此后，1906 年，Haak 化油器获得了专利，并曾由 Pallas 公司制造过。1912 年 Schütler 和 Deutrich 开发了采用环形浮子和组合喷嘴的 Pallas 化油器（图11-11）。

1914 年，普鲁士王国国防部刊登广告
进行苯化油器竞赛。当时的试验条件就已
包含检验废气的纯净度。总共有 14 种不同
产品参与竞争，它们全部在德国柏林夏洛
滕堡（Charlottenburg）技术大学的试验台
上进行试验，并安装在德国陆军管理局相
同的功率强劲的汽车上进行长达 800km 艰
难的冬季行驶试验。Zenith 化油器获得了
一等奖。

图 11-9　1910 年的 22 型 Zenith 化油器

在随后的时间里，在许多方面开始进
行仔细的工作和专业化分工，并开发了各种不同的化油器结构和辅助装置，例如
辅助起动的旋转滑阀和阻风阀，替代浮子用于飞机化油器的膜片系统，辅助加速
泵系统等。多种多样的改进内容丰富多彩，以至于在本节范围内难以一一列举。

图 11-10　1912 年的 DHR 型 Solex 化油器

图 11-11　1914 年的 I 型 Pallas 化油器

20 世纪 20 年代，为了实现更高的发动机功率，使用了单腔和双腔化油器
（具有两个节气门）作为多重化油器装置（好几个同步控制的单腔或双腔化油
器）。在随后的几十年中，各家制造商不断增加化油器方案的多样性。

在进一步开发化油器的同时，20 世纪 30 年代为飞机发动机开发了第一种汽
油直接喷射系统，对于图 11-12 所示的发动机需要两台直列 12 缸喷油泵（图
11-13），这种喷油泵往往被安装在两列气缸之间的曲轴箱上。

20 世纪 30 年代末，在装有 3 台发动机的 Ju 52 型飞机上应用了 BMW 公司 9
缸星形发动机（图 11-14）和汽油直接喷射系统，特别值得注意的是 Bosch 公司
的对置式机械喷射泵（图 11-15）。这种形式的直接喷射系统也出现在 20 世纪 50
年代的乘用车上，这里列举的是 Gutbrod Superior（图 11-16）和 Goliath GP700E

图 11-12 Daimler - Benz 公司 DB 604 型直列 X 形 24 缸飞机发动机
这种飞机发动机于 1939—1942 年由 Daimler - Benz 公司生产，其排量和功率
从 48.5L/2350PS（1741kW）直到 50.0L/3500PS（2593kW），所有机型都装备 Bosch 公司的汽油喷
射系统，这种发动机总长 2.15m

（图 11-17）乘用车，它们在 1952 年或 1954 年装备了汽油直接喷射系统。这两款都是小型车，装备了排量小于 1L 的 2 缸二冲程发动机，各自使用的喷油泵（图 11-18）也相应较小。图 11-19 上清楚地示出了这种汽车发展史上第一种乘用车汽油直接喷射系统的部件概貌。

图 11-13 直列 12 缸喷油泵（长度约 70 cm）

图 11-14 BMW 公司 9 缸星形发动机

图 11-15 Bosch 公司对置式机械喷油泵
（长度约 35 cm）

293

图 11-16　Gutbrod Superior 600 Cabrio 乘用车（1950—1954，从 1952 年起装备直接喷射系统）

图 11-17　Goliath GP700E 乘用车　　　图 11-18　两缸喷油泵（长度约 15 cm）
（1951—1957，从 1954 年起装备直接喷射系统）

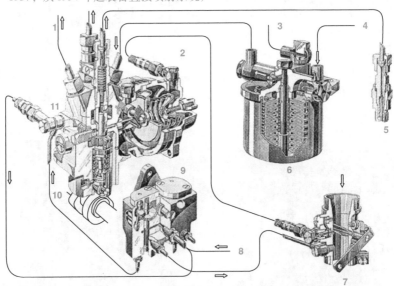

图 11-19　Gutbrod 和 Goliath 乘用车二冲程发动机上的 Bosch 汽油直接喷射系统的部件
1—通气管　2—混合气调节膜片盒　3—通气管　4—来自燃油箱的燃油　5—喷油器
6—燃油滤清器　7—混合气调节的真空调节阀接管　8—来自机油箱
9—机油泵　10—喷油泵　11—溢流阀

但是，汽油直接喷射也装备在 Mercedes – Benz 300 SL 运动型汽车上。1954 年 2 月 6 日奔驰公司在纽约国际汽车运动展览会上公开展示了这种汽车，其所搭载的 6 缸直列式发动机（M198/11）与垂直方向倾斜 50°安装，排量为 2996mL，功率为 215 PS（159 kW）。

用于汽油机混合气形成的完全不同的方案出现在第二次世界大战中和战后的一段时间内，这就是木材煤气发生炉装置。燃着的木炭产生的木材煤气曾被利用来生成可燃混合气（图 11-20）。

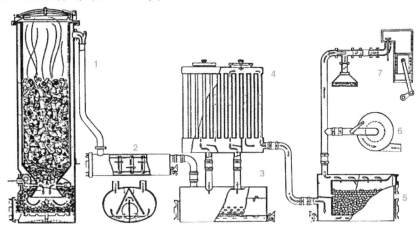

图 11-20　木材煤气发生炉装置示意图
1—煤气发生炉　2—折流板净化器　3—沉淀箱　4—煤气冷却器
5—后沉淀箱　6—鼓风机　7—空气滤清器　8—内燃机

由于废气排放法规变得越来越严厉，汽车工业很快就淘汰了化油器，但是 20 世纪 90 年代初，Bosch 和 Pierburg 公司曾用现代执行器改进传统的化油器，成功开发出了 Ecotronic 化油器，在节油的同时能满足当时实施的废气排放法规要求。在简要回顾混合气形成历史时，最后还要提及的是，各种不同的化油器直至 20 世纪 90 年代仍被安装在汽车上，特别是在小型车上，化油器因具有成本方面的优势仍应用了较长的一段时间。

11.3　汽油喷射系统的变迁

从 1885 年首款进气道喷射应用于固定式工业发动机以来，世界上的汽油直接喷射系统已发生了许多变化。1925 年就对一种安装在飞机上的无浮子化油器添加喷射装置进行了试验，1930 年又在一种比赛用摩托车上试验了电控喷射，直到后来，Bosch 公司终于在 1951 年为 Gutbrod Superior 600 和 Goliath GP700 乘用车开发出了一种机械驱动式汽油喷射泵。Mercedes – Benz 300 SL 运动型汽车也装备了一种采用机械式直列喷射泵的汽油直接喷射系统。

下面介绍各种不同开发状态的进气道喷射系统，这是通往汽油缸内直接喷射之路的重要环节。

11.3.1　汽油机的充气采集

所有汽油喷射控制方案的任务是要获取在发动机进气行程期间进入燃烧室的新鲜空气质量信息，据此，确保为达到期望的空气对燃油的质量比所必须的燃油量被送入气缸。

在描述各种不同喷射系统之前，首先应对为解决这些基本任务所必须的各种测量技术进行比较。为了精确确定吸入燃烧室的空气质量，应根据混合气形成系统使用不同的方法，其中部分方法如今仍在批量生产中应用。

1. 基于进气管压力的控制方法

在附加考虑空气温度以及为补偿废气背压，可能还要考虑到环境空气压力的情况下，至少在发动机稳态或准稳态运行条件下，通过测量进气歧管绝对压力就能足够精确地确定空气质量。

按照这种原理工作的系统被称为 p 系统（p 为进气管压力），它用于 D – Jetronic 喷油系统（见 11.3.2 节 "D – Jetronic 喷油系统"）。此系统因其具有成本方面的优势如今仍有广泛的应用，特别是从功能强大的微控制器问世以来，能够使用复杂的数学模型和匹配方法，它们容许进行样本散差和老化，以及空气管路调节（例如凸轮轴相位调节）系统影响的误差校正。

2. 基于节气门开度和转速的控制方法

这种控制方法是根据在发动机试验台上测得的与节气门开度 α 和发动机转速 n 有关的特性曲线场，由发动机电控单元计算出吸入气缸的空气质量值，因而这种控制方法被称为 "α/n 控制"，而按照这种原理工作的系统被称为 "α/n 系统"。若除了这两个主要参数之外，同时测量并考虑校正参数空气温度和环境大气压力的话，那么这种控制方法也能达到良好效果。量多的 Mono – Jetronic 喷油系统（见 11.3.7 节 "Mono – Jetronic 喷油系统"）使用这种控制方法，它对节气门运动的精度提出了特别的要求。

3. 基于空气质量流量的控制方法

在借助于热线或热膜空气质量流量计（HLM 或 HFM）直接测量进气空气质量情况下，至少在发动机稳态运行时无须附加的修正量，因为这种测量方法直接使用物理量空气质量。按这种原理工作的系统被称为 HLM 或 HFM 系统，其中重要的是设计合适的采集传感器信号的信号传感和取平均值的方法，以及传感器敏感元件的污染管理。空气质量的测量原理首次应用于 LH – Jetronic 喷油系统（见 11.3.6 节 "LH – Jetronic 喷油系统"）。

4. 基于挡流板偏转的控制方法

利用挡流板采集进气空气量的方法是借助于挡流板在发动机进气空气流作用下克服弹簧或液压反作用力发生偏转的原理，这种空气流量测量的概念也有所应用。

因为在挡流板原理中空气流速始终小于声速，因而对于流动的空气可认为在很大程度上是不可压缩的介质，于是按照伯努利（Bernoulli）方程就有：

$$p + \frac{\rho}{2}v^2 = p_0 \tag{11.1}$$

式中　ρ——空气密度；

　　　p——空气流中的压力；

　　p_0——环境压力（大气压力）；

　　　v——流速（体积或质量流量，同样假设不可压缩）。

L – Jetronic 和 K – Jetronic 喷油系统中的空气流量计的作用原理是这样设计的，即在加载弹簧力或液压力的挡流板上始终作用着恒定的约 2 kPa（或 20mbar）压力差，因而从照伯努利（Bernoulli）方程可得到：

$$\frac{\rho}{2}v^2 = p_0 - p = c \tag{11.2}$$

式中　p_0——挡流板前的大气压力；

　　　p——挡流板后的压力；

　　　c——恒定压力差。

若由挡流板偏转而开启的流通面积用 A 表示，则体积流量为：

$$\dot{V} = Av \tag{11.3}$$

将由该式得到的 v 代入伯努利（Bernoulli）方程，即得到：

$$\frac{\rho}{2}\left(\frac{\dot{V}}{A}\right)^2 = c \tag{11.4}$$

从而得到体积流量：

$$\dot{V} = A\sqrt{\frac{2c}{\rho}} = A\frac{k}{\sqrt{\rho}} \tag{11.5}$$

式中　$k = \sqrt{2c}$；

对于所期望的质量流量 $\dot{m} = \dot{V}\rho$，最终可表示为：$\dot{m} = kA\sqrt{\rho}$。

这就是说，虽然质量流量一方面与流通面积 A 成正比，但是另一方面它也与空气密度 ρ 有关。因为：

$$\frac{\partial \dot{m}}{\partial \rho} = \frac{1}{2}kA\frac{1}{\sqrt{\rho}} = \frac{1}{2}\frac{\dot{m}}{\rho} \tag{11.6}$$

因此，密度的微小波动所引起的质量流量测量误差仅是其与 ρ 之比的一半。

由于三元催化转化器废气后处理必定要应用混合气调节功能（空燃比调节），这样就能够取消用于修正量的各种传感器，而仅缓慢变化的物理量，例如空气压力和空气温度等，则可在调节回路工作时考虑用于修正。

11.3.2 D – Jetronic 喷油系统

1. 系统概貌

Bosch 公司开发的 D – Jetronic 喷油系统主要是通过进气管压力和发动机转速控制汽油喷射的，因此被称为 D – Jetronic（意即压力传感器控制的喷射系统）。

该系统的电控单元（图 11-21 中的 1）接收有关进气管压力、进气空气温度、冷却液温度或气缸盖温度、节气门位置和运动、起动过程开始，以及发动机转速和喷油始点等方面的信号。它采用模拟转换技术处理这些信号，并向电磁喷油器（2）发出电脉冲。电控单元用一个多头插头通过电缆与电子器件相连接。

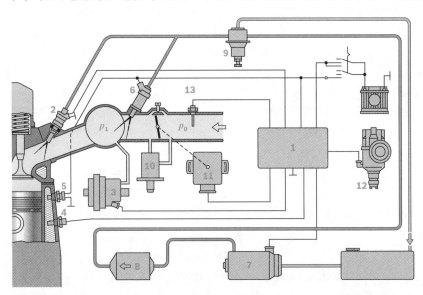

图 11-21　D – Jetronic 喷油系统示意图
1—电控单元　2—电磁喷油器　3—压力传感器　4—冷却液温度传感器　5—温度 – 时间开关
6—起动电磁喷油器　7—电动燃油泵　8—燃油滤清器　9—燃油压力调节器　10—辅助空气滑阀
（怠速空气滑阀）　11—节气门开关　12—点火分电器　13—空气温度传感器
p_0—大气压力　p_1—进气总管压力

电磁喷油器将燃油喷入每缸进气歧管，压力传感器（3）向电控单元提供关于发动机负荷的数据，温度传感器向电控单元提供空气温度（13）和冷却液温度（4），而温度 – 时间开关（5）则在起动期间低温时接通起动电磁喷油器（6）向进气总管中附加喷射燃油。电动燃油泵（7）不断地将燃油泵向电磁喷油器。燃油滤清器（8）被安装在燃油管路中净化燃油。燃油压力调节器（9）使燃油管路中保持恒定的压力。辅助空气滑阀（怠速空气滑阀）（10）在暖机运行时根据温度状况供应附加空气。节气门开关（11）向电控单元通报怠速和全负荷运转的信息。

2. 工作原理

节气门前的进气管中是环境大气压力，而节气门后的压力则低于大气压力，而且与节气门的开度有关。进气总管中的这个较低压力被作为发动机负荷的量值，必须查明这个最重要的信息，它与空气温度相结合就能得知进气空气质量的多少，从而也就能知道发动机的负荷。用压力传感器就能查明有关进气总管中压力的信息。

压力传感器（图 11-22）有两个膜盒，它们能膨胀而使线圈中的铁心移动。测量系统通过一根导管与进气总管空气相通。随着负荷的增加也就是进气总管压力的增大膜盒被压扁，使铁心进一步被拉入线圈，从而改变了它的电感，这就相当于一个将气动信号转换成电信号的测量变换器。压力传感器的这种电感传感器被连接到电控单元中的一个电子时间传感器，它决定激励电磁喷油器的电脉冲的持续时间，从而使喷油持续时间与当前的进气管压力相匹配。

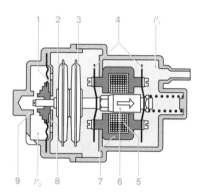

图 11-22　压力传感器
1—膜片　2、3—膜盒　4—钢片弹簧　5—线圈
6—铁心　7—框架　8—部分负荷限位装置
9—全负荷限位装置
p_0—大气压力　p_1—进气总管

喷油

点火分电器（图 11-21 中的 12）中的特殊触点（喷射断路器，适合于用凸轮轴控制）确定打开电磁喷油器脉冲的始点，而喷油持续时间则主要取决于发动机的负荷状况和转速。压力传感器和该特殊触点为电控单元提供所必须的信号，这样就能通过电脉冲使电磁喷油器准确计量燃油，精确控制进行喷射。

3. 与运行条件的匹配

为了获得良好的行驶性能，必须在各种不同的运行条件下进行匹配：

- 全负荷：确定最大功率喷油量。
- 加速加浓：车辆加速时的附加喷油脉冲。
- 海拔校正：通过考虑进气总管与环境大气之间的压力差，就能实现喷油量与各种不同海拔的良好匹配。
- 进气空气温度：通过采集进气空气温度信号就能考虑到与温度相关的空气密度差异。

11.3.3 K – Jetronic 喷油系统

1. 系统概貌

K – Jetronic 是一种机械 – 液力控制式喷油系统，它根据进气空气量来计量燃油，并将燃油连续喷射到发动机每个气缸的进气门之前，因此这种喷射系统被称为 K – Jetronic（意即连续喷射）。K – Jetronic 喷油系统能针对某些发动机运行工况的需要对混合气形成进行修正，从而优化起动和行驶性能、功率和废气排放。

K – Jetronic 喷油系统包括下列功能范围：

- 燃油供应。
- 空气量测量。
- 燃油计量和分配。

2. 工作原理

电动滚柱叶片泵（图 11-23 中的 2）以约 0.5MPa 的压力将燃油从燃油箱（1）通过燃油蓄压器（3）和燃油滤清器（4）泵入油量分配器（9）。安装在燃油量分配器壳体上的系统压力调节器（17）调节燃油系统中的供油压力（系统压力）恒定在约 0.5MPa。

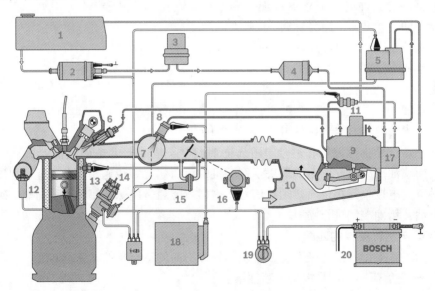

图 11-23　K – Jetronic 喷油系统示意图

1—燃油箱　2—电动燃油泵　3—燃油蓄压器　4—燃油滤清器　5—暖机运行调节器　6—喷油器
7—进气总管　8—冷起动喷油器　9—油量分配器　10—空气流量计　11—脉冲阀　12—氧传感器
13—温度 – 时间开关　14—点火分电器　15—辅助空气滑阀（怠速空气滑阀）
16—具有节气门开关的节气门　17—系统压力调节器　18—电控单元　19—点火 – 起动开关　20—蓄电池

　　油量分配器使燃油流向喷油器（6），将燃油连续地喷入发动机进气道。当进气门打开时，进气空气量携带着燃油云雾进入气缸，并在进气行程期间产生的涡流作用下形成可燃混合气。与发动机相适应的节气门位置（16）所决定的进气空气量作为燃油计量的依据，进气空气量由空气流量计（10）进行测量，而空气流量计则操纵油量分配器（9）。燃油喷射是连续进行的，也就是说并不顾及进气门的位置，在进气门关闭时混合气就汇聚在进气门之前。

　　为了与诸如起动、暖机、怠速运转和全负荷等各种不同的运行工况相匹配，系统应能进行混合气加浓控制，此外还必须能实施诸如倒拖断油、转速限制和空燃比调节等修正功能。

3. 混合气调节器

　　混合气准备的任务是根据吸入气缸的空气量计量燃油。计量燃油是混合气调节器的基本功能，它由空气流量计和油量分配器组成。

　　发动机吸入的空气量是其功率的量度。安装在节气门前的空气流量计（图 11-24）由空气漏斗（1）以及在其中运动的挡流板（2）组成。流经空气漏斗的空气使挡流板运动偏离其静止位置某个距离，杠杆装置就将挡流板的运动传递到控制柱塞（8），其升程就决定了所需的基本燃油量。杠杆装置中有一个配重可补偿挡流板和杠杆系的重量（在下吸式空气流量计中则用一个拉簧来补偿），而钢片弹簧则用于校正停机时挡流板的零位。

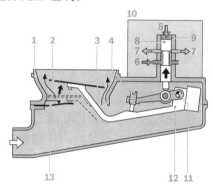

图 11-24　上吸式空气流量计

1—空气漏斗　2—挡流板　3—卸载横截面
4—混合气调节螺钉　5—控制压力　6—进油
7—计量燃油量　8—控制柱塞　9—柱塞套
10—油量分配器　11—转动支点
12—杠杆　13—钢片弹簧

　　油量分配器（10）根据挡流板的位置将燃油量分配给每个气缸。

　　柱塞套（9）中的控制柱塞根据挡流板的位置打开相应的计量孔横截面积，燃油可通过该计量孔流向差压阀，从这里再流入喷油器。

　　在挡流板升程较小时，控制柱塞抬升得很少，因而计量孔打开的横截面积也很小，而在挡流板升程较大时，控制柱塞就打开较大的计量孔横截面积，这样就在挡流板与计量孔打开的横截面积之间存在一个线性关系。

　　油量分配器中的差压阀（图 11-25）在计量孔处产生了一定的压差。若挡流板的升程要以相同的比例产生基本燃油量的变化，则必须确保计量孔处具有恒定的压差而与通过的燃油流量无关。这种差压阀就能保持上室（5）与下室（8）

之间的压差恒定不变而与燃油流量无关。

差压阀采用平座式阀，它位于油量分配器中，每个计量孔都配有一个差压阀，膜片将阀的上下室分开。

差压阀通过一个节流孔从下压力室的系统压力中分岔出控制压力，其中节流孔将控制压力油路与系统压力油路分隔开来。通道（3）使油量分配器与暖机运转调节器（控制压力调节器）之间建立起联系。在冷起动时控制压力约为50kPa，并且随着发动机温度逐渐升高由暖机运转调节器提高到约0.37MPa。控制压力通过一个阻尼节流孔（2）作用在控制柱塞上，从而对空气流量计上产生的空气力形成反作用力，而其中阻尼节流孔则可阻止因气缸吸气脉冲而引起挡流板波动。

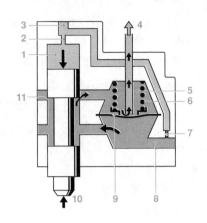

图 11-25　差压阀

1—控制压力（液压力）的作用　2—阻尼节流孔
3—至暖机运转调节器的通道　4—至喷油器　5—上室
6—弹簧　7—分隔节流孔　8—下室　9—膜片
10—经过挡流板杠杆的空气力作用　11—计量孔

控制压力的大小影响燃油的分配。若控制压力较小，进气空气量则可使挡流板抬得更高，从而可通过控制柱塞将计量孔（11）打开得更大，就能将更多的燃油分配给发动机。如果控制压力较大的话，那么进气空气量就不能将挡流板抬得更高，从而分配的燃油量就较少。

4. 喷油器

喷油器（图 11-26）在一定的压力下打开，将计量好的燃油喷入气缸进气道中进气门前面。一旦开启压力超过一个阈值（例如0.35MPa），喷油器就自动打开。在喷油时阀针（3）高频振动，而发动机停机后，当供油系统中的压力降低到低于其开启压力时，喷油器就关严，因而发动机停机后就没有燃油再进入进气道了。

5. 与运行工况的匹配

就至此所谈及的基本功能来看，某些运行工况需要对混合气形成进行修正，以便优化功率以及改善废气排放、起动和行驶性能。

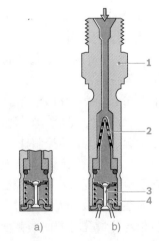

图 11-26　喷油器

a）静止位置　b）运行位置

1—喷油器体　2—滤网　3—阀针　4—阀座

- 混合气的基本匹配：在怠速、部分负荷和全负荷等运行条件下混合气的基本匹配是通过一定的空气漏斗设计来进行的，而这种匹配则是通过进气空气流量计中空气漏斗的不同圆锥角来达到的。

- 冷起动加浓：在起动期间，冷起动喷油器根据发动机温度从时间上来限制附加的喷油量，以补偿冷起动时所吸入的混合气中燃油冷凝的份额。冷起动喷油器喷射的持续时间由温度 – 时间开关根据发动机温度来予以限制。这种温度 – 时间开关由一个加热的双金属片组成，它根据其温度接通或断开触点。

- 暖机加浓：暖机运转时的混合气调节是由暖机运转调节器（控制压力调节器）调节控制压力来实现的。冷机时根据发动机温度降低控制压力，使得柱塞打开的计量孔更大些。

- 怠速运转稳定性：在暖机运转期间，发动机通过辅助空气滑阀（怠速空气滑阀）获得更多的空气，因为空气流量计测量这些附加空气，并在燃油分配时予以考虑，这样发动机总的就能获得更多的混合气，从而在冷机时就能使怠速运转稳定。

- 全负荷加浓：发动机在部分负荷时采用非常稀薄的混合气运行，而在全负荷时则需要通过空气漏斗的形状进行附加加浓来校正混合气。这种附加加浓任务则由为此专门设计的暖机运转调节器来承担，它根据进气管压力改变控制压力。

- 加速过渡特性：如果在转速不变的情况下快速打开节气门的话，那么不仅抵达燃烧室的空气量，而且为将进气管中的压力提高到新水平所需的空气量也都流经空气流量计，因而挡流板短时间内抬升超过节气门全开时的升程，挡流板的这种超额抬升就能供应更多的燃油（加速加浓），从而就能获得良好的过渡特性。

- 倒拖断油：在车辆滑行期间，当超过发动机一定转速时，就由一个转速继电器控制的电磁阀打开挡流板的旁通道，于是挡流板就回复到零位，从而停止计量和供应燃油。

6. 空燃比调节

使用三元催化转化器所需的调节功能（图 11-27）的前提条件是所应用的电控单元（2）必须具备重要的输入参数——氧传感器（1）信号。

为了使喷油量与所期望的过量空气系数 $\lambda = 1$ 相匹配，要改变油量分配器（4）下室（5）中的压力。例如，若下室中的压力降低，则计量孔（6）处的压差增大，从而使喷油量增加。为了能改变下室中的压力，与标准的 K – Jetronic 油量分配器相比，这种油量分配器用一个固定节流孔与系统压力隔开。

另一个节流孔建立了下室与回油之间的联系，而这个节流孔是可变的：若该节流孔被打开，则下室中的压力就能降低；若关闭该节流孔，则下室中就是系统

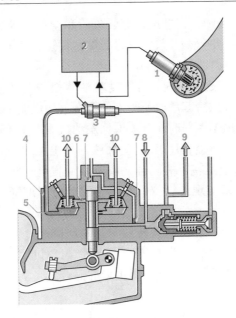

图 11-27　具有空燃比调节功能的 K – Jetronic 喷油系统

1—氧传感器　2—电控单元　3—脉冲阀（可变节流孔）　4—油量分配器　5—差压阀下压力室　6—计量孔

7—分隔节流孔（控制节流孔）　8—燃油进口　9—回油　10—至喷油器

压力。如果该节流孔被快节奏地开启和关闭，那么关闭时间与开启时间之比就能相应改变下室中的压力。采用一个电磁阀即脉冲阀作为可变节流孔，并由空燃比调节器用电脉冲来控制这个脉冲阀。

11.3.4　KE – Jetronic 喷油系统

　　KE – Jetronic 喷油系统的结构基本上与 K – Jetronic 喷油系统相似，主要的区别是采用一个安装在油量分配器上的电液式压力调节器（图 11-28）进行电子控制混合气调节。这种电液式压力调节器是一种按照油嘴 – 振动簧片原理工作的差压调节器，其压差是由电流控制的。

11.3.5　L – Jetronic 喷油系统

1. 系统概貌

　　L – Jetronic（图 11-29）是一种

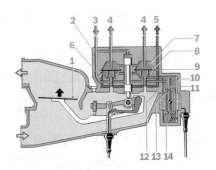

图 11-28　电液式压力调节器

1—挡流板　2—油量分配器　3—进油（系统压力）　4—至喷油器的燃油

5—至燃油压力调节器的回油管　6—固定节流孔　7—上室　8—下室　9—膜片　10—电液式压力调节器　11—振动簧片　12—油嘴

13—磁极　14—间隙

电控间歇式进气道喷油系统。

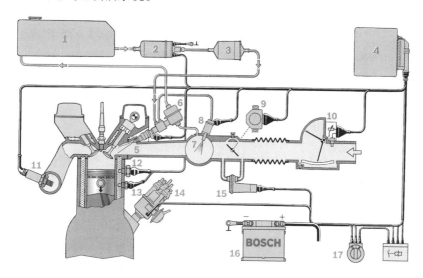

图 11-29　具有空燃比调节功能的 L – Jetronic 喷油系统

1—燃油箱　2—电动燃油泵　3—燃油滤清器　4—电控单元　5—喷油器　6—燃油分配管
和调压器　7—进气总管　8—冷起动喷油器　9—节气门开关　10—空气流量计
11—氧传感器　12—温度时间开关　13—发动机温度传感器　14—点火分电器
15—辅助空气滑阀（怠速空气滑阀）　16—蓄电池　17—点火 – 起动开关

电动燃油泵（2）产生喷射所必须的压力，并输送到发动机。喷油器（5）将燃油喷入每个气缸的进气道。电控单元（4）处理由传感器提供的信号，并由此产生相应的控制脉冲控制喷油器进行喷射。

2. 运行数据的采集

传感器采集发动机的运行工况信息，并将这些信息以电信号的形式传送到电控单元。主要的控制参数是发动机转速以及由发动机吸入的空气量，它们决定了基本的喷油持续时间。发动机转速或者是由点火分电器中的断路器触点采集（触点控制式点火装置），或者是由点火线圈的接线柱 1 传送到电控单元（无触点控制式点火装置）。

空气流量计中的挡流板测量由发动机吸入的总空气量。这种进气空气量的测量方法还考虑到了在汽车使用寿命期内所产生的各种发动机运行条件的变化，例如磨损、燃烧室中的积炭和气门间隙调整的变化。

3. 燃油计量

电控单元是重要的核心部件，它处理由传感器提供的有关发动机运行工况的数据，从而形成用于喷油器进行燃油计量的控制脉冲（用于间歇式喷射），其中喷油量则取决于喷油器开启的持续时间。

电控系统应用空燃比调节功能就能保持 $\lambda = 1$。电控单元将氧传感器的信号与设定值进行比较，由此来控制一个两点式调节器。

L–Jetronic 电控单元的输出级同时控制 3 个或 4 个喷油器，而用于 6 缸和 8 缸发动机的电控单元则具有两个输出级，每个输出级控制 3 个或 4 个喷油器，两个输出级在相同的行程中工作，喷油行程是这样选择的：凸轮轴每旋转一转喷油两次，每次喷射每缸所需喷油量的一半。

4. 与运行工况的匹配

除了基本功能之外，某些运行工况要对混合气形成进行校正，以改善发动机功率、废气成分、起动性能以及车辆的行驶性能。通过用于测量发动机温度和节气门位置（用作负荷信号）的附加传感器，L–Jetronic 电控单元就能够完成这些匹配任务。空气流量计的特性曲线决定了可用于所有运行工况范围的发动机特有的喷油量特性曲线。

L–Jetronic 喷油系统可能有下列匹配任务：

● 冷起动加浓：在起动期间，根据发动机温度从时间上限制附加喷油量的喷射。这种加浓是通过延长喷油持续时间或由冷起动喷油器喷射附加喷油量来实现的，而冷起动喷油器的接通持续时间则是由一个温度–时间开关根据发动机温度来限制的。

● 起动后加浓和暖机运转加浓：紧随冷起动后的是发动机暖机阶段，在此阶段发动机需要暖机运转加浓，因为部分燃油会凝结在尚冷的气缸壁面上。此外，如果没有附加的燃油加浓的话，那么冷起动喷油器停止喷射附加喷油量后发动机转速就会出现明显的降低。起动后提升转速过程之后，发动机仍需要很小的加浓，直到发动机温度升高为止。

● 加速加浓：在快速打开节气门（加速）的情况下，流经空气流量计的不仅有进入燃烧室的空气量，而且还有将进气管压力提升到新水平所需的空气量，因而挡流板短时间的摆动幅度超过节气门全开的位置，这种超额的摆动就会引发更多的喷油量，从而获得良好的加速过渡特性。因为在暖机运转阶段这种加速加浓是不足够的，因而在这种运行工况时电控单元还要附加计值一个空气流量计中挡流板运动速度的电信号。

● 怠速转速控制：空气流量计有一个可调节的旁路，少量的空气能通过该旁路绕过挡流板流动。怠速运转混合气调节螺钉就能通过改变旁路横截面积对空燃比进行基本调整。接通节气门旁路的辅助空气滑阀根据发动机温度将辅助空气引入发动机，以便在冷机时达到足够稳定的怠速运转。

● 空气温度匹配：对燃烧具有决定性作用的空气质量与吸入空气的温度有关，为了能考虑到这种影响，在空气流量计的进气管道中安装了一个温度传感器。

11.3.6　L3 – Jetronic 喷油系统

从 L – Jetronic 喷油系统派生出了一种独特的系统，这种变型被称为 L3 – Jetronic 喷油系统，其中电控单元被安装在空气流量计上，因而在汽车上就无需单独占用安装位置了。此外，它还应用了数字化技术，与以往应用的模拟控制相比，能够实现具有更好匹配可能性的新功能。

L3 – Jetronic 喷油系统不仅有带空燃比调节功能的方案，而且也有无空燃比调节功能的方案。两种方案都具有应急功能，它能够在微型计算器发生故障的情况下继续行驶直到最近的维修服务站。这种电控单元在整个负荷 – 转速特性曲线场范围内对空燃比的匹配与 L – Jetronic 喷油系统有所不同。电控单元用输入的传感器信号计算出作为喷油量大小度量的喷油持续时间。L3 – Jetronic 喷油系统也能满足必须的功能，用诸如节气门开关、辅助空气滑阀、发动机温度传感器和空燃比调节功能等部件实现对混合气形成的校正。

11.3.7　LH – Jetronic 喷油系统

LH – Jetronic 喷油系统与 L – Jetronic 喷油系统非常相似，它们之间的区别就在于空气质量的测量，因此前者的空气质量测量结果与取决于温度和压力的空气密度无关。

空气质量流量计

热线空气质量流量计（HLM）和热膜空气质量流量计（HFM）都属于热传感器。它们都安装在空气滤清器与节气门之间，测量由发动机吸入的空气质量流量。这两种传感器按相同的原理工作。

热线空气质量流量计（图 11-30）中的电加热体是热线，它是直径 $70\mu m$ 的细铂丝。进气空气温度由一个温度传感器采集。热线和进气空气温度传感器是一个电桥电路的组成部分，用作为与温度有关的电阻，向电控单元输送一个与空气质量流量出正比的电压信号。

热膜空气质量流量计（图 11-31）中的电加热体（加热元件）是一个铂膜电阻。加热元件的温度由一个与温度有关的电阻采集，这个加热元件上的电压是空气质量流量的度量，该电压由热膜空气质量流量计中的电子电路转换成适合于电控单元的电压。

11.3.8　Mono – Jetronic 喷油系统

1. 系统概貌

与 K – 、KE – 、L – 、L3 – 和 L – Jetronic 多点喷射系统每缸一个喷油器不同，

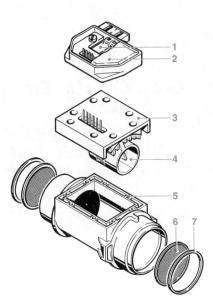

图 11-30　热线空气质量流量计
1—混合电路　2—盖　3—金属垫板
4—具有热线的内管　5—壳体
6—防护网　7—保持环

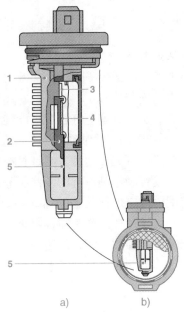

a)　　　　　　b)

图 11-31　热膜空气质量流量计
a) 热膜传感器　b) 装有热膜传感器的接管
1—冷却壳体　2—中间构件　3—功率器件
4—混合电路　5—传感器元件

Mono – Jetronic 喷油系统（图 11-32）是一种用于 4 缸发动机，而仅有一个中央布置的电磁喷油器（单点喷射）的低压中央电控喷射系统，其核心部分是具有一个电磁喷油器的喷射单元，喷油器间歇地将燃油喷射到节气门上方，再由进气管将燃油分配到每个气缸。

　　各种传感器测量发动机所有重要的运行参数，这些运行参数是优化混合气匹配所必须的。主要输入参数包括：

- 节气门转角。
- 发动机转速。
- 发动机温度和进气空气温度。
- 怠速和全负荷运行时的节气门位置。
- 废气中的残余氧含量。
- 自动变速器的变速杆档位（按汽车装备状况而定）。
- 空调准备状况（空调设备被驾驶人接通，但是空调压缩机尚未运转）。
- 空调压缩机的接通档位。

　　电控单元中的输入电路为微处理器准备好这些数据，电控单元对这些运行数据进行处理，由此识别发动机的运行状态，据此计算出调节信号。电控单元的输出级将这些信号放大，并控制喷油器、节气门调节器和炭罐再生电磁阀（用于燃油蒸气回收系统）等。

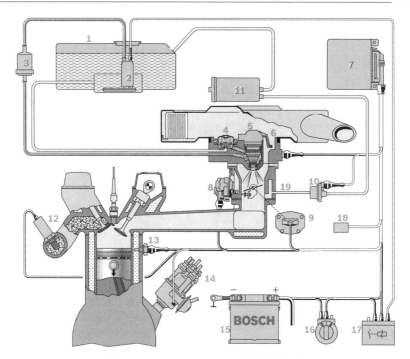

图 11-32　Mono – Jetronic 喷油系统概貌

1—燃油箱　2—电动燃油泵　3—燃油滤清器　4—燃油压力调节器　5—电磁喷油器
6—空气温度传感器　7—电控单元　8—节气门调节器　9—气门和节气门电位器
10—炭罐再生电磁阀　11—活性炭罐　12—氧传感器　13—发动机温度传感器
14—点火分电器　15—蓄电池　16—点火 – 起动开关　17—继电器　18—诊断接口　19—喷射单元

汽油喷射控制系统形成了 Mono – Jetronic 喷油系统的核心，其它的控制和调节功能扩充了系统的基本功能。它还装备了对废气排放有影响的部件的监测系统，诸如怠速转速调节、空燃比调节和燃油蒸气回收系统都属于监测系统范围。

2. 喷射单元

喷射单元（图 11-33）直接坐落在进气总管上，为发动机供应精细雾化的燃油，它成为 Mono – Jetronic 喷油系统的核心。其结构是由下列两方面因素决定的：一是与其它喷射系统不同，其汽油是中央集中喷射的；二是发动机吸入的空气量是间接地由节气门转角 α 与发动机转速 n 两个参数相结合确定的。

喷射单元的下部包含有带有节气门电位器的节气门（3），而具有喷油器（1）、燃油压力调节器（4）以及燃油进油和回油管道的燃油系统则安置在上部。此外，在上部罩盖中还装有空气温度传感器（2）。

　燃油经过下部油道（6）进入，而上部回油道（5）则与燃油压力调节器的下室相连，供应的多余燃油就从那里经过圆盘阀流入回油管。

3. 喷油器

Mono – Jetronic 喷油系统的一个任务就是将可燃混合气均匀地分配到所有的气缸。除了进气管设计之外，可燃混合气的分配主要取决于喷油器的安装地点、

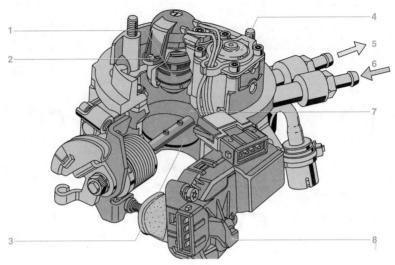

图 11-33 喷射单元（局部剖视）

1—喷油器 2—空气温度传感器 3—节气门 4—燃油压力调节器 5—回油道
6—进油 7—节气门电位器（安装在节气门轴延长部分上，图中看不到） 8—节气门调节器

气缸位置和燃油的雾化品质。

喷油器安装在喷射单元上部的壳体上，它由一个支承臂安置在进气口的中央。这种节气门上方的安装位置使得燃油与从旁边流过的空气强烈地均匀混合，因而燃油被精细地雾化，并以空心圆锥形喷束喷入节气门与节气门壳体之间。

4. 节气门调节器

节气门调节器通过其调节轴作用于节气门杠杆机构上，这样就能调节可供发动机应用的空气量，从而就能在不操纵加速踏板情况下（在怠速运转时）调节怠速转速。

节气门调节器中有一个直流电动机，它通过蜗轮蜗杆操纵调节轴，根据电动机的旋转方向不同，调节轴或者伸出使节气门打开，或者电动机极性换向时使节气门开启角度减小。

5. 燃油压力调节器

燃油压力调节器将燃油压力与喷油器计量部位环境压力之间的压力差调节在 100 kPa 保持不变。它被集成在喷射单元的液压部分中。由于燃油压力相对于喷射部位的环境压力保持不变，因而喷油量仅取决于每次喷油脉冲时喷油器的开启持续时间。

6. 运行数据的采集

传感器采集所有重要的运行数据也就是发动机运行状态，所获得的信息以电信号传输到电控单元，在那里转换数字信号，并进行进一步处理以用于控制各种不同的执行机构。

进气空气充量对于喷油持续时间的计算具有决定性的意义，它是间接地由节气门转角 α 与发动机转速 n 两个参数相结合确定的。

控制所必须的转速信息是从点火信号的周期时间获得的，因而在电控单元中对由点火准备的信号进行处理，同时这些信号也用于发出喷油脉冲，每个点火脉冲就发出一个喷油脉冲。

此外，Mono – Jetronic 喷油系统还采集下列信息：

- 发动机温度，以便能考虑冷机时能增加喷油量。
- 进气空气温度，以便能补偿与温度有关的空气密度。
- 怠速运转调节激活倒拖断油功能，节气门调节器中的怠速运转触点为其提供信息。
- 节气门的全负荷调节激活全负荷加浓功能，其信息来自于节气门信号。
- 蓄电池电压，以便能补偿与电压有关的电磁喷油器衔铁吸动时间，以及与电压有关的电动燃油泵的泵油功率。
- 空调设备和自动变速器的接通信号，以便怠速转速能适合增大的功率需求。

7. 运行数据的处理

电控单元用传感器提供的数据形成控制喷油器、节气门调节器和活性炭罐再生电磁阀的信号。

为了确保所期望的空燃比，电控单元选择的喷油持续时间必须与所采集到的空气充量成比例，这就是说喷油持续时间取决于节气门转角 α 和发动机转速 n，它们之间的关系由 λ 特性曲线场来确定，输入参数为 α 和 n，而输出参数为喷油持续时间。

在发动机冷机起动时，喷入燃油的蒸发条件十分不利，即：

- 冷的进气空气。
- 冷的进气管壁面。
- 高的进气管压力。
- 进气管中的空气流速较低。
- 冷的燃烧室和气缸壁面。

这些不利的周边条件要求混合气的空燃比与起动阶段以及起动后和暖机运转阶段相匹配。

同样，在发动机热机状态下也要对混合气成分进行不同的校正，即：

- 与进气空气有关的混合气校正。
- 负荷变化时的过渡补偿，这种补偿功能由节气门的运动来触发：急加速时（会在进气管壁面上形成油膜）必须加大喷油量，而在快速关闭节气门时（壁面油膜又消失）则应减少喷油量。
- 空燃比调节。

● 混合气自适应功能，它考虑因制造误差或者使用过程中发动机和喷油部件所发生的变化。

Mono-Jetronic 喷油系统的其它功能是：

● 急速转速调节，它能确保在整个汽车使用寿命期内使发动机保持相同的急速转速，即使在有负载和故障的情况下也能保持所要求的急速转速（例如汽车电路中有负载，空调设备接通时）。

● 海拔修正，它补偿在高海拔时较小的进气空气密度。

● 全负荷加浓，从而在加速踏板踩到底时发动机能发出最大功率。

● 转速限制，以避免发动机因转速过高而损坏。

● 倒拖断油，以便在节气门关闭行驶（汽车滑行）时降低废气排放。

Mono-Jetronic 喷油系统具有空燃比调节功能，以便使用三元催化转化器时使空燃比保持在过量空气系数 $\lambda = 1$。除此之外，还实施附加的自适应混合气校正，即系统自学习适应运行条件的变化。

与这种自适应混合气控制功能和附加重叠的空燃比调节回路一起，通过 α/n 控制间接采集进气空气质量就能使混合气保持恒定，因而这种系统就无需再测量空气质量了。

11.4 点火系统的变迁

汽油机是一种外源点火式内燃机。点火火花点燃燃烧室中被压缩的可燃混合气而燃烧，而这种点火火花是由突入燃烧室的火花塞电极之间火花放电产生的。这种点火装置必须产生火花塞火花放电所必须的高电压，并触发持续时间足够长的点火火花。

11.4.1 内燃机点火的发展史

19 世纪末首款发动机应用于汽车之前很久，发明者就致力于用内燃机替代广泛应用的蒸气机。首次试验不经过燃烧、锅炉和水蒸气而直接采用内部燃烧的热力机械是从 1673 年 Christiaan Huygens 开始的。这种火药机器（图 11-34）的燃料是火药（1），并用导火线（2）来点火。点火后燃烧气体从管（3）通过止回阀（4）挥发掉，冷却后在管（3）中产生真空，大气压力推动活塞（5）向下运动，从而就将工作载荷提起来。每次点火后就必须重新装火药，因而这种机器的工作原理仍不能像后来的发动机那样连续地运行。

100 多年后，1777 年 Alessandro Volta 用火花点燃空气和甲烷的混合气进行了试验，而且是用其 1775 年发明的起电盘来产生火花的，在 Volta 手枪中就曾利用过这种效应。Volta 手枪已显示出发动机技术的两个基本要素：一是空气－燃气混合气，二是电火花，从而开始了电点火的历史。1807 年 Isaak de Rivaz 开发了一种大气活塞机械，其中他利用了 Volta 毒气弹手枪的原理，并用电火花点燃可燃的空气 – 燃气混合气。Rivaz 按照其专利图样制造了一辆试验汽车（图 11-35），但是因结果不令人满意，不久就又放弃了。与 Huygens 火药机器中的情况相似，在爆炸时活塞被抛起，又被大气压力压回来，因此这种汽车只能运动几米远，然后又要重新将新鲜的可燃混合气装入气缸并再次点火。

为了能用于汽车行驶，必须具有连续驱动能力的发动机，其中气缸中可燃混合气的点火是主要问题。许多发动机制造商致力于寻找解决方案，同时出现了各种不同的点火系统。

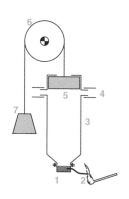

图 11-34　1673 年 Christiaan Huygens
火药机器的原理
1—带有火药的雷管　2—导火线　3—管
4—止回阀　5—活塞　6—导向辊
7—工作载荷

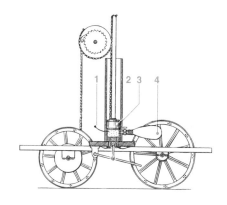

图 11-35　采用大气自由活塞发动机的
Isaak Rivaz 汽车图示
（按照 1807 年专利说明书）
1—传递点火火花的按钮　2—缸筒
3—活塞　4—氢气包

11.4.2　高压蜂鸣器点火

蓄电池点火从 1860 年起就已开始了，当时 Franzose Etienne Lenoir 为其室内固定式煤气机制作了一种"高压蜂鸣器点火装置"（图 11-36）。Rühmkorff 火花感应器（2）用来产生点火电流，它采用例如原电池（Volta 电池）供电，两根由瓷器绝缘的铂丝被用作电极（6），在发动机中产生火花放电，因而 Lenoir 也制作了火花塞的原型。为了将电流分配到双作用式发动机的两个火花塞上，Lenoir 应用了一个接触滑道式高压分电器（5）。

一旦电流回路接通，Rühmkorff 火花感应器就在线圈中建立起磁场，电流逐渐增大。当电流达到一定值时，衔铁（4）被拉动，蜂音器触点就被打开。由于电流回路被切断，磁场迅速消失，磁场的快速变化在次级线圈中感应出高的感应电压，该高电压就会在火花塞上引发火花放电。衔铁将电流回路接通，该过程又将继续进行。这种高压蜂鸣器点火装置能达到约 40 ~ 50 个点火过程/s，因工作时会产生蜂鸣声，这种点火系统因此而得名。

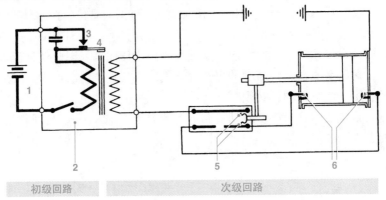

初级回路　　　　　　　次级回路

图 11-36　Lenoir 高压蜂鸣器点火
1—原电池　2—Rühmkorff 火花感应器　3—蜂鸣器触点　4—衔铁
5—带有触点弹簧的运动分电器装置　6—电极

　　1886 年，Carl Benz 对这种高压蜂鸣器点火装置进行了进一步的开发，从而使其搭载于首款汽车上的发动机（250r/min）达到了更高的转速，但是这种点火装置的问题就在于提供电流的原电池的电量越来越弱，大约行驶 10km 后就必须更换了。正如 Carl Benz 曾说过的那样，点火装置是"许多问题中的难题"。

11.4.3　炽热管点火

　　为了将汽车上使用的功率强劲的汽油机的结构尺寸保持在一定限度范围内，必须提高转速。但是，正如在固定式煤气机上被推广的情况那样，火焰点火的控制器件对于达到更高的转速而言显得过于迟钝了。1883 年，Gottlieb Daimler 开发的无控制炽热管点火获得了专利。这种点火装置（图 11-37）由一个与气缸中燃烧室相连通的通道组成，而该通道密封气体的终端形成了一个炽热管（2），它由一个小燃烧室加热始终保持炽热状态。在压缩行程时混合气被压入炽热管，并在那里被点燃，从而使燃烧室中剩余的混合气燃烧。炽热管必须被加热到在压缩行程终了时其中的混合气能首先被点燃。采用炽热管点火装置能使发动机转速大大提高，按照结构形式的不同，转速能达到

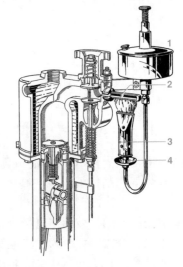

图 11-37　用于 1885 年开发的 Daimler
发动机上的炽热管点火装置
1—用于燃烧器的汽油箱　2—炽热管
3—燃烧器　4—预热盘

700～900r/min。

在 19 世纪末期，炽热管点火成为占优势的内燃机点火方式，被众多的发动机制造商所应用。它使得 Daimler 发动机和汽车能够广泛推广应用。但是，它的一个缺点是炽热管必须被调整到始终处于正确的加热状态。此外，在下雨和大风时火焰可能会熄灭，而在驾驶人对燃烧器操作不熟练的情况下还可能造成火灾危害。为此，1897 年 Wilhelm Maybach 在一份关于这方面的研究报告中告诉设计者们，每辆采用炽热管点火的汽车不知什么时候总会被烧毁。最终，Daimler 被说服后就专心致力于研究磁电机点火的原理，此后这种点火装置被证实是可用的。

11.4.4　磁电机低压摆动摇臂点火

1884 年，Nikolaus August Otto 开发出了磁电机低压摆动摇臂点火装置。由双 T 形摆动衔铁和条形永久磁铁组成的磁感应器产生低电压点火电流（图 11-38）。

当电流中断时，在发动机气缸中的触点处形成断路，触发点火火花。驱动衔铁的弹性摆动摇臂机构和推杆操纵点火触点摇臂，它们相互协调工作，当电枢电流达到其最大值时准确地切断电流，从而在点火时刻产生强烈的点火火花。

1876 年 Otto 开发的四冲程发动机直到那时仍用照明煤气作燃料，而且仅适用于固定应用场合。磁电机低压摆动摇臂点火装置使得发动机能用汽油运行，但是可达到的转速仍限制了它仅能用于固定式低速发动机。

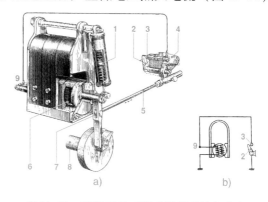

图 11-38　1887 年具有摆动摇臂机构和点火法兰的 Bosch 低压磁电机结构

a）结构　b）原理图

1—压力弹簧装置　2—点火摇臂　3—点火销
4—点火法兰　5—推杆　6—双 T 形衔铁
7—摆杆　8—控制轴　9—接线柱

11.4.5　磁电机点火

点火方面的问题促使人们致力于开发更适合于汽车的解决方案。最终解决这个问题的甚至并非生产发动机，而是为市场供应固定式低速发动机点火装置的专门企业，它就是 1886 年在德国斯图加特创建的生产精密机械和从事电子技术的 Robert Bosch 公司。双 T 形衔铁是当时磁电机的核心构件，其独特的形状被用作为 Bosch 公司的厂标。

1. 具有摆动摇臂机构的 Bosch 低压磁电机

Bosch 公司为 Otto 创造的摆动摇臂点火系统进一步开发了低压磁电机点火装置（图11-39），以便使这种装置能为固定式汽油机制造商提供作为附属装置。它的优点是其运行状况与蓄电池无关，但是其重量较大的衔铁和迟钝的点火机理阻碍了这种装置继续用于汽车发动机。

2. 低压磁电机点火

Bosch 公司在迟钝的摆动摇臂点火装置基础上开发出了更为轻便和快速的断路磁电机点火装置，它也能用于高速汽车发动机。

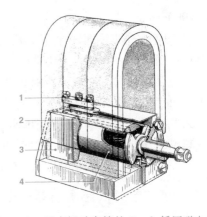

图 11-39　具有摆动套筒的 Bosch 低压磁电机点火装置结构（1897 年结构形式）

1—接线柱　2—双 T 形衔铁（固定式）
3—极掌　4—套筒（摆动式）

不再是较重的绕制电枢可摆动，而是位于极掌与固定的衔铁之间的被作为磁力线导向件的摆动套筒（见图11-39）。该套筒通过一个用于调节点火时刻的锥齿轮传动机构传动。一个在转动方向上缓慢提升的凸轮用来转动断路杆，一旦该断路杆被弹簧力从凸轮上弹起，气缸中点火杆就立即与点火销断开，从而产生点火火花。

磁电机的套筒结构形式以及锥齿轮传动机构立即就被证实是可靠的。因为这种装置适合于当时所要求的转速范围，1898 年，Gottlieb Daimler 将这种点火装置装在一辆汽车上，成功地完成了从德国斯图加特到奥地利蒂罗尔的行驶试验。第一只齐柏林（Zeppelin）飞艇用的 Daimler 发动机也是采用了 Bosch 断路点火装置进行工作的。因为齐柏林飞艇使用氢气使自身飘浮在空中，所以在该飞艇上无法使用炽热管点火装置。但是，这种点火装置始终仍是一种低压磁电机点火，而且为了由断路杆形成断路点火火花，它需要在燃烧室中使用机械式触点，后来才改成由电磁场控制的断路触点。

3. 高压磁电机点火

这种断路点火装置很快就不能再胜任转速、压缩压力和燃烧温度更高的发动机对点火所提出的要求。进一步改进的一种可能性是用磁电机点火，用一个火花塞来替代断路触点，为此必须提高点火电压。

Robert Bosch 委托其工作人员 Gottlob Honold 开发了一种无断路杠杆而采用固定式点火电极的磁电机点火装置。Honold 利用了一种经其适当改进过的采用摆动套筒的低压磁电机点火装置（图11-40）。双 T 形衔铁（3）有两个绕组：一个是由粗导线绕制的少匝数绕组，另一个是由细导线绕制的多匝数绕组。由于套

筒的旋转，首先在衔铁绕组中产生低电压，同时匝数少的绕组部分被断路器
（11）短暂切断，从而产生大电流，接着它就中断，因此在匝数多的绕组中就出
现高而迅速消退的电压，它在火花塞（16）上产生火花放电，使得火花间隙导
电，接着就在该绕组中感应出另一个明显较低的电压，但是它足以使电流通过此
时已导电的火花间隙，从而形成从断路点火，就是被人们所熟悉的点火电弧。

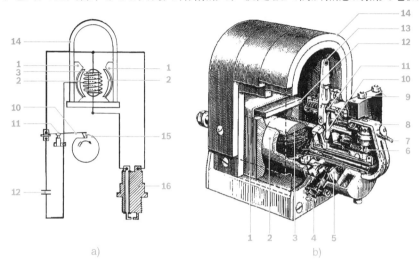

图 11-40　1902 年的 Bosch 高压磁电机点火装置

a）高压磁电机点火装置电路图　b）第一种批产高压磁电机点火装置结构

1—极掌　2—套筒（转动）　3—双 T 形衔铁　4—带有至火花塞接线柱的
连接片的集电器　5—带有滑环的分电盘　6—至分电盘的电流导线（次级）

7—至点火开关　8—至断路器的电流导体　9—至火花塞的接线柱　10—断路杆
11—断路器触点　12—电容器　13—点火时刻调节器　14—磁铁　15—凸轮　16—火花塞

断路器由一个凸轮（15）控制，因而它能在精确的规定时刻接通或切断低
电压绕组的电流回路。为了抑制在断路器上形成火花，断路器触点并联了一个电
容器（12）。

还必须重新开发火花塞，因为其电极会被新点火器的热的电弧性质的火花过
快地烧毁，因此 Bosch 火花塞就是从这个时候开始开发的。断路器从头开始就被
制成高压磁电机点火赫兹片，并对其进行了进一步的开发，使其更为可靠和
安全。

Ernst Eisemann 开发了另一种磁电机点火方案，高电压由一个分开安装的晶
体管产生，该晶体管由一个低压磁电机点火器供电。最初这种点火器的绕组由与
衔铁同步旋转的接触器在每个电流波期间多次短路。后来，Eisemann 认识到只
要一次短路就足够了。Eisemann 的方案在德国遭到了拒绝，但是他在法国却获
得了成功，Graf de la Valette 工程师成为了 Eisemann 磁电机点火装置的独家代理

销售商。然而，后来 Eisemann 点火装置也从分开安装线圈改为双绕组双 T 形衔铁的 Bosch 结构。

11.4.6　蓄电池点火

当 1925 年 Robert Bosch 公司推出蓄电池点火系统时，磁电机点火装置在汽车工业中仍占统治地位，因为它们仍是最可靠的点火方式。然而汽车制造商需要价格更为便宜的点火系统，而且蓄电池点火系统经过不断的改进，几年内就应用于欧洲汽车和摩托车制造中，随后美国在批量生产中就使用蓄电池点火系统了。

1. 美国的首次批量应用

1908 年，美国人 Charles F. Kettering 就对蓄电池点火的原理进行了进一步开发，并在 1910 年由 Cadillac 车型应用于批量生产。尽管并非一切都很完美，但是在第一次世界大战期间却应用得越来越广泛，人们对买得起汽车的渴望促使了价格更低廉的蓄电池点火系统的成功。由于在汽车上装有发电机可用于蓄电池充电，因而能容忍这种系统对蓄电池的依赖性。

2. Bosch 在欧洲推广蓄电池点火系统

第一次世界大战后最初几年，汽车在欧洲尚未得到大量推广，但是随着对汽车需求的慢慢增加，就像之前在美国的情况一样，人们渴望降低汽车的价格。20 世纪 20 年代，推广蓄电池点火系统的前提条件在欧洲逐渐成熟，而 Bosch 公司也已长期积累了将这种点火系统开发成可投产的成熟产品所需的经验，因此 Bosch 公司在 1914 年之前就向美国供应蓄电池点火系统的关键部件点火线圈。1925 年 Bosch 公司为欧洲市场提供了一种由点火线圈和点火分电器组成的蓄电池点火系统，但是最初它仅用于 Brennabor 4/25 型汽车，而到 1931 年，德国市场上能买到的 55 种汽车车型中就已有 46 种是装备这种蓄电池点火系统的。

3. 结构和工作原理

蓄电池点火系统由两个分开的装置组成：由发动机驱动的点火分电器和点火线圈（图 11-41）。点火线圈（7）包括初级绕组、次级绕组和铁心。点火分电器（8）中装有固定的断路器、旋转的凸轮（4）和用于二次电流的分电盘装置。点火电容器（3）用于抑制断路火花以保护触点。

断路器凸轮和分电器轴是蓄电池点火系统中仅有的运动件，与磁电机点火装置不同，它们几乎不需要太大的驱动力。

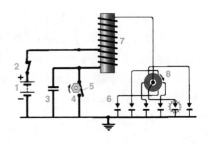

图 11-41　蓄电池点火系统的结构
1—蓄电池　2—点火开关　3—点火电容器
4—断路器凸轮　5—断路器触点　6—火花塞
7—点火线圈　8—点火分电器

蓄电池点火系统与磁电机点火装置的区别在于初级电流是从汽车电路中取得

的，而高电压则与磁电机点火装置一样以相似的方式产生：磁场在初级线圈中产生的电流被机械控制的断路器切断，因磁场随之中断而在次级绕组中产生高电压。

4. 对新一代点火装置的要求

当时内燃机对点火提出的要求是非常高的，而且是多种多样的。发动机以较高的压缩比和较稀薄的空燃比运行，最高转速也提高了。同时，诸如低的噪声、良好的起动和怠速运转性能、长的维修周期、轻的重量、小的外形尺寸和低廉的价格等方面的要求，也迫切需要对点火系统进行进一步的开发。

较高的压缩比和较稀薄的空燃比调节要求更高的点火电压和点火能量，因而要能可靠地产生火花放电，而可靠平稳的怠速运转又只能依靠加大火花塞电极间距来达到，这就又提高了对点火的要求，点火电压必须提高到旧系统电压的两倍以上，这又会对以高电压工作的重要部件产生影响，与此同时又不能出现有害的高电压放电火花。

发动机要求对扩大的转速范围实现尽可能相匹配的点火时刻，因而需要加大点火角调节范围，以补偿高转速时点火时刻与混合气点燃之间加大的着火滞后角。在继续开发多缸发动机时，初级电流断路器和由点火线圈供应高电压的点火分电盘用公共驱动轴一起装配在点火分电器中。为了调节点火时刻，断路器臂与凸轮能彼此反向转动，这种功能原本是由驾驶人凭经验和技术指导能力手动设定的，而在1910年的高压磁电机点火装置中就已有根据转速调节的自动离心式调节器，蓄电池点火系统继承了这种自动调节装置。

随着燃油耗变得越来越重要，就有必要在点火时刻调节时一并考虑到燃烧过程与负荷的相关性，为此装入了一个膜盒，由它来响应节气门前的进气管压力，并在点火调节器中产生调节点火的调节力，从而获得附加于离心式调节器的点火角校正量。1936年Bosch公司在其点火分电器中就加入了这种真空式调节装置。

在开发断路器触点时，Bosch公司就利用了在磁电机点火装置时所积累的经验。随着时间的变迁，蓄电池点火系统的所有部件都得到了进一步的开发。技术的进一步发展，特别是新出现的半导体技术，最终导致了新的点火系统，虽然这些点火系统仍然按照原本的蓄电池点火系统的原理工作，但是在结构上却是完全不同的了。

11.5　蓄电池点火系统的变迁

在1925年Bosch蓄电池点火系统进入市场，直到20世纪90年代制造的点火系统之间的时间里，蓄电池点火系统经历了不断的变化和持续的开发。

在这段时间内，蓄电池点火的原理并无重大的变化，其变化主要涉及点火时刻调节的控制机理，这就导致了系统部件的变化，从原本的蓄电池点火系统演变到最后仅剩下点火线圈和火花塞。到 20 世纪 90 年代末，点火控制最终集成到发动机电控单元中，这样所有下面列举的采用分开安装的点火电控单元的点火系统都已成为了历史。

11.5.1 传统线圈点火系统

传统线圈点火系统是触点控制的，流经点火线圈的电流是由点火分电器中的触点（点火断路器）机械地接通和断开的，而该触点被闭合一定的转角（闭合角）。

1. 结构和工作原理

传统线圈点火（SZ）系统（图 11-42）由点火线圈（c）、带有断路器（f）的点火分电器（d）、点火电容器（e）、离心式点火调节器、真空点火调节器（g）和火花塞（i）等部件组成。

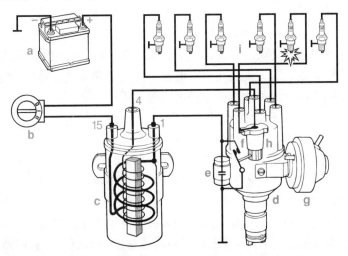

图 11-42　传统线圈点火（SZ）系统

a—蓄电池　b—点火 - 起动开关　c—点火线圈　d—点火分电器

e—点火电容器　f—断路器　g—真空点火调节器　h—分火头　i—火花塞

1、4、15—接线柱标记　1—点火线圈低电压输出　4—点火线圈高电压输出

15—行驶开关输出/点火线圈低电压输入

在运行时，蓄电池电压通过点火 - 起动开关（b）作用于点火线圈的接线柱 15 上，当断路器触点闭合时电流通过点火线圈初级绕组接地，从而在点火线圈中建立起磁场，在其中储存点火能量，因初级绕组存在电感而使电流缓慢增长，其充电时间则取决于点火分电器的闭合角，而闭合角又是由经过滑块操纵点火断路器的点火凸轮廓线和断路器触点间距预先确定的（图 11-43b）。在闭合时间终

了时凸轮打开触点，从而切断线圈电流。凸轮凸起的数量与发动机气缸数相对应。

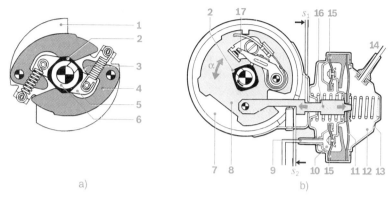

图 11-43   点火分电器的点火调节装置

a）离心式点火调节器（图示为静止位置）　b）具有早晚调节装置的真空点火调节器

1—轴托板　2—点火凸轮　3—辊道　4—飞块　5—传动臂　6—点火分电器轴　7—点火分电器
8—断路器盘　9—点火延迟膜盒至进气管接头　10—点火延迟膜盒　11—膜片（点火提前调节装置）
12—点火提前膜盒　13—真空膜盒　14—真空膜盒至进气管接头　15—环状膜片（点火延迟调节装置）
16—拉杆　17—断路器触点
s_1—直至限位装置的提早调节行程　s_2 直至限位装置的延迟调节行程

由于滑块磨蚀磨损以及断路器触点烧蚀，断路器必须定期更新。电流、断路时间以及次级侧的电感基本上决定了所感应的点火电压。与断路器并联的点火电容器阻止在触点之间形成电弧，以免在触点打开后电流继续流动。

在点火线圈次级绕组中感应的高电压被传导到点火分电器的中间罩上，旋转的分火头（图 11-42 中的 h）形成中间罩与外触点之间的连接，从而将高电压传导到每个气缸的火花塞上，由其在发动机压缩行程终了时激发点火火花。点火分电器是与发动机曲轴或凸轮轴机械同步旋转的，其转速为曲轴转速的一半。

2. 点火时刻调节

点火分电器的转动导致点火时刻移动。离心式点火调节器可根据发动机转速调节点火时刻。与分电器轴一起旋转的轴托板（图 11-43a 中的 1）携带着飞块（4）旋转。随着转速提高飞块向外展开，它们通过其辊道（3）推动传动臂（5）绕着点火分电器轴（6）转动，就使点火凸轮（2）也绕着点火分电器轴转动调节角 α，从而使点火时刻提前两倍调节角 α 大小的曲轴转角。

真空点火调节器（图 11-43b）则根据发动机负荷调节点火时刻。将进气管真空度作为负荷的量度，它通过两个接头（9，14）引入膜盒。

在发动机节流运行的情况下，点火提前膜盒中的压力降低，使膜片（11）连同拉杆（16）一起向右运动，拉杆使断路器盘（8）逆着点火分电器轴旋转方向转动，从而使点火时刻朝"早"方向调节。

进气管接头位于节气门后面，点火延迟膜盒中的真空度使环状膜片（15）连同拉杆一起向左运动，从而使点火时刻朝"晚"方向调节。点火延迟调节装置在某些发动机运行状态（例如怠速运转，车辆滑行）时起作用，以改善废气排放性能。由于其膜片面积较小，因而它从属于点火提前调节装置。

11.5.2 触点控制式晶体管点火系统

1. 结构和工作原理

触点控制式晶体管点火的点火分电器与线圈点火的点火分电器相同，但是在这种点火系统中初级电流不是由点火断路器而是由一个晶体管和点火开关电子电路接通的，而断路器触点接通晶体管点火的控制电流。图 11-44 示出了这两种点火系统的比较。

当断路器触点（7）闭合时，电流流向基极（B），从而导通晶体管的集电极－发射极电路，初级电流流经初级绕组 L_ 1。若触点被打开，则晶体管阻断，初级电流被切断。

电阻（3）用于在低欧姆点火线圈时限制初级电流。在发动机起动过程期间，该电阻被跨接，以补偿蓄电池电压的降低。

2. 相对于线圈点火的优点

一方面由于接通的电流较小，可减小点火断路器触点烧损，这样就可大大延长触点的使用寿命，另一方面与机械式触点相比，晶体管能接通更大的电流，从而能在点火线圈中储存更多的能量，这样就能提高点火电压和延长点火火花的持续时间。

11.5.3 霍尔传感器晶体管点火系统

1. 结构

在霍尔传感器晶体管点火系统中，断路器触点被集成在点火分电器中的一个霍尔传感器替代。点火分电器轴旋转时转子的挡磁片（图 11-45 中的 1）无接触地通过空气隙（4）而限制磁通量。两个具有永久磁铁的软磁导向件（2）产生磁场，如果空气隙没有被遮挡的话，霍尔集成电路芯片（3）就被磁场穿过。一旦空气隙被挡磁片遮挡，磁通量就大部分流失在挡磁片范围内而避开霍尔集成电路芯片，于是霍尔集成电路芯片就产生一个数字电压信号（图 11-45b）。

挡磁片的数目相当于发动机气缸数。在触点控制情况下闭合角由凸轮确定，而在霍尔传感器情况下则由转子挡磁片确定电压信号的占空比。根据点火开关装置的不同，每个挡磁片的长度决定这种点火系统的最大闭合角，因此在没有闭合角调节功能的系统中，在霍尔传感器的整个使用寿命期内闭合角是保持不变的，无法进行闭合角调节。

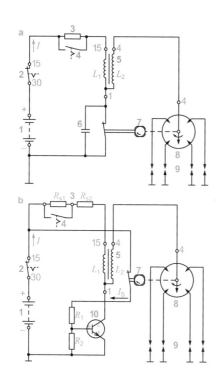

图 11-44　传统线圈点火（SZ）与触点
控制式晶体管点火（TSZ‑k）的比较
a）传统线圈点火（SZ）系统电路图
b）触点控制式晶体管点火（TSZ‑k）系统电路图
1—蓄电池　2—点火‑起动开关　3—串联电阻
4—起动力提高开关　5—点火线圈（初级绕组 L_1
和次级绕组 L_2）　6—点火电容器　7—断路器
8—点火分电器　9—火花塞　10—电子电路（包括
电位器电阻 R_1、R_2 和晶体管）
B—基极　C—集电极　E—发射极

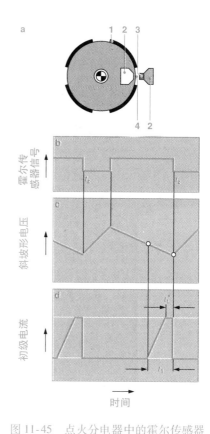

图 11-45　点火分电器中的霍尔传感器
a）转子的结构原理　b）霍尔传感器的输出电压
c）用于闭合角调节的斜坡形电压
d）点火线圈中的初级电流
1—长度为 b 的挡磁片　2—具有永久磁铁的
软磁导向件　3—霍尔集成电路芯片　4—空气隙
t_1—闭合时间　t_1^*—电流
调节时间　t_2—点火时刻

2. 电流和闭合角调节

使用具有低欧姆电阻的可快速充电的线圈需要采取限制初级电流和功率损失的措施，这些功能在点火系统的电控单元中实现。

初级电流调节用于限制点火线圈电流，从而限制能量建立在一个固定的量值上。在电流调节阶段，晶体管并非完全导通，因此在其上的电压降大于完全导通运行时的电压降,从而产生较高的功率损失。

为了减少这种功率损失,就需要闭合角调节,它能将闭合时间调节到一个合适的值。为此,通过电容器的充电或放电,将霍尔传感器的矩形信号转换成斜坡形电压(图 11-45c)。

由点火分电器调节的确定的点火时刻位于挡磁片宽度终了时。闭合角调节被调整得使电流调节时间 t_1^* 精确地符合点火系统所需的提前量。由闭合时间 t_1 值形成一个电压,并与降落的斜坡形电压进行比较,当达到一个对比电平时初级电流被接通。通过改变该斜坡形电压的对比电平,就能任意改变接通时刻也就是闭合时间,使之与每个运行范围相匹配。

11.5.4 感应传感器晶体管点火系统

采用集成在点火分电器中的感应传感器(图 11-46a)的晶体管点火(TSZ-i)系统与霍尔传感器晶体管点火系统的区别不大。永久磁铁(1)、感应传感器的感应绕组和铁心(2)形成了一个固定的结构组件——"定子",而固定在点火分电器轴上的脉冲传感轮旋转——"转子"。铁心和转子用软铁制成,它们具有多个指状凸起,其数目相当于发动机气缸数。

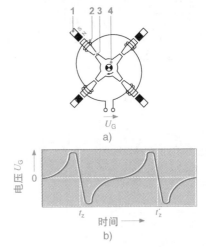

a)

b)

图 11-46 集成在点火分电器中的感应传感器

a)结构原理图 b)感应电压曲线

1—永久磁铁 2—感应绕组和铁心

3—变化的空气隙 4—转子

t_z, t_z'—点火时刻

当转子旋转时不断地改变转子和定子之间的空气隙,从而改变磁通量。磁通量的变化就在感应绕组中感应出变化电压(图 11-46b),同时随着转速的提高产生的电平 $U_G = 0.5 \sim 100\text{V}$。

感应传感器晶体管点火系统中的电流和闭合角调节与霍尔传感器晶体管点火系统相似,同时感应电压的模拟电压曲线能直接参与闭合角调节。

第 12 章　废气排放法规

美国加州是致力于用法规来限制内燃机汽车废气排放有害物的先驱者。高度发展的汽车化再加上洛杉矶盆地的特殊性，在 20 世纪中叶就已在那里造成了严重的空气污染。由于洛杉矶位于盆地，经常形成逆温层，在逆温层下面碳氢化合物和氮氧化物在强烈的太阳辐射下转化成光化学烟雾。在有害物浓度高的情况下，会形成一个棕褐色烟雾罩，其组成部分（其中有臭氧）有害于人的身体健康，并会对环境和自然造成不良的后果。

12.1　概述

自从 20 世纪 60 年代中叶用于乘用车和轻型载货车汽油机的第一部废气排放法规在美国加州生效以来，该地区容许的各种有害物的排放限值越来越降低。70年代美国建立了联邦环境保护局（US – EPA），它在加州要求的基础上颁布了美国联邦废气排放法规（例如美国城市标准测试循环，FTP）。随后，欧盟和日本也颁布了用于汽车废气排放认证的某些检测方法。本章将较为详细地阐述这些测试循环。

在这期间，所有的工业化国家都颁布了限制有害物排放的法规（废气排放法规），其中都规定了汽油机和柴油机的废气排放限值及其测试方法。许多国家除了废气排放之外还限制了汽油车辆燃油系统中的蒸气排放物。

独立的汽车废气排放法规有：

- 美国加州的 CARB（California Air Resources Board，加利福尼亚州环境保护局）废气排放法规。

- 美国 EPA（Environmental Protection Agency，联邦环境保护局）废气排放法规。

- EU（欧盟）废气排放法规和统一的 UN/ECE（United Nations Economic Commission for Europe，联合国/欧洲经济委员会）废气排放法规。

- 日本废气排放法规。

其它国家完整地接受了当时的废气排放法规（例如加拿大采用 US – EPA 法

规，瑞士采用 EU 法规），或者较晚采用了这些废气排放法规（例如阿根廷、澳大利亚、俄罗斯），或者在 US、EU 或 UN/ECE 法规的基础上开发了自己的废气排放法规（例如巴西、印度、韩国，见 12.5 节"其它国家"）。

废气排放法规的另一个因素是限制 CO_2 排放方面的要求。从 1975 年第一次石油危机起，美国和日本就颁布了限制燃油耗（它与排气口的 CO_2 排放有关）的规定。出于保护气候的原因，欧洲已颁布了乘用车和轻型载货车的平均 CO_2 排放目标值。美国又补充了 CAFE（Corporate Average Fuel Economy，公司汽车平均燃油经济性）燃油耗法规以限制温室气体排放。所有法规所规定的并非是与汽车车型有关的限值，而是对汽车制造商当年出厂的汽车的平均燃油耗或新型汽车的平均废气排放规定了目标值。其它实施燃油耗和 CO_2 排放法规的国家还有澳大利亚、巴西、中国、加拿大和韩国。

12.1.1 分类

废气排放法规将四轮汽车分成不同的类型：
- 乘用车：废气排放在汽车转鼓试验台上测试。
- 轻型载货车：根据国际法规的规定，容许车辆总重为 3.5 ~ 6.35t，废气排放在汽车转鼓试验台上测试（与乘用车相同）。
- 重型载货车：根据国际法规的规定，容许车辆总重超过 3.5 ~ 6.35t，废气排放在发动机试验台上测试，而不再在汽车上测试。
- 非道路车辆（例如建筑用车、农用汽车、林业用车）：与重型载货车一样，废气排放在发动机试验台上测试。

此外，还有用于两轮和三轮车辆（例如摩托车）、机车、快艇、船舶，以及移动式机械和装置（非道路移动式机械）的排放法规。本书仅介绍用于乘用车和轻型载货车的废气排放法规。

12.1.2 有害物排放法规的目标

法规制定者欲通过规定废气排放限值来限制全球的有害物排放，但是对此并非是制定零部件的规范，而是规定在试验条件（试验循环和试验程序）下的目标值，其试验条件应尽可能接近真实的道路交通行驶状况，而且法规规定用于降低废气排放的系统不仅在试验条件下，而且通常在道路行驶的所有正常使用条件下都必须正常发挥功能，并且不可将其断开（禁止"系统失效"），只有出于保护零部件的原因，才可作为特殊情况处理。除了应达到疲劳强度的要求（与行驶功率以及部分与车辆老化有关）之外，汽车的设计和制造必须确保不仅新车时，而且至少在所规定的使用寿命期内满足废气排放限值的要求。

12.1.3　试验方法

根据汽车类型和试验目的不同，应用法规制定者规定的 3 种检验方法：

● 型式认证试验（英语缩写 TA，Type Approval，又称鉴定试验），以获得普遍使用的许可证。

● 批产检验，作为制造商连续生产的例行质量控制，它由型式认证主管部门通过抽样控制进行检验（产品一致性检验，英语缩写 CoP，Conformity of Production）。

● 现场监测（USA 和 EU/ECE 规章中的使用一致性检验），由制造商和必要时由型式认证主管部门在实际行驶中（即在"现场"，因而德国称为"现场监测"），检验批产汽车降低废气排放的系统。

12.1.4　型式认证试验

型式认证试验是为一种汽车车型颁发普遍使用的许可证的前提条件，为此汽车必须在规定的边界条件（试验程序）下按照试验循环（测试循环）行驶，并且满足规定的废气排放限值，而这些试验及其所要满足的废气排放限值是由各个国家专门规定的。

各国对乘用车和轻型载货车都专门规定了不同的动态试验循环，而这些试验循环根据它们的形成方式有所差别：

● 由实际道路行驶记录推导出的试验循环，例如 US – EPA 法规中的 FTP 循环。

● 由各种不同等加速和车速构成（组合形成）的试验循环，例如 EU/ECE 法规中的 MNEFZ（modifizierter neuer europäscher Fahrzykius，修改的新欧洲行驶循环）。

为了测定有害物排放量，汽车在转鼓试验台上按照试验循环规定的车速运行，在汽车运行期间收集其排放的废气，并在试验结束后分析其中的有害物排放量（见 12.8 节"废气测量技术"）。

12.1.5　批量生产检验

通常产品一致性（英语缩写 CoP，Conformity of Production）规范要求制造商作为生产过程中的产品质量控制部分进行批量生产检验，以提供产品质量的证据。它基本上应用与型式认证试验相同的试验方法。许可证主管部门为批量生产检验进行奥迪特质量评分（Auditieren），并可安排验证校验。美国执行了最为严厉的要求，其中要求近似无缺陷的质量监测。EPA 法规中的一致性确信程序（CAP），CARB 法规中的车辆评定程序（PVE）是相关的规范。

12.1.6　现场监测

现场监测可识别型式认证中存在的缺陷（例如设计和制造缺陷、不良的维护保养规范），这些缺陷会在正常使用条件下汽车行驶中导致有害物排放明显增加。为此，在使用现场对批产汽车是否持续满足废气排放法规要求进行监测。制造商必须对此提出计划，并经型式认证主管部门批准。对于这种试验，抽样的批产汽车选择私人用车，其行驶功率和老化程度处于规定的限度范围内。与型式认证试验相比，其废气排放试验方法被部分简化了。型式认证主管部门对制造商试验的结果进行奥迪特质量评分，并可安排验证校验，还可再进行某些试验。

12.1.7　废气试验

另一项试验并非是针对汽车制造商的，而是针对车主个人的。在降低废气排放系统的定期技术控制中［德国在废气试验（德语缩写 AU）中、欧盟在道路适用性试验中、美国在检查/维护保养（英语缩写 I/M）中］，涉及监测个别汽车是否出现废气排放显著增加的情况。如果出现这种情况，那么车主就必须去修车，并重新进行试车，通常还要获得行驶许可。除了进行废气试验之外，还要确保车主根据维护保养规范进行维护保养。

12.2　欧盟和联合国/欧洲经济委员会法规

欧洲废气排放法规是由欧盟委员会（企业的总管理部门，"欧盟经济部"）与工业协会和欧盟成员国共同合作制定的，并由欧洲议会和欧盟成员国部长会议从政治上作出决议，而详细的技术规程作为所谓的技术调整则仅由部长会议决议。

用于乘用车和直至容许总重 3.5t 轻型载货车的废气排放法规的基础是 1970 年欧洲经济共同体（EWG）的 70/220/EWG 规程，其中首次规定了废气排放的限值和测试规范，并从那时起又再三进行了修改。欧盟法规或是规程（"指导方针"，更是必须执行的国家法律）或是规范（规则，直接在欧盟成员国生效）。

另一个对欧盟具有重要意义的规定废气排放规范的委员会是联合国（UN）/欧洲经济委员会（ECE）。它是联合国的一个机构，从 1958 年起就为道路交通制定规范，这些规范最初是要简化欧洲的经济和商品交换。在这期间，除了欧盟国家和欧洲的非欧盟国家之外，还有许多其它国家，特别是美国和加拿大、俄罗斯、南非、澳大利亚、日本、韩国、印度和中国都参与了废气排放规范的开发，其中降低有害物排放的欧盟法规被作为 UN/ECE – R83 规范的样板。

R83 规范包含了欧盟法规的所有内容，即它仿制了下面所介绍的欧盟各等级废气排放标准，并补充了关于对新型驱动装置（例如电动车和混合动力车），或新的降低排放系统（例如颗粒捕集器），或新检测方法（例如颗粒测量方法）等方面的要求，力求全球的协调和认可。正如在 12.5 节 "其它国家" 中详细阐述的那样，在废气排放法规方面越来越多的国家定位于 UN/ECE – R83 法规用于废气排放和 OBD（车载诊断），以及用于燃油耗测量的 R101 规范。

12.2.1　EU/ECE 法规的演变

欧盟（EU）法规与美国法规的差异并非是降低废气排放的程序，而是对废气排放的分阶段、逐步加严的要求。这些用于乘用车和轻型载货车的废气排放等级用 Euro 或 EU 命名，Ⅰ－Ⅳ等级采用罗马数字，而从第 5 等级起则采用阿拉伯数字。这些等级的特点是在 1 型试验中的废气排放限值逐步加严，而 1 型试验将在下面详尽解释：

- EU Ⅰ（从 1992 年 6 月起生效）
- EU Ⅱ（从 1996 年 1 月起生效）
- EU Ⅲ（从 2000 年 1 月起生效）
- EU Ⅳ（从 2005 年 1 月起生效）
- EU 5a（从 2009 年 9 月起生效）
- EU 5b（从 2011 年 9 月起生效）
- EU 6b（从 2014 年 9 月起生效）
- EU 6c（从 2017 年 9 月起生效）

对于柴油乘用车和轻型载货车仅有一种过渡性废气排放等级 EU 6a，它容许按 EU 6b 等级中的低 NO_x 排放限值提前进行认证。

与美国仅对每个年度车型分别颁发型式认证不同，欧盟是对一个欧盟废气排放等级进行型式认证直至下一个废气排放等级生效为止。因此，一个新的废气排放等级按两步执行：第 1 步新的车型（至今尚未认证过的车型）必须达到新的废气排放要求，第 2 步（一般晚一年）所有新认证的汽车必须满足新的废气排放限值。

在废气排放法规生效之前新车型就达到其要求时，欧盟允许给予税款奖励。例如，德国在设计汽车税率时就考虑采用这种奖励办法。对于汽车制造商而言，这就意味着汽车投放市场之前就存在一定的压力，它必须满足未来的废气排放等级。

1. 废气排放

欧盟废气排放法规的基本要求是在 20～30℃温度（正常的环境温度）下按新欧洲行驶循环（NEFZ），从 EU Ⅲ 起按修改的新欧洲行驶循环（MNEFZ）测定有害物排放，即所谓的Ⅰ型试验。它的废气排放限值与行驶里程有关，并以每公里的克数（g/km）计。

欧盟废气排放法规对下列有害物规定了限值：

- 一氧化碳（CO）。
- 碳氢化合物（HC），从 EU 5 起也限制非甲烷碳氢化合物（NMHC）。
- 氮氧化物（NO_x）。
- 颗粒物质量（PM），从 EU 5 起适用于缸内汽油直接喷射机型。
- 颗粒数（PN），从 EU 6b 起适用于缸内汽油直接喷射机型；

对颗粒物的要求仅适合于缸内汽油直接喷射机型（以及柴油机），因为与柴油机的燃烧过程相似，它排放较多的颗粒物质量和颗粒数。图 12-1 示出了第 1 等级乘用车和轻型载货车的废气排放限值。这些限值对于柴油机和汽油机是不同的，而对于诸如压缩天然气（CNG）或乙醇燃料（例如 E85，含有多达 85% 体积分数乙醇的汽油）等代用燃料还有特殊的规定。但是，原则上欧盟对所有燃料和燃烧方法力争相同的要求。

从 EU Ⅲ 起，与容许总重无关，乘用车（M1 等级，客运，最多 9 个座位）适用相同的废气排放限值。轻型载货车（N1 等级，货运）根据汽车基准重量的不同被分成 3 种低的等级 Ⅰ、Ⅱ 和 Ⅲ，等级 Ⅰ 的废气排放限值适用于乘用车，而等级 Ⅱ 和 Ⅲ 则分别作为要求更高的限值。从 EU 5 起法规的应用范围扩展到重量较重的 M2 和 N2 等级汽车，但是这些车型一般搭载柴油机。

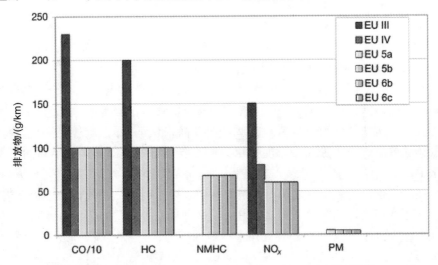

图 12-1　适用于汽油机乘用车的 EU Ⅲ～EU 6 废气排放限值

图说明：

CO/10 代表图中画出的是 CO 限值的十分之一，而 HC、NMHC、NO_x 和 PM 则直接画出碳氢化合物、无甲烷碳氢化合物、氮氧化物和颗粒物质量的限值。颗粒数限值 EU 6b 为 6×10^{12}/km，而 EU 6c 则为 6×10^{11}/km（从 EU 5b 起也适用于柴油汽车）。颗粒物质量和颗粒数的限值仅适用于缸内汽油直接喷射机型

对于获得使用许可证的车型（认证车型），汽车制造商必须证实在法规规定的整个使用寿命期（以公里计的行驶里程）内，所限定的有害物排放没有超出各自的限值。包括 EU Ⅲ 在内，使用寿命期最长为 80,000km，而 EU Ⅳ 则提高到 100,000km，EU 5 又进一步延长到 160,000km。

采用 I 型试验的型式认证试验使用至少已行驶 3,000km 的试验用车。因为汽车的废气排放限值直到其使用寿命期终了时仍然有效，因此其废气排放测量值要乘以一个劣化系数，然后再与法规限值进行比较。为此，可以应用法规规定的劣化系数，或者汽车制造商在法规规定的耐久试验程序（Ⅴ 型试验）中专门为这种车型查明的劣化系数。

除了在 I 型试验中的基本要求之外，还有另外两项废气排放要求：

● Ⅱ 型试验，在这项试验中要测定怠速运转时的 CO 排放量，该值对于汽油车的定期性废气排放测试具有重要意义。

● Ⅳ 型试验，它要在 –7℃ 冷起动后测量碳氢化合物和一氧化碳的排放量，并在 MNEFZ 行驶循环的第 1 部分（市内行驶部分）中进行。从 2002 年起这项试验生效，并且从那时起一直适用于 EU Ⅲ、EU Ⅳ、EU 5 和 EU 6b 没有变化过，而 EU 6c 的 HC 和 CO 限值推测可能会降低约 1/3，并制定新的 NO_x 限值。

欧盟废气排放法规的一个新变化是可能从 2017 年起要实施实际行驶废气排放（英语缩写 RDE）试验。实施这种试验的目的是要确保不仅在标准化的行驶循环中，而且在实际道路条件下满足废气排放限值的要求。RDE 试验是于 2012～2014 年间在汽车制造商和零部件供应商参与下由欧盟委员会专家团队制定的。

2. 蒸气排放

在汽油车上，碳氢化合物的另一个重要来源可能是燃油箱和燃油回路中的燃油蒸气，它们与汽车的结构设计和燃油温度有关。为此采取的有代表性的限制措施是应用活性炭罐（德语 Aktivkohle – Falle，AKF），燃油蒸气被储存在其中。由于活性炭罐仅具有有限的吸附能力，因此必须定期对其进行再生。这是在汽车行驶期间通过新鲜空气扫气实现的，其间燃油 – 空气混合物被输送到进气管路中，并进入发动机气缸被烧掉。

欧盟法规采用Ⅳ型试验来测试和限制燃油蒸气。从 EU Ⅱ 起燃油蒸气排放在一个气密性气候室（英语缩写 SHED，Sealed Housing for Evaporative Emission Determination，燃油蒸气排放测量密封室）中进行测量，其间在测试开始和终了时采集 HC 排放物，并由其差值来计算燃油蒸气的损失。

可区分两种情况：一种是汽车热机停车后来自燃油系统的燃油蒸气排放，即热机停车试验或热渗漏试验；另一种是因每天运行中温度变化来自燃油系统的燃油蒸气排放，即燃油箱呼吸试验或昼夜试验。

法规制定者为测量燃油蒸气排放规定了具有好几个阶段的详细的试验过程，从 EU Ⅲ 起该试验过程保持不变。为进行真实的试验，先对汽车进行调整，规定活性炭罐用燃油蒸气，或者用丁烷替代加载。紧接着燃油箱加注 40% 试验燃料，然后在转鼓试验台上进行调整运行，接着是一个停车阶段以稳定系统。用另一个调整运行使发动机热运转，同时提供炭罐扫气的可能性，紧接着立即将汽车置于燃油蒸气排放测量密封室（SHED）内，并在 1h 过程中测定冷却期间的热机停车燃油蒸气排放量。冷却到 20℃ 后进行燃油箱渗漏试验，为此 SHED 中的温度在 24h 内从 20℃ 提高到 35℃，然后再降低，从而模拟一个典型的夏日。夏季在两种试验情况下测得的 HC 排放的限值是每次试验 2g。

EU 6c 则要给出调整过程中的变化（扫气的机会较少），并且燃油箱呼吸试验将延长 24h（两个 24h 循环的 HC 排放值较高），而限值大约保持相同，并将探讨关于实施耐久性要求的问题。

3. CO_2 排放

基于保护气候的目的，欧盟对乘用车和轻型载货车实施了具有约束力的车队 CO_2 排放目标。汽车制造商出厂产品的车队每年都必须满足一个平均 CO_2 排放（以 g/km 计）目标值的要求，否则到期就要根据超出多少支付罚款。若平均 CO_2 排放量超过目标值，就不能享受政府补贴。

这种目标值是专门针对汽车制造商的，并且与其销售的产品车队的平均重量呈线性关系。规定所有销售的乘用车平均值的目标值为 130g CO_2/km，这相当于汽油车燃油耗约 5.5L/100km，或柴油车燃油耗约 4.9L/100km。从 2012 年起所销售的新车中必须有 65% 达到该目标值，并且到 2015 年该百分比要分阶段提高到 100%。轻型载货车的目标值为 175g CO_2/km，从 2014 年起所销售的新车中必须有 70% 达到该目标值，并且到 2017 年该百分比要分阶段提高到 100%。

汽车制造商可联合起来达到一个共同的目标。销售量小（例如对于乘用车而言，最大年产量 10，000 辆）的制造商可申请以其迄今为止的废气排放状况为基础获批特定的目标。制造商通过"生态创新"可获得最多 7g CO_2/km 的减排效果，这是汽车方面的措施，在 I 型试验中并不会显示出效果，但是在正常道路交通中会导致显著和有据可查的降低 CO_2 排放的效果，例如非常高效的发电机。另一种特殊性是"最高得分"（英语"Super Credits"）奖励，用于 CO_2 排放低于 50g CO_2/km 的乘用车，从而促进混合动力和并联式（插电式）混合动力的发展。对于 2020 年，欧盟委员会已提议调整这种体制：乘用车的目标值为 95g CO_2/km，轻型载货车目标值为 147g CO_2/km。与 2015 年的目标值相比，乘用车对于所有年产量车型的 CO_2 排放都必须降低相同的百分比，而对于轻型载货车（它由乘用车衍生而成）而言，其较轻的车型必须比较重的车型降低更多的 CO_2 排放。

4. 批量生产和现场监测的验证试验

欧盟法规规定汽车制造商要抽样验证新生产的批产汽车在 I 型试验中是否达到废气排放限值的要求（产品一致性），并将部分抽样车辆在正常道路交通使用条件下行驶，并在规定的行驶里程期间验证其废气排放（使用期一致性，使用现场监测）。为此，汽车制造商必须提出试验计划经型式认证机构批准，并由其对试验结果进行奥迪特评分，这样才能够申请验证。

欧盟法规还规定只有型式认证机构才能独立进行现场监测。进行车型验证试验的汽车数量至少 3 辆，若通过验证合格的车辆少于 3 辆，则按统计学方法最多可测试 30 辆汽车。交付验证试验的汽车必须符合下列规范：

- 行驶里程处于 15，000～80，000km 之间，汽车使用时间为 6 个月和 5 年之间（对于 EU Ⅲ），而 EU Ⅳ 则规定为 15，000～100，000km 之间。
- 已按制造商推荐进行过定期检验。
- 车辆没有异常使用过的征兆（例如经不正常手法处理过、较大的修理等诸如此类的状况）。

如果汽车的废气排放显著超标而引人注目，那么就应确定废气排放过高的原因。若抽样中好几辆汽车都因相同的原因引发高的废气排放的话，则抽验就会出现不好的结果。在各种不同原因情况下，只要还没有达到最大的抽样数量，就要扩大范围对汽车进行检验。

如果型式认证机构确定一个车型没有达到要求，即存在车型规格方面缺陷（例如结构设计和制造方面的缺陷）的话，那么汽车制造商必须制定消除这些缺陷的措施，而这些措施必须应用到所有的汽车上，因为它们也许会存在相同的缺陷，有必要的话必须发布召回通报。

5. 定期废气测试

欧盟法规还规定了汽车降低废气排放系统的定期技术控制的可能性（道路行驶试验），这方面涉及要确保车主按照制造商所规定的那样维护保养，以及必要时进行修理。每个欧盟成员国都有责任具体执行这方面的规定。德国的乘用车和轻型载货车首次允许投产后 4 年内免测，然后每两年都必须进行废气排放测试（AU），它如今是主要的检测（HU）部分。

工厂车间中的废气排放测试包括废气装置的抽样检验。对于无车载诊断（OBD）功能的汽油车，在最低发动机温度下在规定的转速窗口（高怠速转速）检验 CO 和 λ 值，而对于具有车载诊断（OBD）功能的汽车则通常仅检验 OBD 系统，凭借备用码检验是否能执行所有的诊断功能，并通过读出故障存储器，检验是否存在故障记录。如果一辆汽车废气排放测试（AU）不合格的话，那么车主就必须去修理，并重新进行测试，否则就要取消行驶许可证。

12.2.2　全球统一试验程序和试验循环

在 UN/ECE 框架范围内，从 21 世纪初就开始讨论用于乘用车和轻型载货车废气排放认证的"全球统一试验循环及其试验程序"（全球统一轻型车试验程序/循环，英语缩写 WLTP/C）。这种理念首先是由日本推动的。由于受到欧盟废气排放法规（EU5 和 EU6）和所属的 EU – CO_2 排放法规（用于公司车队）的政治规定的制约，采用了现在所实施的试验循环及其所属的试验程序，并得到了欧盟的支持。

2008 年和 2009 年确定了 UN/ECE – WLTP 程序的实施时间计划和特征点。参加的成员有欧盟、瑞士、日本、韩国、印度和中国，以及相关工业界（汽车制造商和配件工业）和非政府组织。美国在开始时参与后又退出了该程序，因为其制定 US 法规已花费了必要的财力物力。

原本的目标是开发具有 3 部分的试验循环，即市区、郊区以及高速公路和公路，它们应仿效实际行驶状况。这种行驶试验循环不仅用于限制废气排放，而且也适用于测定燃油耗和 CO_2 排放，并用来替代欧洲和日本的试验循环（参见 12.6 节"试验循环"）。

已采集了欧盟、日本、印度、韩国和美国在流动交通中行驶状况方面的数据作为开发试验循环的基础。这些数据与道路交通中的其它统计学数据相结合，并采取日本在开发 JC08 试验循环中，以及 UN/ECE 在开发摩托车和重型载货车中已制定的方法进行进一步的分析，从而在多种因素相互作用下推导出主试验循环和好几个专用试验循环。

WLTC（全球统一轻型车试验循环）由 4 个阶段（低速、中速、高速和特高速）组成。对于特殊汽车部分还开发了其它试验循环：为日本"Kai – Car"* 开发了一种 WLTC 的轻量化方案，而为印度市场开发了两种用于发动机功率和重量都非常小的汽车的试验循环（低功率汽车试验循环 LPTC, Low Powered Vehicle Test Cycles）。WLTC 试验循环示于 12.6 节"试验循环"中的图 12-11。

与开发试验循环的同时，由工业界、行政机构和非政府组织组成的专家团队修改了现行的 UN/ECE 试验规范，使得燃油耗和废气排放的测量更切合实际。除了基本的试验程序之外，还为诸如混合动力车和电动车等电气化车辆制定了特殊的要求。其它的重点是用于气态有害物以及颗粒物质量和颗粒数的测量方法。这种试验循环和试验程序是 2013 年准备好作为"UN/ECE 全球技术规范"，并于 2014 年由 UN/ECE 作出决议的。

---

* 译注：Kei car 是日本的小型车，其包括乘用车、厢式车以及轻型货车，它是第二次世界大战后日本各产业陷入萧条时期的产物，车身尺寸长 2.8~3.4m，宽度 1~1.48m，高度 2m，它的诞生推动了日本汽车产业的进步。

2013 年年初，欧盟委员会提议，从 2017 年起在欧盟国家中用 WLTC 试验循环替代 NEDC（译注：NEDC 是"新欧洲行驶循环"的英语缩写，德语缩写则为 NEFZ），不仅用于废气排放法规，而且也用于测定燃油耗。而汽车工业界则主张 2020 年后再实施，以便确保为产品开发和生产转换留有必要的准备时间。

WLTP 和 WLTC 不仅涉及欧盟，而且中期还涉及许多其它国家，例如中国、印度、俄罗斯联邦、其它东南亚国家、澳大利亚、南非和拉丁美洲国家，因为这些国家直接或以修改的型式接受 UN/ECE 规范。

日本和韩国也长期打算放弃自己的废气排放法规而接受 UN/ECE 规范，而美国则可能继续保持其国家试验循环和试验程序。

12.3 美国

20 世纪 60 年代中期，美国加利福尼亚州大气资源局（CARB，California Air Resources Board，）在加州颁布了世界上第一部汽车废气排放法规，70 年代美国就颁布了美联邦法规"清洁空气法规"（CAA，Clean Air Act），它是美国官方机构 EPA（Environmental Protection Agency，美国联邦环境保护局）空气净化法规的法律基础。EPA 在当时加州法规要求的基础上开发了美国的联邦废气排放法规（例如 FTP 循环，即美国城市标准测试循环），从那时起加州就将 EPA 法规作为自己法规的基础。因为历史上加州总是先于美联邦实施废气排放法规，因此该州作为特例同意将 CAA 加入自己的废气排放法规，只要当时的 EPA 法规要求至少与 CARB 废气排放法规一样严格。美国其他州或者执行 EPA 法规（惯例），或者因在执行由美联邦规定的空气质量目标情况下出现特殊问题而转为执行更为严格的 CARB 废气排放法规。原本仅几个东北部州执行 CARB 废气排放法规，但是几年来这个数量增加到了 11 个州（2013 年 4 月份的状况）。CARB 和 EPA 废气排放法规从 2004 年以来一直是分开执行的，为了要试行"单一国家标准污染物排放法规"（SNCPP，Single National Criteria Pollutant Program），从 2017 年起这两个废气排放法规很可能将尽可能统一起来。

12.3.1 CARB 法规

美国加州空气净化官方机构 CARB 对乘用车（德语缩写 Pkw，英语缩写 PC）和轻型载货车（英语缩写 LDT）[轻型客货两用车、越野车和最大容许总重 14，000lb（美国磅；1lb＝0.454kg）的中型载货车（英语缩写 MDV）也都归于这一类]的废气排放要求，在低排放汽车（英语缩写 LEV）降低废气排放计划中规定：

- LEV Ⅰ（从 1994 车型年起）。

- LEV II（从 2004 车型年起）。
- LEV III（从 2015 车型年起）。

如同汽车制造商销售的汽车中所涉及的车队（PC 和 LDT 1 型或 LDT 2 型）必须遵守的车队平均值那样，每个计划都规定了一系列认证级别及其分阶段达到的废气排放限值，而对于 MDV，则每个认证级别都有分阶段达到的降低废气排放的百分率。每个计划对废气和蒸气排放都规定了越来越严格的要求，也就是说新车必须越来越清洁。

同时，市场燃料也要适应降低废气排放的目标要求，即燃料也要相应改变其特性规格。2003 年，"加利福尼亚重整汽油 III"标准已生效，它容许最多含有 10% 体积分数的乙醇（E10），同时禁止采用甲基叔丁基醚（MTBE）作为辛烷值改善剂。认证汽油首先与 LEV III 计划进行相应的匹配。

基本要求是 FTP 试验循环（参见 12.6 节"试验循环"）中的有害物排放，并在 20～30℃温度下在转鼓试验台上进行测量，废气排放限值与行驶里程有关，规定以 g/mile（1mile = 1609.344m）计。

CARB 法规对下列有害物规定了限值：

- 一氧化碳（CO）。
- 氮氧化物（NO_x）。
- 非甲烷有机气体（NMOG）。
- 甲醛（从 LEV II 起）。
- 颗粒物质量（PM，柴油机从 LEV I 起，汽油机从 LEV II 起）。

而 LEV III 计划中则用一个总限值替代 NMOG 和 NO_x 的各自限值。

原则上，这些限值与动力总成系统无关，即汽油机和柴油机适用相同的限值而与燃料（汽油、柴油、天然气、乙醇燃油）无关，但是对每种动力装置和燃料都有特定的要求，这些要求考虑到了它们的特殊性能。

除了 FTP 试验循环中的基本要求之外，按照 CARB 还有其它的废气要求，例如：

- 低环境温度（-7℃）下 FTP 试验循环中的 CO。
- 中等环境温度（10℃）下 FTP 试验循环中的 CO。
- 公路试验中的 NO_x。
- 美国附加城市标准测试循环（SFTP）中的 CO 以及非甲烷碳氢化合物（NMHC）与 NO_x 的总和。

LEV III 计划中的这些要求部分要比 LEV II 计划明显加严了，特别是对于美国附加城市标准测试循环（SFTP）的要求，而要达到附加于 FTP 的这些要求必须开发新的技术。

1. 分步实施

LEV 计划并非是从某一年到另一年实现的，而是在某个阶段内分步实施的，即经过好多年逐步由越来越大份额的新车车队达到这些要求，例如 LEV Ⅱ 计划是在 2004、2005、2006 或 2007 车型年新认证车型中按 25%、50%、75%、100% 的汽车达到 LEV 计划的要求，因而至今实施的废气排放法规同时逐步取消。随着 LEV 计划的分步实施，汽车制造商就能够将新技术首先应用于新车型及其所销售的较少数量的汽车上，并在实际使用中积累经验。在分步实施时间段终了时，较小的汽车制造商则必须首先达到新的废气排放法规的要求。

2. 认证级别

汽车制造商可在规定的限值内和满足车队平均值（参见"4. 车队平均值"小节）的情况下应用各种不同的汽车方案，而这些汽车方案按照它们在 FTP 试验中的 CO、NMOG 和 NO_x 排放值分成以下认证级别。在 LEV Ⅲ 计划中，NMOG 和 NO_x 排放从各自限值转换到总限值，从而使制造商在汽车标定中能获得稍多一点的灵活性。

LEV Ⅱ 计划：
- LEV（低排放汽车）。
- ULEV（超低排放汽车）。
- SULEV（特超低排放汽车）。

LEV Ⅲ 计划：
- LEV 160（NMOG 和 NO_x 排放总限值的数值，mg/mile）。
- ULEV 125。
- ULEV 70。
- ULEV 50。
- SULEV 30。
- SULEV 20。

按照 LEV Ⅱ 和 LEV Ⅲ 认证级别的废气排放限值示于图 12-2 和表 12-1。认证级别的数量从 3 级增加到 6 级。新的 SULEV 20 级相对于迄今为止最严厉的限值 SULEV 又进一步加严了（现在已成为 SULEV 30）。

图 12-2 中也包含有用于 LEV Ⅱ 认证的颗粒物质量限值 10mg/mile，而 LEV Ⅲ 认证的颗粒物质量限值更加严格，为 3mg/mile。它是从 2017 年至 2021 年新认证车型中按 25%、50%、75%、100% 的汽车分步实现的。

除了 LEV Ⅱ 和 LEV Ⅲ 认证级别之外，还在零排放汽车（ZEV）计划中定义了无排放和几乎无排放汽车。

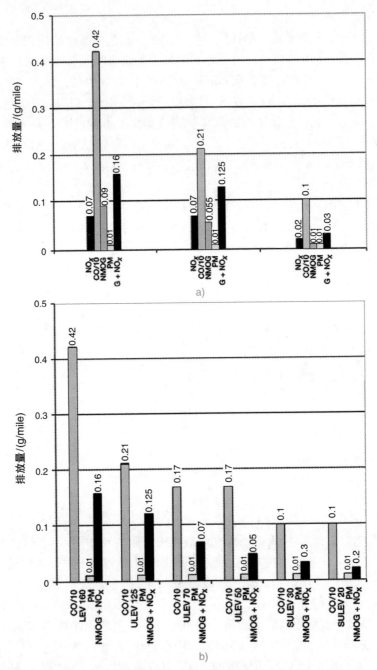

图 12-2　乘用车和轻型载货车按照 CARB 法规认证的级别
a) LEV Ⅱ　b) LEV Ⅲ
　　图中：CO/10 表示用 CO 排放限值的十分之一画出，而其它的废气成分的限值则直接画出，
NMOG + NO$_x$ 为 NMOG 和 NO$_x$ 的总限值。

表 12-1 乘用车和轻型载货车按照 CARB 法规认证的级别

认证级别	LEV Ⅱ NMOG	LEV Ⅱ NO$_x$	LEV Ⅲ NMOG 和 NO$_x$ 的总限值	LEV Ⅲ CO
LEV 160	0.090	0.070	0.160	4.2
ULEV 125	0.055	0.070	0.125	2.1
ULEV 70	—	—	0.070	1.7
ULEV 50			0.050	1.7
SULEV 30	0.010	0.020	0.030	1.0
SULEV 20	—	—	0.020	1.0

3. 耐久性

为了在 LEV Ⅱ 计划中对车型进行认证许可（车型认证），汽车制造商必须证实其产品所限制的有害物排放在 50,000mile 或 5 年内（中间使用寿命）以及在 120,000mile 或 10 年内（全使用寿命）不超过当时的废气排放限值。汽车制造商也可选择 150,000mile 行驶里程或 15 年（全使用寿命）对 LEV Ⅱ 汽车进行认证，那么在测定车队 NMOG 平均值时就可获得补贴。对于按照 ZEV 计划认证，则适用于 150,000mil 行驶里程或 15 年（全使用寿命）。这些要求与 LEV Ⅲ 计划一起扩展到所有的 PC、LDT 和 MDPV（中型乘用车）。

4. 车队平均值

每家汽车制造商都必须使其在加州销售的汽车废气排放不超过一定的车队平均值限值。LEV Ⅱ 计划将 NMOG 纳入废气排放规范。车队平均值是汽车制造商在一年中销售的所有汽车，在中间使用寿命期内 NMOG 限值（SULEV 汽车则是在全使用寿命期内的 NMOG 限值）的平均值。乘用车与较轻的载货车（PC/LDT1）以及较重的载货车（LDT2）分别有各自的车队平均值限值。

NMOG 车队平均值限值每年都要降低，这就意味着汽车制造商必须销售越来越多的废气排放更为清洁的汽车，以便能满足更低的车队限值的要求。图 12-3a 示出了 NMOG 车队平均值（用于 PC/LDT1），而图 12-3b 则表示各认证级别可能的 NMOG 限值。2010 年的 NMOG 车队平均值要求也适用于 2011~2014 年。

与认证级别中转换到总限值相类似，LEV Ⅲ 计划也改为将 NMOG 和 NO$_x$ 的总限值作为检验规范，并且从 2015 年到 2025 年将车队平均值降低到目标值 30mg/mile，即 SULEV 认证级别在全使用寿命期内的车队平均值，这在图 12-4 中被表示为 PC/LDT1 车队和 LDT2/MDPV 车队的平均值。直到包括 2019 年在内，仍然可能按 LEV Ⅱ 计划进行型式认证，而此后所有的乘用车和轻型载货车则都必须按 LEV Ⅲ 计划进行认证。

对于车队平均值，CARB 废气排放法规允许通过几个车型年进行补偿，即若某一车型年没有达到车队平均值的话，则可以通过其他几年超额达到车队平均值来予以补偿。

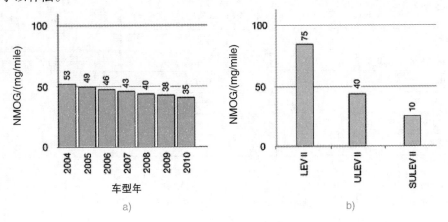

图 12-3　NMOG 限值
a）车队平均值　b）LEV Ⅱ 的限值

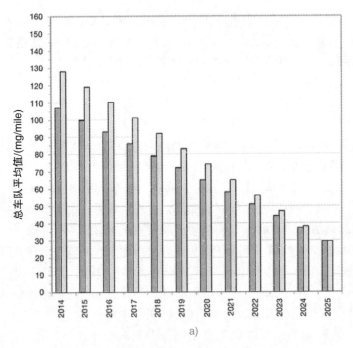

a）

图 12-4　NMOG 和 NO$_x$ 的总限值

a）车队平均值（深蓝色为 PC/LDT1 的平均值，浅蓝色为 LDT2/MDPV 的平均值）

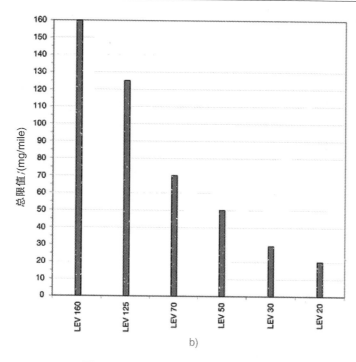

b)

图 12-4 NMOG 和 NO$_x$ 的总限值（续）

b）LEV Ⅲ 的限值

5. 蒸气排放

有关蒸气排放及其限制的基本信息在 12.2.1 节 "EU/ECE 法规" 中已介绍过。CARB 废气排放法规限制 3 种类型的蒸气排放：

• 汽车停车后来自热发动机燃油系统的蒸气排放：热停车试验或 "热渗透试验"（英语 "Hot Soak Test"）。

• 日温度变化曲线引起的燃油系统蒸气排放：燃油箱呼吸试验或昼夜试验（英语 "Diurnal Test"）。

• 行驶期间例如因渗透引起的蒸气排放："行驶损失试验"（英语 "Running Loss Test"）。

蒸气排放在一个蒸气排放测试密封室（英语缩写 SHEED, Sealed Housing for Evaporative Emissions Determination）中测定，其间在试验开始和终了时采集 HC 排放量，并由蒸气损失的差值来计算 HC 排放量。对于蒸气排放的测量，CARB 规定了具有几个阶段的详细的试验过程，其中有用于型式认证的试验过程（在下面介绍），以及用于批产试验的费用稍少些的试验过程（产品一致性，英语缩写 CoP, Conformity of Production）。

车辆在转鼓试验台上进行预备行驶之后，为本来要进行的蒸气排放测试进行调整，向燃油箱中加注试验燃油至 40%，紧接着向活性炭罐中充入丁烷，然后进行 FTP 试验并测量废气排放，将发动机运转到热机状态，同时使活性炭罐有可能进行扫气。

接着在集成于蒸气排放测试密封室（SHED）中的转鼓试验台上，在 40.6℃ 温度下进行"行驶损失试验"，其间按下列循环运行：一次 FTP 72，两次纽约城市循环，一次 FTP 72，其 HC 排放限值为 0.05g/mile。紧接着立即在 1h 内测定冷却期间的热机停车排放。冷却到 18.3℃ 后进行燃油箱呼吸试验，为此经过 24h，SHED 中的温度从 18.3℃ 提升到 40.6℃，然后再冷却下来，以此模拟典型的夏季一天中温度变化的情况。这种 24h 试验连续进行 3 次（3 昼夜）。将 24h 测得的最大值与型式认证试验中的热机停车试验值相加，并与相应的限值进行比较：对于 LEV Ⅱ 计划，HC 限值 PC 为每次试验 0.5g，LDT1 为每次试验 0.65g。

批量生产控制应用"两昼夜 + 热渗透"试验，采用简化过程并仅进行两个 24h 循环。LEV Ⅱ 计划的 HC 限值 PC 为每次试验 0.65g，LDT1 为每次试验 0.85g，而且在 150,000mile 或 15 年内必须满足限值的要求。

对于按零排放汽车（ZEV）法规认证的 PC 和 LDT1，适用于更低的 SHED 试验 HC 限值：每次试验 0.350g，并且要求达到"零蒸气排放"（ZEE）。实际上，每次试验达到 0.054g HC 限值就被认为燃油没有蒸气排放。在 CARB 法规与汽车制造商之间的协调中，采用由燃油箱、燃油管路、活性炭罐和发动机组成的系统进行"成套装置试验"（英语"Rig – Test"）。下面还要详细介绍 ZEV 计划。

对于 LEV Ⅲ 计划，零排放汽车（ZEV）法规的蒸气排放将扩展到所有汽车上。汽车制造商可以或者满足上面介绍的 ZEV 限值要求，或者在下列两种试验中任选一种：稍严格一点的 SHED 试验 HC 限值（PC 和 LDT1 的 HC 限值为每次试验 0.300g）或新的渗漏排放试验程序（英语缩写 BETP，Bleed Emission Test Procedure），采用这种试验程序是仅检验燃油箱、燃油管路和活性炭罐的密封性和扫气性能，而不检验发动机（PC 和 LDT1 的 HC 限值为每次试验 0.020g），其用于型式认证试验的限值示于图 12-5。

其它测试项目是加油排放试验，这种试验是采集在加油时从燃油箱中排挤出的燃油蒸气（英语缩写 ORVR，On – Board Refueling Vapor Recovery，在车加油蒸气回收），以及"回溅试验"（英语"Spitback Test"，它是测量每次加油过程中喷溅出的燃油量）。这些试验以相同的型式适用于 CARB 和 EPA。

6. 零排放汽车（ZEV）计划

由于美国加州工业集中地区的特殊状况，CARB 当局的观点认为就长期而言有必要用"零排放汽车"替代产生废气污染的内燃机。为此，主管当局采取两种策略双管齐下：实施 LEV 计划，对内燃机汽车的废气排放提出越来越高的要求：

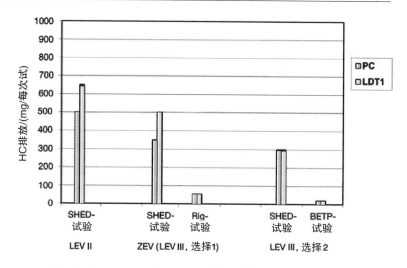

图 12-5　LEV Ⅱ 、ZEV 和 LEV Ⅲ的蒸气排放限值（按照 CARB 法规）

- 实施 LEV Ⅰ计划，所有的汽油机汽车加装调节式三元催化转化器。
- 实施 LEV Ⅱ计划，重点在于进一步减少 NMOG 和 NO_x 的排放。
- 实施 LEV Ⅲ计划，进一步推进附加限制颗粒排放（用于柴油机汽车和缸内直喷式汽油机汽车）。

实施零排放汽车（ZEV）计划，强制开发零排放汽车并推向市场，继续为减少温室气体排放做出贡献。CARB 当局的观点认为，在 ZEV 法规第 1 阶段应开发出许多技术，就这期间的技术状况而言，在 LEV Ⅲ计划中要求所有的汽车"全面满足"相关的要求（废气排放限值、耐久性）。

零排放汽车（ZEV）计划定义了 3 种类型的无排放和几乎无排放汽车：

- PZEV（部分零排放汽车），即内燃机（汽油机或柴油机）汽车按 SULEV 认证并提高和保障降低废气排放系统的耐久性（150，000mile），以及试验中实际上无蒸气排放（参阅前文）。
- AT–PZEV（采用先进技术的 PZEV）：采用替代动力装置的 PZEV（例如混合动力车），或者利用代用燃料的 PZEV（例如气体燃料汽车），按 CARB 当局的观点，两者是向"真正"ZEV 的过渡技术。
- ZEV（零排放汽车）：无废气排放和蒸气排放的汽车，例如电动车或氢燃料电池车。

ZEV 计划对大型汽车制造商规定了从 2005 年起至 2017 年分阶段逐步提高 ZEV、AT–PZEV 和 PZEV 汽车的最低产量，这种产量的计算并非直接进行，而是通过所谓的"ZEV 得分"（英语"ZEV Credits"）方式进行的，而其得分则与所应用的技术及其实际功效以及车型年有关。从 2018 年起取消 PZEV 类型，并

343

且一直到 2025 年所应用的 AT – PZEV 汽车和 ZEV 汽车的数量必须大大增加。除了小型制造商之外，所有的汽车制造商都必须满足这些要求。

7. 使用现场监测

对于交通运输中使用的汽车（在用车）采取抽样检查的方式进行 FTP 试验和蒸气排放试验检查其有害物排放情况，根据各自的废气排放等级，在 75000mile、90000mile 和 105000mile 行驶里程时对汽车进行试验检查。

对于从 1990 车型年起的汽车，强制实施汽车制造商报告指定废气排放部件和系统发生缺陷和损坏的制度，并且在最长 15 年或 150，000mile 行驶里程期间均有效。这种强制方式分为 3 种逐级细化的强制等级：

- 废气排放担保信息公报（英语缩写 EWIR，Emissions Warranty Information Report）。
- 使用现场信息公报（英语缩 FIR，Field Information Report）。
- 废气排放公报（英语缩写 EIR，Emission Information Report）。

其中传递了有关缺陷、故障率、故障分析和环境主管部门联邦对废气排放的作用等方面的信息。使用现场信息公报被作为环境主管部门判决汽车制造商召回的基础。

12.3.2 EPA 法规

在废气排放分级降低的标准（Tier）中，美国联邦主管部门联邦环境保护局（英语缩写 EPA，Environmental Protection Agency）规定了对乘用车（德语缩写 Pkw，英语缩写 LDV，Light Duty Vehicles，轻型车）和轻型货车［英语缩写 LDT，Light – Duty Trucks，分为轻轻型货车（LLDT，Light Light – Duty Trucks）和重轻型货车（HLDT，Heavy Light – Duty Trucks）］的废气排放要求：

- Tier 1（从 1994 车型年起）。
- Tier 2（从 2004 车型年起）。
- Tier 3（从 2017 车型年起）。

从 Tier 2 起形成的基本覆盖客运的中重型汽车（例如较重的越野车）是一种被称为中型客车（英语缩写 MDPV，Medium Duty Passenger Vehicle）的独特的汽车类别。这些汽车在 Tier 1 中被归于重型载货车（英语缩写 HDV，Heavy Duty Vehicle）。

每一种标准规定了一系列的认证级别，它们具有分级废气排放限值和车队平均值（从 Tier 2 起），汽车制造商销售汽车中所涉及的车队（LDV、LLDT 与 HLDT 以及 MDPV）必须满足这些限值的要求。这些规程对废气排放和蒸气排放提出了越来越严格的要求，也就是说新车必须越来越清洁。

Tier 1 要求所有的汽油机汽车都要配备调节式三元催化转化器，而 Tier 2 的关注焦点则在于进一步降低 NO$_x$ 排放（"Bin 5" 目标值）。

Tier 3 力求尽可能与加州 LEV‑Ⅲ 计划相协调的要求（单一国家标准污染物计划，英语缩写 SNCP, Single National Criteria Pollutant Program），其中附加了一些目标，例如有关蒸气排放方面的目标，而在 LEV‑Ⅲ 法规中也采纳了这些目标。

同时，市场燃料也针对降低废气排放的目标进行了适应性调整，即改变了其特性规格，以便能够应用降低废气排放所必须的技术。其中一个重要参数是汽油的含硫量，从 2006 年起"重整汽油"的平均含硫量被限制在 30×10^{-6}（质量分数），而 Tier 3 则从 2017 年起将平均含硫量限制在 10×10^{-6}（质量分数）。

由于实施"可再生燃料标准"（英语缩写 RFS, Renewable Fuel Standard）计划，销售燃油的公司必须从 2008 年至 2022 年每年增加向市场销售的汽油和柴油燃料中添加生物燃料的份额。对于汽油而言，这就意味着提高乙醇的份额，规定其上限为 10% 体积分数。因为可以预料所要求的生物燃料的数量不改变燃料特性规格是不可能的，因此 2010 年美国环境保护局（EPA）允许在有专门标志的加油站向从 2001 车型年起的 LDV 和 LDT 汽车销售体积分数最多为 15% 乙醇的汽油。与此相应地采用含有 15% 体积分数乙醇的汽油（E15）进行 Tier 3 认证。乙醇也可选择作为最多含有 85% 体积分数的特种汽油（E85）进行销售，它只能供"柔性燃料汽车"（英语缩写 FFV, Flexible Fuel Vehicle）加以利用（参见 12.5 节"其它国家"中的"12.5.1 巴西"）。

美国环境保护局（EPA）的基本要求涉及美国城市标准测试循环（FTP）中的有害物排放，它在转鼓试验台上在 20～30℃ 之间温度下进行测试，其限值规定在行驶路段中以 g/mile 计。EPA 法规对下列有害物规定了限值：

- 一氧化碳（CO）。
- 氮氧化物（NO$_x$）。
- 无甲烷有机气体（NMOG）。
- 甲醛（从 Tier 2 起）。
- 颗粒物质量（PM）。

原则上，从 Tier 2 起这些限值与动力系统无关，也就是说它们适用于使用各种不同燃料（汽油、柴油、天然气、乙醇燃料）的汽油机和柴油机，但是对于每种动力系统和燃料也有专门的要求，这些要求考虑到了它们独特的特性。除了 FTP 试验的基本要求之外，还有 EPA 的其它要求，例如：

- 在 FTP 试验中低环境温度（－7℃）下的 CO 和 NMHC（非甲烷碳氢化合物）。
- 公路试验中的 NO$_x$。

● 在美国附加城市标准测试循环（英语缩写 SFTP, Supplemental Federal Test Procedure）中的 CO 以及 NMHC 与 NO_x 总和（从 Tier 3 起为 NMOG 与 NO_x 总和）。

与 Tier 2 相比，Tier 3 已加严了这些方面的要求，特别是对于 SFTP 所提出的要求，这些要求是在 FTP 试验基础上附加添加的，需要采用新技术才能达到。

1. 分步实施

Tier 废气排放标准并非是逐年而是分步实施的，也就是说是经过好几年越来越大的新车车队份额逐步达到要求的，例如按照 Tier 2 废气排放标准，2004、2005、2006 或 2007 车型年新认证的 LDV 和 LLDT 汽车中的 25%、50%、75%、100% 应达到其要求，而对于 HLDT 和 MDPV 汽车，其分步实施则在 2009 年结束，与此同时就相应终止迄今为止所使用的废气排放标准。采用分步实施的方法，汽车制造商就能够将新技术首先运用于较少数量的车型和汽车上，并在实际使用中积累经验，而较小的汽车制造商则大多必须在分步实施结束时首先达到要求。2017 年开始分步实施 Tier 3 废气排放标准，逐步降低 NMOG 和 NO_x 车队平均值直至 2025 年最终达到要求。

2. 认证级别

汽车制造商在规定的废气排放限值内和满足车队平均值要求的情况下可应用不同的汽车车型，而这些车型按照它们在 FTP 试验中的 CO、NMOG 和 NO_x 排放值被划分成前面所述的认证级别中的等级（"Bin"）。图 12-6 示出了用于 LDV/LLDT 汽车的 Tier 2 的废气排放等级（"Bin"，图 12-6a）与 CARB-LEV-II 认证级别（图 12-6b）的比较。由于 Tier 2 中的废气排放等级（"Bin"）数量较多，因而能使汽车制造商在其汽车的协调中具有更多的灵活性。对于"Bin 5"与 LEV 以及"Bin 2"与 SULEV 适用于相同的废气排放限值，而图 12-6 中没有示出的"Bin 1"限值则适用于无废气排放的汽车，与此相对应的就是零排放（ZEV）级别汽车。

从 Tier 3 废气排放标准起，尽管 EPA 使用了自己的名称，但是也采用了与 LEV III 相同的认证级别，其中每种级别都给出了两个值，也就是说用于 150,000 mile 耐久性的限值与 LEV III 相同作为可选择的限值，而对于120,000 mile 耐久性则采用比 LEV III 更为严格的限值。

协调中的一个大的障碍是所使用的认证燃料。2013 年 4 月仍未弄清楚是否接受和怎样接受采用 CARB-E10 认证汽油进行 EPA 认证（以及反过来用 EPA-E15 认证汽油进行 CARB 认证）。

3. 耐久性

为了按 Tier 2 废气排放标准对车型进行认证（型式认证试验），汽车制造商必须证实在行驶 50,000mile 或 5 年（中间使用寿命）后，以及行驶 120,000

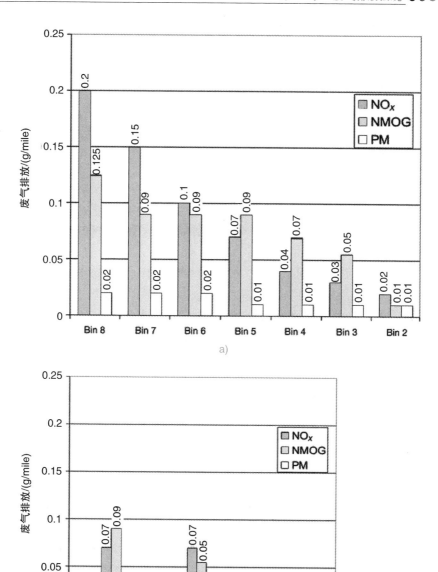

图 12-6　按照 EPA 和 CARB 乘用车和轻型载货车行驶 120，000 /mile 后的废气排放限值

a）Tier－2 的排放等级（Bin）　　b）LEV－Ⅱ级别

mile 或 10 年（全使用寿命，HLDT 汽车为 11 年，MDPV 汽车为 12 年）后所限制

的有害物的排放没有超出当时的 FTP 试验排放限值（1mile = 1.609km）。

汽车制造商也可选择行驶里程 150，000mile 或 15 年用与 120，000mile 相同的排放限值对汽车进行 Tier 2 认证，那么在测定 NO_x 车队平均值方面可获得补贴。

Tier 3 废气排放标准仍继续保持这种耐久性要求，因为 EPA 并没有授权规定 150，000mile 具有约束力，但是可选择按行驶里程 150，000 mile 进行认证（与 CARB LEV Ⅲ标准一样）。

4. 车队平均值

每个汽车制造商都必须使其在实施 EPA 法规国家中所销售的汽车的废气排放不超过规定的限值，即车队平均值。NO_x 作为 Tier 2 废气排放标准的规范，其车队平均值是一个汽车制造商在一年中所销售的所有汽车 FTP 试验认证的 NO_x 限值的平均值。

从 2007 年起 0.07g/mile 的 NO_x 车队平均值适用于 LDV 和 LLDT 汽车，而从 2009 年起适用于 HLDT 和 MDPV 汽车，因而该车队平均值相当于 Tier 2 废气排放标准中的 "Bin 5" 认证级别（参见图 12-6）。采用车队平均方案为汽车制造商提供了灵活性：它可以例如按 "Bin 5" 级别来认证其车队的所有汽车，但是也可将其部分汽车按更高级别例如 "Bin 7" 级别来认证，这样就可以补偿其它按较低级别例如 "Bin 3" 级别认证的汽车。

为了能在遵守与车型年有关的车队要求方面给汽车制造商提供更多的灵活性，制造商满足必要的车队平均值的超额部分可作为 "盈余得分"（英语称为 "Credits"），用于偿回某年没有达到必要的车队平均值所产生的 "亏欠分数"（英语称为 "Debits"），因此通过这种 "盈余得分" 可以抵偿好几年的 "亏欠分数"。原则上，这种 "盈余得分" 也可卖给其它的汽车制造商。

EPA 对 NMOG 和 NO_x 采用了与 Tier 3 废气排放标准相同的 FTP – 车队平均方法，并且在 2017～2025 年间以与 LEV – Ⅲ标准一样的步调予以降低。

另一个车队平均值适用于 FTP 试验中低环境温度（–7℃）下的 NMHC 排放，这种所谓的 50 国限值对于 LDV 和 LLDT 汽车为 0.30g/mile，对于 HLDT 汽车为 0.50g/mile，它们适用于美国所有经认证许可的汽车，在 2010～2013 年间以 25%、50%、75% 和 100% 的达标率分步实施。

5. 蒸气排放

EPA – Tier 2 法规限制蒸气排放采用了与 CARB – LEV – Ⅱ法规几乎相同的测试规范，仅对于不同的测试规定了稍微不同的环境温度，而且必须使用 EPA 认证燃油。

Tier 2 的限值要比 LEV – Ⅱ限值略高（用于 LDV 汽车的数据），即每次 "3 昼夜 + 热渗漏" 试验为 0.95g，每次 "2 昼夜 + 热渗漏" 试验为 0.65g，而 "运行损失限值"相同为 0.05 g HC/mile。这些数据是针对 LDV 汽车的，而且必须在 150, 000 mile 行驶里程或 15 年中遵守这些限值。从 2009 车型年起，EPA 允许选择按照 CARB 法规和规范（有关过程和燃油）进行认证。

对于蒸气排放 Tier 3 也力争与 LEV - Ⅲ 法规和规范协调，其中 EPA 仅在 2017～2019 年间接受了 ZEV 法规的方法和限值，按此生效的仅有渗漏排放试验（英语缩写 BETP），以及隶属于它的测定蒸气排放的密封室（SHED）试验。EPA 还为 Tier 3 规定了"渗漏检测试验"作为进一步的试验，以此借助于进行压力测试来检验燃油蒸气管路的老化状况是否产生了渗漏部位，其目的是检验车辆在野外的使用情况（使用一致性，现场监测，参见 12.1 节"概述"），只是要重新考虑在型式认证框架中这些试验能否与型式认证试验一起进行，期望 CARB 能将这些试验纳入 LEV - Ⅲ 法规。

在协调时的一个大的障碍就是所要使用的认证燃油。2013 年 4 月仍没有最终弄清楚是否接受和怎样接受采用 CARB - E10 认证汽油进行 EPA 认证（以及反过来用 EPA - E15 认证汽油进行 CARB 认证）。

其它试验是"加油排放试验"（车载加油蒸气回收，英语缩写 ORVR，On - Board Refueling Vapor Recovery），它采集往燃油箱中加油时被排挤出来的燃油蒸气，以及"回溅试验"（英语"Spitback Test"），它测量每次加油过程中喷溅出的燃油量。这些试验以相同的方式适用于 CARB 和 EPA 认证。

6. 燃油耗和温室气体排放

从 1975 年第一次石油危机以来，美国就有限制乘用车和轻型载货车燃油耗的法规，主管"公司平均燃油经济性"（CAFE）法规的是"美国国家公路和安全管理局（NHTSA）"。CAFE 法规，规定了一家汽车制造商一年中销售新车车队每加仑汽油行驶的英里数［mpg，mile/gallon（us）］的目标值，但它是与车型无关的限值，乘用车和轻型载货车（除了传统的送货车之外，还有美国大力推广的皮卡车）分别有各自的燃油耗目标值。若不遵守的话，则要根据超额的多少支付罚款。正如前面所介绍的 NO_x 或者 NMOG 与 NO_x 的车队平均值一样，汽车制造商在 CAFE 目标值方面也能够在低于目标值时获得"盈余得分"，并可用这些"盈余得分"来抵偿其它车型年的"亏欠分数"。作为燃油经济性（EF）的燃油耗（以 mpg 计）在 FTP 试验和公路试验中测定，并以一个加权平均值来表示：

$$FE = \cfrac{1}{\cfrac{0.55}{FE_{FTP}} + \cfrac{0.45}{FE_{HT}}}$$

式中　FE_{FTP}——在 FTP 试验中测定的燃油耗值；
　　　　FE_{HT}——在公路试验中测定的燃油耗值。

对于耗油特别多的汽车（油老虎，英语 Gas Guzzler，德语 Spritsäufer），车主要根据燃油耗支付惩罚税率。直到 2010 年对于所有的汽车制造商车队目标值是相同的，后来这种体制被改成一种新的计算基础，现在的目标值是汽车制造商特定的，与车轮之间汽车底下的"轮迹面积"（译注：指轮距和轴距相乘得到的面积）有关。在 3 种法规等级中规定了 2011 年、2012 ~ 2016 年和 2017 ~ 2025 年逐年提高的目标值（燃油经济性曲线是轮迹面积的函数）。

美国 EPA 为限制温室气体排放（THG）而调整的一种规范同时适用于 2012 ~ 2016 年和 2017 ~ 2025 年，其中不仅考虑了在 FTP 试验和公路试验中的 CO_2 排放，而且也考虑到了甲烷和一氧化二氮（笑气，N_2O）的排放以及空调设备的排放。对空调设备排放的规定应激发汽车制造商装备更为高效的空调设备（运行时较少的 CO_2 排放），它也呈现出较少的制冷剂泄漏的直接排放，因此温室气体目标值在数量上与 CAFE 目标值（折算成 CO_2 当量）是有区别的，因为后者仅考虑到了在转鼓试验台上进行无空调设备试验中的 CO_2 排放。

官方主管部门期望在满足这些规范的情况下，乘用车与轻型载货车组合的新车车队的平均 CAFE 燃油耗在 2016 年达到 34.5mpg（这相当于约 258g CO_2/mile 和约 160g CO_2/km），EPA 温室气体排放目标值为 250g CO_2/mile（这相当于 35.5mpg），而 2025 年 CAFE 燃油耗达到 49.7mpg（这相当于约 179g CO_2/mile 和约 111g CO_2/km），以及温室气体排放达到 163g CO_2/mile（这相当于 54.5mpg）。图 12-7 分别示出了乘用车车队和轻型载货车车队的目标值。由于测试方法和车队组成成分不同，美国与欧盟目标值之间不能直接进行比较。

图 12-7　2010 ~ 2025 年美国乘用车和轻型载货车的 CAFE
（在规定点之间目标值采用线性内插法）

与欧盟情况相似，还有各种不同的特殊调整，例如用于较小型的汽车制造商、用于"生态创新"（作为"工作循环外得分"，英语"Off – Cycle Credits"，

译注：如前面所提到的，具有节油效果的非常高效的发电机等与发动机工作循环无直接关联的技术措施所取得的节油效果）、用于推动代用燃料（例如用于柔性燃料汽车的 E85）和插电式混合动力车（PHEV）以及电动车。在美国必须用汽车上的一个标签来告知燃油耗特性值信息。为了计算这种标签值，除了在 CAFE 试验测定的燃油耗值之外，还要有美国附加城市标准测试循环（SFTP）和美国城市标准测试循环（FTP）在 - 7℃温度下的燃油耗值，并由此计算出城市燃油耗和高速公路燃油耗。这样查明的燃油耗值显然要比仅用 CAFE 方法测定燃油耗值更为真实。

12.4　日本

与欧盟情况相似，日本也分阶段降低容许的废气排放。在"新长期标准"中规定了新的废气排放限值，并从 2005 年起开始生效，其中老的试验循环已逐步被新的 JC08 试验循环所替代，而限值名义上仍保持相同。耐久性对于所有等级均为 80，000 km。有害物排放直至 2007 年仍采用 11 工况与 10 - 15 工况试验循环相组合进行测定（参见 12.6 节"试验循环"中的日本试验循环）。11 工况试验循环从冷机起动就开始，即考虑到了冷起动的废气排放。从 2008 年起 11 工况试验循环被 JC08 试验循环所替代（采用冷起动），而从 2011 年起也应用 10 - 15 工况试验（由 JC08 试验循环采用热起动）。

最大容许总重 3.5t 的汽车被分成 3 个等级：乘用车（座位最多 10 个）、轻型车（最大容许总重 1.7t）和中型载货车（最大容许总重 3.5t）。与乘用车相比，轻型载货车和中型载货车的 CO 和 NO_x 排放的限值较高。作为乘用车和轻型载货车的低级别车型还有"Kei - Car"汽车（译注：参见第 12.2.2 节"全球统一的试验程序和试验循环"中的"译注"），这种车型适用特殊的结构规范和功率规定。

12.4.1　废气排放限值

日本法规对下列有害物规定了排放限值：
- 一氧化碳（CO）为 1.15g/km。
- 氮氧化物（NO_x）为 0.05g/km。
- 无甲烷碳氢化合物（NMHC）为 0，05g/km。
- 颗粒物质量（PM）对于柴油机以及从 2009 年起对带有吸附式 NO_x 催化转化器的直喷式汽油机汽车为 0.005g/km，而对于容许总重超过 1700kg 的汽车则为 0.007g/km。

制造商可按较低的废气排放标准对汽车进行认证，也就是说将其作为废气排放限值低 50% 的日本 ULEV 汽车或限值低 75% 的日本 SULEV 汽车，其买主在购车时和每年的汽车税方面可享受到减税优惠。

12.4.2 蒸气排放

日本也限制汽油车的蒸气排放。它与欧盟法规相同采用测定蒸气排放的密封室（SHED）试验方法进行测定。对于热态停车试验和燃油箱呼吸试验蒸气排放总和的限值为每次试验 2.0g，并且在汽车进入测定蒸气排放的密封室（SHED）之前，为将车辆调整好状态，直至 2010 年按 11 工况和 15 工况试验循环运行，而从 2011 年起则按 JC08 试验循环运行。

12.4.3 燃油耗

20 世纪 70 年代，日本采取了降低燃油耗的措施。为了规定未来的要求，1998 年以来日本一直追求顶级先导者的方式：在市场上可供使用的燃油耗最低的汽车基础上来确定下段时间的燃油耗目标值。至今已规定了乘用车和轻型车 2010 年（以 10 – 15 工况为基础）和 2015 年（以 JC08 为基础）的燃油耗目标值。这些规范按照汽车重量等级（汽车总重）分组规定了燃油耗效率目标值（以 km/L 计）。若汽车制造商不遵守其规定的目标，则将要支付罚款。

对于乘用车 2020 年存在一个更广泛的等级，它与欧盟相似采用汽车制造商车队平均值（公司平均燃油经济性，CAFE），并以车重等级目标为基础。2015 年日本新的乘用车车队平均值应达到 16.8 km/L 汽油（这相当于 138g CO_2/km），而 2020 年则必须达到 20.3km/L 汽油（这相当于 114g CO_2/km）。

车主购买具有比法定标准更高效率（高 15% 或 25%）的汽车可享受减税优惠，而这些汽车必须用燃油耗数据标签予以标明。

日本作为 UN/ECE – WLTP（联合国/欧洲经济委员会 – 世界统一轻型车试验程序，参见 12.2.2 节"全球统一试验程序和试验循环"）的发起人和推动者，就长期而言，无论是燃油耗测定方法还是有害物排放都放弃自己的试验规范，并接受用于 WLTP 的 UN/ECE 规范。

12.5 其它国家

12.5.1 巴西

巴西是唯一全国仅销售高乙醇含量汽油的国家，它或者在汽油中添加约 22%（体积百分比）的无水乙醇（E22），或者直接销售含有 7%（体积百分比）水的乙醇燃料（E100）。除了 E22 或 E100 汽油燃料之外，越来越多的柔性燃料汽车（英语缩写 FFV）进入市场，它们可使用两种燃料（乙醇和汽油）以及其间以任意比例混合的燃料行驶。

巴西的废气排放法规依据美国规范（例如有关试验循环和测试规范），但是按照其特定的边界条件进行了适应性调整。目前的废气排放法规等级（Program for Control of Air Pollution by Motor Vehicles）是 PROCONVE L5 2009 和 PROCONVE L6 2014/2015，所有等级的耐久性均为 80,000km 或 5 年。

PROCONVE L6 法规对乘用车适用下列废气排放限值：对使用含乙醇的汽油燃料 NMHC 0.06g/km，CO 1.3g/km，NO_x 0.08g/km，醛 0.02g/km。有害物排放按 FTP75 测定，并包括冷起动废气排放在内。耐久性要求为 80,000 km 或 5 年。运行时也限制蒸气排放，并采用测定蒸气排放的密封室（SHED）进行测试（热机停车试验 60min 和燃油箱呼吸试验 60min），其限值为每次试验 2.0g，从 2012 年起则为 1.5g。

巴西采用两个等级的车载诊断（OBD）要求。2009 年第 1 级仅要求电子诊断，从 2011 年起第 2 级则定位于欧洲车载诊断（EOBD），但是针对含乙醇燃料进行了适应性调整。

巴西对燃油耗限制并无具有约束力的要求，而是直至 2017 年在 INOVAR AUTO 法规中对汽车制造商将税收优惠与乘用车是否达到车队能量利用效率目标联系起来，而且从 L6 级乘用车起必须测定燃油耗，并必须使用燃油耗信息标记。

12.5.2　俄罗斯联邦

俄罗斯联邦对于乘用车和轻型载货车完整地采纳了欧盟的废气排放和 OBD 法规，其中 ECE – R83 规范被转换成俄罗斯法规。2008 年采用了 EU Ⅲ 法规，2010 年 EU Ⅳ 法规适用于新车型（2012 年就适用于所有车型），而 2014 年新车型就执行 EU 5 法规（即 EU 5a/b 和 EOBD 5/5 +），2015 年则规定所有车型都实施 EU 5 法规。俄罗斯联邦对燃油耗限值并无要求。

12.5.3　印度

印度的乘用车和轻型载货车废气排放法规以 EU 法规为基础，并针对印度市场的边界条件进行了适应性调整，主要的区别是应用修改的新欧洲行驶循环（NEFZ），最高车速被限制在 90km/h，并取消了 – 7℃温度下的废气排放要求。另外，印度已包括了 EU – Ⅱ 法规的分类，因而较重的乘用车（总重超过 2.5t 或 6 个以上座位）可作为轻型载货车进行认证。

EU 法规被作为"Bharat 法规"（译注：Bharat = 印度）首先在大都市稍后在全国其它城市实施。2010 年已在 13 个大都市实施 Bharat Ⅳ 法规（其余城市实施 Bharat Ⅲ 法规）。在实施 Bharat Ⅳ 法规的同时 OBD 也被分成两个级别执行：从

2010 年起执行印度 OBD I，而从 2013 年起执行 EOBD。EU 5 法规尚无具体的实施计划。

印度主动参加全球统一的轻型车试验程序（WLTP），并要求进行调整，希望考虑到印度使用的具有非常小发动机功率/质量比的专用汽车（参见 12.7 节"全球统一的试验循环"）。2012 年已提议限制燃油耗的要求，并从那时候就展开了讨论。

12.5.4　中国

中华人民共和国对于乘用车和轻型载货车几乎完整地采纳了 EU 废气排放和 OBD 法规，其主要区别是将较重的乘用车（车辆总重超过 2.5t 或 6 座以上）被纳入轻型载货车（与 EU - II 法规一样）。这种法规是由国家批准颁布的，但是个别地区可以提前部分或全部实施。2008 年北京和 2009 年上海就实施 EU IV 法规（包括 EOBD），而全国到 2010 年才实施。2013 年北京实施 EU 5 法规，而全国到 2016 年才实施。此外，还附加了对批量生产的检验要求，无论实际上是否装用经认证的催化转化器和炭罐。因为中国不允许在汽油中添加明显多的乙醇份额，也包括采用无乙醇汽油进行认证。

对燃油耗的要求按汽车重量分类，分 2005 年和 2008 年两个阶段实施，目的在于取代市场上的低效率在用车。另一个用于乘用车的公司平均燃油耗（英语缩写 CAFC，Corporate Average Fuel Consumption）法规在车队 CO_2 排放规范体制方面基本上采纳欧盟法规，并于 2012 ~ 2015 年间逐年提高要求予以实施。2015 年新的汽油乘用车车队的目标值为 6.9L/100km（这相当于 119g CO_2/km）正在讨论之中。这些汽车必须用一个燃油耗数据标签予以标明。

12.5.5　韩国

韩国以往已以美国 EPA Tier I 和 CARB LEV I（包括 OBD）法规为基础实施了对汽油乘用车和轻型载货车的废气排放要求，其中汽车的分类则按照韩国的边界条件进行了适应性调整，例如存在排量小于 0.8L 的"微型车"。废气排放限值以 g/km 给出，并且以 FTP 测量方法为基础简化试验规范。

对于环境温度试验，有 CO、NO_x 和 NMOG 限值，而对于 - 7℃ 温度试验仅有 CO 限值。2009 ~ 2012 年分步实施基本上为 CARB LEV II 法规的要求，采用几乎相同的 LEV、ULEV 和 SULEV 废气排放等级，并且从 2009 年至 2015 年取消 NMOG 车队平均值（英语 NMOG Fleet Average System，FAS）。耐久性从 160,000km 提高到 192,000km。

从 2009 年起，蒸气排放同样适用由 CARB LEV II 规范推导出的热机停车试验和燃油箱呼吸试验方法，但是仅进行 24h 试验，其限值为每次试验 2.0g HC，而无运行损失限值。

对燃油耗的限制采用公司平均燃油经济性（CAFE），以美国的 CAFE 体系为基础。第 1 阶段于 2006～2011 年生效，第 2 阶段则为 2012～2015 年。2015 年用于乘用车新车队的限值为 17km/L 汽油，这相当于约 140g CO_2/km，并按照 FTP75 和公路试验方法测定。汽车制造商特定目标值以其乘用车车队的平均净重为基础。另一个更进一步的法规则计划用于 2016～2025 年，这些汽车必须用一个燃油耗数据标签予以标明。

12.5.6　其它国家展望

越来越少的国家趋向于美国的废气排放法规，因为 CARB 和 EPA 法规对于应用范围、严格程度和行政管理费用都非常大，因而大多数国家以 UN/ECE – R83 废气排放法规以及 OBD 和用于燃油耗测量的 R101 规范的形式采用 EU 法规。阿根廷、澳大利亚、南非、泰国和越南等国家就属于此列。

12.6　试验循环

12.6.1　欧盟试验循环

从实施 EU Ⅲ 废气排放法规以来，就应用修改的新欧洲行驶循环（MNEFZ）。与先前汽车起动后 40s 才开始进行测试的新欧洲行驶循环（NEFZ）不同，MNEFZ 将包括发动机起动的冷起动阶段都考虑在内。如今经常应用简化的 NEFZ 替代 MNEFZ。

欧盟（EU）循环由两部分组成，一是市内部分（英语缩写 UDC，Urba Driving Cycle，市内行驶循环），最高车速 50km/h，由 4 个相同的 ECE 部分组成，二是市郊部分（英语缩写 EUDC，Extra Urba Driving Cycle，市郊行驶循环），最高车速 120km/h（图 12-8）。

采用Ⅰ型试验，两部分的废气被分开收集到采样袋中，通过分析采样袋内的废气成分查明的有害物质量与在转鼓试验台上进行测量时的行驶里程有关，并以 g/km 为单位给出。在开始进行Ⅰ型试验前，汽车应在 20～30℃室温下停放 6～12h 进行预处理，紧接着 NEFZ 行驶循环进行冷起动试验。NEFZ 行驶循环应由全球统一轻

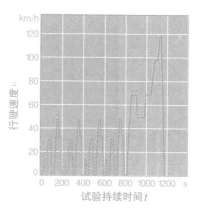

图 12-8　修改的新欧洲行驶循环（MNEFZ）

型车试验循环（WLTC）来替代（参见12.7节"全球统一试验循环"）。

12.6.2 美国试验循环

1. FTP 72 和 FTP 75 试验循环

FTP 72 试验循环的行驶曲线由行驶速度曲线组成，它是 1972 年在洛杉矶上下班交通高峰时段测得的。该循环是由直接连续行驶的两个部分（阶段）组成的，即：

- 冷瞬态（ct）：冷起动阶段和过渡阶段。
- 冷稳态（cs）：稳态运行阶段。

1975 年 FTP 72 试验循环扩展成 FTP 75 试验循环，其中在一个 10 分钟停车阶段（发动机熄火）后又附加第 2 个 FTP 72 试验循环，因为第 2 个循环是热机起动（德国称为热起动），因此两个阶段被称为：

- 热瞬态（ht）。
- 热稳态（hs）。

已证实，内燃机汽车热稳态（hs）的废气排放等于小于冷稳态（cs）时的废气排放，因此为了简化起见，仅需行驶 FTP 75 试验循环的前 3 个阶段（图12-9a，

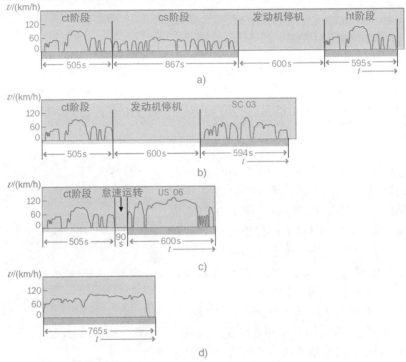

图 12-9　用于乘用车和轻型载货车的美国试验循环（参见表 12-2）

（ct–冷起动和过渡阶段；cs–稳态运行阶段；ht–热起动和过渡阶段；v–行驶速度；t–时间）

表 12-2），在计算中冷稳态（cs）阶段的测量值也用于热稳态（hs）阶段。而这种调整并不适用于混合动力车，在混合动力车进行测试时则必须运行所有的 4 个阶段。

表 12-2　乘用车和轻型载货车美国试验循环的特性值

试验循环	FTP 75 （图 12-9a）	SC 03 （图 12-9b）	US 06 （图 12-9c）	公路 （图 12-9d）
循环长度	17. 87km	5. 76km	12. 87km	16. 44km
循环持续时间	1877s 运行 600s 停机	594s	600s	765s
循环平均车速	34. 1km/h	34. 9km/h	77. 3km/h	77. 4s
循环最高速度	91. 2km/h	88. 2km/h	129. 2km/h	94. 4km/h

FTP 75 试验循环中的 3 或 4 个阶段的废气分开收集到采样袋中。通过分析采样袋内的废气成分查明的有害物质量与在转鼓试验台上进行测量时的行驶里程有关，并以 g/km 为单位给出。

对于所有的试验结果，3 或 4 个阶段的废气排放用不同的权重予以考虑。冷瞬态（ct）和冷稳态（cs）阶段排放的有害物质量被储存起来，它们与这两个阶段的总行驶里程有关，其结果用系数 0. 43 加权平均。

同样，热瞬态（ht）和冷稳态（cs）阶段（混合动力为 ht 和 hs）所储存的有害物质量也与这两个阶段的总行驶里程有关，并用系数 0. 57 加权平均。每种有害物（NMHC、NMOG、CO、NO_x 等）的试验结果是这两个部分结果的总和。

为了在标准环境温度下进行 FTP 试验，汽车应在 20 ~ 30℃ 温度下停放 6 ~ 36h 进行预处理。

加州统一循环（英语缩写 UC，California Unified Cycle）的情况与 FTP 75 非常相似，而 CARB – OBD 要求则可选择应用。统一循环（UD）也就是众所周知的统一循环行驶规范（英语缩写 UCDS，Unified Cycle Driving Schedule）或 LA 92。

2. SFTP 试验循环

从 2001 年起按照美国扩充城市标准测试循环（SFTP）进行试验，除了 FTP 75 之外，还应用了另两种试验循环：

● SC 03 行驶循环（图 12-9b，表 12-2）作为空调试验循环（译注：该试验循环是考察车辆在夏季高温空调全负荷开启的特定行驶循环下的排放情况）。

● US 06 行驶循环（图 12-9c，表 12-2）作为高速高负荷循环。

用 US 06 行驶循环考察下列在 FTP 75 试验循环中具有代表性的行驶状况：具有考验性质的高速和加速行驶、快速变速行驶以及急加速和发动机起动后的高速行驶，而 SC 03 试验循环（仅用于带空调装置的汽车）则是在 35℃ 和 40% 相对湿度下行驶，以考察空调装置运行附加的负荷。两种试验循环在热起动试验时进行，即在车辆状况经过预处理后进行 FTP 冷瞬态（ct）阶段行驶（不测量废气排放），然后在怠速运转 1~2min 后进行 US 06 试验循环，或在 10min 停车阶段后进行 SC 30 试验循环，但是也可以是在其它的车辆状况下进行试验。

对于 SFTP 标准，除了 SC 03 和 US 06 试验循环的试验结果之外，还要考虑 FTP 75 的废气排放（对于混合动力车则考虑 FTP 中的 4 个阶段）。其中每一种行驶循环所涉及的废气排放按下列加权平均：FTP 35 带空调装置的汽车为 35%，SC 03 为 37%，US 06 为 28%；而无空调装置的汽车则 FTP 35 为 72%，US 06 为 28%。

3. 公路试验循环

1975 年的公路试验循环（图 12-9d，表 12-2）应是在典型的美国高速公路条件下的行驶状况。在按照 FTP 75 进行车辆状况预处理后，冷起动时不测量废气排放进行一次行驶循环，然后在 15s 怠速运转后，在热起动时测量废气排放。

用于"运行损失试验"（见 12.3.2 节"EPA 法规"）的其它循环还有纽约城市循环。

12.6.3　日本试验循环

日本开始时与欧盟废气排放法规一样采用组合试验循环，它们被称为 11 工况试验循环和 10-15 工况试验循环，从 2008 年起 JC08 法规采用新的试验循环，它与 FTP 74 相似是以实际道路行驶状况为基础制定的。JC08 法规首先以冷起动试验替代了 11 工况试验循环，从 2011 年起又以热起动试验替代了 10-15 工况试验循环（图 12-10）。

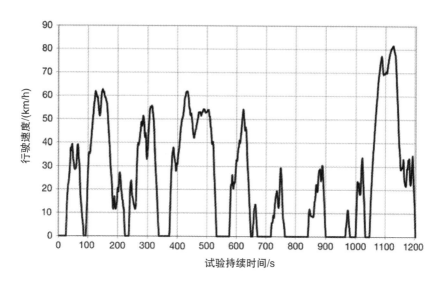

图 12-10　日本 JC08 试验循环

（循环长度：8.171km；循环持续时间：1204s；平均车速：24.4km/h；最大车速：81.6km/h）

12.7　全球统一试验循环

在 UN/ECE 框架范围内，前几年已为乘用车和轻型载货车废气排放认证制定了全球统一的试验循环和程序。全球统一轻型车试验循环（英语缩写 WLTC，Worldwide Harmonized Light Vehicle Test Cycle，图 12-11）由 4 个阶段组成（低速、中速、高速和特高速），并与全球统一轻型车试验程序（英语缩写 WLTP，Worldwide Harmonized Light Vehicle Test Procedures）相配套。在转换成国家法规时仍保留了无论是应用 4 个阶段还是仅应用前 3 个阶段的国家和地区。

除了用于最大车速大于 120km/h 的汽车的主试验循环之外，还为特定的汽车类型开发了其它的试验循环，即用于日本的 "Kei - Car" 汽车（译注：参见 12.2.2 节 "全球统一试验程序和试验循环" 中的 "译注"）的 WLTC 减弱方案以及用于印度市场发动机功率/质量比非常小的汽车的两个试验循环（低功率车辆试验循环，英语缩写 LPTC，Low Powered Vehicle Test Cycles）。

WLTC 的冷起动在（23 ±3）℃温度进行。3 个或 4 个部分的废气被分开收集在采样袋内。通过分析采样袋内的废气成分查明的有害物质量与在转鼓试验台上进行测量时的行驶里程有关，并以 g/km 为单位给出。

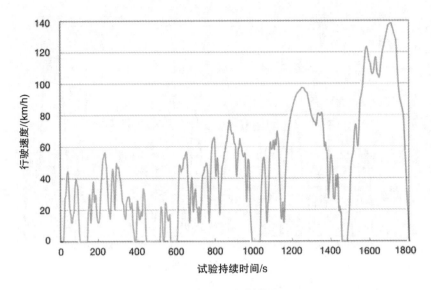

图 12-11　UN/ECE 试验循环 WLTC

（循环长度：23.27km；循环持续时间：1800s；平均车速：46.5km/h；最大车速：131.3km/h）

12.8　废气测量技术

12.8.1　转鼓试验台废气检测

1. 试验台结构

将待检测汽车的驱动轮置于可旋转的转鼓上（图 12-12），因而为了在试验台上模拟行驶的情况下产生可与道路行驶相比较的废气排放，就必须模拟作用在汽车上的力——汽车惯性力以及滚动阻力和空气阻力，为此采用异步电动机、直流电动机，或者在一些较老式的试验台上也有采用涡流测功器来产生与车速有关的合适的负荷。它们在转鼓上产生必须由汽车来克服的负载。在较新型的试验台上应用电转动惯量来模拟惯性，而在较老式试验台上则应用各种不同大小的真实转动惯量，它们能通过快速离合器与转鼓接合，从而模拟汽车的质量。固定在汽车前方的鼓风机可使发动机得到必须的冷却。

将待检测汽车的排气管气密地连接到废气收集系统（即下文将要介绍的稀释系统），在那里一部分废气被收集起来，并在行驶试验结束后对所限制的气态有害成分（碳氢化合物、氮氧化物和一氧化碳）以及二氧化碳（用于确定燃油耗）进行分析。

在实施废气排放法规后，首先限制柴油机汽车的颗粒排放，最近几年法规制

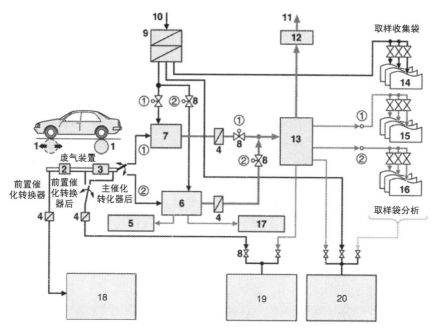

图 12-12　转鼓试验台废气检测

1—带有测功器的转鼓　2—前置催化转换器　3—主催化转换器　4—滤清器　5—颗粒捕集器
6—稀释通道　7—T 形混合点（Mix–T，见正文）　8—阀　9—稀释空气调节　10—稀释空气
11—废气–空气混合气　12—抽风机　13—CVS 装置（定容取样）　14—稀释空气取样袋
15—废气取样袋（用于测量经过混合点的废气）　16—废气取样袋
（用于测量经过废气通道的废气）　17—颗粒计数器　18—连续不稀释分析装置
19—连续稀释/不稀释分析装置　20—取样袋分析/连续稀释分析装置
①测量经过混合点的废气的管路（不测定颗粒排放）②测量经过稀释通道的废气的管路（测定颗粒排放）

定者又转而限制汽油机汽车的颗粒排放。为了测定颗粒排放量，应用了一种具有内部高扰动紊流（雷诺数大于 40，000）和颗粒捕集器的稀释通道，根据后者的颗粒承载量就能测定颗粒物的排放量。

此外，为了开发用途，可以在汽车废气装置或稀释系统中的取样位置连续地取出一部分废气流量，测试所产生的有害物浓度。

由驾驶人按照试验循环操纵汽车，此时在一个驾驶人监视器上连续不断地显示所需要的和实时的行驶速度。在有些情况下，为了提高试验结果的可重复性，可用自动驾驶仪替代驾驶人操作。

2. 稀释系统

定容取样（缩写英语 CVS）稀释法收集发动机所排放的废气，是最广泛推广的方法。它是 1972 年美国首次用于乘用车和轻型载货车的，并经过了多次改进升级。此外，日本也采用这种 CVS 法，欧洲从 1982 年起也开始采用，因此这是全球公认的废气收集方法。

在采用 CVS 方法时，废气分析在试验结束后才进行，因此必须避免水蒸气凝结和由此所引起的氮氧化物的损失以及在所收集的废气中产生二次反应。

CVS 方法按以下原理工作：试验汽车排出的废气在 T 形混合点（Mix－T，两根输入管与输出管在该点形成 T 形），或稀释通道中用环境空气稀释成 1∶5～1∶10 之间较为中间比例的浓度，并由一个专用装置抽吸使得废气和稀释空气的总体积流量保持不变，因此稀释空气的混合量取决于废气的瞬时体积流量。从已被稀释的废气流中连续地抽取具有代表性的气样，并被收集到一个或几个废气样品袋中，并且在废气充入样品袋期间取样的体积流量保持恒定，因而充气结束后废气样品袋中的有害物浓度就是样品袋充气期间稀释废气浓度的平均值。

为了测定稀释空气中含有的有害物浓度，与废气样品袋充气的同时抽取稀释空气的样品，并收集到一个或几个空气样品袋中。

一般，样品袋充气与测试循环所分成的阶段［例如，FTP－75 测试循环中的热机瞬态（ht）运行阶段］相一致。

由稀释废气的总体积以及废气样品袋和空气样品袋中的有害物浓度，就能计算出测试期间所排放的有害物质量。

为了实现恒定不变的稀释废气体积流量，有两种可供选择的方法，即容积泵（英语缩写 PDP，Positive Displacement Pump）法采用旋转活塞抽风机（罗兹抽风机）和临界流文杜利管（英语缩写 CFV，Critical Flow Venturi）法采用临界状态文杜利喷嘴与标准抽风机相结合。

废气的稀释导致在稀释状态下有害物浓度的降低。近几年因废气排放限值加严使得有害物排放明显减少，在某些测试阶段稀释废气中的某些有害物（特别是碳氢化合物）浓度相当于（或者甚至更低于）稀释空气中的有害物浓度，因此达到了测量精度的极限，因为这两个浓度值的差别对于确定有害物排放是具有决定性意义的，而且用于有害物分析的测试装置的测量精度要非常高。

为了满足对测量提出的高要求，通常采取下列措施：

● 减少稀释，这就需要采取预防水分冷凝的措施，例如对稀释装置中的部分地方进行加热以及稀释空气的干燥或加热。

● 降低并稳定稀释空气中有害物浓度，例如采用活性炭滤清器。

● 优化所应用的测量装置（包括稀释装置在内），例如合适选择或预处理所应用的材料和装置结构，或者应用合适的电子器件。

● 优化工艺，例如采用专门的吹洗规程。

美国已开发了一种新型稀释装置——袋式微型稀释器（英语缩写 BMD，Bag Mini Diluter），作为替代上述所介绍的 CVS 技术的改进措施。这种装置是采用干燥、加热和无有害物的标准气体（Nullgas），例如纯净空气，以恒定不变的比例稀释废气的部分流量，在行驶测试期间再用这种稀释的废气流以与废气体积流量成正比的部分流量充入废气袋，并在行驶试验结束后对其进行分析。

由于不再采用含有有害物的空气而是采用无有害物的标准气体进行稀释，因此避免了空气袋分析以及紧接着计算废气袋与空气袋浓度的差值。当然，其仪器费用就要比 CVS 方法贵些，主要是必须测定（未稀释）废气的体积流量和成比例的样品袋充气量。

12.8.2　废气测量装置

所限制的气态有害物排放量是由其在废气和空气样品袋中的浓度测定的，为此废气排放法规规定了全球统一的测量方法（表 12-3）。

表 12-3　有害物的测量方法

成　分	测　量　方　法
CO，CO_2	不分光红外分析仪（NDIR）
氮氧化物（NO_x）	化学发光分析仪（CLD）
总碳氢化合物（THC）	火焰离子化分析仪（FID）
CH_4	气相色谱法与火焰离子化分析仪相组合（GC – FID）
CH_3OH，CH_2O	冲击式采样器法（Impingerverfahren）或弹筒状采样器法（Kartuschenverfahren）与色谱分析技术相结合（在美国应用某些燃料时需要使用）
颗粒物	1. 重量测量法：试验行驶前后颗粒捕集器 2. 颗粒数量

为了开发更多用途，许多试验台还附加连续测定汽车废气装置，或稀释系统中的有害物浓度，并且不仅对所限制的而且对其它不限制的成分都进行测量的装置。为此，除了表 12-3 中所列出测量方法之外，还应用其它的测量方法，例如：

● 顺磁法（测定 O_2 浓度）。

● 气体分割器 – 火焰离子化分析仪（Cutter – FID，Cutter – Flam – menionisations – Detektor）：火焰离子化分析仪与无甲烷碳氢化合物吸收器相结合（测定 CH_4 浓度）。

● 质量光谱学（多成分分析仪）。

● 傅里叶变换红外线光谱学（Fourier – Transfor – Infrarot，Multi – Komponenten – Analysator）。

● 红外线（IR）激光光谱学（多成分分析仪）。

下面详细介绍最重要的测量装置的工作原理。

1. 不分光红外（NDIR）分析仪

不分光红外分析仪（NDIR，nicht – dispersiver Infrarot – Analysator）是利用

某些气体具有吸收一个狭窄的特定波长范围内的红外线辐射的特性，被吸收的红外线辐射转化成吸收分子的振动或转动能量，而这些能量又可作为热量进行测量。这些现象发生在至少由两种不同元素原子组成的分子中，例如 CO，CO_2，C_6H_{14} 或 SO_2。

不分光红外（NDIR）分析仪存在不同的方案，而主要的构件是红外光源（图 12-13）、引导被测气体的气样室（圆形玻璃器皿）、通常与气样室平行排列的基准室（其中充满了惰性气体，例如 N_2）、截光盘和检测器。检测器由通过一块感应膜片相连的两个室组成，这两个室中含有被检测气体成分的气样。在一个室中吸收来自基准室的射线，而在另一个室中吸收来自气样室的射线，这些射线可能已被检测气样吸收而减少了。射线能量的差异导致产生流动运动，这种运动由一个流量传感器或压力传感器进行测量。旋转的截光盘循环地截断红外光线，这就使得流动运动被交变修整，从而调制出一个传感器信号。

不分光红外（NDIR）分析仪的被测气体中的水蒸气具有强烈的横向敏感性，因为 H_2O 分子在一个较大的波长范围内吸收红外线。正由于这个原因，在对未稀释废气进行测量时，不分光红外（NDIR）分析仪总是被安置在用于干燥废气的被测气体准备装置（例如气体冷却器）的后面。

2. 化学发光分析仪（CLD）

被测气体在反应室中与氧高压放电时产生的臭氧混合（图 12-14），在这样的环境中被测气体中含有的一氧化氮被氧化成二氧化氮，此时所形成的二氧化氮分子部分处于活跃状态，当这些分子返回到基本状态时产生的能量就以发光的形式（化学发光）释放出来。检测器（例如光电倍增器）检测到所发出的光量，而这些光量在规定的条件下则与被测气体中的一氧化氮（NO）浓度成正比。

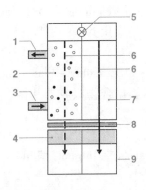 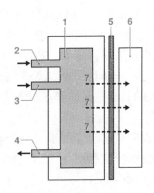

图 12-13　不分光红外（NDIR）分析仪　　　　图 12-14　化学发光分析仪（CLD）

1—气体出口　2—气样室　3—被测气样进口　　　1—反应室　2—臭氧进口　3—被测气体进口

4—光学滤波器　5—红外光源　6—红外线辐射　　4—气体出口　5—滤光器　6—检测器　7—光线

　　7—基准室　8—截光盘　9—检测器

法规规定的是氮氧化物总的排放量，因此必须采集 NO 和 NO$_2$ 分子。但是，由于化学发光分析仪（CLD）因其测量原理而被局限于仅能测量 NO 浓度，因而被测气体通过一个转化器将 NO$_2$ 还原成 NO。

3. 火焰离子化分析仪（FID）

被测气体在氢火焰中燃烧（图 12-15），同时形成碳根以及部分碳根的临时离子化。这些碳根在环形电极中放电，测量所产生的电流，而该电流与被测气体中的碳原子数量成正比。

4. 气相色谱仪 – FID 和气体分割器 – FID

测定被测气体中的甲烷浓度存在两种同样流行方法，它们分别由甲烷分离部件与火焰离子化分析仪（FID）组合而成。为了分离甲烷，其中或者应用了气相色谱仪（GC – FID），或者应用了氧化无甲烷碳氢化合物的加热式催化转化器（Cutter – FID）。

与气体分割器 – 火焰离子化分析仪（Cutter – FID）不同，气相色谱仪 – 火焰离子化分析仪（GC – FID）只能不连续地测定甲烷浓度（两次测量之间的典型间隔时间为 30 ~ 45s）。

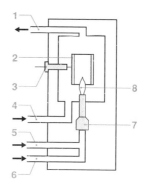

图 12-15 火焰离子化
分析仪（FID）

1—气体出口 2—环形电极 3—放大器
4—助燃空气 5—被测气体进口
6—可燃气体（H$_2$、He）
7—燃烧器 8—燃烧火焰

5. 顺磁分析仪

顺磁分析仪（PMD）有各种不同的结构形式（与制造商有关）。它的测量原理基于不均匀磁场对具有顺磁特性的分子（例如氧），施加使其产生运动的力，这种运动与被测气体中的这种分子的浓度成正比，并可以由一个合适的检测器测录下来。

6. 颗粒排放物测量

应关注在气态有害物中附带的固体颗粒物，因为它们同样属于要限制的有害物质。为了测定颗粒质量排放规定使用重量测量法，而某些法规还规定限制颗粒数。

重量测量法是在行驶试验期间从稀释通道中抽取稀释废气的部分流量，并引导通过颗粒过滤器，由行驶试验前后颗粒过滤器的重量增加，就能查明颗粒物的承载量，再由该承载量以及稀释废气总体积流量和经过颗粒过滤器的部分流量就能计算出行驶试验期间的颗粒物排放。

但是，重量测量法存在以下缺点：

● 能指示的限值相对较大，而且因仪器制造费用较高（例如优化烟道几何形状），只能有限地减小指示的限值。

- 不能连续地测定颗粒排放。
- 这种测试方法的费用较大，因为颗粒过滤器必须进行调整，以减小周围环境的影响。
- 只能测量颗粒物的质量，而不能测定颗粒物的化学成分和尺寸。

由于存在上述缺点以及期望未来显著降低颗粒排放限值，除了颗粒排放（每次行驶里程的颗粒质量）之外，法规制定者越来越要求对每公里排放的颗粒数也应予以限制。已规定"冷凝颗粒计数器"（CPC）作为法定的测量颗粒数（颗粒计数）的仪器。在这种仪器中没有稀释废气部分流量与饱和丁醇蒸气的混合。由于丁醇冷凝在固体颗粒上会增大其尺寸，因此能够借助于散射光来测定颗粒数。稀释废气中的颗粒数被连续测量，由测量值的积分就能获得行驶试验期间的颗粒数。

颗粒尺寸分布的测定

对于获得汽车废气中颗粒尺寸分布状况方面的信息越来越感兴趣。能提供这些信息的仪器例如有：

- 扫描流动性颗粒尺寸分选器（SMPS，Scanning Mobility Particle Sizer）。
- 电子低压冲击器（ELPI，Electrical Low Pressure Impactor）。
- 微分迁移率频谱（DMS，Differential Mobility Spectrometer）。

目前，这些方法仅用于科研用途。

第13章 诊　　断

随着汽车电子器件的增多、利用软件控制汽车，以及现代喷油系统复杂性的提高，对诊断方案、行驶中的监测（车载诊断）和维修车间诊断都提出了更高的要求。维修车间诊断的基础是将查找故障原因与应用各种车载和车外检查方法，以及检测设备的可能性结合起来。废气排放法规的不断加严以及对运行监测的需求，使法规制定者也认识到车载诊断作为废气监测辅助方法的重要性，并已实施了与制造商无关的标准化。这些附加的系统被称为车载诊断系统（OBD）。

13.1　汽车行驶中的监测——车载诊断

13.1.1　概况

集成在电控单元中的诊断功能属于发动机电控系统的基本功能。除了电控单元自身检测之外，输入和输出信号以及电控单元通信之间还要相互进行监测。在运行期间，监测算法检测输入和输出信号以及整个系统所有有关行驶性能和故障方面的重要功能，此时所识别到的故障被储存在电控单元的故障存储器中。在用户服务站中对汽车进行检查时，通过一个接口将所储存的信息读出来，这样就能快速可靠地查找到故障并进行修理。

13.1.2　输入信号的监测

传感器、接插件以及至电控单元的连接导线（信号通道，图13-1）都是凭借被计值的输入信号来进行监测的。采用这种监测方法，除了传感器故障之外，还能确定是否存在对蓄电池电压或接地的短路，以及导线的断路等故障。OBD应用了下列监测方法：

- 监测传感器的供电电压（是否存在）。
- 监测所采集到的数值是否处于容许的数值范围内（例如0.5~4.5V）。
- 用模型值对所测量到的数值进行可信度检验（利用分析备用信息）。
- 通过与第二个传感器信号值的直接比较，对所测量到的数值进行可信度

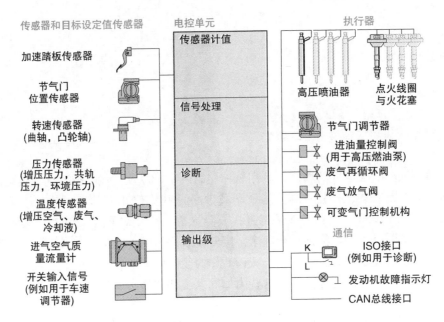

图 13-1　缸内直喷式汽油机的电控系统

检验（利用备用物理量信息，例如对于加速踏板传感器那样重要的传感器）。

13.1.3　输出信号的监测

由电控单元通过输出级控制的执行器（图 13-1）也要进行监测。除了执行器故障之外，监测功能也能识别导线断路和短路，其中应用了下列方法：一方面，通过输出级监测输出信号电流回路，监测该电路是否与蓄电池电压和接地短路或者断路；另一方面，通过对执行器功能和可信度的监测，可以直接或间接采集执行器对系统的作用效果，例如废气再循环阀、节气门或涡流调节阀等系统的执行器，间接通过调节回路（例如持续的调节偏差）来监测，也有时候通过附加的位置传感器（例如涡流阀的位置）来进行监测。

13.1.4　电控单元内部功能的监测

为了任何时候都能确保电控单元正确工作，在电控单元中实现硬件（例如"智能"输出级功能块）和软件的监测功能，它们检验电控单元中的每个部件（例如微控制器、Flash – EPROM、RAM），许多检验是在它们被接通后立即进行的，而进一步的监测功能则是在正常运行期间进行的，并按调节间隔重复进行，因此即使在运行期间也能识别部件故障。进行检验要占用非常多的计算机容量，有时出于某些原因可以不在行驶运行时进行，而在汽车惯性滑行"发动机脱开"

时进行检验。采取这种方式并不会影响到其它的功能。在用于柴油机的共轨喷油系统中，在汽车滑行或发动机空转时检验诸如喷油器的断路功能，而在汽油机上，则在发动机空转时检验诸如 Flash – EPROM 功能。

13. 1. 5 电控单元通信的监测

与其它电控单元的通信通常是通过 CAN 总线进行的。故障识别的控制机理被集成在 CAN 协议中，因而传输故障在 CAN 模块中就能被识别。除此之外，其它的检验则在电控单元中进行。因为大多数 CAN 信息是在定期间隔中分别由各自的电控单元发送的，因此诸如电控单元中某个 CAN 控制器的故障就能被这个时间间隔内进行的检验探测到。此外，在电控单元中存在备用信息的情况下，就能通过相应的数据比较，检验所接收到的信号。

13. 1. 6 故障处理

1. 故障识别

如果某个故障存在超过规定的时间，那么这个信号线路就被最终确定为发生故障。直到故障被确认之前，系统中应用最终有效识别到的数值。通常，在故障被确认的同时就引入一个替代功能（例如发动机温度的替代值 $T = 90℃$）。对于大多数故障而言，在汽车行驶期间有可能会被识别为功能正常，对此这个信号线路必须在规定的时间内一直被识别为功能正常才行。

2. 故障存储

每个故障以故障码的形式被储存在数据存储器中的非暂时性区域内。这些故障码也描写故障类型（例如断路、导线断路、可信度、超出数值范围）。在每次记录故障时，还储存附带的信息，例如故障发生时的运行条件和环境条件（例如发动机转速、发动机温度，即冻结运行状态帧）。

3. 应急运行功能（跛行回家功能）

在识别到故障时，除了有替代值之外还引入应急措施（例如限制发动机功率或转速）。这些措施用于保持行驶安全性，避免后续损坏或者限制废气排放。

13. 2 乘用车和轻型载货车的 OBD 系统

为了使发动机在所有工作的时候都能满足废气排放法规规定限值，必须持续不断地监测发动机系统及其部件，因此从美国加利福尼亚州（以下简称为加州）开始世界各国纷纷宣布对与废气密切相关的系统和部件的监测方式进行调整，从而将汽车制造商专用的监测与废气排放密切相关的部件和系统的车载诊断（OBD）系统标准化，并进一步予以扩展。

13.2.1 法规

1. OBD Ⅰ（CARB）

1988 年，美国加州大气资源局（CARB）的第 1 级法规——OBD Ⅰ 在加州生效，它要求监测与废气密切相关的电子器件（短路、导线断路），以及将故障存储在电控单元的存储器中，并设置故障指示灯（MIL），它给驾驶人指示识别到的故障，此外还必须能用车载设备（例如通过仪表板上的故障指示灯的闪光代码）读出哪些部件发生了故障。

2. OBD Ⅱ（CARB）

1994 年，加州实施第 2 级车载诊断法规 OBD Ⅱ，而柴油机汽车则从 1996 年起开始执行此法规。除了 OBD Ⅰ 范围的监测项目之外，还要监测系统功能（例如检验传感器信号的可信度）。OBD Ⅱ 要求监测所有与废气密切相关的系统和部件，因为它们的功能发生故障时会导致废气有害物排放增加，从而导致超过 OBD 限值。此外，所有用于监测与废气排放密切相关器件的，或者会影响诊断结果的部件也要进行监测。

对于所有要检验的部件和系统，通常在废气测试循环（例如美国城市标准测试循环 FTP 75）中必须至少经历一次诊断功能。此外，OBD Ⅱ 法规还按照 ISO-15031 标准和相应的 SAE（汽车工程师协会）标准规定了故障存储器信息格式和在其中存取信息方式的标准化（插接件，通信），这样就能够通过能自由购买到的测试器（诊断仪）读出故障存储器中的故障码。

3. OBD Ⅱ 的扩展

（1）从 2004 车型年起

从实施 OBD Ⅱ 法规以来，它已经历了好几次修订。从 2004 车型年以来，CARB OBD Ⅱ 法规的更新，除了加严和增添功能要求之外，还要求从 2005 车型年起检验在所有工作期间的诊断频率（英语缩写 IUMPR，In Use Monitor Performance Ratio，工作时监测性能频率）。

（2）从 2007 车型年起

从 2007 车型年起适用最近的修订版。对汽油机的新要求主要是诊断各缸混合气的失调状况（英语称为 Air-Fuel-Imbalance，空气-燃油的失衡），扩展的要求是诊断冷起动策略以及永久性的故障存储。这些要求也适用于柴油机系统。

（3）从 2014 车型年起

在此期间，法规制定者重新修定该法规（两年审查一次）。通常也会考虑到将 OBD 的要求扩展到识别 CO_2 排放增加的故障。此外，对于混合动力车的诊断新法规也提出精准的要求。估计从 2014 或 2015 车型年起，这些扩展要求会相继生效。

（4）EPA – OBD

在不采用加州 OBD 法规的其余美国各州中，从 1994 年以来实施美国联邦环境保护局（EPA）法规，其诊断范围基本上相当于美国加州大气资源局（CARB）的法规（OBD Ⅱ），而 CARB 证书则由 EPA 颁发。

（5）EOBD

适应于欧洲情况的 OBD 被称为 EOBD（欧洲的 OBD），它是以美国联邦环境保护局 EPA – OBD 为依据制定的。

从 2000 年 1 月起，所有最大 3.5 t 的汽油轻型载货车和最多 9 座的汽油乘用车都执行 EOBD 法规。用于汽油和柴油乘用车的 EOBD 的新要求已在欧 5/6 的废气排放法规和 OBD 法规框架范围内通过（OBD 等级：从 2009 年 9 月起欧 5；从 2011 年 9 月起欧 5 +；从 2014 年 9 月起欧 6 – 1 和从 2017 年 9 月起欧 6 – 2）。

用于汽油和柴油乘用车的一般新要求是从欧 5 + 标准（2011 年 9 月）起，根据 CARB – OBD 法规（IUMPR）检验在所有工作期间的诊断频率（IUMPR）。对于汽油机而言，随着从 2009 年 9 月起实施欧 5，主要是降低 OBD 限值。此外，除了颗粒质量 OBD 限值（仅用于直喷式汽油机）之外，还引入了非甲烷碳氢化合物（NMHC）OBD 限值（替代迄今为止的 HC）。这些直接起作用的 OBD 要求导致监测三元催化转化器的 NMHC。从 2011 年 9 月起欧 5 + 标准生效，与欧 5 标准相比其 OBD 限值不变。对 EOBD 的重要功能要求是增添监测三元催化转化器后的 NO_x。随着从 2014 年 9 月起实施欧 6 – 1 标准，从 2017 年 9 月起实施欧 6 – 2 标准，某些 OBD 限值的分两级降低将告结束（见表 13-1），其中对于欧 6 – 2 标准而言，直至 2014 年 9 月的限值仍可能会修订。

表 13-1　汽油乘用车的 OBD 限值

OBD 法规	OBD 限值		
CARB	– 相对限值 – 大多为各自废气类别的 1.5 倍限值		
EPA（美联邦）	– 相对限值 – 大多为各自废气类别的 1.5 倍限值		
EOBD	– 绝对限值		
	欧 5	欧 6 – 1	欧 6 – 2
	CO：1900 mg/km	CO：1900 mg/km	CO：1900 mg/km
	NMHC：250 mg/km	NMHC：170 mg/km	NMHC：170 mg/km
	NO_x：300 mg/km	NO_x：150 mg/km	NO_x：90 mg/km
	PM：50 mg/km	PM：25 mg/km	PM：12 mg/km

注：欧 5 限值从 2009 年 9 月起生效，欧 6 – 1 限值从 2017 年 9 月起生效，欧 6 – 2 中涉及欧盟的建议，2014 年 9 月才最终确定。从欧 5 起的颗粒质量限值仅适用于汽油直接喷射机型。

（6）其它国家

其它一些国家已经实施或计划实施欧洲和美国的 OBD 法规（例如中国、俄罗斯、韩国、印度、巴西、澳大利亚）。

13. 2. 2　对 OBD 系统的要求

汽车上所有的系统和部件发生故障都会导致法规中规定的废气检测值变差，因此它们都必须由发动机电控单元通过合适的措施进行监测。若存在一个故障使得废气排放超过 OBD 限值，那么就必须通过故障指示灯（MIL）告知驾驶人故障状况。

1. 限值

美国 OBD II（CARB 和 EPA）规定了 OBD 阈值，它们是相对于废气排放限值确定的，据此为各种不同的汽车出具废气排放等级证书（例如 LEV、ULEV、SULEV 等）等级所容许的不同的 OBD 限值。在适用欧洲法规的 EOBD 中，排放绝对限值（表 13-1）是具有约束力的。

2. 功能要求

在车载诊断时，电控单元的所有输入和输出信号甚至部件本身都必须进行监测。法规要求进行电路监测（短路、导线断路），传感器的可信度检验，以及执行器的功能监测。某个部件故障可能引起废气有害物浓度（可在废气循环中测得）超限，部分法规所要求的监测方式也决定了诊断方式。简单的功能检验（黑烟–白烟检验）只能检验系统或部件的功能，例如涡流阀是否打开和关闭。而内容广泛的功能检验则能够做出关于系统功能的精确结论，并且必要时还能定量地确定故障部件对废气排放的影响。因此，在监测喷油系统功能适应性时（例如柴油机上的零油量标定或汽油机上的 λ 匹配状况），必须监测适应性极限。因此随着废气排放法规的发展，诊断也变得越来越复杂。

3. 发动机故障指示灯

故障指示灯（MIL）向驾驶人指示某个部件发生故障的情况。在 CARB 和 EPA 的适用范围内，当识别到一个故障时，在该故障存在的第 2 个行驶循环时故障指示灯（MIL）就被点亮。在 EOBD 的适用范围内，故障指示灯（MIL）最迟必须在识别到故障的第 3 个行驶循环时被点亮。

若故障又消失了（例如接触不良），那么这个故障仍将在故障存储器中保留记录 40 个运行循环（热机循环），故障指示灯（MIL）在 3 个无故障行驶循环后才会熄灭。在汽油机上发生会导致催化转化器损坏的故障（例如断火）时，发动机故障指示灯会闪烁。

4. 与诊断仪的通信

OBD 法规规定了故障存储器信息的标准化，以及按照 ISO – 15031 标准和相应的 SAE（美国汽车工程师学会）标准在故障存储器上的存取故障码的方法（插接件、通信接口），这样就能够通过标准化的可自由购买到的检测器（故障诊断仪，图13-2）从故障存储器中读取故障信息。从2008 年起，按照 CARB 法规以及从 2014 年起按照欧盟法规，仍仅允许通过 CAN 总线（按 ISO – 15765 标准）进行诊断。

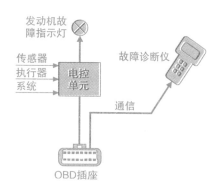

图 13-2 OBD 系统

5. 汽车修理

维修车间借助于检测工具能从电控单元中读出与废气排放密切相关的故障信息，这样即使与汽车制造商无关的维修车间也能利用这些信息进行修理。为了确保专业的修理，汽车制造商有义务提供必要的维修工具，以及凭检测费用可供使用的信息（例如互联网中的修理指南）。

6. 接通条件

诊断功能仅在满足物理接通条件时才进行工作，例如转矩阈值、发动机温度阈值以及转速阈值或转速界限就属于这类接通条件。

7. 锁定条件

诊断功能和发动机功能并非是始终同时进行工作的。若存在锁定条件，则禁止执行某些功能。例如在催化转化器正在进行诊断时，汽油机的燃油箱通风系统（带有燃油蒸气回收系统）就不能工作，而在柴油机上，进气空气质量流量计仅在废气再循环阀关闭时才能被充分监测。

8. 诊断功能的临时断开

为了在某些前提条件下暂时避免进行故障诊断，诊断功能临时被断开，例如在高海拔地区、发动机起动时环境温度较低，或者蓄电池电压较低等情况下。

9. 备用代码

为了检验故障存储器，诊断功能至少要曾经工作过一次。这能够通过诊断接口读取备用代码来检验。在结束相应的与法规密切相关的诊断时，要为最重要的监测部件设置这些备用代码。

10. 诊断系统管理器

用于所有检验部件和系统的诊断功能必须在行驶运行中，且至少在废气测试循环（例如 FTP 75、NEFZ）中经历过一次。诊断系统管理器（DSM）能够根据行驶状况动态地改变履行完诊断功能的顺序，其目的是要使所有的诊断功能在日常的行驶运行中时常进行工作。

诊断系统管理器（DSM）由用于存储故障状态和附属环境条件（冻结运行

状态）的部件诊断故障途径管理器（KDFPM）、用于协调发动机功能（MF）和诊断功能（DF）的诊断功能调度器（DSCHED），以及用于在识别故障时对其是原因故障还是后续故障做出重要判断的诊断确认器（DVAL）组成。替代诊断确认器的还有分散确认的系统，即在诊断功能中进行确认的系统。

11. 召回

如果汽车达不到 OBD 法规的要求，法规制定者可指令汽车制造商承担费用予以召回。

13.3　OBD 功能

EOBD 规定仅对单个部件进行详细的监测，而 CARB – OBD Ⅱ 则基本上详细规定了专门的要求。以下列举的是 CARB 目前用于乘用车汽油机的要求（从 2010 车型年起）状况，其中带（E）标志的是在 EOBD 法规中也要求详细执行的项目：

- 催化转化器（E），加热的催化转化器。
- 燃烧断火（E，EOBD 对柴油机不进行）。
- 减少燃油蒸气系统［燃油箱泄漏诊断，在（E）情况下至少进行燃油箱通风阀电气检验］。
- 二次空气的引入。
- 燃油系统。
- 废气传感器［氧传感器（E），NO_x 传感器（E），颗粒传感器］。
- 废气再循环系统（E）。
- 曲轴箱通风系统。
- 发动机冷却系统。
- 降低冷起动排放系统。
- 空调装置（在对废气排放或 OBD 有影响的情况下）。
- 可变气门机构（目前仅在汽油机系统中应用）。
- 直接降低臭氧系统。
- 其它与废气排放密切相关的部件和系统（E），综合性部件。
- 用于检验诊断功能日常工作频率的工作期间监测性能频率（IUM-PR，E）。

其它与废气排放密切相关的部件和系统是指在上述列举中没有列出的部件和系统，它们发生故障可能会导致废气排放增加（CARB OBD Ⅱ）、废气排放超出 OBD 限值（CARB OBD Ⅱ 和 EOBD），或对诊断系统产生不良影响（例如通过锁定其它诊断功能而产生影响）。而诊断功能的日常工作频率则必须达到最低值。

13.3.1　催化转化器诊断

三元催化转化器的任务是转化净化可燃混合气燃烧时产生的有害物 CO、NO_x 和 HC。但是它会因老化或损坏（热损坏或中毒）而降低转化能力，因而必须监测催化转化器的净化效果。

催化转化器的氧储存能力是其转化能力大小的度量参数。迄今所有的三元催化转化器涂层（涂浆基质层带有作为储氧成分的氧化铈和作为真正催化转化材料的贵金属）都证实了这种氧储存能力与转化能力的正比关系。

借助于发动机后催化转化器前的一个氧传感器实现混合气的基本调节。在如今的发动机方案中，在催化转化器后设置了一个宽带氧传感器，它一方面用于基本氧传感器的精校准，另一方面被 OBD 所利用。其中催化转化器诊断的基本原理是所考察的催化转化器前后氧传感器信号的比较。

1. 低储氧能力催化转化器的诊断

低储氧能力催化转化器的诊断主要采用"被动式振幅模型化方法"（见图 13-3），其依据是对催化转化器储氧能力的评估。空燃比调节的额定值采用一定的频率和振幅进行调制，它计算催化转化器储氧成分通过稀混合气（$\lambda > 1$）或浓混合气（$\lambda < 1$）吸入或取出的氧气量。催化转化器后的氧传感器振幅强烈地取决于催化转化器的氧交变载荷（交变的不足和过剩）。这种计算被应用于模拟的极限催化转化器的储氧成分（英语缩写 OSC，Oxygen Storage Component）。催化转化器后废气中氧浓度的变化被调制。假设的基础是离开催化转化器的氧与储氧成分的多少成正比。

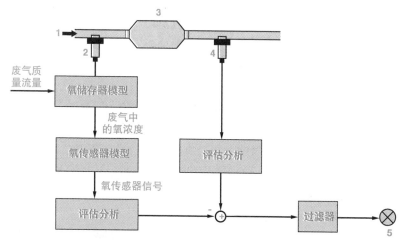

图 13-3　采用被动方法诊断催化转化器

1—来自发动机的废气质量流量　2、4—氧传感器　3—催化转化器　5—发动机故障指示灯

通过这种计算就能够模拟氧浓度变化所引起的传感器信号。将这种模拟传感器信号的变动幅度与真实的传感器信号的变动幅度进行比较，只要测得的传感器信号呈现出比模拟传感器信号小的变动幅度，那么催化转化器就具有比模拟极限催化转化器高的储氧能力。若测得的传感器信号的变动幅度超过模拟极限催化转化器的变动幅度，则就表明催化转化器有毛病。

2. 高储氧能力催化转化器的诊断

大多优先选择"主动方法"来诊断高储氧能力催化转化器（见图13-4）。在催化转化器已损坏的情况下，即使具有高的储氧能力，调节额定值的调制仍被大大削弱了，因此催化转化器后用于如前面所介绍的被动评估分析方法的氧浓度变化过小无法用于诊断，因此必须采用在空燃比调节时主动干预的诊断方法。

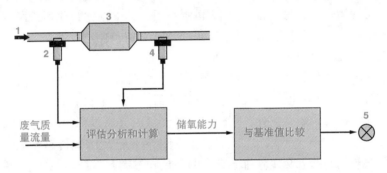

图 13-4　采用主动方法诊断催化转化器
1—来自发动机的废气质量流量　2—宽带氧传感器　3—催化转化器
4—两点式氧传感器　5—发动机故障灯

这种催化转化器的诊断方法基于在混合气从浓变稀时氧储存的直接测量。一个连续式宽带氧传感器被安装在催化转化器前面，它测量废气中的含氧量，而催化转化器后面有一个两点式氧传感器，它检测储氧成分的状况。测量都在低部分负荷范围的稳态运行工况点进行。

第一步，储氧成分被浓的废气（$\lambda < 1$）完全抽空，后面的氧传感器就显示一个相应较高的电压（约650mV）。第二步就被转换到稀的废气（$\lambda > 1$），借助于空气质量流量计和催化转化器前的宽带氧传感器信号计算出储氧成分吸入直至溢出的氧质量，当催化转化器后的氧传感器电压值降低到200mV以下就表明氧溢出了，而计算出的氧质量积分值就能指示转化器的储氧能力，该值必须超过一个基准值，否则就认为催化转化器有毛病了。

原理上也可采取测量从稀转换到浓运行时储氧成分的再生方法来进行评估分析，而且测量浓-稀转换时的氧储存量对温度和硫的影响不敏感，因而采用这种方法能够精确地测定储氧能力。

3. 吸附式 NO$_x$ 催化转化器的诊断

除了三元催化转化器的功能之外，缸内直喷式汽油机所必须的吸附式 NO$_x$ 催化转化器的任务是在稀薄运行（$\lambda > 1$）时，把没有转化的氮氧化物储存起来，以便晚些时候在形成 $\lambda < 1$ 的均质可燃混合气时再予以转化净化。这种催化转化器的 NO$_x$ 吸附能力（用催化转化器品质因素来表示）会因老化和中毒（例如硫的沉积）而降低，因而必须监测其功能能力，为此可在催化转化器前后各安装一个氧传感器。为了测定催化转化器品质因素，真实的 NO$_x$ 吸附剂含量与新的催化转化器 NO$_x$ 吸附剂含量的期望值（来自一个新催化转化器模型）进行比较。真实的 NO$_x$ 吸附剂含量就相当于在催化转化器再生期间所测得的还原剂消耗量（HC 和 CO），这些还原剂的数量由 $\lambda < 1$ 时再生阶段期间还原剂质量流量的积分算出，而再生阶段的结束则通过催化转化器后氧传感器的电压跃变来识别。也可以采取通过 NO$_x$ 传感器测定真实的 NO$_x$ 吸附剂含量的方法来替代。

13.3.2　燃烧断火识别

法规制定者要求识别燃烧断火，断火最可能是由烧蚀的火花塞所引起的。火花塞断火会阻碍发动机可燃混合气的着火燃烧，它会引起燃烧中断以及未燃混合气被排出气缸进入废气管路，因此断火会引起未燃混合气在催化转化器中后续燃烧，从而使得催化转化器温度升高，这会导致催化转化器更快的老化或者完全损坏。此外，火花塞断火还会导致废气排放增加，特别是 HC 和 CO 排放的增加，因而对断火进行监测是必要的。

断火识别为每个气缸从一次燃烧直到下次燃烧所经历的时间（时间间隔）进行计值，这段时间由转速传感器的信号来推算，当曲轴传感轮转过某个齿数时就能测量出所经历的时间。在燃烧断火的情况下，

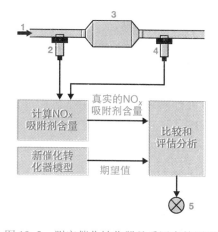

图 13-5　测定催化转化器品质因素的原理
1—来自发动机的废气质量流量
2—宽带氧传感器　3—吸附式 NO$_x$ 催化转化器
4—两点式氧传感器或 NO$_x$ 催化转化器
5—发动机故障灯

发动机燃烧所产生的转矩就会减小，这就会使发动机旋转变慢，燃烧的间隔时间就会明显变长，这就表明燃烧有断火现象（图 13-6）。在发动机高转速和低负荷时，因断火而使燃烧间隔时间变长仅有约 0.2%，因此旋转运动的精确的监测和昂贵的计算方法是必需的，以便能鉴别由干扰因素（例如因行驶路面不良引起的振动）所引起的伪燃烧断火信号。传感轮的匹配可补偿传感轮制造误差所引

起的偏差。这种断火识别功能在部分负荷和倒拖运行时被激活，因为在这些运行状态时仅建立较小的转矩或者没有建立加速转矩。传感轮的匹配为燃烧间隔时间提供校正值。在不容许的高断火率情况下，可让相关的气缸停止喷油，以保护催化转化器。

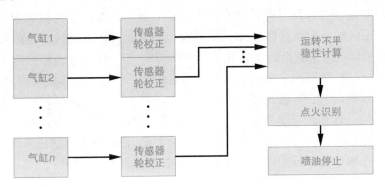

图 13-6　断火识别功能的工作原理

13.3.3　燃油箱泄漏诊断

不仅废气排放会损害环境，而且燃油系统特别是燃油箱泄漏的燃油蒸气（蒸气排放）也污染环境，因而也要对此制定排放限值。为了限制蒸气排放，在单向阀（4）关闭时，燃油蒸气被储存在燃油蒸气回收系统（图 13-7）的活性炭罐（3）中，晚些时候再通油箱通风阀（2）和进气管（1）吸入发动机气缸燃烧。活性炭罐的再生是在单向阀（4）和燃油箱通风阀（2）打开时吸入新鲜空气进行的。在发动机正常运行（即不进行再生和诊断）时，单向阀保持关闭，以阻止燃油蒸气从燃油箱排到环境中去。燃油箱系统的监测就属于此诊断范畴。

对于欧洲市场，法规首先仅限于简单地检验燃油箱压力传感器和燃油箱通风阀的电气回路，而美国则要求识别燃油系统的泄漏。对此有两种不同的诊断方法能识别最大直径为 1.0mm 的粗泄漏和 0.5mm 的细泄漏。下面的诊断方法仅粗略地介绍识别泄漏的工作原理。

1. 真空度降低诊断法

在汽车停车情况下，发动机怠速运转时燃油箱通风阀（图 13-7 中的 2）关闭，因而在燃油箱系统中因空气通过开启的单向阀（4）流入而使真空度降低，即燃油箱系统中的压力升高。如果压力传感器（6）测得的压力在一定的时间内没有达到外界环境压力的话，那么就断定单向阀有故障，因为单向阀没有全开，或者完全没有打开。

如果单向阀没有发生故障的话，那么它就会关闭。此时由于气体析出（燃油蒸气）压力就会升高，所调节的压力应该既不低于也不超过一定的范围。若测得的压力处于规定的范围内，则燃油箱通风阀就存在功能故障，也就是说压力过低的原因是燃油箱通风阀不密封，因而燃油箱系统的燃油蒸气被进气管中的真空度吸入。如果所测得的压力高于规定范围的话，对过多的燃油蒸发（例如因环境温度过高）的故障就能做出诊断。若因气体析出所产生的压力在允许的范围内，则这种压力升高就被作为细泄漏补偿梯度储存起来，只有在检验单向阀和燃油箱通风阀之后才能继续进行燃油箱泄漏诊断。

首先，进行粗泄漏识别。在发动机怠速运转时，燃油箱通风阀（图 13-7 中的2）被打开，同时燃油箱系统中进气管的真空度继续存在，燃油箱压力传感器（6）测得的压力变化过小，因为空气通过泄漏处又反流回来，于是引起的压力降落又得到补偿，粗泄漏引起的故障就可以识别确认，诊断终止。

一旦没有识别到粗泄漏，就能开始细泄漏诊断，为此燃油箱通风阀（2）又被关闭，紧接着压力的升高应该仅由之前所储存的气体析出量（补偿梯度）引起，因为单向阀（4）始终是关闭的。但是，如果压力升高得过多的话，那么必定存在细泄漏，空气会通过那些稀泄漏处流入。

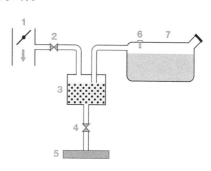

图 13-7　真空法诊断燃油箱泄漏
1—进气管和节气门
2—燃油箱通风阀（再生阀）
3—活性炭罐　4—单向阀　5—空气滤清器
6—燃油箱压力传感器　7—燃油箱

2. 超压诊断法

在满足诊断接通条件情况下，在切断点火后，电控单元空转时开始进行超压法诊断。在基准泄漏流量测定时，集成在诊断模块（图 13-8a 中的 4）中的电动叶片泵（6）泵送空气通过直径为 0.5 mm 的"基准泄漏孔"（5），因压缩产生的动压头提高了泵的负荷，这就导致泵的转速降低和流量的升高。测量进行这种基准测量时调节的流量（图 13-9）并储存起来。

紧接着，电磁阀（7）接通后泵将空气泵入燃油箱（图 13-8b）。如果燃油箱是密封的话，那么就建立起压力，泵电流升高超过基准电流（图 13-9 中的曲线 3）。在细泄漏情况下，泵电流达到基准电流，当然不会超过基准电流（曲线 2）。如果经过较长时间泵气后仍未达到基准电流的话，那么就说明存在粗泄漏（曲线 1）。

13.3.4　二次空气系统诊断

发动机采用浓混合气（$\lambda > 1$）运行，正如在低温时运行所需要的那样，会

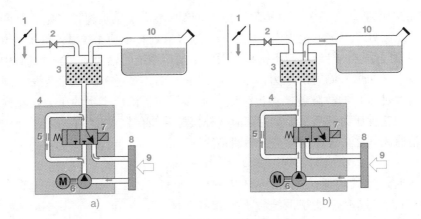

图 13-8　超压法诊断燃油箱泄漏

a) 基准泄漏量测定　b) 细和粗泄漏检验

1—进气管和节气门　2—燃油箱通风阀（再生阀）　3—活性炭罐　4—诊断模块

5—基准泄漏孔（直径 0.5mm）　6—叶片泵　7—接通阀

8—空气滤清器　9—新鲜空气　10—燃油箱

导致废气中碳氢化合物和一氧化碳浓度过高。这些有害排放物必须在废气管路中后续氧化，即后续燃烧，因此在许多汽车上直接在排气门后泵入二次空气，它向废气中泵入催化剂作用下继续燃烧所需要的氧（图 13-10）。

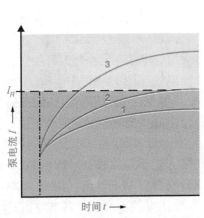

图 13-9　超压法诊断时的信号曲线

I_R—基准电流

1—通过 0.5mm 直径泄漏孔泄漏的电流曲线

2—与 0.5mm 直径泄漏孔一起泄漏的电流曲线

3—燃油箱密封时的电流曲线

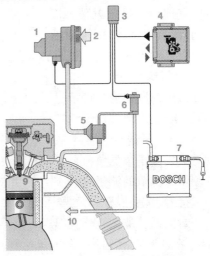

图 13-10　泵入二次空气的原理

1—二次空气泵　2—吸入的空气

3—继电器　4—发动机电控单元　5—二次空气阀

6—控制阀　7—蓄电池　8—进入废气管的入口

9—排气门　10—至进气管接头

在这种系统发生故障的情况下，冷起动或冷催化转化器时的废气排放会增加，因此需要对其进行诊断。二次空气系统的诊断是一种功能性检验，检查二次空气泵是否运转正常或者输送到废气管路中的管道是否存在故障。除了功能性检验之外，对于美国 CARB 市场还需要识别二次空气输入量的减少（二次空气流量检查），这会导致超过 OBD 限值。

二次空气直接在发动机起动后和催化转化器加热期间泵入，而泵入的二次空气质量可由氧传感器测量值计算出来，并与一个基准值进行比较。如果计算得到的二次空气质量偏离基准值的话，那么就确认发生了故障。

对于美国 CARB 市场，出于法规的原因，需要在二次空气定期接通期间进行诊断。因为根据车型的不同，在发动机起动后要经过不同的时间氧传感器才准备好，因此采用所介绍的诊断方法可能达不到所需的诊断频率（英语缩写 IUMPR，In Use Monitor Performance Ratio，工作期间监测性能频率），所以必须应用另一种诊断方法。替代使用的方法是一种基于以压力为基础的方法，这种方法需要一个二次空气压力传感器，它被直接安装在二次空气阀或二次空气泵与二次空气阀之间的接管上。与迄今为止的直接基于氧传感器的方法不同，这种诊断的原理基于定量测定由二次空气阀前的压力，进而计算出二次空气质量流量。

13.3.5 燃油系统诊断

燃油系统的故障可能会妨碍最佳的混合气形成，因此这个系统必须由 OBD 进行监测。为此，吸入的空气质量（根据空气质量流量计的信号）、节气门位置、空燃比（根据催化转化器前的氧传感器信号）以及运行状态的信息都要在发动机电控单元中进行处理，然后将这些测量值与模型计算值进行比较。

为此，从 2011 车型起，要求对会引起各缸混合气差异的故障（例如喷油器故障）进行监测。诊断的原理基于对转速信号（运转不平稳性信号）的评估分析，并利用运转不平稳性与过量空气系数的依赖关系进行评估。为了进行诊断，相继分别使某个气缸混合气变稀，而其余气缸混合气变浓，确保化学计量空燃比保持不变，同时诊断处理所必须的喷油量变化，以便达到所要实施的运转不平稳性，这种变化是某个气缸空燃比失调的量度。

13.3.6 氧传感器诊断

氧传感器系统通常由两个传感器（分别位于催化转化器前和后）和空燃比调节回路组成。大多数宽带氧传感器位于催化转化器前面，它连续测量 λ 值，即从浓向稀变化的整个范围内的过量空气系数，并以电压曲线给出（图 13-11a）。根据市场要求也可在催化转化器前面应用一个两点式氧传感器（跃变式氧传感器），它用电压的跃变（图 13-11b）表示混合气是稀（$\lambda > 1$）还是浓（$\lambda < 1$）。

在今天的设计方案中，次级氧传感器（大多是两点式氧传感器）安装在前置催化转化器或主催化转化器后面，它一方面用于初级氧传感器的精准调整，另一方面用于 OBD。这些氧传感器不仅为发动机控制系统调节废气中的空燃混合气，而且也检验催化转化器的工作能力。

这种传感器可能发生的故障是电流回路中的断路或短路、传感器的老化（热老化或因中毒而老化，这会导致传感器信号的动态性能降低），或当没有达到运行温度时冷传感器的信号值不正确。

1. 初级氧传感器

催化转化器前的氧传感器被称为初级氧传感器或上游氧传感器。OBD 检验传感器的可信度 [内部电阻、输出电压（原本的信号）和其它参数的] 和动态特性。关于动态特性，要检验对称和不对称信号提升速度（动态时间）、在从"浓"变"稀"和从"稀"变"浓"时各自的静止时间（滞后时间）以及持续时间（按 CARB – OBD – Ⅱ 法规有 6 种故障情况或 6 种模式）。若氧传感器具有加热元件的话，则还要检验加热元件的功能。这些检验都在相对恒定的运行条件下行驶期间进行。宽带氧传感器还需要除两点式氧传感器之外的其它诊断方法，因为对于它而言也可能有偏离 $\lambda = 1$ 的规定。

2. 次级氧传感器

次级氧传感器或下游氧传感器主要用于催化转化器的检测，它检验催化转化器的转化状况，因而对于催化转化器的诊断具有最重要的价值。也可用它的信号来检验初级氧传感器。此外，用次级氧传感器能确保废气排放的长期稳定性。除了周期持续时间之外，所有为初级氧传感器列举的性能和参数在次级氧传感器上也要检验。为了识别动态故障，还需要诊断信号提升速度和静止（滞后）时间。

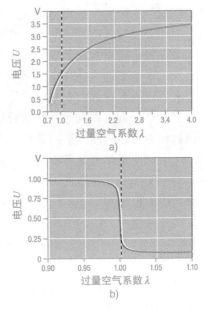

图 13-11　氧传感器的电压特性曲线

13. 3. 7　废气再循环系统诊断

废气再循环（EGR）是降低稀薄运行时氮氧化物排放的有效方法。EGR 通过将废气掺入到可燃混合气中，可降低燃烧的峰值温度，从而减少氮氧化物的形成。因此，对废气再循环（EGR）系统的工作能力必须进行监测，为此应用了两种可相互替代的诊断方法。

为了诊断 EGR 系统，第一种诊断方法是比较两种测定 EGR 质量流量方法的结果。

第 1 种方法是由流经节气门的新鲜空气质量流量（通过热膜空气质量流量计测量）与流入气缸的质量流量（用进气管模型和进气管压力传感器信号计算）之间的差值，确定 EGR 质量流量。第 2 种方法是用 EGR 阀的压比和位置反馈信号计算 EGR 质量流量。连续比较第 1 种方法与第 2 种方法的结果，并得出匹配系数。监测这种匹配系数是否超出一个范围，最终形成诊断结果。

另一种诊断 EGR 系统的方法是倒拖诊断，它在发动机倒拖运行时有针对性地打开 EGR 阀，并测量出现的进气管压力。用模型计算 EGR 质量流量的同时，用模型计算出进气管压力，并将其与测得的进气管压力进行比较，通过这种比较就能评估 EGR 系统。

13.3.8　曲轴箱通风系统诊断

含机油的燃气通过活塞、活塞环与气缸之间的泄漏流入曲轴箱，必须将其从曲轴箱中引出，这就是曲轴箱通风系统（正压曲轴箱通风，英语缩写 PCV）的任务。富集废气的空气在一个炭烟旋风分离器中被净化，并通过曲轴箱通风阀（PCV 阀）引导进入进气管，从而使碳氢化合物被燃烧掉。诊断通风系统必须识别因曲轴箱与 PCV 阀或者 PCV 阀与进气管之间的输送软管压力落差所引起的故障。

可能的诊断原理基于怠速转速的测量，在 PCV 阀打开的情况下怠速转速应有一定的反应，它用一个模型来计算。若观察到的怠速转速变化偏离模型计算出的转速变化过大的话，则推断存在泄漏。根据主管当局的建议，如果出示证据证实采取的适当结构设计措施能排除输送软管压力落差的话，那么就可取消这种诊断功能。

13.3.9　发动机冷却系统诊断

发动机冷却系统由一个小循环回路和一个大循环回路组成，它们通过一个节温器连接起来。小循环回路通过关闭节温器接通，以便起动阶段使发动机快速地热起来。在节温器发生故障或无法关闭的情况下冷却液温度升高滞缓，特别是在低环境温度下，从而导致废气排放值增大，因此节温器的监测应探测发动机冷却液预热时是否升温滞缓。为此，首先应检测系统中的温度传感器，并以此为基础检测节温器。

13.3.10　加热措施监测诊断

为了达到高转化效率，催化转化器需要工作在 400 ～ 800℃ 的温度，当然更高的温度会损坏催化剂表面涂层。工作在最佳运行温度的催化转化器可使发动机废气排放降低99%以上，而在较低的温度下催化转化器的转化效率就会降低，以至于催化转化器在冷态时几乎无法起到转化净化效果。因此，为了满足废气排放法规的要求，催化转化器必须借助于专门的加热措施快速地预热。当催化转化器温度达到200～250℃（起燃温度，转化效率达到约50%）时，预热阶段就告结束。此时，催化转化器通过放热的转化反应就能自动加热了。

发动机起动时，催化转化器可通过两种方法快速预热：一是通过推迟点燃可燃混合气产生较热的废气，二是通过排气歧管或催化转化器中未完全燃烧燃油的催化反应自动加热。其它的辅助措施包括提高怠速转速或改变凸轮轴相位。这些预热措施使催化转化器更快地达到其运行温度，并较早地降低废气排放。

为了获得达到要求的转化净化过程，法规（CARB OBD Ⅱ）要求监测预热阶段。可以通过监测和评估预热参数例如点火角、转速或新鲜空气质量等来控制预热。此外，这时还可有针对性地监测对预热措施十分重要的部件（例如凸轮轴位置）。

13.3.11　可变气门机构诊断

为了降低燃油耗和废气排放，部分机型应用了可变气门机构，这种气门机构也要监测系统故障。为此，用相位传感器测量凸轮轴的位置，并进行额定值-实时值的比较。对于美国CARB市场规定要识别执行器滞后调节到额定值（"滞后响应"），以及监测剩余的对额定值的偏差（"目标误差"）。此外，所有的电子部件（例如相位传感器）均必须按照对综合性器件的要求进行诊断。

13.3.12　综合性器件：传感器诊断

除了前面已提到的美国加州法规中明确要求的，以及在某些章节中单独介绍的专门诊断之外，所有的传感器和执行器（例如节气门或高压燃油泵）都必须进行监测，它们的故障或者影响废气排放，或者对其它诊断产生不良的影响。OBD监测传感器的下列故障：

① 电气故障，即短路和导线断路（信号量程检验）。

② 量程故障（超出量程检验），超过或低于由传感器物理测量范围确定的电压限值。

③ 可信度故障（合理性检验），这种故障是部件本身存在的（例如功能变化），或者可能由旁通分流所引起的。为了进行此种监测，传感器信号或者用一个模型进行判断，或者直接用其它的传感器提供可信的量值。

1. 电气故障

法规中的电气故障指的是对接地短路、对供电电压短路或导线断路等电气故障。

2. 量程故障检验

通常，温度传感器具有固定的输出特性线，往往有下限和上限，即传感器的物理测量范围。例如，很多温度传感器输出电压在 0.5～4.5 V 范围内。如果传感器的输出电压超出这个范围的话，那么就存在量程故障，也就是说用于这种检验（"量程检验"）的限值，对于每种传感器而言是特定的、固定的限值，而与当前发动机的运行状态无关。若在一个传感器上电气故障与量程故障无法区分的话，则法规制定者可以将其统归为电气故障。

3. 可信度故障

为了进一步提高传感器诊断的敏感性，除了量程故障之外，法规制定者还要求进行可信度检验。这种可信度检验的特点是，正如量程检验时的情况那样，传感器的瞬态输出电压不是与固定限值进行比较，而是与受发动机瞬态运行状态限制的限值比较，这就意味着发动机电控单元中的当前信息必须参与这种检验。这些检验包括将传感器输出电压与一个模型进行比较，或者通过与其它传感器的信号横向比较来进行，而模型可为发动机的每一个运行状态提供一个确定的模拟变量期望范围。

为了在存在故障的情况下尽可能有针对性和简单地进行修理，首先应尽可能明确地识别损坏的零部件。此外，应将上述故障形式彼此区分开来，并在量程检验和可信度检验中区分是超过上限还是下限。在电气故障或量程故障情况下，大多数故障可能出在电缆接头上，而存在可信度故障则更可能意味着零部件本身的故障。

对电气故障和量程故障的检验必须连续进行，而可信度故障的检验则必须在工作期间经历某个最低频率时进行检测。下列传感器就属于这类要监测的传感器：

- 空气质量流量计。
- 各种不同的压力传感器（进气管压力、环境压力、燃油箱压力）。
- 曲轴转速传感器。
- 相位传感器。
- 进气空气温度传感器。
- 废气温度传感器。

热膜空气质量流量计的诊断

下面以热膜空气质量流量计（HFM）为例介绍诊断方法。

热膜空气质量流量计用于采集发动机吸入的空气量，以此计算喷油量。它测量进气空气质量，并以输出电压传输到发动机电控单元。进气空气质量随不同的节气门位置或发动机转速而变化。诊断热膜空气质量流量计是监测传感器的输出电压是否超出规定的（可标定的，固定的）下限或上限，在这种情况下就会发出一个量程故障。根据发动机当前的运行状态，通过将热膜空气质量流量计给出的空气质量流量当前值与节气门位置对应值进行比较，若两个信号的差异大于一个规定的允差，就能推断出可信度故障。例如，如果节气门完全打开，而热膜空气质量流量计却显示怠速时的进气空气质量，那么这就是一个可信度故障。

13.3.13 综合性器件：执行器诊断

执行器必须监测其电气故障和功能故障（如果技术上能做到的话）。执行器的功能监测就意味着要对其接受的调节指令（额定值）转换成执行器动作进行监测，其中系统的反应（实时值）以合适的方式通过来自系统的信息（例如通过一个位置传感器）进行检验，也就是说相当于传感器可信度的诊断，来自系统的其它信息也参与评估分析。下列执行器的诊断就属于这种情况：

- 所有的输出级。
- 电控节气门。
- 燃油箱通风阀。
- 活性炭罐电磁阀。

电控节气门的诊断

节气门的诊断就是要检验设定的开启角与实际的开启角之间是否存在偏差，如果这个偏差过大，那么就能确认存在节气门驱动故障。

13.4 维修车间中的诊断

维修车间诊断的任务是快速可靠地确定需更换零部件的最小范围。在这方面，对于今天的现代发动机而言，通常在维修车间中以计算机为基础的诊断检测仪是必不可少的。对此，维修车间诊断通常利用行驶运行中的诊断结果（OBD的故障存储器记录），但是因为并非汽车上的每一个要追踪的症状都会有故障存储器记录，也并非所有的故障存储器记录都会明确地给出与故障有因果关系的零部件，因此需要使用维修车间中其它的专业维修诊断模式和所添加的检验和测量仪器设备。维修车间的诊断功能由维修检测仪开始，而且在其复杂性、诊断深度和唯一性方面有所区别。按照实施的顺序，它们是：

- 读出实时值，并由维修车间人员予以解释。
- 执行器位置，并由维修车间人员对各自的影响做出主观评估。
- 运用电控单元或诊断检测仪对有关部件进行自动检验。
- 运用电控单元或诊断检测仪对复杂的子系统进行检验。

下面介绍这些部件和子系统的检验实例。现在所有的汽车诊断模式都集成在诊断检测仪的故障检测指南中。

13.4.1 故障检测指南

故障检测指南是维修车间诊断的重要组成部分。维修车间人员根据故障症状（驾驶人发觉的汽车性能故障）或故障存储器中的记录，借助于故障诊断仪进行故障诊断。故障检测指南将现有所有的诊断可能性连接成一个针对目标的故障检测流程，其中驾驶人的故障症状描述、OBD 故障存储器记录、电控单元和诊断检测仪中的维修车间诊断模式，以及外部测试仪和辅助传感器等都属于此列。所有的维修车间诊断模式通常仅在汽车停车和连接诊断检测仪的情况下才能利用，而运行条件的监测是在电控单元中进行的。

13.4.2 故障存储器记录的读出和清除

所有汽车行驶期间发生的故障与先前测定的和发生故障时刻的环境条件一起储存在电控单元中，而这些存储的故障信息能够通过诊断插座盒（从驾驶人座位很容易接近）由自由连接的扫描工具或诊断检测仪读出和清除。诊断插座盒和读出的参数是标准化的，但是存在各种不同的传输协议（SAE J1850 VPM 和 PWM，ISO 1941 – 2，ISO 14230 – 4），而且是由诊断插座盒中不同的针位布置（图 13-12）进行编码的。从 2008 年以来按照美国 CARB 法规以及从 2014 年起按照欧盟法规，只允许通过 CAN 总线（ISO – 15765）进行诊断。

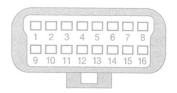

图 13-12 规定的 16 极诊断检测仪的针位布置

1、3、8、9、11、12、13—OBD 不占用
2、10—按 SAE J1850 协议的数据传输
7、15—按 DIN ISO 9141 – 2 或 14230 – 4
协议的数据传输 4—汽车接地
5—信号接地 6—CAN 高导线
14—CAN 低导线 16—接蓄电池正极

除了读出和清除故障存储器之外，在诊断检测仪与电控单元之间的通信中还存在其它的运行模式，如表 13-2 所示。

表 13-2 诊断检测仪的运行模式（CARB 范围）

服务序号	功 能
$01	读出系统当前的实时值（例如转速和温度测量值）
$02	读出发生故障时的环境条件（冻结运行状态）
$03	读出故障存储器，即读出与废气排放密切相关的和确认的故障码
$04	清除故障存储器中的故障代码和伴随信息
$05	显示 λ 测量值和阈值
$06	显示不连续监测系统（例如催化转化器）的测量值
$07	读出故障存储器，此时读出尚未确认的故障码
$08	连接测试功能（汽车制造商专用）
$09	读出汽车信息
$0A	读出永久存储的故障记录

注：按照 SAE J1979 协议服务序号 $05 在带有 CAN 协议的汽车上不可使用；服务序号 $05 的输出范围在带有 CAN 协议的汽车上部分包括在服务序号 $06 中。

13.4.3 维修车间诊断模式

发动机起动后，集成在电控单元中的诊断模式就通过诊断检测仪自动在电控单元中进行，并在完成后向诊断检测仪报告诊断结果。对于所有的诊断模式都是将维修车间中要诊断的汽车置于预先规定的无负荷运行工况点上运转，不同的执行器被激发，而传感器的结果能独立地用预先给定的分析逻辑进行分析。汽油缸内直接喷射（BDE）系统的检验就是子系统检验的一个实例。下面将压缩压力检测、混合气故障与氧传感器故障的区分，以及点火故障与喷油量故障的区分作为部件检测予以介绍。

13.4.4 汽油缸内直接喷射系统的检测

汽油缸内直接喷射（BDE）系统的检测用于检测直喷式汽油机的整个喷油系统，并且在"发动机故障指示灯亮"、"功率降低"和"发动机运转不均匀"等症状情况下进行此项检验。低压系统中可识别的故障是泄漏和燃油泵故障，而在高压系统中则可识别到高压燃油泵、喷油器和高压传感器方面的故障。为了确定发生故障的部件，在测试期间提取某些特征，并记录是否超出对照表中的额定值。此外，将故障现象与熟知的故障范例比较，则可独立地识别出故障。图13-13示出了各种可被利用的不同特征。这种测试的优点在于无需打开燃油系统，也无需附加的测量技术，在非常短的时间内就能获得结果，因为与检测仪对照表中的特征进行比较，即使在投入批量生产后也能在汽车上进行调整项目。

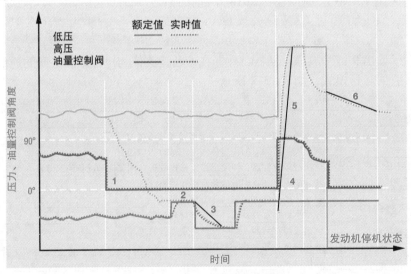

图 13-13　BDE 系统检测的曲线

1—油量控制阀打开　2—最大低压压力　3—低压降低梯度　4—调节方式中的油量控制阀
5—高压压力建立梯度　6—低压压力降低梯度

13.4.5 压缩压力检测

在出现"功率不足"和"发动机运转不均匀"症状的情况下，为了判断个别气缸的压缩状况，就要进行压缩压力检测。该项检测识别例如因压缩环不密封等气缸方面的机械故障所引起的压缩压力降低，其物理作用原理是单个气缸在上止点（OT）前后曲轴传感轮轮齿时间（轮齿相隔6°曲轴转角）的相对比较。检测期间仅由电起动马达拖动发动机旋转，以便排除因个别气缸燃烧可能产生不同的转矩的影响。

这种检测方法的优点是检测时间非常短而没有采用外部测量方法时的适应调整作用的影响，但是它仅在两缸以上的发动机上才起作用，因为否则气缸转速相对比较的可能性就不再存在了。在"发动机运转不均匀，发动机振动"症状的情况下，压缩压力检测往往在喷油系统专门检测之前进行，以便能排除发动机机械方面的不良影响。

13.4.6 点火故障与喷油量故障的区分

"区分点火故障与喷油量故障"的检测是在出现"发动机断火"和"发动机运转不均匀"症状情况下用于区别点火系统和喷油器（针阀卡住，喷油量增多或减少）故障的。检测的第 1 步是有意切断一个气缸的喷油，并评估对氧传感器信号的影响；第 2 步是喷油量对 λ 值影响的斜率增大还是减小。在第 2 步期间判断发动机的运转平稳性，通过氧传感器信号结果与发动机运转平稳性相结合，就能明确区别点火系统故障还是喷油器故障。图 13-14 作为实例示出了在喷油器发生喷油量故障时随时间变化的

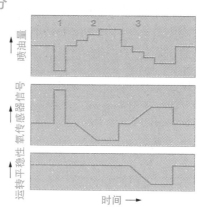

图 13-14 "区分喷油量故障和点火故障"
检测时的随时间变化的曲线
1—喷油切断 2—正喷油量斜率
3—负喷油量斜率

曲线。这种检测方法的优点是在个别气缸发生断火故障的情况下检测时间非常短而无需更换昂贵的零部件。

13.4.7 混合气故障与氧传感器故障的区分

"区分混合气故障与氧传感器故障"的检测在出现"发动机断火"和"发动机故障灯亮"症状情况下用于区别混合气故障和氧传感器失调故障的。在检测期间，可燃混合气先被调节到过量空气系数 λ = 1 附近，然后根据燃油校正系数

略微加浓或减稀混合气，通过同时测量两个氧传感器信号和相互可信度，就能区别是混合气故障还是催化转化器前氧传感器故障。这种检测方法的优点是检测时间非常短而无需拆卸氧传感器。

13.4.8　执行机构诊断

为了在用户维修服务站中能够检测各个执行机构（执行器），在电控单元中包含有执行机构诊断功能。通过诊断检测仪能利用这些功能可改变预先规定的执行器的调节位置，这样维修车间人员就能通过声音（例如阀门动作时的咔嚓声）、光（例如阀板的运动启闭光通路），或其它方法（例如测量电信号）来检验相应的动作效果。

13.4.9　外部检测装置和传感装置

通过利用附加传感装置（例如电流检测钳，夹持式压力传感器），或检测设备（例如 Bosch 汽车系统分析仪），还可进一步扩展维修车间诊断的可能性。这些设备在维修车间检测故障时适合于在汽车上运用，而测量结果的评估则通常要应用诊断检测仪。利用诊断检测仪现有可能的多种测量功能还能测量电流、电压和电阻。此外，集成的示波器还可以用于检验执行器控制信号的信号曲线，这特别是对于执行器有着非常重要的价值，在执行机构诊断中就无需再检验这些执行器了。

第14章 代用燃料

14.1 天然气

14.1.1 天然气作为代用燃料

天然气是内燃机降低 CO_2 排放和保持空气清洁的一种非常好的代用燃料。天然气主要由甲烷组成,它在压力下储存在汽车燃料罐中,因而也被称为压缩天然气(英语缩写 CNG)。由于天然气燃烧具有 CO_2 排放较低以及几乎没有颗粒物排放的优点,而且汽油机能以相对较低的费用与天然气燃料相匹配,因此在汽油机上使用天然气具有非常良好的前提条件。故此,在很短时间内天然气就获得了广泛的推广应用。

在亚洲和南美洲部分地区有数量最多的天然气汽车(表14-1)。因为南美洲地区的局部可用性以及为了充分利用本地资源,那些地方致力于推广应用代用燃料。其中天然气应用得最早的是南亚地区,仅巴基斯坦应用的天然气汽车就超过250万辆,但是那里因出于成本压力,大多数作为售后补充装备解决方案使用非常简单的系统。

表 14-1　一些国家天然气汽车和天然气加气站的推广状况

国　家	天然气汽车/辆	天然气加气站/个
伊朗	2 859 386	1 800
巴基斯坦	2 850 500	3 330
阿根廷	2 077 581	1 913
巴西	1 702 790	1 792
印度	1 100 376	724
意大利	779 090	860
中国	611 900	2 300
哥伦比亚	365 168	651

（续）

国　家	天然气汽车/辆	天然气加气站/个
乌兹别克斯坦	310 000	175
泰国	305 290	470
亚美尼亚	244 000	345
乌克兰	200 019	294
孟加拉国	200 000	600
埃及	165 392	146
玻利维亚	140 400	156
秘鲁	129 982	179
美国	112 000	1 100
德国	96 215	903

1. 天然气汽车市场

印度、中国和伊朗对于由汽车制造商安装天然气系统的需求存在强劲的增长潜力，因为这些国家的国民经济框架条件允许使用高品质的 CNG 系统。推广天然气的国家，例如伊朗对于天然气应用于移动式应用场合具有浓厚的兴趣，而印度和中国则将保持空气清洁放在更为重要的地位。

在欧洲，欧盟委员会的计划规定至 2020 年，目前汽油和柴油消耗量的 23% 要用代用燃料替代，而其中天然气做出了 10% 的重要贡献。目前，欧洲天然气汽车的主要市场是在意大利和德国（2012 年状况）。在德国，由于天然气具有更为有利的环境保护性能，至 2018 年年底以降低石油税率的方式促进天然气在汽车上的应用，因此在加气站，天然气的能量当量价格能比汽油便宜整整 50%。

在 NAFTA（北美自由贸易协议）地区（北美），天然气的应用仍未出现重大的发展，因为缺乏市场设计的激励。现在，由于有了新的开采技术，也可能开发页岩气资源，从而可期望积极的市场开发环境。

天然气可在全球使用，但是根据来源的不同其成分会有变化，从而对密度、热值和抗爆性会有所影响。为了在汽车上使用，DIN 51624 标准对燃料成分进行了调整，其附加的优点是主要成分甲烷也可以用生物质制取。此外，用过剩的风力发电设备生产的电能、二氧化碳和水制取甲烷的方法也正在开发之中，从而闭合了 CO_2 的循环，并且确保了长期可用性。

迄今为止，天然气尚无法到处都能购买到，因此 CNG 汽车应能以双燃料系统工作，能继续以传统的方式用汽油运行。

2. 天然气特性

天然气的主要成分是甲烷（CH_4，见表 14-2），因此天然气具有所有矿物燃料中最高的氢含量，燃烧时在相同的能量转换情况下其 CO_2 排放量比汽油约少 25%。

因甲烷的分子结构较为简单，又是气态增压进入气缸，天然气发动机的碳氢化合物（HC）原始排放明显低于汽油机，而且目前法规中不限制的有害物（醛、芳香族碳氢化合物等）的排放，以及二氧化硫和颗粒物的排放也因使用天然气作为燃料而几乎完全避免了。

表 14-2　不同型号天然气、汽油和液化石油气的比较

		单位	CNG G20	CNG G25	CNG – H 北海	汽油 ROZ95	LPG 液化石油气
成分	N_2（氮）	%	—	14	1		
	CH_4（甲烷）	%	100	86	85	—	
	C_2H_6（乙烷）	%			9		30
	C_3H_8（丙烷）	%			3		70
	C4～C10 混合物	%			2	100	
特性	辛烷值	—	130	136	—	95	105
	着火温度	℃	595	595	≈400		450
	化学计量比	—	17.2	13.4	16.1	14.7	15.5
	热值	MJ/kg	50.0	38.9	46.8	43.5	45.8
	混合气热值	MJ/m³	3.39	3.34	3.44	3.76	3.70
	燃料罐压力（20℃）	MPa	20	20	20	0.1	0.47
	密度（20℃和20MPa）	kg/L	0.16	0.17	—	0.75	0.56
	能量储存密度	MJ/L	8.0	6.6		32.6	25.6

天然气的辛烷值高达 132 ROZ（与其相比汽油为 91～100 ROZ），具有非常高的抗爆性，因此天然气发动机与汽油机相比，能提高压缩比而使热效率提高最多达 5%。同时天然气发动机理想地适合于增压。与小型化方案相结合，可减小排量而同时发动机又能被增压强化到原有的功率，可以获得附加的效率改善，并能进一步降低 CO_2 排放。

3. 燃料罐和行驶里程

甲烷在 -82.5℃ 温度下始终是气态的，因此天然气在汽车上通常是以 20MPa 高压下以气态储存在钢制或碳纤维压力罐中的。虽然与传统燃料汽油相比，对于相同的能量含量，其需求的储存体积要大许多倍，但是通过结构优化可配备好几个天然气压力罐（例如天然气罐布置在汽车地板下，见图 14-1），如今已经能确保行驶里程达到约 400km 而无需减小行李箱的容积。

另一种可供选择的方式是天然气（甲烷）在标准压力下也能在 -162℃ 温度

时液化（LNG，液化天然气），但是这种液化要消耗能量，并且汽车上的 LNG 燃料系统较复杂，为了在喷射器中准备好气态燃料，通常要应用一个燃料泵和一个蒸发器。因为没有不断地冷却汽化的甲烷数量会连续减少，因此 LNG 罐仅适合于持续运行，例如载货车车队，而对于标准的乘用车应用场合只有 CNG 压力罐才是有意义的。

图 14-1　汽车上用于天然气运行的部件

4. 发动机功率

如果设计中天然气在进气管中仅是气态的话，那么气态天然气压入时 10% 的新鲜空气会被天然气排挤掉。在自然吸气式发动机上，这在全负荷时会导致发动机功率比用汽油运行时低。但是根据设计的发动机压缩比的不同，在用汽油运行时为避免爆燃要调晚点火提前角，而天然气因具有高的抗爆性，即使在全负荷时点火提前角也能被调至最佳状态，这就能部分补偿因空气被天然气排挤而引起的功率降低，特别是在废气涡轮增压的高压缩比发动机上，因天然气具有高的抗爆性，其所达到的功率甚至可比用汽油运行时更高。

5. 法规要求

在压力下天然气具有高的气压能量。为了避免行驶运行时的负荷以及外界影响引起的危险，欧盟 ECE R 110 标准规定了对天然气系统及其部件的要求，其中规定了天然气系统必须装备的部件及其检验规程。检验的重点是耐压强度、内部和外部泄漏、天然气相容性和耐腐蚀性。其中一个重要的特性值是在标准状况下限制的天然气最大外部泄漏量为 $15cm^3/h$，这相当于天然气最多泄漏 10.8mg/h。

原则上，每个属于天然气系统的部件都必须具备在所有的欧洲国家中都有效的型式认证许可证，因此持有按 ECE R 110 标准颁发的型式认证许可证的部件能应用于所有符合欧盟标准的天然气系统。

　　例如在德国，型式认证许可证是由专门的技术机构，例如 TüV（德国技术监督协会），DEKRA（德国机动车监督协会）向德国联邦机动车运输管理局（KBA）申请的。这种专门的技术机构同时也主管必须的检验和制作申请型式认证许可证所需的资料，同时还必须由专门技术机构对生产期间部件发生的所有变化进行评估，并向 KBA 报告。图 14-2 示出了型式认证许可部件标志。

(E₁) 110R-001234

图 14-2　型式认证许可部件标志

　　天然气汽车执行与汽油机汽车相同的废气排放法规，其要求在欧盟 ECE－R83 法规中描述，并包含有废气排放限值和必要的废气诊断方法。原则上，必须分别满足每种燃料系统的要求并予以证实，因此双燃料汽车，即既能用天然气也能用汽油运行的汽车，要求对汽油和天然气分开进行认证。所谓的"单燃料＋汽车"（"Monovalent－Plus－Fahrzeug"）是一个特例，在这种汽车上作为"备用燃油箱"的汽油箱容积必须被设计得小于 15L，而这种汽车的废气排放和诊断要求仅需对 CNG 运行进行认证。

14.1.2　系统描述

　　为了建立双燃料系统，传统的汽油系统被扩展成天然气－燃油系统，它包括了用于天然气的加注接管、导管、压力调节器和喷射系统在内的燃料罐系统（图 14-3）。

　　加气站通过加注接管和一个通常带有粗滤器的机械式单向阀向天然气罐中加注天然气。电动截止阀被加气站高达约 22MPa 的高压推开，而当加气结束时达到压力平衡，截止阀又被弹簧力关闭。

　　在发动机起动时，截止阀被电磁力打开。在高达约 22MPa 的高压下储存在罐中的天然气通过每个罐上的截止阀流向压力调节模块。在发动机停机时罐上截止阀自动断电处于关闭状态。压力调节器进口侧的一个高压传感器能决定罐中的充气状态（用于天然气罐指示）。压力调节器使天然气从罐中的高压减压到约 0.7MPa 的恒定系统压力，以此压力供应给天然气共轨。作为燃料分配器的共轨上具有每缸一个的喷射阀，它们将天然气喷入进气歧管。共轨上的组合式低压和温度传感器用于精确地计量进入气缸的天然气量。

　　与汽油系统不同，喷射阀处的压力不是随发动机冷却以及与其相关的密度减小降低的，而是取决于整个关闭期间在喷射阀进口处的天然气压力。另一种可能性是在某些系统中，在共轨上应用了一个附加截止阀，以便限制喷入进气歧管中的天然气量。

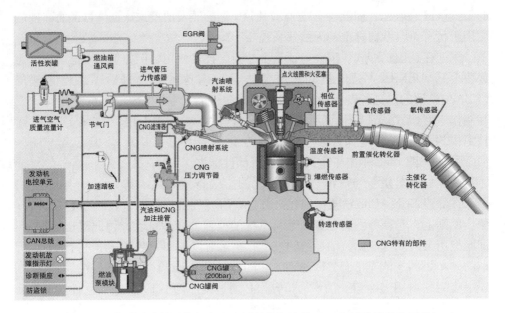

图 14-3 能灵活选择天然气和汽油运行的汽油机（CNG 滤清器是选用件）

14.1.3 用于天然气运行的部件

1. 天然气罐截止阀

天然气罐截止阀（TAV）直接拧入天然气罐上，被用作进入汽车上燃料系统的接口。按照欧盟 ECE R 110 标准的要求，在天然气罐截止阀上必须集成下列功能：

- 自动（电磁式）截止阀，它在发动机停机时必须是断电关闭的。
- 机械式截止阀用于紧急情况和修理时锁闭罐中的天然气。
- 溢流阀在约 0.6MPa 压差时锁闭天然气罐（超过 0.6MPa 的压差只有在天然气导管破裂时，因大的质量流量才会发生）。
- 熔断器的熔断温度为 110℃，因此燃烧时罐中的压力不会提高到超过破裂压力（在产生大量热量的情况下，作为防止破裂的紧急措施，罐中的天然气被释放到大气中）。
- 可选用安全阀（破裂圆盘）。

2. 压力调节模块

压力调节模块（PR）的任务是将天然气压力从罐中压力降低到喷射阀的标准工作压力，同时工作压力必须在所有的运行状态恒定保持在一定的误差范围内。原则上，在规定的发动机运行工况点的压力必须大到能在可用的喷射持续时间内，通过喷射阀喷入所必须的天然气质量流量，而其压力又应小到喷射阀能以可用的电压（例如在起动时）可靠地开启，并且喷入的天然气质量处于容许的误差范围内。在设计需求的天然气质量流量大和起动时电压低的发动机系统压力时，这些方面的要求应特别予以重视。适用于这种应用场合的比较理想的是电动压力调节器，特别是在具有大的功率范围的发动机上，它在怠速时能调节低的压力，而在全功率时又能调节最大压力。但是，目前大多数车型使用机械的膜片式和活塞式压力调节器（图 14-4），它们的压力调节特性曲线是不可自由选择的。

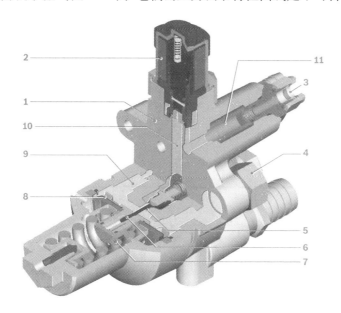

图 14-4　机械式压力调节器

1—壳体　2—电磁截止阀　3—高压接头　4—低压接头　5—用于调节压力的节流孔　6—控制杆
7—弹簧　8—膜片　9—低压室　10—高压室　11—滤清器

压力调节器通常高压侧具有由烧结陶瓷材料制成的滤清器、截止阀和高压传感器，该传感器测量罐中的压力以决定可用的燃料质量。而在电动压力调节器上，截止功能则是由电动调节阀实现的。

压力调节器低压侧的溢流阀用于压力调节器发生故障时保护其后的低压系统。在天然气在节流阀处降低压力时，按照焦耳－汤姆逊效应，天然气会强烈地冷却。为了防止因强烈的冷却而发生功能故障，压力调节器被连接到汽车加热循环回路中。

天然气从高压侧经过可变节流孔（5）流入低压室（9），其中膜片（8）通过控制杆（6）控制节流孔（5）的开启横截面积。当低压室中的压力低时，膜片被弹簧（7）推向节流孔，节流孔被打开，就能使低压侧的压力升高，而当低压室中的压力过高时，弹簧被大大压缩，节流孔就被关闭。由于调节力、阀质量、阀力和阀密封性之间的相互关系，获得了基本恒定调节的系统压力。

图 14-5 示出了机械式压力调节器的流量特性曲线和压力设计。

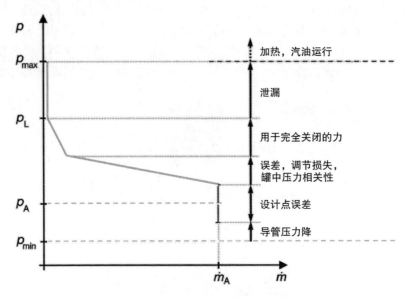

图 14-5　机械式压力调节器的特性曲线

p—调节器中的低压压力　$\dot{m}$—通过压力调节器的天然气质量流量

p_A—用于最大质量流量的设计点压力　$\dot{m}_A$—设计点的质量流量

p_L—关闭压力　p_{max}—冷起动时喷射器的最大开启压力　p_{min}—全负荷最大天然气质量流量时的最低压力

对于设计点，"最大质量流量时的系统压力"必须考虑压力调节器与喷射器之间导管中的压力降。它与系统中的低压质量流量、导管横截面积和长度有关。根据所需的最大质量流量、导管中的压力降和压力调节器的误差，就可以计算出其调节点。

在质量流量较小时，提高调节压力，并因流动损失而导致压力降，因为根据所必须的节流孔开启横截面积，必须保证一个克服基准力进行压力调节的调节力。此外，由于存在摩擦和流动损失，在流量增大与减小之间会产生滞后（图 14-5 中没有表示出来）。

在切断喷射时，低压室中的压力升高，直至节流孔完全关闭为止，这个压力被称为关闭压力。在关闭期间压力调节器的泄漏会使系统压力继续升高。因为出于废气排放的原因，喷射器呈现非常高的密封性。因而压力调节器的密封性必须设计成在所预料到的停机时间内，使低压室中的压力不会超过喷射器的最大开启压力。

为了调整压力调节器的特性曲线，在某些系统中进气管压力被连接到压力调节器的基准容积中，特别是在废气涡轮增压发动机的情况下，这样就能在全负荷时得到比怠速运转时更高的喷射压力，但是在双燃料系统使用汽油运行时，这种方法会导致高的低压压力，只有在使用天然气运行时它才又会降低。

3. 天然气喷射器

当今的天然气喷射器（图14-6）与目前用于进气道喷射的汽油喷油器相比，仅工作原理、外形和电子控制是一样的，而所有的功能构件都是特意为用于天然气汽车而设计和开发的。

图14-6示出了一种燃料从长度方向的上部（顶部供气）流入的喷射器。电磁线圈不通电时，回位弹簧使阀座保持关闭。阀座的低端被做成弹性体－钢－平面密封座结构，以保持无泄漏，此外弹性体的阻尼可阻止"振动"，即在关闭过程中不希望出现衔铁被再次开启，从而提高计量精度。电阻为 8.5Ω 的电磁线圈能用标准的开关输出级进行控制。

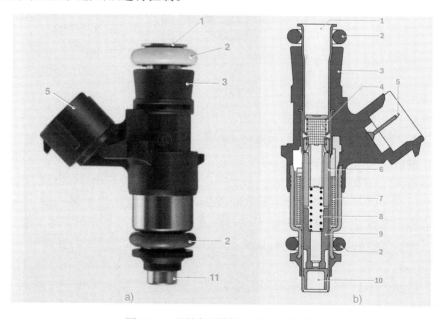

图 14-6　天然气喷射器（Bosch 公司）

a）外观图　b）剖视图

1—天然气接口　2—密封圈　3—喷射器体　4—滤网　5—电接头　6—套管　7—电磁线圈
8—阀弹簧　9—带有弹性体的衔铁　10—阀座　11—天然气出口

在流动导向方面，降低节流孔前的压力损失，以便能获得尽可能大的质量流量，而且最窄的横截面也就是节流部位被设置在阀座后面的出口处，以便通过超临界流动尽可能降低进气管压力对质量流量的影响。在节流部位附近天然气达到音速，因而喷射器的物理状况近似于一个理想的喷嘴。

在增压发动机上，进气管压力最高可提高到0.25MPa。为了抑制进气管压力对天然气质量流量的影响，在超临界喷嘴的最窄横截面处的压力至少要比最大进气管压力高一倍，在包括节流部位前可能的压力损失计算在内的情况下，系统压力要调节到约0.7MPa。

4. 双燃料发动机控制

汽油机电控单元借助于软件和硬件为实现天然气功能而扩展成双燃料发动机电控单元（图14-7）。通过将天然气功能集成到发动机电控单元中，就避免了通过不必要的插座连接一个附加的电控单元，同样发动机控制功能的适应功能和诊断功能可直接适应天然气运行。

图 14-7　双燃料发动机电控单元

5. 发动机电控单元—硬件

为了避免改变电控单元硬件时相对较高的成本，选择了具有足够数量空闲输出级，可用于天然气部件的电控单元。它至少需要以下特点：具有用于驱动所需气缸数的天然气喷射器的输出级、一个或几个用于截止阀的开关输出级，以及用于两个压力传感器和一个温度传感器的A/D（模拟/数字转换）输入口。天然气喷射器输出级按标准方式仅可作为具有最大电流负载2.2A的开关输出级使用。为此，天然气喷射器必须根据对最大运行电压和最低环境温度的要求具有大于8Ω的电阻。

电阻约为3Ω的天然气喷射器需要吸动峰值电流约为3A和保持电流约为1A的电流调节驱动输出级。为此，所需要的电流调节输出级及其相关的电控单元开发成本会产生一定的附加成本。

6. 发动机电控单元—软件

因要在双燃料发动机电控单元中集成天然气功能，有关的控制、调整和诊断功能只需稍加匹配，而无须开发诸如两个电控单元方案所需的接口协议。

在简单的辅助设备系统中，一个附加的电控单元将汽油喷油器接入进行控制，它根据燃料的选择控制汽油喷油器或天然气喷射器，同时大多要修正天然气的喷射持续时间，而若汽油发动机电控单元不对调整和诊断功能进行修改的话，那么就可能导致功能故障。

图 14-8 作为实例示出了发动机电控单元的软件功能结构，以及天然气功能必须修改的分布状况。因为燃料的选择应不影响行驶性能，因而发动机额定转矩的计算保持不变。为了调节所期望的发动机转矩，应考虑到燃料特定的效率，特别是要考虑到汽油与天然气之间不同的混合气热值系数，以及基于惰性气体份额和过量空气系数的燃烧速率。为了优化燃料的能量利用率，要针对不同的燃烧速率运用燃料特定的点火角。在点火系统中为爆燃调节附加提供了不同的匹配值，因而当转换燃料时立即就能使用合适的匹配值。

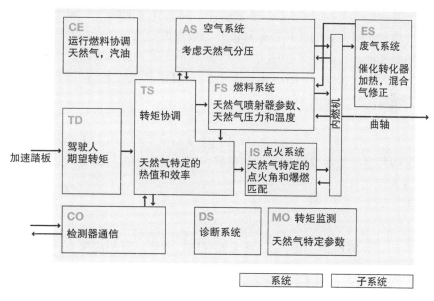

图 14-8　具有天然气运行附加功能的电控单元功能结构

在空气系统中要考虑到天然气的分压力，因而充气控制、充气的调整和诊断都要用修正值，从而避免功能故障和故障诊断。

为了优化催化转化器中的废气转化，在混合气调节的基础上进行燃料的匹配。为了足够精确地调节混合气的预控制，对汽油和天然气要求不同的匹配系数。此外，在用天然气运行时废气温度变化，催化转化器的转化能力也会有所变化，因此为了满足废气排放法规的要求，必须对催化转化器的调节参数和诊断进行匹配。特别是因用天然气运行时废气中的含水量较高，必须对氧传感器的加热进行适应性调整，以免伤害到氧传感器。

7. 混合气控制

天然气发动机的特殊性是将气态燃料喷射到进气歧管中。与汽油喷射类似，应用了顺序多点喷射，每缸一个喷射器依次将燃料喷入各自的进气道中。这种方法通过喷射持续时间的精确控制能获得良好的混合气准备。由于天然气是气态燃料，不会在进气道壁面上形成壁面油膜，因此混合气形成几乎不依赖于喷射的位置和方向。同样也消除了在汽油喷射情况下在倒拖切断后再次喷油时，以及动态运行时形成壁面油膜的现象。天然气的喷射位置只需考虑到喷射的天然气量能完全被吸入准备燃烧的气缸并均质化即可。另一方面，在负荷动态变化期间，需要喷射器采取修正措施。

与汽油喷射相比较，为了喷射所必须的天然气质量，应根据天然气喷射阀常数及天然气密度来计算喷射持续时间。其中，喷射阀常数取决于喷射阀的设计，并决定了其静态流量 $\dot{m}_0$。它是在标准条件下超临界流动状况下标定的。通过喷射阀的天然气质量流量的计算在原理上是与液态燃油质量流量的计算不同的。

气体的密度 ρ 与温度 T 和压力 p 的关系比液态燃油更为密切，而在温度 T 和压力 p 下的天然气密度 ρ_E 则由标准密度 ρ_0、温度和压力修正（标准条件 $p_0 = 1013\text{hPa}$ 和 $T_0 = 273\text{K}$）计算得到：

$$\rho_E = \rho_0 \frac{p}{p_0} \frac{T_0}{T} \tag{1}$$

喷射阀的设计是在以音速流动的超临界流动状况下进行的。天然气中的音速 c_E 与温度有关：

$$c_E = c_0 \sqrt{\frac{T}{T_0}} \tag{2}$$

式中 c_0 表示在标准温度 T_0 下在天然气中的音速。按照连续方程式，天然气质量流量为：

$$\dot{m} = \rho_E c_E A \tag{3}$$

式中 A——流通面积。

因此，连续方程式可以下列形式给出：

$$\dot{m}_E = \dot{m}_0 \frac{c_E}{c_0} \frac{\rho_E}{\rho_0} \tag{4}$$

式中 $\dot{m}_0$——在标准条件 p_0 和 T_0 下的天然气质量流量。

代入式（1）和（2）就得到：

$$\dot{m}_E = \dot{m}_0 \sqrt{\frac{T_0}{T}} \frac{p}{p_0} \tag{5}$$

因此，天然气质量流量直接与压力成正比，而与温度根成反比。通过应用天然气共轨上的压力和温度传感器就能用影响变量修正质量流量，从而在环境条件变化时修正计量天然气的喷射质量。

为了达到最佳的燃烧，除了修正计量喷射质量之外，还要决定正确的天然气喷射时间点，这将决定混合气可能达到的均质化程度，并会影响内燃机的原始排放和运转平稳性，而天然气喷射的方位角度则要根据当前的运行工况点标定。

8. 天然气共轨

共轨（燃料分配管，图14-9）的任务是均匀和无脉动地将天然气供应给喷射器。天然气通常是通过灵活的低压管路输送到共轨的，而天然气喷射器则用夹持卡固定在共轨上的喷射器座孔中。共轨上还具有可选择的安装天然气压力和温度传感器的部位。

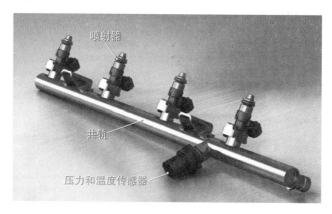

图14-9　天然气共轨

9. 天然气压力和温度传感器

整体式制造的硅压力传感器是用于测定绝对压力的高精度测量元件，它特别适合于在严酷的环境条件下使用，例如用于测量燃料供应系统中天然气的绝对压力。组合式低压和温度传感器能使天然气共轨获得紧凑的结构。这种传感器（图14-10）由一个带有电插头的不锈钢壳体组成的，在壳体中装入了一个带有压力膜片的传感器芯片、基准真空室和计值电子电路（参见8.6节"微机械式压力传感器"），以及一个NTC（负温度系数）温度传感器。

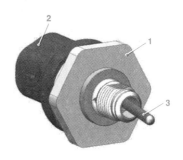

图14-10　天然气压力和温度传感器
1—不锈钢壳体　2—电插头
3—温度传感器

相应于作用在传感器芯片上的天然气压力，硅压力膜片向集成的基准真空室中膨胀，而硅压力膜片的膨胀通过一个电阻电桥和一个具有温度补偿功能的计值电子电路转换成与压力成正比的电压信号。传感器元件与一块玻璃底板和不锈钢壳体气密地粘在一起。这种组合式低压和温度传感器提供一个与压力成正比的 $0.5 \sim 4.5$ V 范围内的电压信号，若超出这个可信的电压信号范围，则就被诊断为线路故障。

为了采集天然气温度，在传感器中集成了一个NTC（负温度系数）温度传感器。在压力传感器的不锈钢壳体中焊入了一个薄壁不锈钢壳体，通过不锈钢材料的选择和小的壁横截面，从壳体至传感器元件的热传导可忽略不计。在CNG共轨中通常的天然气流动速度下，它能够非常精确地测量出天然气的温度。

NTC温度传感器元件是采用合适的串联电阻作为电压分配器工作的，这种电压信号与温度呈非线性关系，必须通过一条特性线来计值。

10. 高压传感器

为了测量天然气罐中的压力，将高压传感器集成在压力调节模块中。该传感器被拧入压力调节模块中，并借助于钢金属密封座密封。高压传感器的核心是一块钢膜片，它被介质密封地焊接在螺纹接头上（图14-11）。应变测量片被集成在钢膜片上面，它们被连接成一个电桥电路。当承受压力时钢膜片膨胀，电桥电路失衡，所产生的电桥电压与所承受的压力成正比。通过其中的导线将电桥电压引入带有温度补偿的计值电路，并被放大转换成0.5~4.5V输出电压。若这种电压信号超出可信的范围，则被诊断为线路故障。

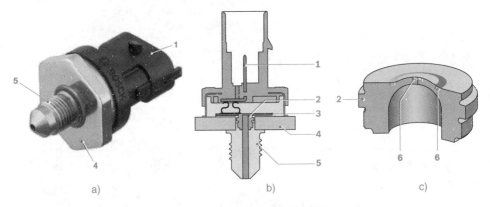

图14-11　天然气罐高压传感器
a）外观图　b）剖视图　c）传感器元件
1—插座　2—传感器元件和钢膜片　3—计值电子电路　4—壳体　5—拧入螺纹　6—应变测量片

11. 天然气罐截止阀

根据结构形式的不同天然气罐截止阀可分为内部和外部两种类型。在外部天然气罐截止阀中，个别附件正如在传统的储气设备中那样被安装在储气罐外面，而在内部天然气罐截止阀中，所有的装置都被集成在阀体内，并伸入储气罐中，从外面只能看到一个带有接头的平台。与外部天然气罐截止阀相比，这种结构形式具有高的碰撞安全性，同时因降低了高度而能使用较长的天然气罐，从而可加大储气容积。

罐与导管系统之间高达25MPa高的压力差与所需的开启横截面相结合，在几乎空罐情况下运行时能获得相对较高的开启力而可不接通功率约 12 W 的电磁线圈，从而存在下列可能性：

第一种可能性在于两级式开启原理，也就是说，在第 1 级开启（较小的开启横截面）时，罐与导管系统之间产生压力平衡，只有当第 2 级开启后才释放总的流通横截面。在两级式截止阀情况下要注意的是，当压力平衡后第 2 级开启时才进行喷射运行，否则可能会出现第 2 级不能开启，以及在发动机高负荷时导管系统中的压力崩溃的现象。

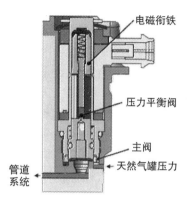

图 14-12 采用伺服原理的天然气罐阀

第二种可能性在于采用伺服辅助阀的单级式开启原理（图 14-12）。这种阀的结构较复杂，它具有较可靠的开启功能，还可以附加消耗功率较少（约6W）的阀，需要注意的是伺服辅助阀所需的开启压力仅约为 0.3MPa。在关闭状态时，通过一个持续存在的最小横截面平衡连接通道，基准容积与罐内压力之间达到压力平衡，基准室中的高压关闭储气罐阀。在开启时，电磁衔铁打开压力平衡阀，它使基准容积与导管系统之间达到压力平衡。辅助阀的横截面要比从基准容积至罐中的平衡连接通道大。因基准容积中的压力较低，较高的罐内压力使罐阀的柱塞升起，就打开了通往导管系统的连接。

14.2 液化石油气

14.2.1 液化石油气作为代用燃料

就如天然气一样，液化石油气（有时称为汽车煤气）作为内燃机燃料是为降低 CO_2 排放和保持空气清洁而使用的一种代用燃料。液化石油气主要由丙烷和丁烷组成的混合气，它在低于 2MPa 的压力下以液态储存在汽车储气罐中，因此也被称为 LPG。由于液化石油气具有燃烧时 CO_2 排放少、几乎没有颗粒物排放，以及汽油机能够以相对较低的费用使用液化石油气作为燃料等方面的优点，因此液化石油气具备广泛推广的条件。

1. 液化石油气汽车的市场

丙烷和丁烷作为液化石油气的主要成分，是石油开采、炼油过程和天然气液化产生的副产品，因此液化石油气也可以长期在全球使用，但是液化石油气不能再生获取。由于液化石油气可用运输车辆供应加气站，因而即使是小的加气站网络也能覆盖某个地区供应。就传统的加油站而言，德国有 40% 是 LPG 加气站，6% 是 CNG 加气站，因此液化石油气汽车存在着可与天然气汽车相比较的市场潜力，当然这种潜力分成几种喷射系统方案。此外，至今液化石油气市场几乎仅由作为辅助设备方案所决定，主要的增长市场是朝鲜半岛、印度、意大利和东欧。

某些地区有国家支持，例如意大利在购买液化石油气汽车时有国家津贴，而在德国至 2018 年底在汽车上使用液化石油气（与使用天然气一样），因其具有有利的环保性能，采取降低石油税率的方式予以鼓励。因此目前加气站的液化石油气的能量当量价格要比汽油便宜约 27%。

与汽油燃料相比，液化石油气通过较小的加气站网络经营，液化石油气汽车应能附带使用汽油行驶（双燃料系统）。因受到系统的限制，作为在喷射器（液化石油气的）装置状态不适合情况下采取的措施，采用汽油起动是合理的（译注：其原因可参阅 14.2.2 节 "系统描述"）。

2. 液化石油气特性

为了在汽车上使用液化石油气，其成分在 DIN EN 589 标准中进行了调整。根据来源和目标市场（以及与此相关的温度）改变其成分，要使不同的成分对密度、热值和抗爆性的影响应尽可能小些（表 14-3）。与汽油燃烧相比，因液化石油气的碳氢化合物含量高，在相同的能量转换情况下其产生的 CO_2 排放约少 10%。液化石油气发动机因气态喷射和高的蒸气压力，其碳氢化合物（HC）的原始排放（随系统而不同）低于汽油机。正如在天然气发动机上的情况一样，用液化石油气作为燃料几乎没有颗粒物排放。

表 14-3　液化石油气（LPG）和天然气（CNG）的特性

燃料 特性	液化石油气 （丙烷，丁烷）	天然气、生物气 （甲烷）
抗爆性	ROZ 110	ROZ 130
燃料费用（与汽油相比）	75%	50%
颗粒物排放	无	无
发动机功率降低	−9～−13%	−3.5～2.5%
在德国的加气站网络（与汽油相比）	40%	6%
CO_2 排放的降低	10%	25%
储气罐容积	40L	120L
储气罐压力	1.7MPa	20MPa

液化石油气的辛烷值为 110 ROZ（与此相比，汽油辛烷值为 91～100 ROZ），具有高的抗爆性，因此可采用比汽油机高的压缩比，从而能使效率提高约

2.5%。同时，液化石油气发动机理想地适合于增压。与发动机小型化方案相结合还可以进一步提高热效率，从而能进一步降低 CO_2 排放。

液化石油气的主要成分是丙烷（C_3H_8）和丁烷（C_4H_{10}）（图14-13）。储气罐中的压力取决于其与温度有关的蒸气压，在压力高于蒸气压时燃料是液态的，而在压力低于蒸气压时燃料是气态。混合比主要按应用地区的温度范围选择。在德国，夏季丙烷与丁烷之体积比建议为4/6，冬季则为6/4，以保持蒸气压近似恒定。

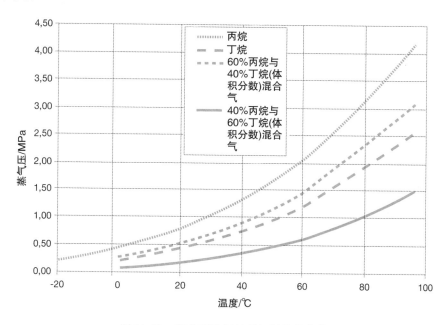

图 14-13　液化石油气的蒸气压及其成分

与传统的汽油燃油箱相比，对于相同的能量含量，LPG 储气罐容积必须增加约 30%。因所要求的耐压性储气罐被设计成圆柱形或圆环形，而不是可任意选择形状的。

3. 发动机功率

由于受到液化石油气在发动机进气管中只能是气态的限制，因而会排挤掉约 3.5% 的新鲜空气。正如在天然气发动机中的情况那样，这种功率损失能通过其高的抗爆性得到补偿，甚至能比采用汽油运行达到更高的功率。

4. 法规要求

原则上，对液化石油气的要求与天然气相当（参见 14.1 节 "天然气"），但是液化石油气并不执行欧盟 ECE R 110 标准，而是执行欧盟 ECE R 67 标准。

14.2.2 系统描述

由于燃料在蒸气压下储存，因而燃料能以液体或气态喷射。在批量生产中有两种方案用于进气道喷射（PFI LPG，液化石油气气门口喷射），而缸内直接喷射（DI LPG，液化石油气直接喷射）也可作为一种方案应用。

在所有的系统中，LPG 储气罐都是通过充气接头进行充气的。这种充气接头通常是一个带有粗滤清器的机械式单向阀。电动截止阀被加气站中比蒸气压高约 1MPa 的高压力机械地推开，并在加气完成时因压力平衡而自动关闭。在发动机停机时，储气罐自动截止阀是不通电而关闭的。发动机起动后，截止阀被电磁力打开以 LPG 运行。与天然气系统一样，标准规定每个储气罐都单独有一个截止阀。

与汽油系统不同，喷射器处的压力不随着发动机的冷却和燃料密度的减小而随之降低，而是在整个发动机停机期间在喷射器处保持蒸气压，因此液化石油气系统的喷射器必须是足够密封的。

1. 气态燃料喷射

在以 LPG 运行时，以最大压力 1.7MPa 储存在气罐中的液化石油气通常以液态流至接有压力调节器的蒸发器（图 14-14），而商业上习惯将这个单元统称为蒸发器。在压力调节器工作时，其进口处的燃料必须是气态的，液态组分会导致不稳定的调节状况，以及喷射器计量的混合气不精确。通过发动机加热循环回路的加热可确保 LPG 可靠地蒸发，因此发动机冷态时必须使用汽油起动，发动机热起来以后才能转换到使用 LPG 运行。

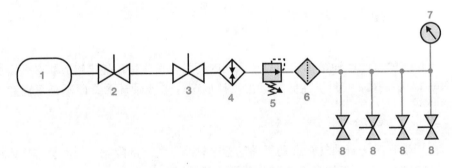

图 14-14　用于供应燃料和喷射气态燃料的液化石油气系统
（蓝色表示的管路和器件是流过气态燃料的）

1—LPG 储气罐　2—截止阀　3—发动机室内的截止阀（选装）　4—蒸发器　5—压力调节器
6—滤清器　7—压力和温度传感器　8—喷射器

压力调节器将气态燃料从罐内压力降低到恒定的约 0.3MPa 系统压力，以此压力供给共轨，而蒸发残留物则由后接的一个滤清器捕集，因而不会污染或损坏喷射器。作为燃料分配器的共轨上具有每缸一个喷射器（8），它们将气态燃料喷入进气道。安装在共轨上的组合式低压与温度传感器（7）用于精确地计量气态燃料。喷射器是按照喷射气态丙烷确定尺寸的，因此使用 LPG 运行时是不容许在喷射器处存在液相的。在非常低的温度下，对于喷射所需的燃料质量蒸气压可能不足够。为了扩大运行范围，可以接入一个罐内燃料泵。

2. 液态燃料喷入进气道

使用 LPG 运行时，以最大压力 1.7MPa 储存在气罐中的液化石油气由一个罐内燃料泵以 0.6MPa 的差压直接泵往喷射器（图 14-15）。作为燃料分配器的共轨上具有每缸一个喷射器，它们将液态燃料喷入进气道，在那里它们被汽化。因罐内压力与温度有关，喷射器处的压力位于 0.6～3MPa 之间，因此为了精确地计量燃料，共轨上必须安装一个低压传感器。燃料计量的标定特别要考虑到在 3MPa 压力下的最小喷射质量和在 0.6MPa 压力下的最大喷射质量。

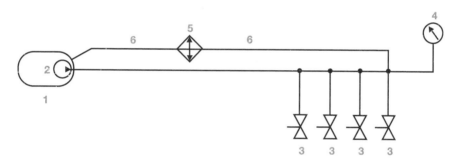

图 14-15　用于供应燃料和液态燃料喷入进气道的液化石油气系统
1—LPG 储气罐　2—储气罐内燃料泵　3—喷射器　4—压力传感器　5—燃料冷却器　6—冲洗管路

喷射器是针对液态燃料确定尺寸的，因此对于使用 LPG 运行时的燃料计量是不容许在喷射器处存在气相的，而由燃料泵供应的与罐内蒸气压相差 0.6MPa 的差压就足以在比罐内温度最多提高 15K 的情况下使燃料保持液态。由于发动机室内有热传导和热辐射，为了冷却共轨和排除蒸气泡，布置通往储气罐的冲洗管路是必须的，而且在回流管路中冷却燃料是合适的，可以避免加热储气罐，否则蒸气压提高会妨碍储气罐的加注。

在每次热机停机阶段会在共轨中产生蒸气泡，在下次 LPG 运行之前必须清除这些蒸气泡，因此在发动机起动前尚未清除蒸气泡的情况下，发动机必须用汽油起动，而且只有当共轨足够冷却后才能转换到使用 LPG 运行。

3. 液态燃料直接喷入燃烧室

使用 LPG 运行时，以最大压力 1.7MPa 储存在气罐中的液化石油气由一个罐内燃料泵输往汽油系统的机械式高压泵（图14-16）。另一种可选择的方法是直接供应到汽油系统共轨之前。汽油和液化石油气的燃料计量，是在考虑到所选定的燃料及其压力和密度的情况下，由共用的高压喷射器进行的。

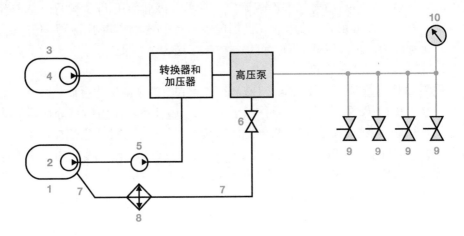

图 14-16　用于供应燃料和液态燃料直接喷入燃烧室的液化石油气系统
（蓝色表示高压部件及其管路）

1—LPG 储气罐　2—罐内 LPG 泵　3—汽油燃油箱　4—油箱内汽油泵　5—泵　6—阀
7—冲洗管路　8—燃料冷却器　9—喷射器　10—压力传感器

由 LPG 燃料泵供给高压泵的 LPG 初始压力多为 3MPa，已足以使燃料在高压泵进口处高达约 70℃设计温度下仍保持液态。因来自发动机的热传导，为了冷却燃料和排除蒸气泡，布置通往 LPG 储气罐的冲洗管路是必须的，其确定的尺寸应能使进入高压泵时 LPG 的温度低于事先确定的 70℃设计温度。若 LPG 初始压力较低的话，则必须强烈地冷却到相应更低的设计温度。此外，在回流管路中冷却燃料是合适的，可以避免加热储气罐，否则蒸气压提高会妨碍储气罐的加注。

在每次热机停机阶段会在高压泵进口处以及在共轨中产生蒸气泡，在下次 LPG 运行之前必须清除或再次压缩液化这些蒸气泡。因为没有单独的汽油系统，发动机起动之前排除蒸气泡的时间会导致发动机起动延迟。在转换到汽油运行时，转换单元必须将汽油压力提高到 LPG 初始压力，直至高压泵前的容积完全被汽油冲洗过，否则就可能会有蒸气泡和高压泵工作失常。常规用于汽油缸内直接喷射的高压泵不容许以 LPG 运行时所期望的进口压力运行，因为其壳体、内部 O 形圈，以及可能安装有的压力脉动阻尼器都不是为这种负荷设计的。

在这种系统中，许多部件都必须进行协调，特别是必须防止燃料溢流进入另一种燃料罐（箱）中，无论是从汽油箱进入 LPG 储气罐还是相反的倒流。为此，双倍设置和诊断分隔燃料罐的截止阀是有必要的。每个部件即高压泵、管道、共轨和直接喷射器都必须针对使用 LPG 运行进行设计和形式认可。

14.3 柔性燃料系统

14.3.1 乙醇作为代用燃料

柔性燃料系统是能够用两个限值之间汽油与乙醇任意混合比运行的发动机控制和部件系统。此系统一方面系统能识别燃料中不同的乙醇含量，并能相应调整其性能（例如喷射和点火）。另一方面，部件的适用性问题是非常重要的，所有部件必须在法规所要求的和汽车使用者所期望的整个使用寿命期内，能可靠和稳定地运行。

1. 起因

矿物能源越来越缺乏以及降低二氧化碳排放的迫切性，对所有久经考验的动力驱动方案提出了能耗要求。同时，越来越高的原油价格使得代用能源显得越来越经济，并使人们意识到持续的汽车化也必须要有持续的能源基础。

巴西30年以来一直采用乙醇作为燃料，并且 E24 和 E100 燃料（表 14-4）满足了将近 50% 的燃料需求量。除此之外，美国和欧洲也加强了促进 E85 燃料作为代用燃料的可行性研究。除了降低 CO_2 排放的潜力之外，能源供应的安全性以及不依赖于矿物能源和进口能源也成为关注的焦点。

表 14-4　乙醇燃料的成分

燃　料	E0···5	E10	E24	E85	E100
最多乙醇体积分数	5%	10%	24%	85%	100%
最多含水体积分数	<1%	<1%	1%	1%	7%
最少汽油体积分数	95%	90%	76%	15%	0%
相对于汽油的能量含量	100%	97%	91%	70%	61%
推广地区	欧洲	美国和欧洲	巴西	美国，瑞典，欧洲部分地区	巴西

注：均为体积分数。

降低 CO_2 排放的潜力部分来自于乙醇具有更为有利的碳－氢比，但首先是由于从不断生长出来的植物原料中提取燃料有利于 CO_2 平衡。不过，如果用煤提取乙醇（采用 CTL 法，英语 Coal to Liquid，煤液化）就具有极其不好的 CO_2 平衡，而用部分植物提取乙醇就呈现出有利的 CO_2 平衡。下面从使用乙醇燃料运行的过程来理解柔性燃料车辆的运行状况。

2. 柔性燃料汽车的市场

人们将柔性燃料理解为汽油与乙醇以任意可变比例混合的混合燃料。如今在柔性燃料领域内，乙醇混合燃料主要分成两种混合范围：纯汽油与E85之间的混合燃料（首先是在欧洲，特别是在瑞典和北美）；以及巴西的E24与E100之间的混合燃料。

目前，巴西推广的混合燃料的下限趋向于E18。另一个特殊性是按照标准含水量最多7%（体积分数），而实际上在野外含水量则高达7%~10%。随着含水量的增加，导电性也会提高，并且盐类大大增多，这就是通常对于E85和E100使用情况存在两种不同的部件方案的原因，而且发动机电控系统也要进行专门的匹配。

3. 乙醇特性及其所提出的要求

表14-5列出了乙醇与标准汽油不同的独特特性。这些特性会影响到系统性能，以及系统中直接或间接与燃料接触的部件。

表14-5　乙醇的特性

特　性	单　位	汽　油	乙　醇	影　响
能量密度（单位体积能量）	kJ/L	32，500	21，200	- 需要更大的喷射量
能量密度（单位质量能量）	kJ/kg	43，900	26，800	- 不利于冷起动
化学计量空燃比	–	14.8	9.0	- 更多的壁面油膜
沸点	℃	25~215	78	+ 更大的功率，更好的效率（更强烈的空气冷却）
蒸发焓	kJ/kg	380~500	904	
辛烷值	ROZ	> 91	108	+ 爆燃极限高
H/C 比值	—	2.3	3	+ 更大的功率，更好的效率

较少的能量密度以及由化学成分引起的乙醇化学计量比偏差都起着重要的作用，这会导致燃料系统泵油量和喷油量大大增加，而高的沸点温度和高的蒸发热量则不利于非常低温度下的起动性能。但是，高的蒸发焓和更好的抗爆性对于在高发动机温度下和爆燃极限附近的运行可望获得有利的效果。

乙醇的上述特性及其影响使得内燃机本身和发动机电控系统及其零部件必须进行相应的调整匹配。对此重要的是，乙醇燃料并非是作为具有固定的（因而众所周知的）乙醇含量的单一燃料存在于燃料箱中的，而是用各种不同乙醇燃料在燃料箱中混合的混合燃料，以及在美国加油站中用所谓的"掺和泵"以任意比例混合的区域性和季节性乙醇混合燃料输入燃料系统的。因此，系统还必须具有可靠和精确的"车载识别"功能来识别当前所使用混合燃料的乙醇含量。

对于系统中所配备的这些部件，应考虑到乙醇较高的腐蚀性，而且乙醇分子较高的渗透倾向对于达到蒸发限值起着重要的作用。

14.3.2　系统描述

汽车制造商谋求随区域变化的不同的发动机方案和市场策略，因而在美国市场上就要优先进行调整匹配,这对于车辆能作为柔性燃料汽车供货是必须的,其目的在于使其具有基本的柔性燃料兼容性而无需有针对性地利用有利的乙醇特性。但是,在实际的汽车行驶中,仅仅偶尔会使用到较高的和可变乙醇含量的燃料。

与此相反,在欧洲则谋求另一种方案,它不仅要提高发动机效率,而且也要提高功率,作为使用 E85 燃料运行的优点加以利用,并在汽车投放市场时就要显示出来。观察巴西市场的演变可以发现,最近发动机制造商已连续多次提高发动机的压缩比,因为在这个市场上汽油中通常至少含有 24% 乙醇(体积分数),从而达到了较高的辛烷值,因而也就具有较高的抗爆性。柔性燃料系统的匹配程度各不相同,取决于所追求的适应策略。

关于部件的适用性,不仅要考察输送燃料的部件,而且还要考察可能与燃料蒸气接触的部件。图 14-17 示出了适合于柔性燃料系统的组成概貌。

在控制系统中,发动机电控单元及其功能必须进行广泛的调整匹配,它们详细涉及到下列发动机控制功能(图 14-18):

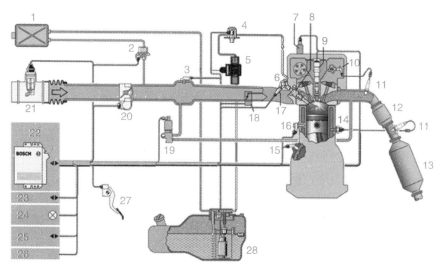

■ 柔性燃料专用部件

图 14-17 使用柔性燃料运行的汽油机

1—活性炭罐 2—燃油箱通风阀 3—进气管压力传感器 4—高压燃油泵 5—乙醇传感器(选装)
6—燃油共轨 7—凸轮轴相位调节器 8—高压喷油器 9—点火线圈和火花塞 10—凸轮轴相位传感器
11—氧传感器 12—前置催化转化器 13—主催化转化器 14—温度传感器 15—转速传感器
16—爆燃传感器 17—高压传感器 18—充量运动调节阀 19—EGR 阀 20—电动节气门(EGAS)
21—进气空气质量流量计 22—电控单元 23—CAN 总线接口 24—发动机故障指示灯 25—诊断接口
26—防盗锁接口 27—加速踏板模块 28—带有低压泵的供油模块

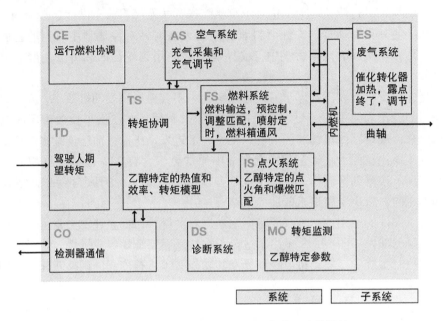

图 14-18　用于柔性燃料运行的电控单元功能结构

- 空气系统，例如充气采集和充气调节。
- 燃料系统，例如喷射量预控制和喷射定时，混合气匹配。
- 废气系统，例如混合气调节的认可。
- 点火系统，例如点火定时，点火能量。
- 转矩结构，例如空燃比和点火时刻变化所引起的效率偏差。
- 诊断系统和监测，例如燃料品质识别，诊断阈值。

在系统匹配时，必须考虑到乙醇相对于汽油有偏差的特性，以避免系统性能恶化，或仅在部分范围内改善。要尽量使表 14-6 中所列举的特性有效地被利用，而表14-7中所列举的特性则需要进行调整匹配。

表 14-6　乙醇特性的有利效果（与汽油相比）

乙 醇 特 性	有 利 效 果
较高的抗爆性	最佳点火，更好的效率，更大的功率
较高的蒸发焓	更好的充气
较快速的燃烧	最佳的燃烧重心位置
较低的燃烧温度	降低对零部件的保护硬件较低的燃油耗

但是，有时候也需要重新开发功能，例如这里所提到的：专门的冷起动策略以达到较低温度（例如 −7℃）下的废气限值，以及就能在确保发动机在非常低

表 14-7　乙醇特性的不良后果（与汽油相比）

乙 醇 特 性	不 良 后 果
较高的蒸发焓	提高了对低于 10℃ 温度下冷起动的要求，冷机喷射运行时较多的壁面油膜
较高的化学计量比运行燃油耗	需要较多的喷射量，较长的喷射时间，对燃烧过程的反作用，冷起动时有较多的燃料掺入发动机机油中
不同的 C/H 比值	含水量较多，氧传感器较晚的露点终了

的温度（−30℃）下可靠起动；及时发现燃料大量掺入发动机机油中，以及在暖机期间捕集到的泄漏气体增加的故障；识别燃料箱中乙醇含量变更以及乙醇识别诊断（基于常规传感器或使用特定传感器）。

关于部件的适用性，不仅必须考察输送燃料的部件，而且还要考察可能与燃料蒸气或乙醇燃烧后废气接触的部件。表 14-8 列出了适合于柔性燃料系统部件的概貌。

针对下列影响对部件进行了调整：
- 对金属材料的腐蚀。
- 使塑料和橡胶零件浸泡后膨胀和变脆。
- 密封件的功能能力。
- 燃料分子对输送部件高的渗透性。

表 14-8　乙醇专用部件概貌

部 件	外 形 图	调 整
燃料输送模块		用于 E85 或 E100 的燃料泵，绝缘的连接电线，乙醇专用的燃料箱液位传感器
压力调节器		乙醇专用结构形式
燃料共轨		乙醇专用结构形式
进气道喷射器		扩展的计量范围
高压喷射器		使用不锈钢材料，调整计量范围
高压燃料泵		使用不锈钢材料，调整计量范围

这些调整是通过下列措施仔细实施的：

- 应用特殊合金。
- 金属材料的表面涂层，特别是在承载机械负荷的偶件上。
- 应用合适的塑料和橡胶混合物。
- 选用特殊的密封和滤清材料。
- 结构调整。
- 电接触的电绝缘。

在部件规格方面还考虑到了更大流量的要求，这对于喷射阀是特别重要的，因为在乙醇运行中用于提高需求量的最大流量是必要的，但是在汽油运行中始终会发生最小喷油量的计量。

参 考 文 献

[1] A. Böge, Handbuch Maschinenbau, 20. Aufl., Vieweg + Teubner 2011.

[2] K.-H. Grote und J. Feldhusen (Hrsg.), Dubbel-Taschenbuch für den Maschinen-bau, 23. Aufl., Springer 2011.

[3] GVR Gas Vehicle Report June 2012.

第15章 混合动力

15.1 特点

混合动力车（英语缩写 HEV，Hybrid Electric Vehicle）行驶时不仅使用内燃机，而且至少使用一台电机。同时 HEV 有许多传动机构，它们谋求部分不同的优化目标，而且在不同程度上利用电能来驱动汽车。使用混合动力基本上追求 3 个目标：降低燃油耗、减少有害物排放和提高转矩和功率（为了改善行驶动态性能）。

混合动力车需要一个用于电驱动的电能储存器。在目前的解决方案中采用一个应用镍－金属－氢化物技术或锂－离子技术的，能产生 200~400V 较高电压水平的牵引用蓄电池。

电驱动由一个电动机和一个脉冲调制交流逆变器组成，所应用的电机通常是具有高功率密度的永磁励磁同步电机。电驱动在低转速时能提供恒定的高转矩，因此它以理想的方式补充了在中等转速时才能提升转矩的内燃机，因而电驱动与内燃机驱动相结合，就能在任何行驶状态提供高的动态行驶性能（图 15-1）。

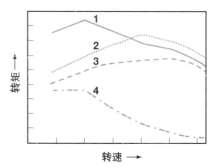

图 15-1　各种不同汽车动力装置的转矩曲线
1—混合动力（由 3 和 4 组成）　2—1.6L 标准内燃机
3—1.2L 增压内燃机　4—15kW 电动机

与传统的动力总成相比，电驱动与内燃机驱动的组合具有下列优点：

1) 用电驱动辅助能使内燃机尽可能在其最高效率或仅产生较少有害物的区域内运行（即实现运行工况点的优化）。

2) 与电驱动相结合，能在保持相同总功率的情况下使用较小的内燃机（功率不变的发动机小型化）。

3) 在保持相同行驶功率情况下，可使用大传动比的变速器，从而能使内燃机运行工况点移动到具有更高效率的运行区域（发动机低速化）。

4）驱动电机可以作为发电机运行，在制动时能将汽车的一部分运动能量转换成电能，这些电能被储存到蓄电池中，晚些时候就能被利用来驱动汽车。

5）在某些传动机构中，电驱动能被用于纯电动行驶，此时内燃机停机，汽车将无废气排放行驶。

15.2 功能

内燃机驱动和电驱动根据运行状态和所需的驱动功率为汽车行驶提供不同比例的贡献，混合动力控制系统确定两种驱动方式之间的功率分配。内燃机、电机和蓄电池共同作用的方式决定了系统各种不同的功能。

15.2.1 起动–停车功能

在起动–停车功能情况下，内燃机暂时停机，而驾驶人无须操纵点火开关钥匙。发动机停机的典型情况是在汽车停车时，一旦驾驶人想要继续行驶时，发动机就自动再次起动。

15.2.2 再生制动

在再生制动情况下，汽车不用或不仅仅用行驶制动器的摩擦力矩制动，而是由驱动电机作为发电机工作产生的制动力矩制动。此时，它将汽车的动能转换成电能，并储存在蓄电池中（图15-2）。再生制动又被称为回收制动或能量回收。

15.2.3 混合动力行驶

混合动力行驶时，内燃机和电机共同施加驱动力矩，而混合动力行驶又可将电机分成发电机方式运行和电动机方式运行。

在发电机方式运行（图15-3）时蓄电池被充电。为此，内燃机运行输出较大的功率，除了用于汽车所必须的牵引力之外，多余的部分功率则输送给发电机转换成电能，并被储存到蓄电池中。

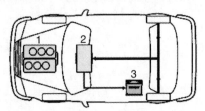 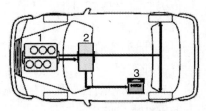

图15-2 回收制动（图中箭头表示能量流）　图15-3 混合动力行驶，发电机方式运行
　　1—内燃机　2—电机　3—蓄电池　　　　　　　　（图中箭头表示能量流）
　　　　　　　　　　　　　　　　　　　　　　　1—内燃机　2—电机　3—蓄电池

在电动机方式运行（图 15-4）时蓄电池放电，电机辅助内燃机提供所需的牵引功率。

15.2.4 纯电动行驶

在纯电动行驶时，汽车仅由电机驱动行驶，为此内燃机与汽车传动机构脱开并停机（图 15-5）。在这种运行模式时汽车几乎没有噪声，并且无废气排放行驶。

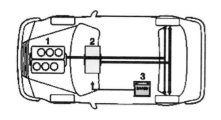 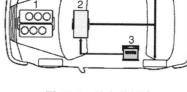

图 15-4 混合动力行驶，电动机方式运行　　　　图 15-5 纯电动行驶
（图中箭头表示能量流）　　　　　　　　　　　（图中箭头表示能量流）

1—内燃机　2—电机　3—蓄电池　　　　　1—内燃机　2—电机　3—蓄电池

15.2.5 插座补充充电

用插座补充充电时，汽车通过充电装置与电网连接，蓄电池被补充充电。

15.3 功能和等级分类

混合动力车根据所实现的功能可分成不同的等级（表 15-1）。

表 15-1 功能和混合动力系统等级分类

功　能	混 合 动 力 系 统			
	起动 - 停车系统	中度混合动力	全混合动力	插电式混合动力
起动 - 停车功能	●	●	●	●
再生制动	●	●	●	●
电辅助		●	●	●
电动行驶			●	●
插座补充充电				●

15.3.1 起动 - 停车系统

起动 - 停车系统实现"起动 - 停车"和再生制动功能，为此在常规汽车上匹配发电机控制功能。在正常行驶运行时发电机以较小的功率工作，而倒拖运行阶段发电机的功率被提高，以便应用汽车减速过程中"产生能量"里的较大部分。采用起动－停车系统能在新欧洲行驶循环（NEFZ）中节省 4%～5% 的燃料。

15.3.2　中度混合动力

中度混合动力在起动－停车功能和再生制动的基础上又附加了包括发电机方式和电动机方式运行在内的混合动力行驶的可能性，但是不能纯电动行驶。虽然电机一直在实施汽车牵引，然而此时内燃机始终一起工作。采用中度混合动力的汽车能在新欧洲行驶循环（NEFZ）中节省 10%～15% 的燃料。

15.3.3　全混合动力

全混合动力可在中度混合动力功能的基础上再补充接入内燃机行驶较短里程后只用电驱动行驶，在电动行驶期间内燃机停机。采用全混合动力能在新欧洲行驶循环（NEFZ）中节省 20%～30% 的燃料。

15.3.4　插电式混合动力

全混合动力也可替代做成插电式混合动力结构形式，它提供了由插座通过合适的充电装置为牵引蓄电池充电的可能性，其中必须使用具有较高能量含量的蓄电池，以便能纯电动行驶更长的里程。通常，电驱动功率被增大到能仅用电驱动就能正常行驶。采用插电式混合动力能在新欧洲行驶循环（NEFZ）中节省 50%～70% 的燃料，因为汽车行驶能量的一部分来自电网而并非是由消耗燃料产生的，因而才能达到这样的节油效果。

15.4　驱动装置结构

在混合动力车上有各种不同的内燃机、变速器和电动机布置的可能性。按照能量流，不同的驱动装置结构可分成并联式、串联式和功率分流式混合动力装置。

15.4.1　并联式混合动力装置

在并联式混合动力装置中，内燃机与电驱动彼此独立地驱动汽车，因此来自内燃机和蓄电池的两股能量流彼此相互平行地进行，两方面的功率加起来成为总的驱动功率。并联式混合动力又可分为中度混合动力方案（具有起动－停车功能、再生制动和混合动力行驶）或全混合动力（附加还能电动行驶）。

　　并联式混合动力装置的基本优点是能够在宽广的范围内包含有常规的动力传动总成。与串联式和功率分流式驱动结构形式相比，用于并联式驱动结构形式的开发和装配费用较低，因为大多数车型只需要一个具有较小电功率的电机，在常规动力总成改装时所需的匹配工作量也较少。

　　图 15-6 所示的方案是电机直接与内燃机连接。与串联式和功率分流式驱动结构形式不同，内燃机的转速不能与电机的转速无关地进行调节。在汽车减速阶段中，内燃机不能与电机脱开，因而始终携带着电机一起工作。此时，内燃机的牵引力矩会减少再生制动的潜力。用这种驱动结构形式无法实现纯电动行驶。虽然电驱动能作为唯一的动力源使用，但是内燃机在行驶中也始终在工作，电驱动能被用于辅助内燃机，因而动态行驶性能明显改善。

　　并联式全混合动力可被设计成好几种形式，可想象到会有下列扩展形式（图 15-7）：在内燃机与电机之间安装另一个离合器，它容许内燃机任意接入和脱开，从而就能实现纯电动行驶了，而且在汽车减速阶段内燃机就能脱开，这样一方面提高了再生制动的潜力，另一方面汽车就能滑行行驶，此时汽车自由滚动，并且仅被空气阻力和滚动摩擦力所减速。

　　对于接受这种驱动结构形式非常重要的是内燃机能由电动行驶起动而不会损害舒适性。存在两种可实现的不同的可能性：

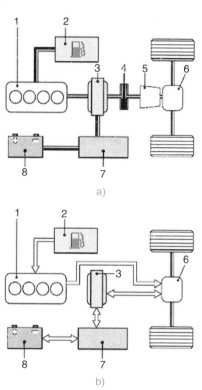

图 15-6　带有离合器的并联式混合动力装置
（脉冲调制交流逆变器将蓄电池上的直流电压转换成交流电压供应给电机或者反过来）
a）驱动结构形式　b）能量流
1—内燃机　2—燃油箱　3—电机　4—离合器
5—变速器　6—车桥传动装置
7—脉冲调制交流逆变器　8—蓄电池

　　第一种可能性是在离合器脱开的情况下内燃机用单独的起动机起动，对汽车行驶不存在不希望出现的反作用。当然，为此必须要安装一个单独的起动机，而在混合动力车上它原本是能省掉的。

　　另一种可能性是控制内燃机、电机和离合器在发动机起动期间能补偿对汽车行驶的反作用力。为此，在这其间智能控制需要采集来自内燃机、电机和离合器的测量值，并且离合器必须在运转中自动适应转换状况和遵循复杂的控制规定。

在内燃机与电机之间安装附加的离合器会导致动力总成长度增大，在有些汽车上并没有布置这种驱动装置所需的空间。

对于这方面，将电机集成在双离合器变速器中（图 15-8）则可予以弥补，电机不再与内燃机曲轴相连，而是与双离合器变速器中的分动机构连接，在这种布置方案中取消了内燃机与电机之间的附加离合器。通过脱开变速器中的双离合器能携带停机的内燃机一起纯电动行驶，因而这种布置方案是一种并联式全混合动力。根据与电机连接的分动机构所处的档位，内燃机与电机之间可以

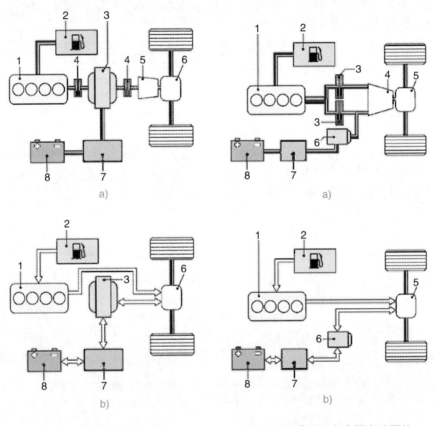

图 15-7　带有两个离合器的
　　并联式混合动力装置

　　a）驱动结构形式　b）能量流
1—内燃机　2—燃油箱　3—电机　4—离合器
　　5—变速器　6—车桥传动装置
　　7—脉冲调制交流逆变器　8—蓄电池

图 15-8　采用双离合器变速器的
　　并联式混合动力装置

　　a）驱动结构形式　b）能量流
1—内燃机　2—燃油箱　3—离合器
4—双离合器变速器　5—车桥传动装置
　　6—电机　7—脉冲调制交流逆变器
　　8—蓄电池

实现不同的传动比，因而为混合动力控制获得了附加的自由度，可被利用于进一步降低燃油耗。

另一种并联式驱动结构形式是分开式车桥电气化（图 15-9）。它是驱动桥上带有内燃机和变速器的常规动力总成与电驱动桥相组合。这种驱动布置方案在全混合动力时，一旦内燃机停机并脱开，汽车就电驱动行驶。为此，用于内燃机的自动变速器和起动－停车系统是必备的。这种驱动结构形式属于并联式混合动力，因为内燃机与电驱动的功率是叠加的。它与现今存在的各类驱动结构形式不同，功率的叠加点并非在动力总成内部，而是在驱动轮层面上。

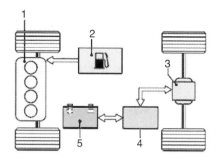

图 15-9 分开式车桥电气化
（车桥分开的并联式混合动力装置）
1—内燃机 2—燃油箱 3—电机
4—脉冲调制交流逆变器 5—蓄电池

在这种情况下，牵引蓄电池是通过再生制动补充充电的，而在汽车停车时牵引蓄电池是不能补充充电的。通过内燃机与电驱动的共同作用能够为汽车实现全轮驱动，通过有针对性地控制电驱动，驱动转矩的分配就能在宽广的范围内进行调节。当然，如果电驱动不仅由蓄电池供电，而且能用第二个电机准备好所需电能的话，那么就能实现持续的全轮驱动。

采用第二个电机与内燃机直接相连（与曲轴连接或者用传动带传动），一方面能实现持续的全轮驱动，另一方面蓄电池就能在汽车停车期间进行补充充电。

15.4.2 串联式混合动力装置

在串联式混合动力车（图 15-10）上，内燃机驱动一台作为发电机工作的电机，由此所产生的电功率与蓄电池功率一起可供第 2 台用于驱动汽车的电机使用。就能量流而言，这种情况是一种串联连接。串联式混合动力始终是全混合动力，因为为此所需要的所有功能（起动－停车、再生制动、混合动力行驶、电动行驶）都能实现。

由于在串联式混合动力装置中，内燃机与驱动轮之间不存在机械连接，因此这种驱动结构形式具有某些优点，在动力总成中不需要传统的多档变速器，因而为安装整套驱动装置获得了新的自由空间。此外，内燃机可由电动行驶来起动而不会对汽车行驶产生不希望出现的不良影响。在行驶运行中的主要优点是可自由选择内燃机的运行工况点，因而有助于汽车选择在节油和废气排放少的工况点上行驶，因而内燃机能被优化到一个最佳的运行范围。

串联式混合动力装置的缺点是两次能量转换，两次能量转换产生的损失要比通过变速器一次单纯的机械转换的损失大，而且为了转换内燃机的功率需要两台与内燃机一样功率等级的电机。

在行驶速度较低的情况下，串联式混合动力装置即使损失较大，但是仍具有节油效果，因为此时内燃机运行工况点能自由选择所带来的好处更加明显，而在中等和高行驶速度情况下，则损失较大的影响就会更大些。

目前，串联式混合动力装置的使用领域主要是柴油电气化机车和城市公共汽车。在乘用车领域，在电动车上也越来越经常见到串联式混合动力装置，这种电动车在需要时用内燃机作为"增程器"（英语"Range – Extender"）来扩大其活动半径范围。

串联式混合动力装置可扩展为串联－并联混合动力装置（图 15-11），其中两台电机之间的机械连接通过一个离合器就能选择接合或脱开。这种串联－并联混合动力装置能够在行驶速度较低的情

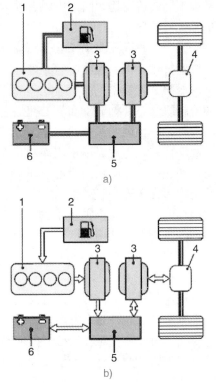

a)

b)

图 15-10　串联式混合动力装置
a）驱动结构形式　b）能量流
1—内燃机　2—燃油箱　3—电机
4—车桥传动装置　5—脉冲调制交流逆变器
6—蓄电池

况下利用串联式混合动力的优点，而通过离合器接合又能避免行驶速度较大时的缺点。在离合器接合时，串联－并联混合动力装置就如并联式混合动力一样。因为两次能量转换被限制在行驶速度和功率较低的范围内，因而对于串联－并联混合动力装置，使用较小的电机作为串联式混合动力就足够了。与串联式混合动力装置相比，因为内燃机与驱动轮之间采用机械连接，就失去了在整套装置安装方面的优点，而与并联式混合动力装置相比，对于相同的任务却需要安装两台电机。

15.4.3　功率分流式混合动力装置

功率分流式混合动力车采用功率分流方式组合了并联式和串联式混合动力车的特点。内燃机功率的一部分通过第 1 个电机转换成电功率，而剩余部分功率则与第 2 个电机一起驱动汽车。功率分流式混合动力装置始终是全混合动力，因为

所有为此所需要的功能（起动－停车、再生制动、混合动力行驶、电动行驶）都能实现。

图 15-12 示出了这种装置的结构。其核心部件是一个行星齿轮变速器，它将内燃机与两台电机的 3 根轴连接起来。因为行星齿轮变速器的运动学边界条件使得内燃机的转速在一定的限度范围内能与汽车行驶速度无关地进行调节，参照无级变速器的命令（英语缩写 CVT，连续可变变速器），人们称其为电无级变速器（英语缩写 ECVT）。

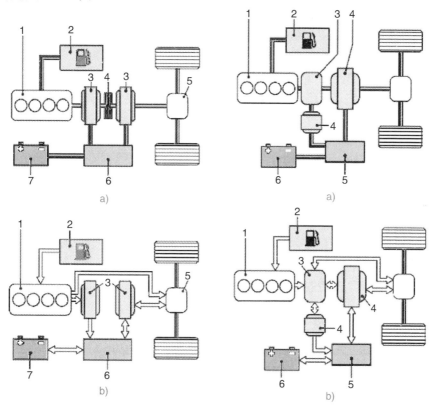

图 15-11 串联－并联混合动力装置
a）驱动结构形式 b）能量流
1—内燃机 2—燃油箱 3—电机
4—离合器 5—车桥传动装置
6—脉冲调制交流逆变器 7—蓄电池

图 15-12 功率分流式混合动力装置
a）驱动结构形式 b）能量流
1—内燃机 2—燃油箱 3—行星齿轮变速器
4—电机 5—脉冲调制交流逆变器 6—蓄电池

内燃机的一部分功率通过行星齿轮变速器经过机械途径传递到驱动轮，而另一部分功率则经过电驱动途径，用两次能量转换传递到驱动轮。

与串联式混合动力相似，在需要的功率较小的情况下利用电驱动转换途径，而对于较大的功率，则还附加可用机械转换途径。当然，机械和电转换途径之间是不能任意变更的。根据行星齿轮变速器、电机和内燃机的设计，没有附加的变速器，机械与电驱动转换途径之间始终只能是一定的组合，因而功率分流式混合动力装置在较低和中等行驶速度时能够获得较大的节油效果，而在高行驶速度时则不能得到附加的节油效果。

与串联式混合动力装置相似，功率分流式混合动力装置在所配备的内燃机功率范围内需要相对较大功率的电机。

通过使用第2个行星齿轮变速器，功率分流式混合动力装置能被扩展成固定的机械档级，此时机械方面的费用会增加，而电方面的费用则能降低，那么对于可相互比较的方案使用较小的电机就足够了，而且在中等和较高行驶速度时则能改善燃油耗。

15.5   混合动力车的控制

用各种混合动力装置所能达到的效率，决定性地取决于混合动力的控制方案。图15-13以并联式混合动力车为例示出了功能与软件结构，以及动力总成中各个部件和电控单元的网状连接图。具有决定性意义的混合动力控制方案使整个系统协调配合，其子系统则具有自己的控制功能，其中涉及蓄电池管理、发动机管理、电机管理、变速器管理和制动系统管理。除了单纯的子系统控制之外，混合动力控制也包含优化动力总成运行方式的运行策略。这些运行策略会影响到混合动力车降低燃油耗和废气排放的功能，即影响内燃机起动－停车运行、再生制动、混合动力和电动行驶。

15.5.1   混合动力车的运行策略

运行策略决定分配在内燃机驱动和电驱动上的驱动功率，因而也就决定了汽车节油和降低废气排放的潜力能被利用到何等程度，而且运行策略还必须转换到诸如再生制动、混合动力行驶和电动行驶等各种不同的混合动力功能。

在各种状态之间进行选择和转换必须考虑到众多的条件，这涉及诸如加速踏板位置、充电状况和汽车行驶速度等。根据最佳目标（例如节油或降低废气排放）设定混合动力车部件的不同状态。

15.5.2   降低 NO_x 的运行策略

具备稀薄运行功能的内燃机汽车，在部分负荷时就已达到了相对较低的燃油耗，但是在部分负荷时摩擦功率的影响是相当大的，因此比燃油耗也较高。而且，在部分负荷时，低的燃烧温度和局部的氧稀薄会导致高的一氧化碳和碳氢化合物排放。在低的负荷范围内，功率相对较小的电驱动就能替代内燃机驱动。若

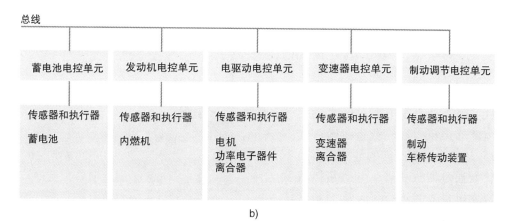

图 15-13 动力总成中控制系统的网状连接

a）功能和软件结构 b）动力总成的部件和所属的电控单元

所需的电能能从再生制动中获取的话，则这种简单的策略就能在燃油耗和废气排放方面得到很大的好处。

图 15-14 示出了在新欧洲行驶循环（NEFZ）中内燃机首先在哪些范围内运行。乘用车柴油机不仅在低部分负荷下（即效率不良和 HC 与 CO 排放高的情况下）运行，而且也在中等和较高负荷（即高 NO_x 排放范围）运行。

图 15-14 上还示出了并联式混合动力的运行工况点范围，它们通过纯电动行驶或负荷点提升避开了内燃机的低负荷，因而一方面降低了燃油耗，另一方面也

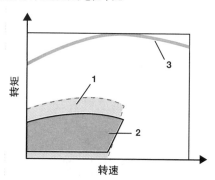

图 15-14 降低 NO_x 排放的运行策略
（在新欧洲行驶循环中的运行工况点范围）
1—单纯内燃机驱动 2—采取降低
NO_x 排放运行策略的并联式混合动力驱动
3—内燃机的最大转矩

使该范围内高的 CO、HC 和 NO_x 排放降低下来。为了进一步降低 NO_x 排放，可

427

以通过电驱动和内燃机同时运行来降低中等负荷范围内的负荷点。

15.5.3 降低 CO_2 的运行策略

装备化学计量比运行汽油机的汽车，因使用三元催化转化器能实现最低的废气排放，这种汽车关注的重点在于降低燃油耗也就是降低 CO_2 排放。图 15-15 示出了对于不同驱动结构形式所可能的内燃机 CO_2 排放最低的运行范围的优化。

在新欧洲行驶循环中，常规汽车上的内燃机在低部分负荷也就是在效率不良的情况下运行，而在并联式混合动力车上通过纯电动行驶就能够避免内燃机低负荷运行（图 15-15a），因为所需的电能通常可不仅仅通过回收获得，电机紧接着就以发电机方式运行了，从而与常规汽车相比实现了内燃机运行工况点移动到较高的负荷点，也就是移动到更好的效率点。

与并联式混合动力车相比，在功率分流式混合动力车上（图 15-15b），内燃机的运行范围就大大受到限制，它通常根据转速运行在使整套动力总成能量利用最佳的负荷范围。

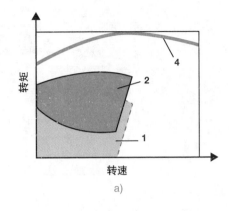

a)

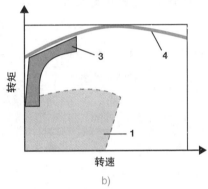

b)

图 15-15　降低 CO_2 排放的运行策略
（在新欧洲行驶循环中的运行工况点范围）
a）单纯内燃机驱动与并联式混合动力驱动的比较
b）单纯内燃机驱动与功率分流式混合动力驱动的比较
1—单纯内燃机驱动　2—并联式混合动力驱动
3—功率分流式混合动力驱动　4—内燃机的最大转矩

15.6　再生制动系统

在再生制动（也被称为能量回收）的情况下，在减速过程中，汽车的动能通过电机以发电机方式运行转换成电能，因而一部分能量就能以电能的形式储存在蓄电池中，随后再被利用，而在正常制动情况下这部分能量作为摩擦热量被白白浪费掉了。

15.6.1　牵引力矩平衡调整

实现再生制动的一种简易可能性是牵引力矩平衡调整，一旦驾驶人松开加速踏板，电机就以发电机方式运行，为此就无须操作制动踏板。在全混合动力情况下，此时内燃机就脱开，并且电机因以发电机方式运行就施加相当于内燃机牵引力矩数量级的发电机力矩。如果内燃机可以不脱开的话（就如轻度混合动力那样），那么也会选择将较少的发电机力矩附加于内燃机牵引力矩施加到动力总成上（牵引力矩提高），因而与非混合动力汽车相比，汽车性能的变化并不明显。

15.6.2　再生制动系统

在制动过程中，电机能够将辅助的发电机力矩附加施加于牵引力矩的平衡调整或提高上，因而在相同的制动踏板位置下汽车的减速要比可相比较的常规汽车快些。可供使用的发电机力矩取决于汽车的行驶速度、设置的档位和蓄电池充电状态。因此，甚至在相同的制动踏板位置下，汽车也能获得不同强度的制动性能。这种在制动性能方面的差别会使驾驶人感到不舒服，而且在汽车减速中发电机力矩起作用的份额越大，其不舒服感觉的程度就越甚。出于这个原因，用这种简易再生制动系统只能回收较少的功率。

15.6.3　协同再生制动系统

为了充分利用汽车动能，在较快减速的情况下必须修改常用的行车制动系统。为此，将行车制动的总摩擦力矩或其中一部分变换成再生制动力矩，而不至于在制动踏板位置和力保持不变的情况下汽车减速状况发生变化。这能在协同再生制动系统中实现，在这种系统中汽车控制系统与制动系统被集成在一起，以保证回收的摩擦制动力矩总是精确地等于电机所能产生的发电机制动力矩。

图书在版编目（CIP）数据

汽油机管理系统:控制、调节和监测/（德）康拉德·赖夫（Konrad Reif）主编；范明强等译．—北京：机械工业出版社，2017.3

（内燃机先进技术译丛）

书名原文：Ottomotor – Management

ISBN 978-7-111-55955-9

Ⅰ.①汽…　Ⅱ.①康…②范…　Ⅲ.①汽油机 – 管理系统理论　Ⅳ.①TK41

中国版本图书馆 CIP 数据核字（2017）第 013111 号

机械工业出版社（北京市百万庄大街 22 号　邮政编码 100037）

策划编辑：孙 鹏 李 军　责任编辑：孙 鹏 刘 煊

责任校对：刘志文　　　　　封面设计：鞠 杨

责任印制：常天培

保定市中画美凯印刷有限公司印刷

2017 年 3 月第 1 版第 1 次印刷

169mm×239mm · 28 印张 · 539 千字

0 001—3 000 册

标准书号：ISBN 978-7-111-55955-9

定价：199.00 元

凡购本书，如有缺页、倒页、脱页，由本社发行部调换

电话服务　　　　　　　　　网络服务

服务咨询热线：010 - 88361066　机工官网：www. cmpbook. com

读者购书热线：010 - 68326294　机工官博：weibo. com/cmp1952

　　　　　　　010 - 88379203　金 书 网：www. golden - book. com

封面无防伪标均为盗版　　教育服务网：www. cmpedu. com